KB232883

4차 개정판

조경공사 적산기준

대한건설협회 조경위원회

대한전문건설협회 조경식재·시설물공사업협의회

(사)한국조경협회

2016

2020

2025

2006 2010

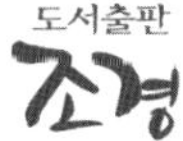

도서출판
조경

본 적산기준은 조경공사 적정예정가격산정의 모범적인 적산기준을 제시하고자 노력하였습니다. 건설표준품셈(공통, 토목, 건축, 설비, 유지관리) 2025년판을 근간으로, 건설표준품셈(전기, 통신)과 각 발주기관별 다른기준은 비교·검토로 준용기준을 제시하였습니다. 또한 현장경험이 풍부한 전문가들의 의견을 적극 반영하여 발주자·설계자·시공자 모두에게 적합한 기준으로 활용될 수 있도록 하였습니다.

본 적산기준은 조경공사 표준시방서(KCS) 편제를 기반으로 적용기준, 부지조성및대지조형, 식재기반조성공사, 식재공사, 조경시설물공사, 조경포장공사, 생태조경공사, 기타공사, 조경유지관리공사로 구성하고 부록에 편제를 비교하였습니다.

발간사

우리나라에 1972년 현대적 개념의 조경이 도입되고 1974년 건설업에 조경공사업이 신설되는 등 조경공사가 태동한지도 벌써 반세기가 지났습니다.

조경공사 품셈은 1962년 [떼뜨기, 떼붙임]을 시작으로 1984년 조경공사로 분리되고, 「조경공사 표준품셈의 합리화에 관한 연구(1989)」 등을 기반으로 1990년 식재품셈 위주의 기틀이 완성되었으며, 2013년 표준시장단가 전환의 일환과 표준품셈 편제에서 2019년 공통부문을 신설하고, 2023년 유지관리부문이 신설되는 등 수차례 체계개편과 개정으로 현재에 이르렀습니다. 국토교통부는 국가건설기준의 코드체계 통합 수립으로 「조경공사 설계기준(KDS)」, 「조경공사 표준시방서(KCS)」를 2016년 제정 후 개정 보완하고 있으며, 이에 조경공사 적산기준도 재개정판부터 조경공사 표준시방서 체계로 구성하고 나아가 건설환경과 변경된 품셈 기준에 능동적으로 대처하고자 이번에 「조경공사 적산기준(4차개정판)」을 발간하게 되었습니다.

본 적산기준은 조경공사를 우수한 시공품질로 유도할 수 있는 적정예정가의 산정토대로서 모범적이고 표준적인 적산기준을 제시하고자 노력하였습니다. 건설표준품셈(공통, 토목, 건축, 설비, 유지관리) 2025년판을 근간으로, 건설표준품셈(전기, 통신)과 각 발주기관별 다른 기준은 비교·검토로 준용기준을 제시하였습니다. 녹색성장과 시대흐름에 부합하도록 신기술과 친환경 기법을 최대한 수용하였으며, 현장경험이 풍부한 전문가 의견을 적극 반영하여 발주자·설계자·시공자 등 모두가 공감되는 현실적이고 실질적인 활용 기준을 수립하고자 최대한 노력하였습니다. 본 적산기준의 순서도 계획·설계와 공사시방서·내역서까지 일체화가 가능하도록 조경공사 표준시방서(KCS) 편제를 기반으로 적용기준, 부지조성 및 대지조형, 식재기반조성공사, 식재공사, 조경시설물공사, 조경포장공사, 생태조경공사, 기타공사, 조경유지관리공사로 구성하고 부록에 편제를 비교하였습니다.

적산기준 4차개정에 사명감으로 헌신하여 주신 연구집필진에 감사드리며 자료협조와 최종검토에 참여하여 주신 정부투자기관, 서울특별시 및 관계공무원 여러분의 노고에 진심으로 감사드립니다.

2025년 7월

대한건설협회 조경위원회 위원장 **이정현**
대한전문건설협회 조경식재·시설물공사업협의회 회장·위원장 **이재흥·옥승엽**
(사)한국조경협회 회장 **남은희**

목차

제1장 적용기준

제2장 부지조성 및 대지조형

제3장 식재기반 조성공사

제4장 식재기반

제5장 조경시설물공사

제 1 장

적용기준

제 1 장

적용기준

1.1 목적

가. 조경공사는 토목·건축공사 등과 건설공사인 부분에서는 유사하지만, 예술과 미적인 면이 강조되는 복잡·다양하고도 소규모 다수 공종이 산재되는 특수성이 있다. 이러한 측면으로 조경공사 적산에서 표준적인 기준의 필요성이 부각되었으며, 이에 [조경공사 적산기준]의 제·개정으로 그 기반을 마련하고자 하였다.

나. 국토교통부는 국가건설기준 코드체계 통합으로 2016년 「조경설계기준(KDS)」과 「조경공사 표준시방서(KCS)」를 제정, 개정하였다. 이에 본 적산기준도 코드체계를 동일하게 적용하고 있다.

다. 건설공사의 공사비 산정기준은 「예정가격 작성기준(계약예규)」에서 2015년 실적공사비의 명칭을 표준시장단가로 변경하면서, 실적공사비의 문제점 개선 등을 위하여 100억원 미만 공사는 적용 제외하여 현재까지 이 기준으로 시행되고 있다.

라. 기술·공법과 제도·방법의 변화로 공사비 산정 기준인 「건설공사 표준품셈」의 항목·내용이 지속적으로 개정되고 있으며, 향후에도 표준품셈 개정은 지속될 것이다. 본 도서는 2025년 상반기 개정분까지 반영하였으므로 이후 표준품셈 항목과 내용의 개정사항을 지속적으로 모니터링하고 최근 품셈의 적용이 필요하다.

마. 식재공사·식재유지관리공사는 과거의 일괄 적용에서 2013년 표준품셈 개정시부터 항목별 작업 범위를 명확히 규정하였으므로 식재공사, 준공 전 유지관리공사, 준공 후 유지관리공사의 구분 적용이 반드시 필요하다. 또한 구조물·시설물공사 및 포장공사 부문의 안전관리·유지기준 수립과 관리공사의 시행을 도모하여야 한다.

바. 그러나 발주처는 감사 등으로 새로운 기준을 배척하고 최소 기준을 적용하는 등 시대적인 조류에 적합한 방향으로의 개선이 필요하다. 최소금액을 적용하는 합리화의 추구보다 열린 행정으로 실제적인 내용을 적용할 때, 현실적인 공사비가 책정되고 그에 따라 보다 양질의 조경공사로 시공·관리될 수 있을 것이다.

바. 나아가 녹색성장과 기후변화 등 시대적 요구에서 신기술과 친환경적인 기법·공법이 급속히 발전·변경되고 있으므로 이러한 변화를 최대한 수용하기 위하여 「조경공사 적산기준」을 이번으로 네 번째 개정하였다.

사. 그러므로 본 기준은 조경공사의 우수한 시공품질을 확보하고 기술 발전에 기여하기 위한 기초적 토대로서 적정한 예정가격(공사비) 산정을 위한 모범적인 적산기준을 제시하는 데 그

목적이 있다.

1.2 적용원칙

가. 본 기준은「건설공사 표준품셈」인 2025년 [공통, 토목, 건축, 기계설비, 유지관리 품셈]을 기반으로 2025년 [전기, 정보통신 표준품셈], 2025년 [국가유산수리 표준품셈]을 적용·준용하였다. 이때 현재 삭제된 품셈은 필요시 삭제 전 최종년도를 표기하고 준용하였다.

나. 본 기준은「건설공사 표준품셈」에 내용이 없거나 불명확한 경우 주요발주처의 적산기준[1]을 준용하였다. 주요발주처 적산기준은 2024년 [LH공사] 공사원가 산정지침, 2025년 [서울특별시] 서울형품셈2.0, 2024년 [서울특별시 산하구청] 적산기준, 2024년 [부산광역시] 조경공사 설계지침서 등 최근년도 기준을 준용하였으며, 표준품셈 및 주요관공서 적산기준에도 없거나 불명확한 사항은 관련협회, 관련기관 등의 적산기준을 예시하였다.

다. 본 기준의 이해증진을 위하여 제시하는 사진·상세도 등을 참조하며, 본 기준의 내용과 다른 경우에는 적용하면 아니된다.

라. 본 기준에서 제시되지 않았으나 표준품셈(공통, 토목, 건축, 기계설비, 유지관리, 전기, 정보통신 등)의 수록 내용이거나 사업의 시행 국가기관·지방자치단체·정부투자기관 등의 기준은 적용·준용하며, 표준품셈(공통·토목·건축·기계설비·유지관리 및 전기·정보통신)에 수록되지 않고 본 기준에도 없는 경우에는 별도의 기준에 의한다.

마. 본 기준은 국토교통부 승인 조경공사 설계기준과 표준시방서, 관계법령 및 각 관서장 또는 지정 단체에서 제정한 품셈기준의 개정 및 기타 사회여건 등으로 변경될 수 있으므로 지속 보완한다. 법령과 제반기준의 개정은 일괄 변경하며, 공법·방법 등의 변경으로 보완 필요시「조경공사 적산기준」의 관리단체인 협회에 자료를 제출하고 보완을 요청한다.

바.「조경공사 적산기준」4차 개정판은 2025년 상반기 표준품셈 개정분까지 반영하여 가급적 원안으로 표기하였으며, 품셈의 부분 표기는 발췌로, 과거 품셈이나 주요 발주처의 기준은 준용으로, 기타 자료는 예시로 명시하였다. 조경공사 표준시방서 편제를 기반으로 적용기준, 부지조성 및 대지조형, 식재기반 조성공사, 식재공사, 조경시설물공사, 조경포장공사, 생태조경공사, 기타공사, 조경유지관리공사로 구성하여 공사별로 적산기준을 명확하게 규정하고자 하였다.

---

1) LH공사 이외 대부분 주요발주기관은 적산기준을 수립하지 않고 과거 기준에 의하거나 LH기준을 준용하고 있다. 세부내용은 2024년 (24차개정, 2024.12.17) [LH공사] [공사원가 산정지침], 2025년 [서울특별시] [서울형품셈2.0], 2024년 [서울특별시 산하구청] 적산기준, 2024년 [부산광역시] [설계지침서], 2015년 [한국도로공사], [한국수자원공사], [서울특별시 도시기반시설본부(이하 서울시 도기본)], 2014년 [SH공사], [서울특별시 시설관리공단(이하 서울시 시설공단)]의 적산기준을 준용하였다.

1.3 적용기준

내역서 작성의 일반적 기준으로서 [공통품셈]의 적용범위 및 방법을 재료비, 노무비, 경비 및 기타 항목으로 분류하면 다음과 같다.

1.3.1 적용 범위 및 기준

1. 적용범위

표준품셈은 [공통품셈 1-1-2(적용범위)]에 "국가, 지방자치단체, 공기업·준정부기관, 기타 공공기관 및 위 기관의 감독과 승인을 요하는 기관에서는 표준품셈을 건설공사 예정가격 산정의 기초로 활용한다."고 적용범위를 규정하고 있다.

표준품셈은 공공부문 공사에서 공사비의 적정 산정이 가능한 객관적 기준을 제공하는 중요 자료이며, 별도 기준이 없는 민간공사도 일부 준용하고 있다. 그러므로「조경공사 적산기준」은 표준품셈에서 규정하지 아니한 사항을 추가로 규정하고 표준품셈 적용기준에 준하여 적용한다.

2. 적용방법

표준품셈은 [공통품셈 1-1-3(적용방법)]에서 다음과 같이 명시하고 있으므로 그 기준에 의한다.

가. 공사의 예정가격 산정은 표준품셈을 활용한다.

나. 표준품셈에서 제시된 품은 일일 작업시간 8시간을 기준한 것이다.

다. 표준품셈은 건설공사 중 대표적이고 보편적이며 일반화된 공종, 공법을 기준한 것이며 현장여건, 기후의 특성 및 조건에 따라 조정하여 적용하되, 예정가격 작성기준 제2조에 의거 부당하게 감액하거나 과잉 계산되지 않도록 한다.

라. 표준품셈에 명시되지 않은 사항은 각종 사업을 시행하는 국가기관, 지방자치단체, 공기업·준정부기관, 기타 공공기관 등의 장의 책임 하에 적정한 예정가격 산정기준을 적의 결정하여 사용한다.

마. 건설공사의 예정가격 산정시 공사규모, 공사기간 및 현장조건 등을 감안하여 가장 합리적인 공법을 채택 적용한다.

바. 표준품셈에 명시되지 않은 품으로서 타부문(전기, 통신, 문화재 등)의 표준품셈에 명시된 품은 그 부분의 품을 적용하고, 타 부문과 유사한 공종의 품은 표준품셈을 우선하여 적용한다.

사. 소방법, 총포·도검·화약류 등 단속법, 산업안전보건법, 산업재해보상보험법, 건설기술진흥법, 대기환경보건법, 소음·진동규제법 등 관계법령이나 계약조건에 따라 소요되는 비용은 별도로 계상한다.

아. 각 발주기관에서 '라' 항에 의하여 별도로 결정하여 적용한 품셈이 표준품셈 보완에 반영할 필요가 있다고 인정될 경우에는 그 자료를 표준품셈 관리단체(한국건설기술연구원)에 제출한다.

3. 수량의 계산

표준품셈은 [공통품셈 1-2-1(수량의 계산)]에서 다음과 같이 명시하고 있으므로 그 기준에 의한다.

가. 수량의 단위 및 소수자리는 표준품셈 단위표준에 의한다.

나. 수량의 계산은 지정 소수자리 아래 1자리까지 산출하여 반올림한다.

다. 계산에 쓰이는 분도(分度)는 분까지, 원둘레율(圓周率), 삼각함수(三角函數) 및 호도(弧度)의 유효숫자는 3자리(3位)로 한다.

라. 곱하거나 나눗셈에 있어서는 기재된 순서에 따라 계산한다.

마. 면적 및 체적의 계산은 측량결과 또는 설계도서를 바탕으로 수학적 공식에 의해 산출함을 원칙으로 한다.

바. 다음에 열거하는 것의 체적과 면적은 구조물의 수량에서 공제하지 아니한다.
  – 콘크리트 구조물 중의 말뚝머리
  – 볼트의 구멍
  – 모따기 또는 물구멍(水切)
  – 이음줄눈의 간격
  – 포장공종의 1개소당 $0.1m^2$ 이하의 구조물 자리
  – 강(鋼)구조물의 리벳 구멍
  – 철근 콘크리트 중의 철근
  – 기타 전항에 준하는 것

사. 성토 및 사석공의 준공토량은 성토 및 사석공 설계도의 양으로 한다. 그러나 지반 침하량은 지반성질에 따라 가산할 수 있다.

아. 절토(切土)량은 자연상태의 설계도의 양으로 한다.

4. 설계서의 단위 및 소수의 표준

설계서의 단위와 소수위는 [공통품셈 1-2-2의 1(설계서의 단위 및 소수의 표준)]에 의하여 다음과 같이 적용한다. 단, 조경공사의 특성상 소수위 규정으로 적용시 산출량이 소량으로서 '0'이 되거나 공사비가 '0'이 되는 경우에는 예외적으로 한다.

〈표 1.3-1〉 설계서의 단위 및 소수의 표준 [공통품셈]

종목	규격		단위수량		비고
	단위	소수자리	단위	소수자리	
공 사 연 장	m	2	m	-	
공 사 폭 원			m	1	
직 공 인 부			인	2	
공 사 면 적			m^2	1	
용 지 면 적			m^2	-	
토적 (높이, 너비)			m	2	
토적 (단면적)			m^2	1	
토적 (체 적)			m^3	2	
토적(체적합계)			m^3	-	
떼	cm	-	m^2	1	
모 래, 자 갈	cm	-	m^3	2	
조 약 돌	cm	-	m^3	2	
견칫돌, 깬돌	cm	-	m^2	1	
견칫돌, 깬돌	cm	-	개	-	
야면석(野面石)	cm	-	개	-	
야면석(野面石)	cm	-	m^3	1	
야면석(野面石)	cm	-	m^2	1	
돌쌓기 및 돌붙임	cm	-	m^3	1	
돌쌓기 및 돌붙임	cm	-	m^2	1	
사 석 (捨石)	cm	-	m^3	1	
다듬돌(切石,板石)	cm	-	개	2	
벽 돌	mm	-	개	-	
블 록	mm	-	개	-	
시 멘 트			kg	-	
모 르 타 르			m^3	2	
콘 크 리 트			m^3	2	
석 분			kg	-	
석 회			kg	-	
화 산 회			kg	-	
아 스 팔 트			kg	-	
목재 (판재)	길이 m	1	m^2	2	
목재 (판재)	폭, 두께	1	m^3	3	
목재 (판재)	cm	1	m^3	3	
합 판	mm	-	장	1	
말 뚝	길이 m, 지름 mm	1	개	-	
철 강 제	mm	-	kg	3	총량표시는 ton으로 한다

(표 계속)

〈표 1.3-1〉 설계서의 단위 및 소수의 표준 [공통품셈]

종 목	규 격		단위수량		비 고
	단 위	소수자리	단 위	소수자리	
용 접 봉	mm	-	kg	1	
구리판, 함석류			m²	2	
철　　　근	mm	-	kg	-	
볼 트, 너 트	mm	-	개	-	
꺽　　　쇠	mm	-	개	-	
철 선 류	mm	1	kg	2	
P C 강 선			kg	2	
돌 망 태	길이 m	1	m	1	망눈(網目) cm
	지름 m	-	개	-	
	높이 m	-			
로 프 류	mm		m	1	
못	길이 cm	1	kg	2	
석유, 휘발유, 모빌유			ℓ	2	
구 리 스			kg	2	
넝　　　마			kg	2	
화 약 류			kg	3	
뇌　　　관			개	-	
도 화 선			m	1	
석탄, 목탄, 코크스			kg	1	
산　　　소			ℓ	-	
카 바 이 트			kg	1	
도료 　(塗料)			ℓ 또는 kg	2	
도장 　(塗裝)			m²	1	
관류 　(管類)	길이 m	2	개	-	
	지름 mm	-			
	두께 mm	-			
수 로 연 장			m	1	
옹　　　벽			m²	1	
승강장옹벽 및 울타리			m	1	
궤 도 부 설			km	3	
시 험 하 중			ton	-	
보오링 (試錐)			m	1	
방 수 면 적			m²	1	
건물 　(면적)			m²	2	
건물(지붕, 벽붙이기)			m²	1	
우　　　물	깊이		m	1	
마　　　대			매	-	

[주] 1. 설계서 수량의 단위와 소수자리 표시는 본 표에 따르며, 반올림하여 적용한다.

　　2. 품셈 각 항목에서 제시한 소수자리가 본 표의 내용과 상이할 경우 항목에서 제시하는 소수자리를 우선하여 적용한다.

　　3. 본 표에 제시하지 않은 품의 경우 유사 품의 규격과 단위수량을 참고하여 적용하며, C.G.S 단위로 하는 것을 원칙으로 한다.

5. 금액의 단위표준

설계서 금액의 기준은 [공통품셈 1-2-2의 2(금액의 단위표준)]에 의하여 다음과 같이 적용한다.

〈표 1.3-2〉 금액의 단위표준 [공통품셈]

종 목	단위	자리	비 고
설계서의 총액	원	1,000	미만 버림
설계서의 소계	원	1	미만 버림
설계서의 금액란	원	1	미만 버림
일위대가표의 계금	원	1	미만 버림
일위대가표의 금액란	원	0.1	미만 버림

[주] 일위대가표 금액란 또는 기초계산 금액에서 소액이 산출되어 공종이 없어질 우려가 있어 소수자리 1자리 이하의 산출이 불가피할 경우에는 소수자리의 정도를 조정 계산할 수 있다.

6. 토질 [공통품셈 1-2-3]

가. 지반설계

지하지반은 토질조사시험에 따라 설계하는 것을 원칙으로 한다. 다만, 공사량이 소규모인 경우에는 지형 또는 표면상태에 의하여 추정 설계할 수 있다.

나. 토질 및 암의 분류

- 보통토사 : 보통 상태의 실트 및 점토 모래질 흙 및 이들의 혼합물로서 삽이나 괭이를 사용할 정도의 토질(삽작업을 하기 위하여 상체를 약간 구부릴 정도)

- 경질토사 : 견고한 모래질 흙이나 점토로서 괭이나 곡괭이를 사용할 정도의 토질(체중을 이용하여 2~3회 동작을 요할 정도)

- 고사 점토 및 자갈섞인 토사 : 자갈질 흙 또는 견고한 실트, 점토 및 이들의 혼합물로서 곡괭이를 사용하여 파낼 수 있는 단단한 토질

- 호박돌 섞인 토사 : 호박돌 크기의 돌이 섞이고 굴착에 약간의 화약을 사용해야 할 정도로 단단한 토질

- 풍화암 : 일부는 곡괭이를 사용할 수 있으나 암질(岩質)이 부식되고 균열이 1~10cm로서 굴착 또는 절취에는 약간의 화약을 사용해야 할 암질

- 연암 : 혈암, 사암 등으로서 균열이 10~30cm 정도로서 굴착 또는 절취에는 화약을 사용해야 하나 석축용으로는 부적합한 암질

- 보통암 : 풍화상태는 엿볼 수 없으나 굴착 또는 절취에는 화약을 사용해야 하며 균열이 30~50cm 정도의 암질

- 경암 : 화강암, 안산암 등으로서 굴착 또는 절취에 화약을 사용해야 하며 균열상태가 1m 이내로서 석축용으로 쓸 수 있는 암질

- 극경암 : 암질이 아주 밀착된 단단한 암질

다. 체적환산계수

토공에 있어 토질 시험하여 적용하는 것을 원칙으로 하나 소량의 토량인 경우에는 표준품셈의 토량환산계수표에 따를 수도 있다. 체적의 변화는 L, C값으로 표시한다.

$$L = \frac{\text{흐트러진 상태의 체적 (m}^3)}{\text{자연상태의 체적 (m}^3)} \qquad C = \frac{\text{다져진 상태의 체적 (m}^3)}{\text{자연상태의 체적 (m}^3)}$$

〈표 1.3-3〉 체적의 변화율 [공통품셈]

종 별	L	C
경 암 (硬 岩)	1.70~2.00	1.30~1.50
보통암 (普通岩)	1.55~1.70	1.20~1.40
연 암 (軟 岩)	1.30~1.50	1.00~1.30
풍화암 (風化岩)	1.30~1.35	1.00~1.15
폐 콘크리트	1.40~1.60	별도 설계
호박돌 (玉石)	1.10~1.15	0.95~1.05
역 (礫)	1.10~1.20	1.05~1.10
역질토(礫質土)	1.15~1.20	0.90~1.00
고결(固結)된 역질토(礫質土)	1.25~1.45	1.10~1.30
모 래 (砂)	1.10~1.20	0.85~0.95
암괴(岩塊)나 호박돌이 섞인 모래	1.15~1.20	0.90~1.00
모 래 질 흙	1.20~1.30	0.85~0.90
암괴(岩塊)나 호박돌이 섞인 모래질흙	1.40~1.45	0.90~0.95
점 질 토	1.25~1.35	0.85~0.95
역(礫)이 섞인 점질토(粘質土)	1.35~1.40	0.90~1.00
암괴(岩塊)나 호박돌이 섞인 점질토	1.40~1.45	0.90~0.95
점 토 (粘土)	1.20~1.45	0.85~0.95
역이 섞인 점토	1.30~1.40	0.90~0.95
암괴(岩塊)나 호박돌이 섞인 점토	1.40~1.45	0.90~0.95

[주] 암(경암·보통암·연암)을 토사와 혼합성토할 때는 공극채움으로 인한 토사량을 계상할 수 있다.

〈표 1.3-4〉 체적환산계수(f)표 [공통품셈]

기준이 되는 q ＼ 구하는 Q	자연상태의 체적	흐트러진 상태의 체적	다져진 후의 체적
자연상태의 체적	1	L	C
흐트러진 상태의 체적	1/L	1	C/L
다져진 후의 체적[2]	1/C	L/C	1

2) 기준이 되는 q의 '다져진 후의 체적'은 [정운수 강태호, 2020, 조경재료적산학 P78, 기문당.]을 인용하였다.

라. 토취장 및 골재원

- 토취장 및 골재원(석산, 콘크리트 및 포장용 재료, 기타)을 필요로 하는 공사에는 설계서에 그 위치를 명시할 수 있다.
- 토취장 및 골재원은 품질과 경제성(수량, 거리, 채집방법, 거래가격 등) 및 관련 법적규제 등을 고려하여 설계한다.
- 모암을 발파하여 깬돌 등 규격품을 채취할 경우 규격품으로 사용할 수 없는 파쇄된 돌의 발생량은 10~40%를 표준으로 하며, 이때 파쇄된 돌의 유용이 가능하여 유용할 경우 이에 따른 경비는 별도 계상하고, 그 발생량에 대해서는 무대(無代)로 한다.
- 잡석을 부순돌(碎石)로 사용하려 할 때에는 채집비를 계상할 수 있다.
- 원석대와 채취장 및 기타 보상비는 실정에 따라 별도 계상할 수 있다.
- 국유지인 경우에는 필요한 조치를 취하여 사용토록 한다.
- 토취장 및 골재원은 사용후 정리하여 사방을 하거나 조경을 하여야 하며 정리비, 사방비 및 조경비는 별도 계상한다.

7. 운반 [공통품셈 1-2-7]

가. 소운반의 운반거리

- 품에서 자재의 소운반은 포함하며, 품에서 포함된 것으로 규정된 소운반 거리는 20m 이내의 거리를 의미한다.
- 경사면의 소운반 거리는 직고 1m를 수평거리 6m의 비율로 본다.
- 현장내 운반거리가 소운반 범위를 초과하거나, 별도의 2차 운반이 발생될 경우 별도 계상한다.

나. 인력운반 기본공식

$$Q = N \times q \qquad N = \dfrac{T}{\dfrac{60 \times L \times 2}{V} + t} = \dfrac{VT}{120L + Vt}$$

Q : 1일 운반량 (m³ 또는 kg) 　　　L : 운반거리 (m)

N : 1일 운반횟수 (회) 　　　t : 적재·적하 시간 (분)

q : 1회 운반량 (m³ 또는 kg) 　　　V : 평균왕복속도 (m/hr)

T : 1일 실작업시간 (480분-30분)

[주] 삽으로 적재할 수 없는 자재(시멘트·목재·철근·말뚝·전주·관·큰석재 등)의 인력적사는 기본공식을 적용하되 25kg을 1인의 비율로 계산하고 t 및 v는 자재 및 현장여건을 감안하여 계상한다.

다. 지게운반

〈표 1.3-5〉 지게운반 [공통품셈]

종류　　　　　구분	적재적하 시간(t)	평균왕복속도(m/hr)		
		양 호	보 통	불 량
토 사 류 석 재 류	1.5 분 2.0 분	3,000	2,500	2,000

[주] 1. 절취는 별도 계상한다.
　　2. 양호 : 운반로가 평탄하며 보행이 자유롭고 운반상 장애물이 없는 경우
　　　　보통 : 운반로가 평탄하지만 다소 운반에 지장이 있는 경우
　　　　불량 : 보행에 지장이 있는 운반로의 경우 습지, 모래질, 자갈질, 암반 등 지장이 있는 운반로의 경우
　　3. 1회 운반량은 보통토사 25kg으로 하고, 삽작업이 가능한 토석재를 기준으로 한다.
　　4. 석재류라 함은 자갈, 부순돌 및 조약돌 등을 말한다.
　　5. 고갯길인 경우에는 직고(直高) 1m를 수평거리 6m의 비율로 본다.
　　6. 적재 운반 적하는 1인을 기준으로 한다.

라. 벽돌운반

〈표 1.3-6〉 벽돌운반 [공통품셈]　　　　　　　　　　　　　　　　　　　　　(1,000매 당)

구 분	단위	층 수				
		1층	2층	3층	4층	5층
보통 인부	인	0.44	0.56	0.74	0.96	1.19
비 고	- 리프트를 사용할 경우 보통인부 0.31인을 적용한다.					

[주] 본 품은 기본벽돌(19×9×5.7cm)을 인력으로 층별(층고 3.6m) 운반하는 기준이다.

마. 운반로의 개설 및 유지보수

　운반로의 신설 또는 유지보수는 작업량을 감안하여 작업속도가 증가됨으로써 신설 또는 유지 보수하지 않을 때보다 경제적일 경우에만 계상해야 한다.

바. 화물자동차의 적재량

- 중량으로 적재할 수 있는 품종에 대하여는 중량 적재하는 것을 원칙으로 한다.

- 중량 적재가 곤란한 것에 대하여는 적재할 수 있는 실측치에 의한다.

- 화물자동차의 적재량은 중량적재나 용량적재 그 어느 쪽의 제한 범위도 벗어나지 않도록 해야 하며, 운반로의 종별(공도, 사도) 및 상태에 따라서도 달라질 수 있다.

- 화물자동차의 적재량은 중량으로 적재하거나 특수한 품목을 제외하고는 일반적으로 다음의 값을 기준으로 한다.

〈표 1.3-7〉 화물자동차의 적재량 [공통품셈]

종 별	규 격	단위	적 재 량				비고
			6톤 차량	8톤 차량	11톤 차량	20톤 트레일러	
목재 (원목)	길이가 긴 것은 낱개	m³	7.7	10	13	-	
목재(제재목)	〃	m³	9.0	12	16	-	
경유·휘발유	200	드럼	30	40	55	-	
아 스 팔 트	〃	드럼	24	35	50	-	
새　　　끼	12mm, 9.4kg	다발	480	640	-	-	
벽　　　돌	19×9×5.7cm(표준형)	개	2,930	3,900	5,300	-	
기　　　와	34×30×1.5cm	매	1,860	2,480	3,400	-	
보 도 블 록	30×45×6cm	개	490	650	890	-	
견 치 돌	뒷길이 45cm	개	100	135	180	-	
블　　　록	두께 10cm	개	650	860	1,180	-	
〃	두께 15cm	개	450	600	820	-	
〃	두께 20cm	개	350	460	630	-	
타　　　일	두께 6mm	m²	500	660	-	-	모자이크 포함
	(8mm)		(350)	(460)	-	-	
크링커 타일	두께24mm	m²	150	200	-	-	
합　　　판	12×900×1,800mm	매	450	600	820	-	
유　　　리	두께 3mm	m²	700	930	-	-	
페 인 트	4/통	통	1,300	1,720	2,365	-	
	(18/통)		(300)	(400)	(550)	-	
아 스 타 일	3mm×30cm×30cm	매	9,600	12,800	17,600	-	
흄　　　관	φ300mm L=2.5m	본	27	36	52	-	
	φ450mm 〃	본	15	20	27	-	
	φ600mm 〃	본	8	12	15	-	
	φ800mm 〃	본	4	6	9	-	
	φ900mm 〃	본	4	5	7	-	
	φ1,000mm 〃	본	3	4	5	10	
	φ1,200mm 〃	본	2	3	4	7	
	φ1,500mm 〃	본	1	2	2	5	
콘크리트관	φ250mm L=1m	본	60	80	110	-	
	φ300mm 〃	본	52	70	96	-	
	φ350mm 〃	본	42	60	82	-	
	φ450mm 〃	본	25	30	41	-	
	φ600mm 〃	본	16	20	27	-	
	φ900mm 〃	본	9	12	16	-	
	φ1,000~1,500mm 〃	본	3~6	4~8	5~10	12	
주 철 관	φ80~150mm L=6m	본	42~111	46~123	-	-	
	φ200~450mm 〃	본	9~30	10~34	-	-	
	φ500~600mm 〃	본	6	6~9	-	-	
	φ700~900mm 〃	본	3	3~5	-	-	
	φ1,000mm 〃	본	2	2	-	-	

(표 계속)

〈표 1.3-7〉 화물자동차의 적재량 [공통품셈]

종 별	규 격	단위	적 재 량				비고
			6톤 차량	8톤 차량	11톤 차량	20톤 트레일러	
도복장강관	φ300~450mm L=6m	본	10~18	14~22	-	-	
	φ500~700mm 〃	본	3~9	6~10	-	-	
	φ800~1,000mm 〃	본	1~3	3	-	-	
	φ1,200~2,100mm 〃	본	1	1	-	-	
	φ2,200~2,300mm 〃	본	-	1	-	-	
P.C 파 일	φ300~440mm L=9m	본	-	-	6~10	11~18	
	φ450~500mm 〃	본	-	-	4~5	8~9	
시 멘 트	40kg	대	150	200	275	637 (25.5톤풀카고기준)	
전　　　주	10m (일반용)	본	-	-	12	23	
	체신주 8m	본	-	17	23	43	

1.3.2 재료비

1. 재료의 기준

재료의 기준은 [공통품셈 1-2-4의 4(재료시험 결과 이용)]에서 "설계는 재료시험에 의하여 제원을 결정함을 원칙으로 한다."라고 규정하고 있다. 그러므로 일정 규모인 경우에는 반드시 시험에 의하며, 소규모는 품셈 등의 일반 기준을 적용한다.

자재의 기준은 [공통품셈 1-2-4의 1(주요자재)]에서 다음과 같이 명시하고 있다.

가. 공사에 대한 주요자재의 관급은「국가를 당사자로 하는 계약에 관한 법률 시행규칙」및 기획재정부 회계예규 등 관계규정이나 계약조건에 따른다.

나. 자재구입은 필요에 따라 시방서를 작성하고 그 물건의 기능, 특징, 용량, 제작방법, 성능, 시험방법, 부속품 등에 관하여 명시하여야 한다.

다. 국내에서 생산되는 자재를 우선적으로 사용함을 원칙으로 하고 그 중에서도 한국산업규격표시품(KS), 우수재활용제품(GR) 또는 건설기술진흥법 제60조 제1항의 규정에 의한 국·공립 시험기관의 시험결과 한국산업규격 표시품과 동등 이상의 성능이 있다고 확인된 자재를 우선한다.

라. 한국산업규격에 없는 제품 사용시 공사조건에 맞는 관련규격 및 시방(외국규격 등) 등을 검토하여 사용토록 한다.

주요 자재(시멘트, 철근 등)와 기타 소속 중앙관서의 장이 관급(官給)이 필요하다고 인정하는 자재의 경우 관급으로 하되, 관급자와 도급자 설치로 구분한다. 다만, 소량이거나 긴급사업 등 제반 여건상 불가피한 경우는 에외로 규정할 수 있으며 레미콘, 콘크리트 벽돌, 경계석, 소형블록, 기층

재, 보조기층재, 아스콘, 골재 등 권역별 가격이 제시되는 품목은 그에 의함을 원칙으로 한다.

재료 및 자재의 단가는 [공통품셈 1-2-4의 2(재료 및 자재의 단가)]에서 다음과 같이 명시하고 있다.

가. 건설재료 및 자재의 단가는 거래실례가격 또는 통계법 제15조의 규정에 의한 지정기관이 조사하여 공표한 가격, 감정가격, 유사한 거래실례가격, 견적가격을 기준하며, 적용순서는 「국가를 당사자로 하는 계약에 관한 법률 시행규칙」 제7조의 규정에 따른다.

나. 재료 및 자재단가에 운반비가 포함되어 있지 않은 경우 구입 장소로부터 현장까지의 운반비를 계상할 수 있다.

다. 품셈의 각 항목에 명시되어 있지 않는 재료 및 자재는 설계수량을 적용하고, 잡재료 및 소모재료는 [공통품셈 1-2-4의 7(잡재료 및 소모재료)] 등을 따른다.

잡재료 및 소모재료는 [공통품셈 1-2-4의 7(잡재료 및 소모재료)]에서 "각 항목에 명시되어 있는 잡재료 및 소모재료에 대해서는 이를 계상하고, 명시되어 있지 않는 잡재료 및 소모재료 등을 계상하고자 할 때에는 주재료비(재료비의 할증수량 제외)의 2~5%까지 별도 계상하되 산정근거를 명시하여야 한다."라고 규정하고 있다.

※ 원가계산시 단위당 가격기준 (국계법 시행규칙 제7조)

원가계산의 단위 가격은 다음 각 호에 해당하는 가격을 말하며, 그 적용순서는 다음 각 호의 순서에 의한다.

가. 거래실례가격 또는 「통계법」 제15조에서 지정기관이 조사하여 공표한 가격. 다만, 기획재정부장관이 단위당 가격을 별도로 정한 경우 또는 각 중앙관서의 장이 별도로 기획재정부장관과 협의하여 단위당 가격을 조사·공표한 경우에는 해당 가격

나. 국가를 당사자로 하는 계약에 관한 법률(약칭 국계법) 시행규칙 제10조 제1호 내지 제3호의 1의 규정에 의한 가격

1) 감정가격 : 감정평가법인 또는 감정평가사가 감정 평가한 가격

2) 거래실례가격 : 기능과 용도가 유사한 물품의 거래실례가격

3) 견적가격 : 계약상대자 또는 제3자로부터 직접 제출받은 가격

---

2. 재료의 단위중량

[공통품셈 1-2-4의 3(재료의 단위중량)]에서 "재료의 단위중량은 입경, 습윤도 등에 따라 달라지므로 시험에 의하여 결정하여야 한다"라고 규정하며 일반적인 추정 단위중량을 다음과 같이 명시하고 있다.

그러므로 일정 규모인 경우에는 시험에 의하며, 소규모는 품셈 등의 일반기준을 적용하고 필요

시 정산한다.

〈표 1.3-8〉 재료의 단위중량 [공통품셈]

구분	형상	단위	단위중량(kg/m³)	비고
암　　　석	화 강 암	m³	2,600~2,700	자연상태
	안 산 암	m³	2,300~2,710	〃
	사　　암	m³	2,400~2,790	〃
	현 무 암	m³	2,700~3,200	〃
자　　갈	건　　조	m³	1,600~1,800	자연상태
	습　　기	m³	1,700~1,800	〃
	포　　화	m³	1,800~1,900	〃
모　　래	건　　조	m³	1,500~1,700	자연상태
	습　　기	m³	1,700~1,800	〃
	포　　화	m³	1,800~2,000	〃
점　　토	건　　조	m³	1,200~1,700	자연상태
	습　　기	m³	1,700~1,800	〃
	포　　화	m³	1,800~1,900	〃
점 질 토	보 통 의 것	m³	1,500~1,700	자연상태
	력이 섞인 것	m³	1,600~1,800	〃
	력이 섞이고 습한것	m³	1,900~2,100	〃
모 래 질 흙		m³	1,700~1,900	자연상태
자갈섞인토사		m³	1,700~2,000	〃
자갈섞인모래		m³	1,900~2,100	〃
호 박 돌		m³	1,800~2,000	〃
사　　석		m³	2,000	〃
조 약 돌		m³	1,700	〃
주　　철		m³	7,250	
강, 주강, 단철		m³	7,850	
스 테 인 리 스	STS 304	m³	7,930	KS D 3695
〃	STS 430	m³	7,700	('93 신설)
연　　철		m³	7,800	
놋　　쇠		m³	8,400	
구　　리		m³	8,900	
납　　(鉛)		m³	11,400	
목　　재	생송재(生松材)	m³	800	
소 나 무	건재 (乾材)	m³	580	
소나무 (적송)	건재 (乾材)	m³	590	
미　　송	〃	m³	420~700	
시 멘 트		m³	3,150	
〃		m³	1,500	자연상태
철근콘크리트		m³	2,400	
콘 크 리 트		m³	2,300	
시멘트모르타르		m³	2,100	

(표 계속)

〈표 1.3-8〉 재료의 단위중량 [공통품셈]

구 분	형 상	단위	단위중량(kg/m^3)	비 고
역 청 포 장		m^3	2,350	'01 보완
역청제(방수용)		m^3	1,100	
물		m^3	1,000	
해　　　수		m^3	1,030	
	분말상(粉末狀)	m^3	160	
눈	동결　(凍結)	m^3	480	
	수분포화(水分飽和)	m^3	800	
고로슬래그부순돌		m^3	1,650~1,850	자연상태

[주] 1. 부순돌 및 조약돌 등은 모암의 암질(岩質)을 고려하여 결정한다.

　　2. 본 표에 없는 품종에 대하여는 단위중량 시험에 의해 결정함을 원칙으로 하며, 필요시(재료량이 소규모인 경우 등) 문헌에 의한 결과를 참고한다.

3. 재료의 할증율

할증이란 최종 시공량에 대하여 운반, 저장, 절단, 가공 및 시공 과정에서 발생하는 손실량으로서, 정미량에 할증량을 더하면 총 필요량이 된다.

재료의 할증은 [공통품셈 1-3-1(재료의 할증)]에 의한 다음 표를 기준하되 각 발주기관의 할증율 규정이 있는 경우에는 그 할증율을 우선 적용한다. 단, 표준품셈 세부 내용에서 재료의 할증율이 포함된 경우 할증율을 별도 적용하면 2중으로 계상되므로 주의한다.

가. 품셈에 할증이 표시되어 있지 아니한 경우에 한하여 적용한다.

- 정미량 (절대소요량) = 최종 설치되는 자재량

- 총소요량 = 정미량 + 할증량 (시공손실량)

나. 표준품셈의 품은 재료의 절대소요량 기준이므로, 할증량은 품을 적용하지 않는다.

다. 재료비와 재료의 운반은 할증량을 포함한 총소요량 적용을 기준으로 한다.

〈표 1.3-9〉 재료의 할증률 [공통품셈]

구 분	종 류	할증률(%)	
		정치식	기 타
콘크리트 및	시 멘 트	2	3
	잔골재·채움재	10	12
	굵 은 골 재	3	5
포장용 재료	아 스 팔 트	2	3
	석　　　분	2	3
	혼 화 재	2	-

(표 계속)

〈표 1.3-9〉 재료의 할증률 [공통품셈]

구분	종류	할증률(%)	
		정치식	기 타
노상 및 노반재료 (선택층, 보조기층, 기층 등)	모　래	6	
	부순돌·자갈·막자갈	4	
	점　질　토	6	
관 및 구조물 기초 부설재료	모　래	4	

구분		지반 / 종류 / 사석두께	보통 지반		모래치환 지반		연약 지반	
			2m미만	2m이상	2m미만	2m이상	2m미만	2m이상
해 상 작 업	사 석 (捨石)	기 초 사 석	25	20	30	25	50	40
		피복석(被覆石)	15	15	15	15	20	20
		뒤채움 사석	20	20	20	20	25	25
	토 사	치환모래(置換砂)	20		표면 건조 포화상태의 모래에 대한 할증률			
		깔모래 (敷砂)	30					
		사항용모래(砂抗用砂)	20					
		압입모래(壓入砂)	40					
	속채움	모　래	10		케이슨 또는 세라블록 등의 속채움시 단, 블록 또는 콘크리트 속채움재 제외			
		사　석	10					

구분	종류	할증률(%)
강 재 류	원 형 철 근	5
	이 형 철 근	3
	이형철근(복잡한 구조물의 주철근)	6~7
	일 반 볼 트	5
	고장력볼트(HTB)	3
	강 판 (板)	10
	강　　관	5
	대형 형강(形鋼)	7
	소 형 형 강	5
	봉 강 (棒鋼)	5
	평 강 대 강	5
	경량형강, 각파이프	5
	리벳 (제품)	5
	스테인리스강판	10
	스테인리스강관	5
	동　　판	10
	동　　관	5
	덕트용 금속판	28
	프레스접합식 스테인리스 강관	5
	이 음 부 속 류	5

(표 계속)

〈표 1.3-9〉 재료의 할증률 [공통품셈]

구 분	종 류		할증률(%)
기 타 재 료	목 재	각 재	5
		판 재	10
	합 판	일반용 합판	3
		수장용 합판	5
	쉬 즈 관		8
	쉬 즈 판		8
	PVC관 / PE관		5 (23 신설)
	원심력 철근 콘크리트관		3
	조립식구조물 (U형플륨관 등)		3 (92 신설)
	도 료		2
	벽 돌	붉은 벽돌	3
		시멘트 벽돌	5
		내 화 벽 돌	3
		경 계 블 록	3
		콘크리트블록	4
		호 안 블 록	5
	원석 (마름돌용)		30
	석재판 붙임용재	정 형 돌	10
		부 정 형 돌	30
	조 경 용 수 목		10
	잔디 및 초화류		10
	레미콘타설 (현장플랜트포함)	무근 구조물	2
		철근 구조물	1
		철골 구조물	1
	현 장 혼 합 콘크리트타설 (인력 및 믹서)	무근 구조물	3
		철근 구조물	2
		소형 구조물	5
	콘크리트포장 혼합물의 포설		4
	아스팔트콘크리트포설(현장플랜트 포함)		2
	졸 대		20
	텍 스		5
	석고판 (못붙임용)		5
	석고판 (본드붙임용)		8
	콜 크 판		5
	단 열 재		10
	유 리		1
	테 라 콧 타		3
	블 록		4
	기 와		5
	슬 레 이 트		3

(표 계속)

〈표 1.3-9〉 재료의 할증률 [공통품셈]

구 분	종 류		할증률(%)
기 타 재 료	타 일	모 자 이 크	3
		도 기	3
		자 기	3
		아 스 팔 트	5
		리 노 륨	5
		비 닐	5
		비 닐 렉 스	5
		크 링 카	3
	테 라 죠 판		6 (18 신설)
	위생기구(도기, 자기류)		2

[주] 1. 콘크리트 및 포장용 재료 : 속채움 재료의 경우에도 이 값을 준용한다.
　　2. 해상작업 : 사석의 재료 할증률은 공사의 위치, 자연조건(수심, 조류, 파랑, 조위, 해저지질 등)과 제체의 규모 및 공사의 종류 등 현장
　　　　조건에 적합하게 적용할 수 있다.
　　3. 강재류 : - 이형철근의 경우 해당 공사 또는 구조물의 시공실적에 따라 조정하여 적용할 수 있다.
　　　　　　- 강관, 스테인리스강관의 할증률(%)은 옥외공사를 기준한 것이며 옥내공사용 재료의 할증률은 10% 이내로 한다.
　　　　　　- 형강(形鋼)의 대형 구분은 100mm 이상을 말한다.
　　　　　　- 현장 여건상 절단 및 가공 등이 불필요한 경우, 상기 할증률을 조정하여 적용할 수 있다.
　　4. 기타재료 : - 거푸집 및 동바리, 가건축물 또는 품셈에 할증률이 포함 또는 표시되어 있는 것에 대하여는 본 할증률을 적용하지 아니한다.
　　　　　　- 개별 부재의 설계조건에 의해 제작이 완료된 상태의 PC부재(PC암거, 건축용 구조부재 등)는 할증수량을 적용하지 않는다.
　　　　　　- PVC, PE관의 할증률(%)은 옥외공사 기준이며 옥내공사용 재료의 할증률은 10% 이내로 한다.
　　　　　　- 현장 여건상 전단 및 가공 등이 불필요한 경우, 상기 할증률을 조정하여 적용할 수 있다.

4. 공구손료 및 잡재료 등

공구손료 및 잡재료는 [공통품셈 1-2-6(공구 및 경장비)]의 "각 항목에 명시되어 있는 공구손료 및 경장비의 기계경비에 대해서는 이를 계상하고, 명시되어 있지 않는 공구손료 및 경장비의 기계경비 등을 계상하고자 할 때는 다음에 따라 별도 계상하되 산정근거를 명시하여야 한다."라며 세부 내용을 다음과 같이 규정하고 있다.

- 공구손료 : 일반공구 및 시험용 계측기구류의 손료로서 공사 중 상시 일반적으로 사용되는 것이며, 인력품(노임할증과 작업시간 증가에 의하지 않은 품 할증 제외)의 3%까지 계상하며 특수공구(철골공사, 석공사 등) 및 검사용 특수계측기류의 손료는 별도 계상한다.

- 경장비의 기계경비 : 경장비류의 손료 및 운전경비(운전원 제외)이며, 손료는 기계경비 산정표에 명시된 가장 유사한 장비의 제수치(내용시간, 연간표준 가동시간, 상각비율, 정비비율, 연간관리비율 등)를 참조하여 계상한다.

5. 발생재의 처리

사용고재는 [공통품셈 1-2-4의 5(발생재의 처리)]에 의하여 다음과 같이 처리한다.

〈표 1.3-10〉 발생재 공제율 [공통품셈]

품 명	공제율
사용고재 (시멘트공대 및 공드럼 제외)	90 %
강재 스크랩 (Scrap)	70 %
기타 발생재	발생량

[주] - 공제금액 계산 : 발생량 × 공제율 × 고재단가
　　- 기존 시설물의 철거, 해체, 이설 등으로 인한 발생재는 「예정가격 작성기준」 제17조를 따른다.

1.3.3 노무비

1. 노임의 기준

노무비는 인건비로서 사전적 의미는 '노동력에 지출하는 비용'으로 정의되어 있다.

노임은 1일 8시간 기준 노동자 임금으로 거래실례가격 또는 통계작성 승인을 받은 기관이 조사·공표하는 가격으로서, 직종별 노임단가를 매년 2회(상·하반기, 1월·9월) 고시하는 최근의 노임을 적용한다.

2. 노임의 할증

[공통품셈 1-3-2(노임의 할증)]에서 "노임은 관계법령의 규정에 따른다. 근로시간을 벗어난 시간외, 유급휴일, 야간 및 휴일의 근무가 불가피한 경우에는 근로기준법 제50조, 제55조, 제56조, 유해위험작업인 경우 산업안전보건법 제139조에 정하는 바에 따른다."고 규정하고 있다.

근로 관련 법규의 주요사항은 다음과 같다.

가. 근로시간 (근로기준법 제50, 53조) : 휴게시간을 제외하고 1일 8시간, 1주일 40시간을 기준한다. 단, 당사자간 합의로 특정한 1일 12시간, 1주 52시간을 한도로 근로할 수 있다.

나. 휴게 (근로기준법 제54조) : 사용자는 근로시간이 4시간인 경우 30분 이상, 8시간인 경우 1시간 이상의 휴게시간을 근로시간중에 주어야 한다. 휴게시간은 근로자가 자유롭게 이용할 수 있다.

다. 근로시간 계산 (근로기준법 시행령 제41조) : 근로기준법 제69조 및 산업안전보건법 제139조의 규정에 의한 근로시간은 휴게시간을 제외한 근로시간을 말한다.

라. 휴일 (근로기준법 제55조) : 사용자는 근로자에게 1주에 평균 1회 이상의 유급휴일을 보장하여야 한다. 사용자는 근로자에게 대통령령으로 정하는 휴일을 유급으로 보장하여야 한다. 다만, 근로자대표와 서면으로 합의한 경우 특정한 근로일로 대체할 수 있다.

마. 연장·야간 및 휴일근로 (근로기준법 제56조) : 사용자는 연장근로와 야간근로(하오 10시부터 상오 6시까지 사이의 근로) 또는 휴일근로에 대하여는 통상 임금의 100분의 50 이상을 가산

하여 지급하여야 한다.

바. 보상휴가제 (근로기준법 제57조) : 사용자는 근로자 대표와의 서면합의에 따라 연장근로, 야간근로 및 휴일근로에 대하여 임금을 지급하는 것에 갈음하여 휴가를 줄 수 있다.

사. 연차 유급휴가 (근로기준법 제60조) : 사용자는 1년간 80퍼센트 이상 출근한 근로자에게 15일의 유급휴가를 주어야 한다. 사용자는 계속하여 출근한 근로자에게 1개월 개근시 1일의 유급휴가를 주어야 한다. 사용자는 3년 이상 계속 근로한 근로자에게는 최초 1년을 초과하는 계속 근로 연수 매 2년에 대하여 1일을 가산한 유급휴가를 주어야 한다. 이 경우 가산휴가를 포함한 총 휴가 일수는 25일을 한도로 한다.

3. 품의 할증

품의 할증은 [공통품셈 1-4(품의 할증)]의 1. 적용기준, 2. 할증의 중복가산요령, 3. 작업지연, 4. 지세/지형, 5. 위험, 6. 작업제한, 7. 작업환경에 의하여 다음과 같이 적용한다.

가. 적용기준

- 품의 할증은 필요한 경우 다음의 기준 이내에서 적정공사비 산정을 위하여 공사규모, 현장조건 등을 감안하여 적용한다.
- 할증의 적용은 품셈 각 항목에서 발생하는 보편적인 작업환경에서 벗어나는 경우에 고려되어야 하며, 항목별로 별도의 할증이 명시된 경우에는 각 항목별 할증을 우선 적용한다.
- 품의 할증은 생산성에 영향을 받는 품 요소(인력 및 건설기계)에 적용함을 원칙으로 한다.
- 품의 할증은 각각의 할증 요소에서 제시하고 있는 기준과 동일하거나 유사한 시공조건에서 적용할 수 있으며, 할증의 적용에 판단이 필요한 경우는 발주기관의 장 또는 계약 당사자간 협의하여 적용함을 원칙으로 한다.
- 할증율(%)은 요소별 일반적인 작업조건을 기준으로 제시하였으며, 일부의 작업에 영향을 미치는 경우 할증율의 범위내에서 보완하여 적용할 수 있다.

나. 할증의 중복가산요령

$$W = 기본품 \times (1 + a1 + a2 + a3 + \cdots\cdots + an)$$

단, 동일성격의 품 할증 요소의 이중적용은 불가함.

W　　　 : 할증이 포함된 품

기본품 : 각 항 [주]란의 필요한 할증·감 요소가 감안된 품

a1⋯an : 품 할증 요소

다. 작업지연 : 공사 수행 시 특정 시공조건 발생(출입통제, 중단, 이동 등)하여 일일 작업시간에 제약을 받는 경우를 대상으로 한다.

〈표 1.3-11〉 작업지연 _ 현장조건 [공통품셈]

구 분	적용 조건	할증
통제 보안 지역	- 보안구역 등 작업인력의 출입통제로 작업에 지장을 받는 경우	20%
군(軍)통제지역	- 인근 사격훈련 등 군(軍) 관련 지역 내 출입통제 등으로 작업에 지장을 받는 경우	50%
도 서 지 역	- 본토와 도서지구간 인력의 이동(출퇴근) 발생으로 작업에 지장을 받는 경우	50%
공 항 지 역	- 공항 내 이착륙(1일 20회 이상) 발생으로 작업에 지장을 받는 경우	50%

[주] 1. 본 할증은 인력의 출입 및 작업 통제에 의해 실 작업시간이 줄어드는 경우에 적용한다.
    2. 도서지역에서 자원(인력, 자재, 건설기계)의 수급에 영향을 받는 경우는 본 할증과 무관하며, 별도 반영하여야 한다.

〈표 1.3-12〉 작업지연 _ 열차의 운행빈도 [공통품셈]

구 분	적용 조건	할증
본선상 작업	- 열차운행횟수(8시간) 13회 이하	14%
	- 열차운행횟수(8시간) 14~18회 이하	25%
	- 열차운행횟수(8시간) 19회 이상	37%
열차 운행선 인 접 작 업	- 열차운행횟수(8시간) 13회 이하	3%
	- 열차운행횟수(8시간) 14~18회 이하	5%
	- 열차운행횟수(8시간) 19회 이상	7%

[주] 1. 열차 통과에 따라 작업이 중단(지장 또는 대피)되는 경우에 적용한다.
    2. 열차운행선 인접공사시 열차통과에 따라 작업이 중단되어 작업능률이 저하되는 경우 대피 할증률을 적용하며, 선로와의 이격거리는 철도안전법 기준을 적용한다.

〈표 1.3-13〉 작업지연 _ 건물 층수 [공통품셈]

구 분	적용 조건	할증
지 상 층	2~5층	1%
	10층 이하	3%
	15층 이하	4%
	20층 이하	5%
	25층 이하	6%
	30층 이하	7%
	30층 초과	5층마다 1%씩 가산
지 하 층	지하 1층	1%
	지하 2층	2%
	지하 2층 초과	1층마다 1%씩 가산

[주] 1. 시설(건물 등) 내부에서 작업자의 이동에 따라 작업능률이 저하되는 경우에 적용한다.
    2. 층의 구분을 할 수 없는 경우 층고를 3.6m로 기준하여 환산한다.

라. 지세/지형 : 시공위치의 형상(산지 등), 환경(교통, 주거 등) 등의 조건에 의해 작업효율에 영향을 받는 공종에 한하여 적용한다.

〈표 1.3-14〉 품의 할증 _ 지세 [공통품셈]

구 분	할증		적용 조건
산 지	산 지 A	15%	- '산지의 등급 구분' 참조
	산 지 B	25%	
	산 지 C	50%	
경 사 지	경사지 A	10%	- 비탈면 등 경사면 작업으로 작업에 지장을 받는 경우
	경사지 B	20%	- '경사지의 등급 구분' 참조
습지/해안지	20%		- 습지(물이 있는 논 등) 또는 해안지역(갯벌, 간척지, 모래사장 등)에서 직접 작업하는 경우

[주] 1. 시공위치의 형상 변화(간섭, 경사 등)로 인해 작업에 지장을 받는 경우에 적용한다.
　　 2. 작업 조건의 개선(지형 평탄화, 탑승장비 활용 등)으로 본 작업의 영향을 받지 않는 경우 적용하지 않는다.
　　 3. '산지의 등급 구분'은 아래와 같다.
　　　 - 산지 A : 국도 주변 야산지, 지방도 주변 야산지, 시가지 주변 야산지, 마을 주변 야산지
　　　 - 산지 B : 순수 야산지, 해안 야산지
　　　 - 산지 C : 산악지
　　 4. '경사지의 등급 구분'은 아래와 같다.
　　　 - 경사지 A : 수평각 15도~30도 미만 경사
　　　 - 경사지 B : 수평각 30도 이상 경사

〈표 1.3-15〉 품의 할증 _ 지세구분 [공통품셈]

구 분		평 탄 지	산지 A (국도 등 주변 야산지)	산지 B (야산지)	산지 C (산악지)
지 형		평지 또는 보통 야산으로 교통이 편리한 곳	험한 야산지대 및 수목이 우거진 보통 산악지대	험한 야산지대 및 수목이 우거진 보통 산악지대로서 교통이 불편한 곳	산림이 우거진 험준한 산악지대로서 교통이 극히 불편한 곳
지 세		평지 또는 보통 야산	험한 야산 또는 보통 산악	험한 야산 또는 보통 산악	험한 산악
높이기준	해 발 표 고	100m 미만 50m 미만	300m 미만 150m 미만	300m 미만 150m 미만	400m 미만 200m 미만
통행조건	도 로 구 배 통 행	대소로 (유) 완 만 양 호	대소로 (유) 완 만 양 호	대 로 (무) 완 급 불 편	대소로 (무) 극 급 극히 불량
자연환경	지 세 수 목 기 상	양 호 소수 또는 소목 보 통	불 편 보통 또는 약간 울창 불 편	불 편 보통 또는 약간 울창 불 편	불 량 울 창 불 편
기타조건	교 통 편 숙 소 통 신 인력동원	도로에서 500m이내 편 리 편 리 편 리	도로에서 500m이내 편 리 편 리 편 리	도로에서 1km이내 불 편 불 편 불 편	도로에서 1km이상 극히 불편 불 가 불 가

[주] 1 교통
　 - 도로 : 도시·군계획시설의 결정·구조 및 설치기준에 관한 규칙 제9조 참고

- 편리 : 대형차의 통행가능
- 불편 : 소형차 또는 리어카 정도의 통행가능
- 극히불편 : 사람 이외의 통행불가
2. 표고 : 활동 중심구역에서의 거리 300m 기준
3. 구배
- 완만 : 사거리 100m 미만으로 수평각 15도 미만 정도
- 완급 : 사거리 100m 이상의 수평각 30도 미만 정도
- 극급 : 사거리 100m 이상으로 수평각 30도 이상 정도
4. 선정기준 : 상기 구분기준 중 4개 이상에 해당되는 경우를 대상으로 함

〈표 1.3-16〉 품의 할증 _ 도심지 [공통품셈]

구 분	할 증		적용 조건
도로점유 차도공사	차 도 A (2차로)	30%	- 교행불가 발생으로 인해 작업에 영향을 받는 경우
	차 도 B (4차로 이하)	25%	- 통행제한 또는 저속통행으로 인해 작업에 영향을 받는 경우
	차 도 C (4차로 초과)	20%	- 교통량 과다로 인한 차량통행에 영향을 받는 경우
주거지 및 상 업 지 공 사	보행자 및 차량통행	15%	- 보행자 또는 차량통행으로 인해 작업에 영향을 받는 경우
	주거환경영향		- 주변환경 영향으로 인해 작업에 영향을 받는 경우
	현장협소		- 현장내 자재 적치 또는 장비의 설치/운전이 어려운 경우
	지하매설물	15%	- 지하매설물의 간섭으로 인해 작업에 영향을 받는 경우
지하/지반 공 사	고층/초고층 건축물	10%	- 장시간 연속타설이 필요한 기초공사 등 - 초대형 장비(대구경 천공기 / 대형 크레인 등)의 설치 / 운전이 어려운 경우
	대심도굴착 A	20%	- 대심도 수직구 굴착공사에서 도심지 작업으로 인해 작업에 영향을 받는 경우(자재반입, 버럭반출 제약 등)
	대심도굴착 B	30%	- 대심도굴착 A : 수직구 깊이 40m~60m 이하 - 대심도굴착 B : 수직구 깊이 60m 초과

[주] 1. 도로점유 차도 공사는 도로를 점유하여 작업하는 공종을 기준으로 한다.
2. 주거 및 상업지 공사는 '국토의 계획 및 이용에 관한 법률'에 따른 주거지역 및 상업지역과 공업지역 중 준공업지역을 기준으로 하며, 그 밖의 지역에서 시공환경이 유사한 경우 이를 준용하여 적용할 수 있다.
3. 지하/지반 공사는 도시지역 내 현장부지가 협소하거나 보행자 및 차량통행 등으로 현장진입이 원활하지 않은 경우에 적용한다.
4. 고층 및 초고층 건축물의 구분은 '건축법' 및 '건축법 시행령'을 기준으로 한다.

마. 위험 : 작업 위치 및 환경에 따른 위험요소의 발생과 위험의 노출로 인해 작업능률의 저하가 예상되는 경우에 적용한다.

- 고소작업

  - 비계사용 : 10m미만(-), 20m미만(5%), 30m미만(8%), +10m마다(4%씩 가산)

  - 고소작업차사용 : 10m미만(-), 20m미만(4%), 30m미만(6%), +10m마다(2%씩 가산)

- 교량상 작업

  - 슬래브(도상)위 (작업자의 추락 위험이 비교적 낮은 작업) : 15%

  - 무도상 교량/난간설치 및 철거 (작업자의 추락 위험이 높은 작업) : 30%

- 터널내 작업

  - 도로/보행터널 (작업자의 대피가 용이한 터널) : 15%

  - 철도터널 (작업자의 대피거리가 길고, 별도의 대피공간이 필요한 터널) : 30%

  - 비고 : 작업능률이 현저하게 저하될 시는 위 할증률에 10%까지 가산할 수 있다.

- 유해 작업

  - 활선근접 (고온·고압기기 접근작업) : 30%

  - 기타 (고열·위험물·극독물의 보관실내 작업) : 20%

  - 기타 (정화조, 축전지실, 제방실내 등 유해가스 발생장소) : 10%

바. 작업제한 : 휴전, 단수, 선로사용중지 등 작업시간 제한 발생 또는 1일 작업물량 미만의 소규모 시공 등 일일작업시간(8시간) 미만의 시공이 발생하는 경우를 대상으로 한다.

- 작업시간 제한 (작업가능시간) : 2시간이하(50%), 3시간이하(35%), 4시간이하(25%), 5시간이하(20%), 6시간이하(15%)

- 소규모(작업물량 제한) : "시공량/일"으로 명시된 항목 중 시공량이 본 품(시공량/일)의 기준 미만인 소규모 공사인 경우 다음과 같이 적용하며, "시공량/일"이 제시되지 않는 항목의 경우 시공수량과 투입자원(인력, 장비)의 작업능력을 고려하여 산정한다. (재료량에는 적용하지 않는다.)[3]

  - 시공량 ≤ (1일시공량/2) : 적용시공량 Q = (1일시공량/2)

  - (1일시공량/2) 〈 시공량 ≤ (1일시공량) : 적용시공량 Q = (1일시공량)

사. 작업환경 : 공사외적 시공환경(작업 시간대, 환경(소음·진동 등), 위치 이동 및 분산 등) 변화 또는 특수작업이 발생하는 경우를 대상으로 한다.

- 야간 (정상작업시간에 추가하여 야간공사 수행(돌관공사) / 공사성격에 따라 야간작업으로 계획) : 25%

- 특수작업 (중요기기 및 설비의 분해, 가공 또는 조립작업 / 특별한 사양 및 공법에 의한 작업 / 기타 중요한 기기 및 설비를 취급하는 작업) : 5~10%

- 기타 (작업공간의 협소(작업간섭) / 동일장소에서 수종의 장비가동 / 소음·진동발생 / 위험 발생), (원거리, 계속이동작업, 분산작업 등 이동시간 과다발생) : 50%

---

3) 작업제한은 표준품셈에 2023년 신설 2024년 보완 항목으로 품셈 기준이 일당시공량으로 바뀌면서 최소인력을 일당시공량 또는 1/2을 계상하는 기준이므로, 총물량의 계상 후 소량 공종이 있는 경우 소규모(작업물량 제한)의 검토가 반드시 필요하다.

4. 작업조 구성 및 적용

표준품셈의 작업조는 [공통품셈 1-2-8(작업조 구성 및 적용)]의 1. 작업조 구성, 2. 작업조 적용 3. 시공단위의 품 산정에 의하여 다음과 같이 적용한다.

가. 작업조 구성

- 표준품셈의 작업조는 대표적이고, 보편적이며 일반화된 투입 요소를 제시한다.
- 현장여건에 따라 투입자원(인력, 장비 등)의 변경이 필요한 경우 이를 보완할 수 있으며, 산정근거를 명시하여야 한다.

나. 작업조 적용

- 작업조는 일당시공량을 시공하기 위한 필수자원(인력, 장비)의 조합으로 제시 되어있다.
- 시설물의 설계조건 및 현장여건에 따라 복수의 작업조를 적용할 수 있다.

다. 시공단위의 품 산정

- 작업조 기준의 일당시공량이 제시된 항목을 시공단위(m당, m²당, m³당, ton당)의 품으로 산정하는 경우에는 다음 표를 참고하여 산출하되, 품의 규격과 단위수량을 고려하여 소수 자리의 정도를 조정하여 적용할 수 있다.

〈표 1.3-17〉 시공단위 품의 소수자리 [공통품셈]

일당시공량	1단위이하	10단위	100단위	1,000단위	10,000단위
소수 자리	2	3	4	5	6

〈표 1.3-18〉 시공단위 품의 소수자리 예시 [공통품셈]

구 분	단위	수량	일당시공량(예시)				
			1단위이하 (3m²)	10단위 (30m²)	100단위 (300m²)	1,000단위 (3,000m²)	10,000단위 (30,000m²)
인 력	인	1	0.33	0.033	0.0033	0.00033	0.000033
	인	3	1.00	0.100	0.0100	0.00100	0.000100
	인	5	1.67	0.167	0.0167	0.00167	0.000167
장 비	대	1	2.67	0.267	0.0267	0.00267	0.000267
비 고	※ 인력품 산정(인) : 인력(인) / 시공량(일당) ※ 장비품 산정(hr) : 장비(대) × 8(hr) / 시공량(일당)						

5. 인력 추가적용

인력은 [공통품셈 1-2-5(인력)]의 1. 직종의 선정, 2. 작업반장, 3. 신호수 등으로 구분되어 있으므로 필요시 변경 또는 추가 적용한다.

가. 직종의 선정 : 각 항목에 명시되어 있는 직종은 보편적이며 일반화된 직종을 기준한 것이며, 통계법 제17조의 지정통계에 의한「건설업 임금실태 조사 보고서」와 엔지니어링 산업진흥법에 의한「엔지니어링 임금실태조사」의 직종해설에 따라 변경·적용할 수 있다.

나. 작업반장 : 작업조건에 따른 작업조의 편성 시 작업조장은 기능 인력을 중심으로 편성하며, 다수의 보통인부에 대한 원활한 지휘통제가 필요할 경우 작업반장을 계상할 수 있다.

〈표 1.3-19〉 작업반장 [공통품셈]

현장 작업 조건	작업반장수
작업장이 광활하여 감독이 용이하고 고도의 기능이 필요치 않을 경우	보통인부 25인~50인에 1인
작업장이 협소하고 감독 시야가 보통이며 약간의 기능을 요하는 경우	보통인부 15인~25인에 1인
고도의 기능과 철저한 감독이 요구되는 경우	보통인부 5인~15인에 1인

다. 신호수 등 : 공사 중 안전을 위해 배치되는 각종 신호수, 감시자 등의 인력은 각 항목에서 제외되어 있으며, 해당 법령(규정, 지침, 규칙 등)에서 규정하는 인력 및 설계자의 판단(현장여건 및 조건 등 고려)에 의해 필요한 인력은 별도 계상한다.

1.3.4 경비 및 기타

총괄내역서에서 경비로 구분되는 보험료와 기타는 [공통품셈 1-5(기타)]에 의하여 다음과 같이 적용한다.

1. 품질관리비 [공통품셈 1-5-1][4]

가. 건설공사의 품질관리에 필요한 비용은 건설기술진흥법 제56조 제1항의 규정에 따라 공사금액에 계상하여야 한다.

나. 품질관리비는 동법시행규칙 제53조 제1항에서 규정하고 있는 바와 같이 품질관리계획 또는 품질시험계획에 따른 품질관리활동에 필요한 비용을 말한다.

2. 산업안전 보건관리비 [공통품셈 1-5-2]

가. 건설공사현장에서 산업재해 예방에 필요한 비용인 산업안전보건관리비는 산업안전보건법

---

4) "건설공사의 품질관리 시험비 계상시 건설기술진흥법 시행규칙에 명시되지 않은 것으로 고려할 사항은 시험시공비, 특수시험비(수압시험, X-Ray시험 등) 특수공종의 측량 및 규격검측비 등이 있다."고 품질관리비에 참고 사항으로 기술하고 있다.

제72조 제1항의 규정에 의거 공사금액에 계상하여야 한다.

나. 공사금액에 계상된 산업안전보건관리비는 고용노동부가 고시한「건설업 산업안전보건관리비 계상 및 사용기준」에 따라 사용하여야 한다.

다. 산업안전보건기준에 관한 규칙 제146조 및 제241조의 2에서 정하고 있는 타워크레인 신호업무담당자, 화재감시자의 인건비는 공사도급 내역서에 반영할 수 있다.

3. 산업재해보상 보험료 및 기타 [공통품셈 1-5-3]

가. 공사원가계산에 있어 간접노무비, 경비, 일반관리비, 이윤과 산업재해 보상보험료 및 기타 이와 유사한 사항은 기획재정부 회계예규와 산업재해 보상보험법 등 관계규정에 따른다.

나. 시공과정에 필요로 하는 보상비(직접, 간접 및 일시보상 등)는 현장 실정에 따라 별도 계상할 수 있다.

4. 환경관리비 [공통품셈 1-5-4]

가. 건설공사에서 환경오염을 방지하고 폐기물을 적정하게 처리하기 위해 필요한 환경보전비·폐기물처리 및 재활용비 등 환경관리비는「건설기술진흥법 시행규칙」제61조의 규정을 따른다.

나. 공사현장에서 발생되는 건설폐기물의 일반적인 단위면적당 발생량의 산출은 다음을 참조할 수 있으며, 건축물 해체의 경우는 설계도서에 따라 산출함을 우선으로 한다.

〈표 1.3-20〉 폐기물 발생량 [공통품셈] (단위 : ton/m²)

구분			폐 콘크리트류	폐 금속류	폐 보드류	폐 목재류	폐 합성수지류	혼합 폐기물
신축	주거용	단독 주택	0.03200	-	0.00051	0.00300	0.00174	0.00653
		아 파 트	0.03561	-	0.00066	0.00416	0.00233	0.00874
	비주거용	철근콘크리트조	0.04888	-	0.00117	0.00141	0.00445	0.00664
		철 골 조	0.02920	-	0.00117	0.00071	0.00167	0.00353
		철골철근콘크리트조	0.04087	-	0.00117	0.00128	0.00167	0.00418
해체	주거용	단독 주택	1.3321	0.0010	-	0.0968	0.0263	0.2030
		아 파 트	1.4770	0.0655	-	0.0150	0.0261	0.1637
	비주거용	철근콘크리트조	1.4028	0.0170	-	0.0638	0.0215	0.1348
		철 골 조	0.9167	0.0550	-	0.0194	0.0261	0.1348
		철골철근콘크리트조	1.5861	0.1220	-	0.0018	0.0245	0.1452

[주] 1. 폐콘크리트류에는 폐콘크리트, 폐아스팔트콘크리트, 폐벽돌, 폐기와 등이 포함되어 있다.

2. 폐금속류는 구조물을 구성하는 철골량이 포함되어 있으며, 철골량은 실측에 의하여 별도 산정할 수 있다.

3. 지반 안정화를 위하여 파일 시공을 실시할 경우 (연면적/건축면적)이 20 미만일 경우 15%, 20을 초과할 경우 20% 이내에서 폐 콘크리트 수량을 증가할 수 있다.

4. 폐기물관리법 및 건설기술진흥법에 따른 공사현장 환경시설 중 진출입로에 세륜 시설을 설치할 경우 개소당 3% 이내에서 폐콘크리트의 수량을 증가할 수 있다.

5. 건축물의 특성, 시공방법 및 공사현장의 여건에 따라 조정하여 사용한다.

5. 안전관리비 [공통품셈 1-5-5]

가. 건설기술진흥법 제63조의 규정에 따라 건설공사의 안전관리에 필요한 안전관리비를 공사금액에 계상하여야 하며, 이 비용에는 동법 시행규칙 제60조 제1항의 규정에 따라 다음과 같은 항목이 포함되어야 한다.[5]

나. 이 비용은 건설기술진흥법 시행규칙 제60조 제2항에서 규정하고 있는 기준에 따라 공사금액에 계상하여야 한다.

6. 사용료 [공통품셈 1-5-6]

가. 계약에 따른 특허료와 기술료 등에 대한 비용을 계상할 수 있다.

나. 공사에 필요한 경비 중 전력비, 수도광열비, 운반비, 기계경비, 가설비, 시험검사비 등을 계상할 수 있다.

다. 공사용수는 다음과 같이 계상한다.

〈표 1.3-21〉 공사용수 [공통품셈]

구 분	단 위	수 량
거 푸 집 씻 기	m^3/m^2	0.04
콘크리트 혼합 및 양생	m^3/m^2	0.27
경량콘크리트 혼합 및 양생	m^3/m^2	0.24
보통 벽돌쌓기	$m^3/1{,}000$매	0.18
돌쌓기 모르타르	m^3/m^2 (표면적)	0.06
돌 씻 기	m^3/m^2 (표면적)	0.17
미 장	m^3/m^2 (표면적)	0.02
타일붙임 모르타르	m^3/m^2 (표면적)	0.01
타 일 씻 기	m^3/m^2 (표면적)	0.013
잡 용 수	m^3	사용량비의 40~50%

[주] 본 표는 양생에 필요한 물의 양을 포함한 것이다.

7. 현장시공 상세도면의 작성 [공통품셈 1-5-7]

가. 공사의 시공을 위하여 시공상세도면(입체도면 포함)을 작성하는 경우에는 이에 필요한 인건

---

5) (품셈에는 생략되었으나) 건설기술진흥법 시행규칙 제60조 제1항은 다음과 같다.
　　1. 안전관리계획의 작성 및 검토 비용 또는 소규모안전관리계획의 작성 비용
　　2. 영 제100조 제1항 제1호 및 제3호에 따른 안전점검 비용
　　3. 발파·굴착 등의 건설공사로 인한 주변 건축물 등의 피해방지대책 비용
　　4. 공사장 주변의 통행안전관리대책 비용
　　5. 계측장비, 폐쇄회로 텔레비전 등 안전 모니터링 장치의 설치·운용 비용
　　6. 법 제62조 제11항에 따른 가설구조물의 구조적 안전성 확인에 필요한 비용
　　7. 「전파법」 제2조 제1항 제5호 및 제5호의2에 따른 무선설비 및 무선통신을 이용한 건설공사 현장의 안전관리체계 구축·운용 비용

비, 소모품비 등 소요비용을 별도 계상하며, 엔지니어링진흥법 제31조 제2항에 따른「엔지니어링 사업대가의 기준」을 적용할 수 있다.

나. 공사진행 단계별로 작성할 시공상세도면의 목록은 건설기술진흥법 시행규칙 제42조 규정에 의하여 발주청에서 공사시방서에 명시하여야 한다.

8. 종합시운전 및 조정비 [공통품셈 1-5-8]

공사완공 후 각 기기의 단독시운전이 끝난 다음에 장치나 설비 전체의 종합적인 시운전 및 조정을 위하여 필요한 품은 계상할 수 있다.

9. 시공측량비 [공통품셈 1-5-9]

시공 중 발생되는 측량(시공 전 측량, 시공 측량, 준공 측량 등)은 필요시 별도 계상한다. 다만, 품셈의 각 항목에 측량이 포함 또는 표시되어 있는 것에 대하여는 제외한다.

10. 표준품셈 보완실사 [공통품셈 1-5-10]

품을 신설 또는 개정하기 위하여 항목을 배정받은 실사기관에서는 대상공사에 대하여 실사에 소요되는 조사자의 인건비, 소모품비 등 소요비용을 설계에 반영할 수 있다.

1.4 공사비의 구성[6]

건설공사는 시설물의 완성, 즉 준공이라는 목적 달성을 위한 작업이다. 기획-계획-설계의 과정으로 작성된 도서를 기반으로 적정공사비를 도출하는 작업인 내역서 작성은 설계도서를 기반으로 도출한 산출서와 산출량에 단위비용을 적용한 내역서로 구분된다.

1.4.1 적산의 개념

건설공사의 공사비 산정은 설계도면, 시방서, 설계서, 현장설명 및 질의응답 등으로 각 단위공사별 소요량을 산출하는 수량산출과, 산출수량에 단가를 적용하여 금액을 계산하는 내역서 작성으로 구분할 수 있다.

이를 엄밀하게 적산(積算)과 견적(見積)으로 세분하기도 하지만, 공사비 산출을 위한 과정인 수량 산출과 단가의 결정 및 간접비 계산 등을 모두 적산(Cost-estimate)이라 통칭할 수 있다. 즉 건설공사에 소요되는 재료·노무·경비의 수량 산출과 그 수량에 단가를 적용하여 재료비, 노무비, 경비,

---

6) 공사비의 구성은 [정운수 강태호, 2020, 조경재료 적산학 PP39〜49, 기문당], [정운수, 2016, 건설기술자 교육자료, 건설기술교육원]을 발췌 인용하였다.

일반관리비, 이윤 등을 합산하는 총공사비 산정과정을 적산이라 정의할 수 있다.

1. 품셈

사전적 의미로「품」이란 "어떤 일에 드는 힘이나 수고 또는 어떤 일에 필요한 일꾼을 세는 단위"이며,「품셈」이란 "품이 드는 수효와 값을 계산하는 일"이라고 명시되어 있다. 그러므로 품셈이란 건설공사의 공사 목적물에 필요한 인적·물적 자원의 종류 및 수량을 표시한 것이다.

동일 목적물의 시공에 필요한 재료는 일정할 수 있으나 공법 적용과 해석, 다양한 현장여건, 기상조건, 작업자의 숙련도 등으로 인력·장비의 투입량이 변하고 소요 금액이 달라질 수 있으므로 일정기준으로 표준적인 계산 기준이 되는「표준품셈」의 필요성이 부각되었다.

2. 표준품셈

품셈은 일본의「표준보꽤」를 기초로 정부의 공식적인「표준품셈」이 제정되어 지금까지 공공건설공사의 적산기준으로 적용되고 있다.

「표준품셈」은 공사수행의 기본단위인 길이(m)·면적(m^2)·체적(m^3)·개소(EA) 등의 시공에 소요되는 재료·노무·경비의 기준량을 명시한 일반적·보편적인 원가계산 기준으로서, 공공 예산을 합리적으로 책정하기 위한 객관적 기준의 규정에 그 목적이 있다. 그러나 표준품셈은 일반적인 공법·공종 기준으로 다양한 현장조건의 반영이 미흡하고, 급변하는 새로운 기술과 현실적인 적절한 가격 적용이 곤란하다. 이에 정부에서는 이러한 문제점의 개선과 세계화·국제화에 따른 건설시장의 개방에 대응하고자 미국, 영국 등에서 활용하는「실적공사비(Historical Cost-data)」제도를 시행하였다.

3. 표준시장단가 (실적단가)

실적공사비 제도에 의한 실적단가는 2004년부터 시행하여 2015년 표준시장단가로 명칭이 변경되고 그 적용기준도 축소 적용되고 있다. 이는 현재 적용기준으로는 표준시장단가 적용이 배제된 100억미만 공사에서 표준품셈이 유일한 적용기준이므로 그 위상이 보다 절대적이다. 그에 따라 앞으로도 표준품셈 개정과 필요 항목 신설이 지속될 것이므로, 표준품셈의 변경을 지속적으로 모니터링하고 변경된 최신 품셈의 적용이 필요하다.

1.4.2 공사비의 산정기준

건설공사 공사비 산정은 기획재정부 계약예규인「예정가격 작성기준」에 의하여 표준품셈에 의한 원가계산방식의 적용을 원칙으로 한다.[7]

---

7) 「예정가격 작성기준」의 변경 주 내용은 2가지로서 첫째, 2015년 3월 1일부터 실적공사비의 명칭을 표준시장단가로 변경하며, 둘째, 추정가격이 100억원 미만인 공사에는 표준시장단가를 적용하지 아니한다. 보칙에 '재검토 기한을 2016년 1월 1일 기준 매 3년마다 타당성을 검토하여 개선 등의 조치를 하여야 한다.'라고 규정하고 있다.

　건설공사비 금액 산정의 2가지 방식인 원가계산방식과 표준시장단가(구 실적공사비) 공사비 구성 항목과 예정가격의 산정방식을 비교하면 다음과 같다.

〈표 1.4-1〉 원가계산방식의 공사비 구성

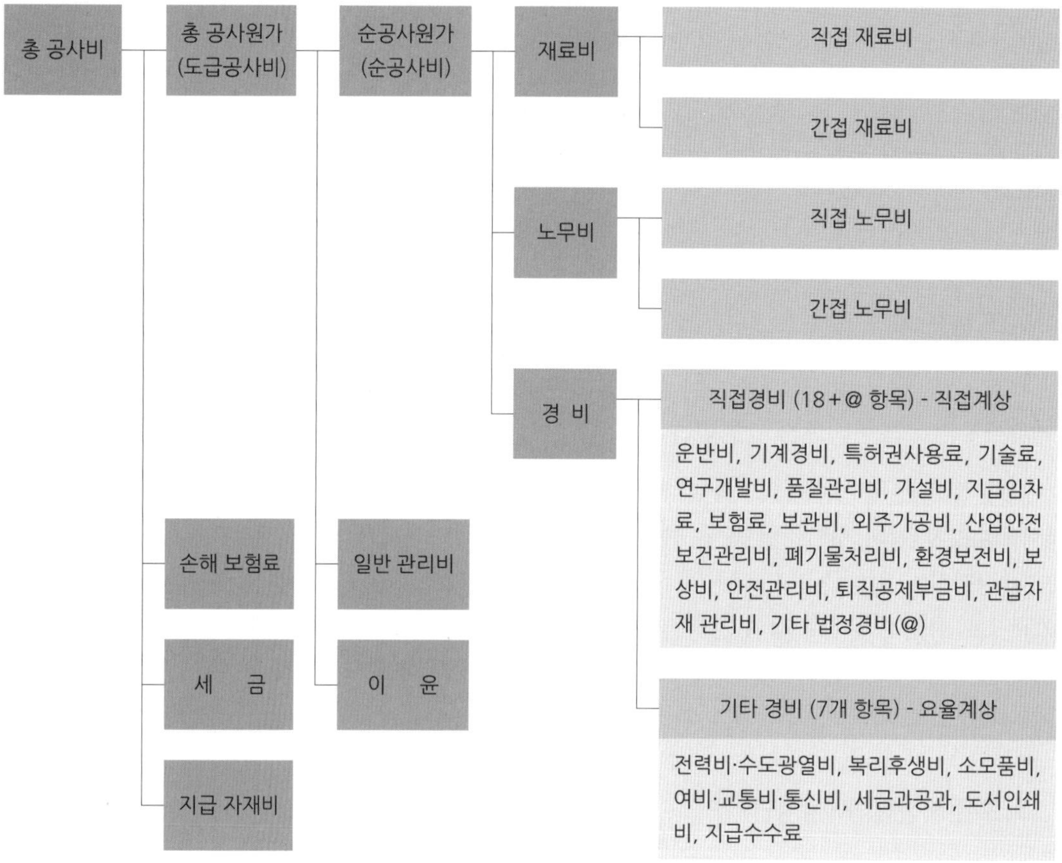

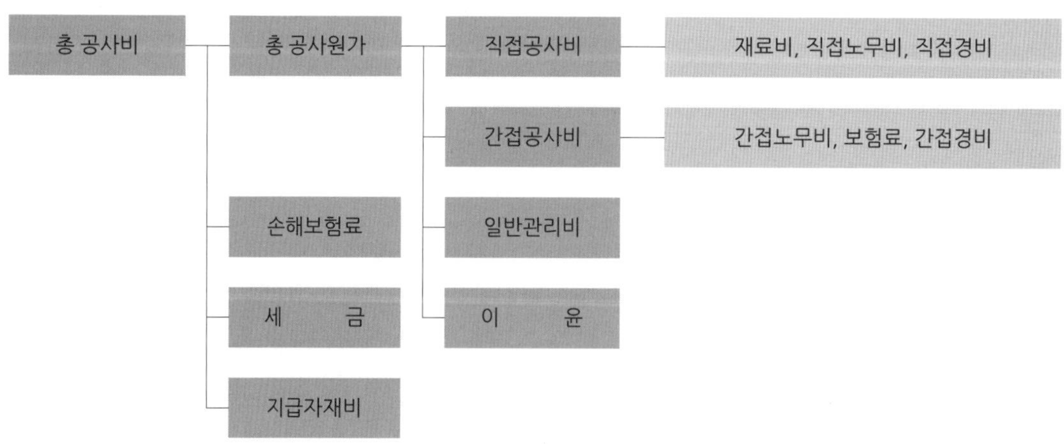

〈표 1.4-2〉 표준시장단가(구, 실적공사비)의 공사비 구성

〈표 1.4-3〉 예정가격 산정방식의 비교

원가계산방식		표준시장단가	
직접 재료비	재료비	직 접 공사비	재 료 비
간접 재료비			직접 노무비
기타 재료비			직 접 경 비 (15항목)
작업 부산물		간 접 공사비	간 접 노 무 비
직접 노무비	노무비		산 재 보 험 료
간접 노무비			고 용 보 험 료
직접경비 (18+@) : 직접계상 운반비, 기계경비, 특허권사용료, 기술료, 연구개발비, 품질관리비, 가설비, 지급임차료, 보험료 (산업 재해보험, 고용보험, 국민건강보험, 국민연금보험), 보관비, 외주가공비, 산업안전보건관리비, 폐기물처리비, 환경보전비, 보상비, 안전관리비, 퇴직공제부금비, 관급자재 관리비, 기타 법정경비 **기타경비 (7) : 요율계상** 전력비 · 수도광열비, 복리후생비, 소모품비, 여비 · 교통비 · 통신비, 세금과공과, 도서인쇄비, 지급수수료	경 비		국민 건강 보험료
			국민 연금 보험료
			퇴직 공제 부금비
			산업안전보건관리비
			환 경 보 전 비
			기타 법정경비 (@항목)
			기 타 경 비 (7항목)
일 반 관 리 비		총 공 사 비	일 반 관 리 비
이　　　윤			이　　　윤
공사 손해보험료			공사 손해보험료
세금 (부가가치세 등)			세금 (부가가치세 등)

(좌측 원가계산방식의 재료비·노무비·경비는 **순공사비**를 구성한다.)

1.5 공사비의 계상[8]

　건설공사는 시설물의 완성 즉 준공이란 목적 달성을 위한 건설작업으로서 각 작업은 물리적 작업량과 그에 연관되는 비용을 가진다.

　내역서의 세부적인 계상 방식은 발주처 마다 다를 수 있으나 크게 건축공사에서 주로 사용하는 단위계상방식과 토목·전기공사에서 주로 사용하는 일괄계상방식의 두 가지로 대별된다. 건축공사에서 주로 사용하는 단위계상방식은 전체 공사를 각 개체의 단위별(Unit)로 구분하여 가격을 산정

---

8) 공사비의 계상은 [정운수 강태호, 2020, 조경재료 적산학 PP51~55, 기문당], [정운수, 2016, 건설기술자 교육자료, 건설기술교육원]을 발췌 인용하였다.

계상하는 방식이며, 토목·전기공사에서 주로 사용하는 일괄계상방식은 공종별로 소요량을 산출한 후 전체공사의 재료·노무 등을 항목별로 총괄 집계하여 내역서에 적용하는 방식이다. 조경공사는 단위계상방식을 주로 사용하며, 식재공사의 잡자재 등 재료·노무 등이 유사한 경우 일괄계상방식도 일부 적용하고 있다.

공사비 산정과 계상은 산출서와 내역서 2가지로 구분된다. 산출서는 수량, 단가, 기계경비 및 기계시공비 산출이 있으며, 내역서는 기초일위대가, 단위일위대가 및 내역서, 총괄내역서 등이 있다.

〈표 1.5-1〉 공사비의 산정순서

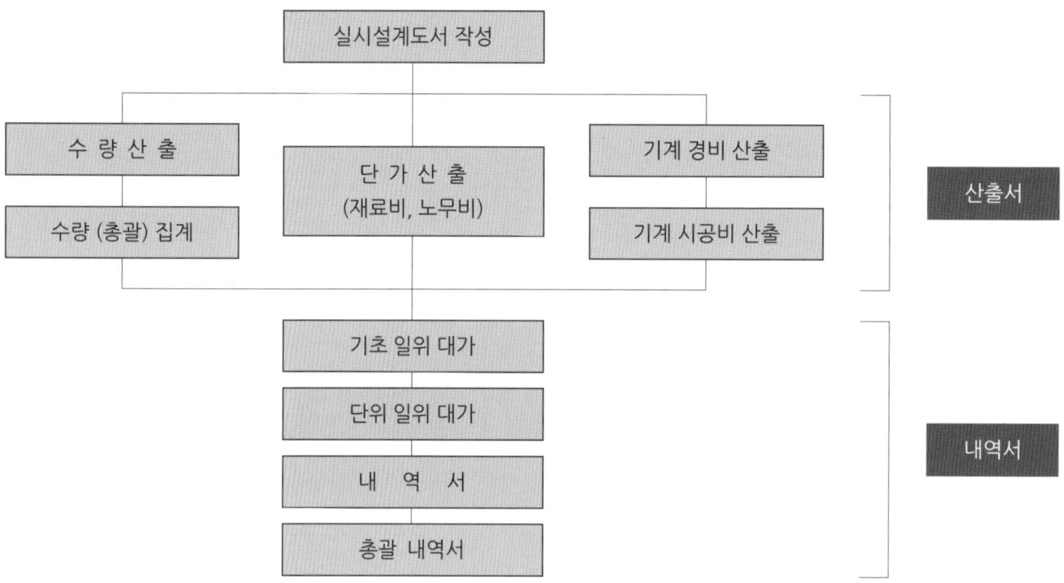

1.5.1 산출서 작성

산출서는 수량산출, 단가산출, 기계경비산출로 구분된다. 산출은 축적 자료와 숙련도가 있는 경우 각각을 분리하여 별도 작업할 수 있으나 일반적으로는 수량산출, 단가산출, 기계경비산출 순으로 단계적으로 실시한다.

1. 수량산출

수량산출은 시공에 필요한 자재·노무의 종류와 소요량, 시공장비 내용과 사용량 등을 구체적으로 규정하는 절차이다. 즉 수량산출은 표준 단위(Unit)당 시공에 소요되는 수량의 산출·집계 작업으로서 과정과 결과는 일정한 양식으로 기록된다. 재료는 표준 사용량에 운반·저장·시공 중 손실 예상량을 할증하되, 일위대가 등에 할증이 포함된 경우에는 2중으로 계상되지 않도록 주의한다.

단위수량의 산출 후 전체공사 소요 수량의 집계 및 총괄 집계한다. 주요자재의 수량총괄집계는 일괄계상방식에서는 그 결과값이 내역서에 반영되므로 필수적으로 행하여야 한다. 조경공사도 과거에는 토목과 유사하게 거의 모든 공사를 총괄집계하였으나 최근에는 내역 프로그램에서 자동집계가 가능하므로 특별한 경우 이외에는 총괄집계를 시행하지 않고 있다.

2. 단가산출

단가산출은 재료비와 노무비의 단가산출이 있으며, 수량산출로 추출된 재료와 노무의 양에 적용하는 단가로서 특히 객관적이고 공정하여야 한다.

재료비는 시중 도매물가 기준의 매입가격과 매입에 필요한 비용 및 구입 장소에서 현장까지 운임 등의 합계액으로 한다. 단가 적용기준은 조달청의 가격정보 및 공인된 물가조사기관의 자료(물가자료, 물가정보, 유통물가, 거래가격, 건설자재 등) 중 3가지 이상을 대비하여 가장 낮은 가격을 적용하며, 조사가격이 도출되지 않는 경우에는 감정가격, 거래실례가격, 견적가격 등을 적용한다.

노무비는 통계법에 의하여 통계작성 승인을 받은 기관이 매년 2회 조사·공표하는 가격 또는 거래실례가격을 적용한다.

3. 기계경비산출

기계경비는 2단계로 산출되며, 기계의 시간당 가동 비용을 산출하는 기계경비 산출과, 산출 기계경비를 기반으로 시공대상 목적물 단위(Unit)당 소요 비용을 산출하는 기계시공비 산출이 있다. 기계경비는 전공종이 동일하여야 하므로 토목·건축·설비 등 연계공사는 통일 기준으로 적용한다.

기계경비는 일반적으로 적산자가 작업하기 가장 어려워하는 부분으로, 현장에 가장 적합한 시공장비·순서에 의하여야 하며, 특히 기계시공비는 설계자·시공자의 의견이 가장 대립되는 분야이다. 이 적용기준으로 시공방법과 공사비에 많은 변화가 있으므로, 현장 시공에 적합한 기준으로서 객관적이고 공정하며 체계적이어야 한다.

1.5.2 내역서 작성

내역서는 일위대가, 내역서, 총괄내역서로 구분되며, 내역서의 작성은 산출된 자료를 근거로 일련의 순서에 의하여 진행한다.

1. 일위대가

일위대가는 기초일위대가와 단위일위대가로 나눌 수 있다.

기초일위대가는 가장 기초적인 일위대가로서, 수량산출과는 무관하게 표준품셈을 기반으로 작성하는 터파기, 콘크리트, 거푸집 등이다.

단위일위대가는 길이, 면적, 체적, 중량, 개소 등의 기본단위(Unit) 공사비로서 산출된 세부단위량에 단가, 기초일위대가를 곱하여 작성한다. 기본단위인 파고라 1(개소), 소나무 1(주), 화강석 포장 1(m²), 경계석 1(m) 등이다. 단위일위대가는 기초일위대가와 재료비, 노무비, 경비 등이 복합적으로 합산된다.

2. 내역서 및 총괄내역서

산출된 공사량에 항목별 단가(단위일위대가 또는 단가)를 곱하여 산출하는 내역서 및 총괄내역서로 구분된다.

내역서는 각 공종별 수량에 단가를 대입하여 직접 공사비를 도출하는 절차이다. 즉, 도면과 산출서의 공종별 집계 수량에 단가산출, 기계시공비산출, 기초일위대가, 단위일위대가 등으로 결정된 단가를 대입하여 [수량×단가]로 산출·집계한다.

내역서의 공종 명칭은 조경공사 표준시방서 목차(예, [포장공사]가 아니라 [조경포장공사])를 기준으로 작성한다. 공사 단위는 명확하게 부여하고 부득이 1식으로 표기시에도 산출서에서 기준을 명확하게 규정하여 설계변경시 금액의 조정이 가능하도록 한다. 내역서 작성 후에는 산출량을 재검토하고, 누락되기 쉬운 가설공사 및 현장여건별 소운반(옥상, 중층, 썬큰) 등을 반복 검토하여 누락되지 않도록 작성한다.

총괄내역서의 적용 항목과 제 비율은 매년 및 규정 개정시 변경되므로 최근의 내용을 적용한다. 조경공사 총괄내역서는 아래 표와 같이 산출된 내역서(재료비 + 직접노무비 + 직접경비)에 조달청의 [토목공사 원가계산 제비율 적용기준]에 의하여 간접노무비, 산업재해보상보험료(산재보험료), 고용보험료, 국민건강보험료 및 노인장기 요양보험료, 국민연금보험료, 퇴직공제부금비, 건설기계 대여대금 지급보증서 발급금액, 산업안전보건관리비(안전관리비), 환경보전비, 기타경비를 더하여 공사원가를 산출한다. 산출된 공사원가에 일반관리비, 이윤을 더하여 총공사원가를, 총공사원가에 부가가치세(VAT, 매입세)와 지급(관급)자재비를 더하여 총공사비를 산출한다.

더하여 최근 강화된 기준으로「공사이행 보증수수료」,[9] 품질관리비, 안전관리비 및 관급자재 관리비를 계상한다. 품질관리비[10]는「건설진흥법 시행규칙 별표6(품질관리비의 산출 및 사용기준)」으로 식재공사와 철거공사를 제외한 추정액을 기준으로 등급과 항목별로 산정하여 계상한다. 안전관리비는「건설기술진흥법 시행규칙 제60조(안전관리비)」의 법규정으로, 건설공사 구조물과 공사장 외부의 안전관리를 위하여 실비를 계상한다. 관급자재 관리비는 실비 적용이 원칙[11]이지만 [LH

---

9)　- 공사이행 보증수수료는 지방계약법 시행령 제51조와 제53조 등에 의하여 추정액 5천만원 이상 공사에 5단계로 적용한다.
　　- 2025년 조경공사의 적용율은 70억 미만은 [직공비×0.0108%]×공기(년), 70~120억 미만은 [79만원+(직공비-75억)×0.0070%]×공기(년), 120~250억 미만은 [116만원+(직공비-130억)×0.0059%]×공기(년), 250~500억 미만은 [186만원+(직공비-250억)×0.0048%]×공기(년), 500억 이상은 [306만원+(직공비-500억원)×0.0040%]×공기(년)이다.

10)　품질관리비는「건설진흥법 시행규칙 별표6(품질관리비의 사용기준)」의 건설공사에 소요되는 자재의 품질관리에 소요되는 비용으로 시험실 설치비, 품질시험비, 품질관리활동비로 구분된다.

11)「관급자재 관리비」는「예정가격 작성기준」제19조(경비) 제3항(세비목) 제25호에 "관급자재 관리비는 공사현장에서 사용될 관급자재에 대한 보관 및 관리 등에 소요되는 비용을 말한다."라고 규정하고 있다.
　　※「관급자재 관리비」의 대상 및 계상기준 [예시]
　　- 관급자재 관리비는 관급자재 중 '현장 내 보관 후 설치자재'를 대상으로 한다. 현장 내 보관 후 설치자재인 철근콘크리트용 봉강, 시멘트, H형강, 데크플레이트, 석재 판재, 콘크리트파일, 미장벽돌, 콘크리트벽돌, 타일 등

공사]의 기준을 준용하여 관급자재비의 0.5%를 계상한다.[12]

놀이시설은「어린이 놀이시설 안전관리법」,「어린이 놀이시설의 시설기준 및 기술기준」에서 규정된 장소의 어린이 놀이기구의 설치검사 시 [어린이놀이시설 설치검사수수료]를 별도 적용한다. 이 때 철봉, 평균대, 늑목(늑철), 늘임봉, 평행봉 등 체육활동에 주로 이용되는 놀이기구는 어린이 놀이기구와 동일한 공간에 설치될 경우에 한하여 적용하는 등 기타 세부사항은 [LH공사]의 [공사원가산정지침 2-5(어린이 놀이시설 설치검사)]를 기준으로 준용한다.

총괄내역서는 조성공사의 모든 항목과 비용에서 적합하여야 하므로 적정성을 충분히 재검토하여야 한다. 특히 총괄내역서는 적용 항목과 비율을 수차례 반복적으로 검토하여, 공사비의 누락이나 과다 계상이 발생하지 않도록 각별한 주의가 필요하다.

- 관급자재 관리비는 보관 및 관리 비용 (단, 소운반비는 직접공사비로서 해당 공종에 별도 계상 필요)
  · 보관비용 : 관급자재의 현장반입 후 보관 비용으로 보관부지 임대료, 창고 사용료, 받침목, 덮개 천막 등의 재료비(반복 사용 시는 손료 개념으로 적용) 및 설치비 등
  · 관리비용 : 관급자재의 도난, 파손, 훼손 방지 등의 소요 비용으로 인건비, CCTV사용료 등

12)「관급자재 관리비」는 소요비용의 직접 계상이 원칙이지만 세부적으로 규정되어 있지 않으므로 [LH공사] 기준을 준용하여 지급자재비(부가세제외, 납품도 설치도 구분없이 전체금액)의 0.5%를 계상한다.

〈표 1.5-2〉 조경공사 원가계산 제비율 적용기준 [조달청] (2025년 4월 1일 기준)

구 분	적용 대상	적용 률						
		① 재료비, ② 직접노무비, ③ 직접경비, □ 지급자재비						
④ 간접노무비	②	도급액 / 공사기간	10억 미만	10억~50억	50억~300억	300억~1000억	1000억 이상	
		6개월 이하	16.2	15.9	15.9	15.4	15.3	
		7~12 개월	16.3	16.0	16.1	15.5	15.5	
		13~36 개월	16.5	16.2	16.2	15.6	15.6	
		37개월 이상	17.4	17.1	17.2	16.6	16.6	
⑤ 산재보험료	②+④	3.56% (모든 건설공사)						
⑥ 고용보험료	②+④	기준액	(모든 건설공사, 단 2천만원이하는 적용예외 있음)					
		140억 미만	140~220억	220~370억	370~570억	570~900억	900~1400억	1400억 이상
		1.01	1.02	1.03	1.06	1.13	1.30	1.57
⑦ 국민건강보험료	②	3.545% (공사기간 1개월 이상 공사)						
⑧ 노인장기 요양보험료	⑦	12.95% (공사기간 1개월 이상 공사)						
⑨ 국민연금보험료	②	4.50% (공사기간 1개월 이상 공사)						
⑩ 퇴직공제부금비	②	2.3% (추정금액 1억원 이상 공사)						
⑪ 건설기계 대여대금 지급보증서 발급수수료	①+②+③	종합건설업 0.18%, 전문건설업 0.16%						
⑫ 산업안전 보건관리비	①+②+□ ((①+②)×1.2 중 적은 금액)	기준액	재료비(지급 포함) + 직접노무비 = 2천만원 이상					
		도급액	5억 미만	5~50억 미만		50억 이상		
		특수건설공사	2.07%	1.59% + 2,450천원		1.64%		
⑬ 환경보전비	①+②+③	0.3% (조경공사)						
⑭ 건설 하도급대금 지급보증서 발급수수료	①+②+③	도급액	50억 미만	50~100억	100~300억	300억 이상	턴키·대안	
		적 용 률	0.081	0.080	0.075	0.071	0.084	
⑮ 기타 경비	①+②+④	도급액 / 공사기간	10억 미만	10억~50억	50억~300억	300억~1000억	1000억 이상	
		6개월 이하	4.6	4.7	5.2	5.5	5.5	
		7~12 개월	4.7	4.8	5.3	5.6	5.7	
		13~36 개월	5.0	5.1	5.6	5.9	6.0	
		37개월 이상	5.6	5.7	6.2	6.4	6.5	
⑯ 계 (1)	순공사원가	① + ~ + ⑮ + α						
⑰ 일반관리비	⑯	조경 공사	50억미만	50~300억	300~1000억	1000억 이상		
		전문 공사	5억 미만	5~30억	30~100억	100억 이상		
		적 용 률	6.0	5.5	5.0	4.5		
⑱ 이 윤	⑯+⑰-①	도급액	50억 미만	50~300억	300~1000억	1000억 이상		
		적 용 률	15.0	12.0	10.0	9.0		
⑲ 계 (2)	총공사원가	⑯ + ⑰ + ⑱						
⑳ 부가가치세	⑲	10%						
도급공사비		⑲ + ⑳						
□ 지급자재비		□						
총공사비		⑲ + ⑳ + □						

[주] 1. 공사이행 보증수수료는 법정율을 적용하고, 직접경비인 품질관리비, 안전관리비, 관급자재 관리비 및 기타 법정경비(α)인 놀이시설 설치검사 수수료 등은 산출 내역서를 작성 적용한다. 적용 위치는 순공사원가 이전에 반영하며, 별정 수수료는 도급공사비 이후에 계상한다.

    2. 원가계산 제비율 및 적용기준은 매년 및 규정 개정시 마다 변경되므로 개정된 최근 내용을 적용하여야 한다.

제 2 장

부지조성 및 대지조형
(KCS 34 20 00)

부지조성 및 대지조형
(KCS 34 20 00)

부지조성은 지형이나 구조의 변형 등으로 새로운 지형을 조성하거나 계획부지를 대상으로 하는 구조물·시설물과 관련된 토공을 말한다.

대지조형은 보다 경관적으로 우수한 지형의 조성을 위하여 높낮이·굴곡 등으로 지형경관을 연출하거나, 조경공사용 흙쌓기 기법인 마운딩 또는 비탈접속면 굴절의 위화감과 침식을 완화하고 경관성을 높이기 위하여 지형을 굴곡처리하는 라운딩을 말한다.

2.1 적용기준

2.1.1 공법기준

토공사는 경제성을 고려하여 기계화 시공을 원칙으로 한다.

그러나 조경공사 부대 토공사는 일반적으로 소규모이고 작업현장이 산재되어 있으므로 실제적인 시공규모와 특성에 적합한 적산기준이 고려되어야 한다. 표준품셈 적용에도 표준품셈이 규정한 시공 규모별 소규모공사의 할증 등이 적절히 반영되어야 하며, 기계화 시공이 곤란하거나 부적합하다고 예상되는 경우는 경제성보다 우선하여 현장여건에 적합한 시공방법을 채택하여야 한다.

적용기준이 모호한 경우 적정 금액이 반영되도록 소규모 기계나 인력시공을 적절하게 혼용 또는 2가지를 모두 적용하여, 현장에서 적절하게 운용하고 정산할 수 있도록 한다.

2.1.2 토양기준

조경공사용 토양은 일반적으로 보통토사 사용을 원칙으로 현장별 상황으로 변경 적용할 수 있다.

조경공사의 성토용 토양은 부득이한 경우 이외에는 양질토의 보통토사를 사용한다. 식물을 식재하는 절토부는 성토부에 준하되, 부득이한 경우 토양의 악조건을 최대한 극복할 수 있는 방법을 적용한다. 또한 식생과 관계가 없는 충전용 토양도 최대한 양질토를 사용하여 식생의 활착을 고려한다.

2.2 체적환산계수

토양의 체적 환산은 [공통품셈 1-2-3의 3(체적환산계수)]에서 "토공에 있어 토질 시험하여 적용하는 것을 원칙으로 하나 소량의 토량인 경우에는 표준품셈의 토량환산계수표에 따를 수도 있다." 라며 기술한 〈표 1.3-3, 4〉의 체적의 변화율과 체적환산계수(f)표에 의한다. 그러나 적용편의성으로 토양 종류를 보통토사(모래질흙), 모래, 자갈, 점토로 구분하고 체적변화율의 중간값을 규정한 [LH공사] 기준인 〈표 2.2-1〉 준용 후 토질시험결과(선행 자료 활용가능)에 의하여 정산할 수 있다.

토량 체적은 L, C값으로 표시하며, 토량 변화율은 〈표 2.2-2〉[13] 공식으로 구할 수 있다. 성토·절토 및 사토량 등에 적용되는 모든 토량은 자연상태 기준이며, 다짐 및 지반 침하량은 공종별 특성에 따라 가산한다.

〈표 2.2-1〉 체적변화율 [LH공사 / 공통품셈 준용]

종 별	L		C	
	중간값	표준값	중간값	표준값
보 통 토 사	1.25	1.20~1.30	0.88	0.85~0.90
모 래	1.15	1.10~1.20	0.90	0.85~0.95
자 갈	1.15	1.10~1.20	1.08	1.05~1.10
점 토	1.30	1.25~1.35	0.90	0.85~0.95

$$L = \frac{\text{흐트러진 상태의 체적 (m}^3)}{\text{자연상태의 체적 (m}^3)} \qquad C = \frac{\text{다져진 상태의 체적 (m}^3)}{\text{자연상태의 체적 (m}^3)}$$

〈표 2.2-2〉 토량변화율 구하는 식

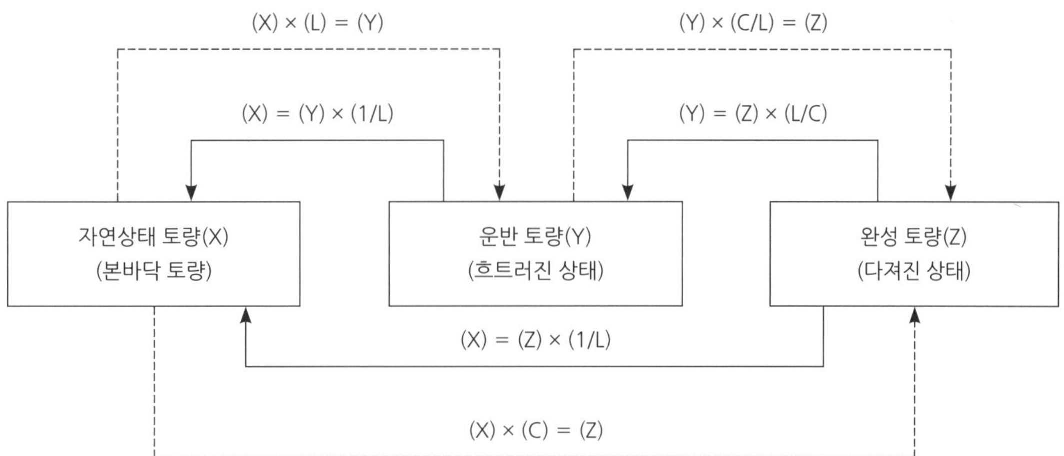

13) [정운수 강태호, 2020, 조경재료적산학, p.133, 기문당.]

2.3 건설기계 적용기준

기계화 시공은 [공통품셈 8-1(건설기계 _ 적용기준)]의 1.건설기계 선정기준, 2.공사규모별 표준건설기계, 3.운반 및 수송, 5.기계경비 용어와 정의, 6.기계경비 적산요령, 7.손료보정 등에 의하여 다음과 같이 적용한다.

2.3.1 건설기계 선정기준

〈표 2.3-1〉 건설기계 선정기준 _ 작업종류별 [공통품셈]

작업 종류	건 설 기 계 종 류
벌개 · 제근	불도저(레이크도우저)
굴 착	로더, 굴착기, 불도저, 리퍼
굴착 · 적재	로더, 굴착기
굴착 · 운반	불도저, 스크레이퍼
운 반	불도저, 덤프트럭, 벨트컨베이어
부 설	불도저, 모터그레이더
함수량 조절	살수차
다 짐	롤러(타이어, 탬핑, 진동, 로드), 불도저, 플레이트 콤팩터, 래머, 탬퍼, 법면다짐기
정 지	불도저, 모터그레이더

〈표 2.3-2〉 건설기계 선정기준 _ 운반거리별 [공통품셈]

작업구분	운반거리	표 준
절붕 · 압토	평균 20m	• 불도저
토 운 반	60m 이하	• 불도저
	60~100m	• 불도저 • 로더 + 덤프트럭 • 굴착기 + 덤프트럭
	100m 이상	• 로더 + 덤프트럭 • 굴착기 + 덤프트럭 • 모터 스크레이퍼

2.3.2 공사규모별 표준건설기계

가. 건설공사 설계 시 적정 공사비 산정을 위해 건설현장의 제반사항(공사규모 및 난이도 등)을 고려하여 건설기계의 종류 및 규격을 산정하여 적용한다.

• 작업 규모별 구체적인 운반장비(덤프트럭)의 규격은 도로상태, 시공성, 시공규모 등을 감

안하여 현장 실정에 맞도록 조정 적용한다.

나. 공사 규모의 구분은 다음을 참고한다. 100,000m³ 이상은 대규모, 100,000m³ 미만은 중규모, 10,000m³ 미만 또는 작업공간 협소 등 장비운영이 원활하지 않은 경우 소규모로 구분한다.

- 공사수량은 시설물(교량, 터널 등) 및 지형조건(하천, 도로, 철도 등)에 의해 단절되는 토공 작업구간의 시공량을 말하며, 공사기간 및 현장여건을 감안하여 공사규모를 판단한다.

개정으로 2025년 삭제되었으나 [2024년 공통품셈(예시) 표준건설기계 규모기준]을 요약하면 다음과 같다. 공사규모 기준으로 조경공사의 특성과 시공 환경에 적합하게 준용한다.

〈표 2.3-3〉 표준건설기계 [2024년 공통품셈 예시 - 요약]

작업규모	불도저	스크레이퍼	굴착기	덤프트럭
소 규 모	13ton(습지, 연약토)	5.4~9.0 m³	0.4 m³	8ton 이하
중 규 모	19ton	11.0~18.0m³	0.7 m³	8~15 ton
대 규 모	32ton	18.0m3 이상	1.0m³이상	15ton 이상

[주] 1. 공사규모의 구분은 편의상 시공량으로 표시한 것인 바, 실제 적용과정에서는 공사량, 공사기간, 현장조건에 따라 공사규모를 판단하여야 한다.
　　2. 선형공사(도로, 철도, 관로 등)의 경우는 공사여건을 감안하여 장비규격을 적정 선정한다.
　　3. 모든 공사목적에 완전히 부합되는 건설기계는 없으므로 실제 공사시공과정에서는 여기에 선정된 표준기계에 절대적으로 구애받지 말고 선정된 표준기계를 기준하여 현장여건에 따라 탄력적으로 이를 보완 선정하여야 한다.
　　4. 공사를 시행하는 데 있어 특정한 기계 및 특정규격의 사용이 요구될 때는 본 기준에 의하지 않고 개별적으로 그 특성에 의한 작업능력과 제경비를 산정하여 적용한다.

2.3.3 운반 및 수송

가. 운반차량의 구분 : 공사용 자재의 운반차량은 덤프트럭을 원칙으로 하되 덤핑으로 인하여 훼손 또는 파괴되거나 위험이 수반되는 기자재(드럼들이 아스팔트, 석유류, 시멘트, 관류 등)는 화물 자동차로 운반하는 것으로 한다.

나. 수송비 : 건설용 기계의 공사 현장까지의 왕복수송비는 건설공사장에서 가장 가까운 시·도·군·구청소재지(서울특별시, 광역시 포함)로부터 공사현장까지의 수송에 필요한 경비(공인된 수송비, 인건비 등 포함)를 계상한다. 다만, 구득이 곤란하다고 인정되는 기종에 대하여는 그 기종이 소재한다고 인정되는 가장 가까운 시·도·군·구청소재지(서울특별시, 광역시 포함)로부터의 수송비를 계상할 수 있다. 자주식 건설기계로서 자주로 이동할 경우의 수송비는 다음의 이동속도를 기준으로 하여 수송비를 계상하며 이때의 경비는 건설기계 사용료와 운전경비의 합계액으로 한다.

〈표 2.3-4〉 자주식 건설기계의 이동속도 (km/hr) [공통품셈]

기종 / 도로구분	덤프 트럭	로더 (타이어)	크레인 (타이어)	모터 그레이더	스크 레이퍼	아스팔트 디스트리뷰터 슬러리실 기계	트럭 트랙터 트레일러	리프트 트럭
포장도로 (고속4차선)	60	-	-	-	-	-	-	-
포장도로 (고속2차선)	50	-	-	-	-	50	50	-
포장도로	40	25	30	25	35	40	40	25
사리도로 (양호)	25	15	15	15	25	25	20	15
사리도로 (불량)	10	10	10	10	10	10	10	10

다. 회항비 : 작업선의 회항비는 공사에 제공되는 피예인선의 편도 수송시간에 대한 선원의 노임, 예인선의 왕복운항시간에 대한 손료 및 운전경비와 예인선 및 피예인선의 회항 보험금의 합계액으로 한다. 다만, 공사현장에 투입되는 예인선의 회항비는 편도 운항경비만을 계상한다. 자항작업선인 경우에는 편도수송시간에 대한 손료 및 운전경비와 회항보험금의 합계액으로 한다.

라. 분해 조립비 : 분해 및 조립을 필요로 하는 기계(아스팔트 믹싱 플랜트(定置式), 크러싱 플랜트(定置式), 콘크리트 플랜트(定置式), 벨트 컨베이어(定置式), 디젤 파일 해머, 크레인류, 골재세척설비, 기타 분해 조립이 필요하다고 인정되는 기계)는 이에 소요되는 경비를 계상한다.

마. 운전사의 구분

〈표 2.3-5〉 운전사 구분 [공통품셈]

구 분	해 당 기 계
건설 기계 운전사	건설기계관리법 시행령 제2조에 규정한 기계로서 다음과 같은 기종을 말한다. 불도저, 굴착기, 로더, 지게차, 스크레이퍼, 덤프트럭(12ton 이상), 기중기(차륜 및 무한궤도), 모터그레이더, 롤러, 노상안정기, 콘크리트 배치플랜트, 콘크리트 피니셔, 콘크리트 스프레더, 콘크리트 믹서 (0.55m³ 이상), 콘크리트 펌프(5m³ 이상), 아스팔트 믹싱플랜트, 아스팔트 피니셔, 아스팔트 살포기, 슬러리실기계, 골재살포기, 쇄석기, 천공기, 항타 및 항발기(0.5ton 이상), 사리채취기, 노면파쇄기, 공기압축기(이동식, 2.83m³/min 이상), 기타 이와 유사한 기계.
화 물 차 운전사	자동차관리법 시행규칙 제2조에 규정한 차량류로서 12ton 미만의 덤프트럭, 화물트럭, 살수차, 트랙터, 제설차, 노면청소차, 트럭탑재형 크레인, 기타 공업용 소형트럭 등을 말한다.
일반 기계 운전사	건설기계관리법 및 자동차관리법에 규정되어 있지 아니한 기계로서 소형의 공기압축기, 양수기, 소형믹서, 윈치, 소형항타기, 소형그라우트펌프, 벨트컨베이어, 발전기, 래머, 콤팩터, 콘크리트파쇄기, 기타 소형기계 등을 말한다.

바. 운전사 노임 : 운전사(건설기계운전사, 화물차운전사, 일반기계운전사)의 노임은 상시 고용일 경우에 월정액을 지급함을 원칙으로 하며, 예정가격 작성기준(기획재정부 회계예규)에 의거 계상한다.

사. 운반기계의 유류 산정 : 트럭 또는 기타 운반기계로 기자재를 운반할 경우 적재 또는 적하에 소요되는 시간이 10분을 초과할 때는 적재 또는 적하를 제외한 시간의 유류만을 계상한다.

2.3.4 기계경비 용어와 정의

가. 상각비 : 기계의 사용에 따르는 가치의 감가액을 말한다.

나. 정비비 : 기계를 사용함에 따라 발생하는 고장 또는 성능 저하부분의 회복을 목적으로 하는 분해수리 등 정비와 기계 기능을 유지하기 위한 정기 또는 수시 정비에 소요되는 비용을 말한다.

다. 정비비율 : 기계의 경제적 내용시간 동안에 소요되는 정비비 누계액의 기계 취득가격에 대한 비율을 말한다.

라. 관리비 : 보유한 기계를 관리하는 데 필요로 하는 이자 및 보관 격납비용을 말한다.

마. 연간관리비율 : 연간 소요되는 기계관리비의 평균 취득가격에 대한 비율을 말한다.

바. 평균취득가격 : 취득가격 $\times \left(\dfrac{1.1 \times 경제적\ 내용년수 + 0.9}{2 \times 경제적\ 내용년수} \right)$ 로 계산한 값을 말한다.

사. 취득가격 : 수입가격에 대하여는 C.I.F 가격에 인정할 수 있는 수입에 따르는 제경비를 포함한 가격으로 하고 국산기계는 표준규격에 의한 표준시가로 한다.

아. 경제적 내용시간 : 잔존율이 취득가격의 10%인 경우에 경제적 사용이 가능하다고 인정되는 운전시간을 말한다.

자. 잔존율 : 경제적 내용시간이 끝날 때의 기계잔존가치의 취득가격에 대한 비율을 말하며 0.1로 한다.

차. 연간 표준가동시간 : 기계가 연간 운전하는데 가장 표준이라고 인정되는 시간을 말한다.

카. 경제적 내용년수 : 경제적 내용시간을 연간 표준가동시간으로 나눈 값을 말한다.

타. 시간당 손료 : 손료산정의 시간당 손료계수 합계에는 시간당 상각비계수, 정비비 계수 및 평균취득가격에 의한 시간당 관리비 계수가 포함된 것으로서 시간당 손료는 취득가격에 시간당 손료계수의 합계를 곱한 값을 말한다.(원 미만의 값은 절사한다)

2.3.5 기계경비 적산요령

가. 기계경비 : 기계손료, 운전경비 및 수송비의 합계액으로 하되 특히 필요하다고 인정될 때에

는 조립 및 분해조립 비용을 포함한다.

나. 기계손료 : 상각비, 정비비 및 관리비의 합계액으로 한다. 다만, 관리비에 대하여는 1일 8시간을 초과할 경우라도 8시간으로 계산하여야 한다.

다. 운전경비 : 기계를 사용하는데 필요한 다음 각호 경비의 합계액으로 한다.
- 연료·전력·윤활유 등
- 운전수의 급여 또는 임금과 기타의 운전 노무비
- 정비비에 포함되지 않는 소모품비

라. 건설기계가격 : 건설기계 가격은 부가가치세가 제외된 것으로 단위는 천원이다.

2.3.6 손료보정 등

가. 기계손료의 보정 : 다음 건설기계가 암석굴착, 암석적재, 암석운반 등의 가혹한 작업에 사용되는 경우에는 손료(관리비 제외)를 다음과 같이 보정 가산할 수 있다.

〈표 2.3-6〉 기계손료 보정 [공통품셈]

구 분	가 산 비 율	
	암석 작업 (연암·보통암·경암)	전석 섞인 토사
불도저 (19톤 이상 제외)	25	10
굴착기(무한궤도) 및 로더(무한궤도)	20	10
덤 프 트 럭	25	10

[주] 1. 전용 덤프트럭(18톤이상)과 불도저(19톤이상)의 경우는 보정하지 않는다. 단, 타이어 불도저, 습지 불도저는 보정할 수 있다.
　2. 전석 섞인 토사는 전석(0.5m³ 이상)의 혼입률이 30% 이상 말한다.

나. 기계경비의 보정 : 건설기계의 운전시간이 현장조건 및 공정계획상 연간 표준 가동시간보다 현저하게 저하될 경우에는 기계손료 중 관리비와 운전경비 중 인건비를 별도 산정할 수 있다.

다. 펌프식 준설선으로 자갈 및 역전석과 쇄암된 암이 포함된 흙을 준설할 때에는 과다마모로 인한 수리비의 증가를 고려하여 손료를 보정 계상할 수 있다.

라. 손료산정에서 동력이 포함되어 있지 않은 경우에는 해당되는 디젤, 가솔린 엔진 또는 모터의 손료 및 운전경비를 적용한다.

마. 유류가격은 해당지역의 가격으로 한다.

바. 타이어, 삽날 등 기타 가격은 공신력 있는 기관에서 인정하는 가격으로 한다.

사. 불도저 집토거리는 최소 20m를 표준으로 하며 현장여건에 따라 증가할 수 있다.

아. 사석 적재 및 투하시의 기중기 효율 : 사석을 적재할 때의 효율은 0.8로 하고, 해상 작업시에
  는 0.75로 한다.

2.4 건설기계 시공능력

건설기계 시공능력은 [공통품셈 8-1-4(시공능력 산정 기본식)]에 의하여 다음과 같이 적용한다.
2025년 [공통품셈 제3장(토공사)] 개정으로 [표준품셈 8-2(시공능력)]에서 "굴착(깍기, 터파기), 흙
쌓기 및 도로포장 작업에 [불도저, 리퍼(유압식), 굴착기, 대형브레이커, 모터 그레이더, 롤러]를 활
용하는 경우 [표준품셈] 해당항목의 일당시공량을 우선 적용하며, 해당 품의 작업조건과 상이하다
고 판단되는 경우 본 항목을 활용하여 작업능력을 계상하여 적용할 수 있다."라고 기술하므로 특별
히 필요시 건설기계 시공능력을 적용한다.

건설기계 시공능력은 [공통품셈 8-2-1~33(건설기계 시공능력)]을 기준으로 적용한다. 조경공사
에서 주로 사용하는 건설기계인 불도저, 굴착기, 로더, 덤프트럭, 롤러, 플레이트 콤팩터, 경운기, 이
동식 임목파쇄기의 시공능력은 [공통품셈], 관리용 장비 시공능력은 [한국도로공사] 기준을 다음과
같이 적용한다. 기타 건설기계는 표준품셈을 참고한다.

2.4.1 시공능력 산정 기본식 [공통품셈 8-1-4]

$$Q = n \cdot q \cdot f \cdot E$$

Q : 시간당 작업량 (m^3/hr 또는 ton/hr)　　　　f : 체적환산계수

n : 시간당 작업싸이클 수　　　　E : 작업효율

q : 1회 작업싸이클당 표준작업량 (m^3 또는 ton)

가. 계산값의 맺음

- Q : 소수점 이하 3자리까지 계산하고 사사오입한다.

- n : 소수점 이하 2자리까지 계산하고 사사오입한다.

- Cm : 소수점 이하 3자리까지 계산하고 사사오입한다.

나. 기계의 작업시간 : 기계의 시간당 작업량은 기계의 운전시간당 작업량으로 하고, 이 운전시간
  은 기계의 주기관이 회전하거나 주작동부가 가동하는 시간을 말하며 주목적의 작업을 하는
  실작업시간 외에 작업중의 기계이동, 기관 또는 주작동부의 예비가동, 운전시간 중의 점검 또
  는 조정, 주유, 조합기계 때의 대기 등이 포함된다.

다. 시간당 작업량 (Q) : 토공에 있이시의 작업능력은 일반적으로 (m^3/hr)로 표시뇌고 자연상태의

토량, 흐트러진 상태의 토량, 다져진 후의 토량의 세가지 표시방법이 있으며 기계종류에 따라서 (ton/hr), (m³/hr), (m/hr) 등으로 작업량을 표시할 때도 있다.

라. 1회 작업 싸이클당 표준작업량 (q) : 기계는 일련의 동작을 되풀이하는 작업을 하게 되고 이때의 1회 싸이클의 동작으로 이루어지는 표준적인 작업조건과 작업관리 상태에 있어서의 작업량을 1회 작업 싸이클당 표준작업량이라고 하며 토량인 경우에는 흐트러진 상태에서 취급되는 것이 일반적이고 보통 (m³) 또는 (ton)으로 표시한다.

마. 시간당 작업싸이클 수 (n) : $n = \dfrac{60}{Cm(\min)}$ 또는 $\dfrac{3,600}{Cm(\sec)}$ 으로 표시, Cm는 싸이클시간으로서 기계의 작업속도나 주행속도에 따라 분($\min$) 또는 초($\sec$)로 표시한다.

바. 작업효율 (E) : 기계의 시간당 작업량은 그 기계 고유의 일정한 값이 아니고 작업현장의 제반조건에 따라 변화하는 것이므로 표준적인 작업 능력에 작업현장의 여러가지 여건에 알맞은 효율을 고려하여 산정함이 필요하며 이 작업효율은 일반적으로 능력적 요소와 시간적 요소로 구분된다.

- 작업효율(E) = (현장작업 능력계수 × 실작업 시간율)

사. 현장작업 능력 계수 : 기계의 표준적인 작업능력에 영향을 미치는 기상, 지형, 토질, 공사규모, 시공방법, 기계의 종류, 기계 조정원의 기능도, 해상에서는 파도 및 풍향 등의 작업현장 여건을 고려한 계수를 말한다.

아. 실작업 시간율 : 기계의 상태, 공사규모, 시공방법 등에 의하여 변화하며 다음과 같이 표시한다.

- 실작업 시간율 = (실작업시간 / 운전시간)

2.4.2 불도저 [공통품셈 8-2-1]

불도저의 규격기준은 [LH공사] 기준을 준용하여 7ton으로 한다. 표준작업거리는 굴착운반과 운반토 정지·전압은 20m, 잔토처리(기계펴기)는 30m를 기준하되 작업조건에 조정할 수 있다.

굴착(깎기, 터파기)작업에 불도저를 활용하는 경우 [공통품셈 제3장(토공사)]를 우선 적용하며, 해당 품의 작업조건과 상이하다고 판단되는 경우 본 항목을 활용하여 작업능력을 계상하여 적용한다.

가. 기본식

$$Q = \frac{60 \cdot q \cdot f \cdot E}{Cm} \qquad q = q_o \times e$$

Q : 시간당 작업량 (m³/hr)
q : 삽날의 용량 (m³)
Cm : 1회 싸이클 시간

f : 체적환산계수
E : 작업효율
e : 운반거리계수

q_o : 거리를 고려하지 않은 삽날의 용량 (m^3)

나. 1회 사이클 시간(Cm)

$$Cm = \frac{L}{V_1} + \frac{L}{V_2} + t$$

Cm : 1회 싸이클 시간 (분)

L : 운반거리 (m)　　　　　　V_1 : 전진속도 (m/분)

t : 기어 변속시간 (0.25분)　　V_2 : 후진속도 (m/분)

〈표 2.4-1〉 불도저 _ 무한궤도의 작업속도 (V_1 및 V_2) [공통품셈]

규격 (ton)	전진 속도(m/분)				후진 속도(m/분)		
	1단	2단	3단	4단	1단	2단	3단
4(초습지)	40	57	100	-	63	85	-
7	43	67	92	116	53	78	107
10	42	64	88	116	50	75	105
12	40	55	75	107	48	70	100
13(습지)	40	55	75	-	48	70	-
19	40	55	75	103	46	70	98
32	40	52	70	91	43	58	78

[주] 1. 굴착 또는 굴착운반, 발근, 석재류집적 작업 등에는 전진 1단, 후진 1단을 사용한다.

2. 흐트러진 상태의 토사운반 작업 등에는 전진 2단, 후진 2단을 사용한다.

3. 평탄하고 흐트러진 상태의 정지 전압작업 등의 작업에는 전진 3단, 후진 3단을 사용한다.

4. 제방과 같은 상향작업시에는 전진 1단, 후진 2단을 사용한다.

5. 수중작업시에는 전진 1단, 후진 1단을 사용한다.

6. 작업현장에서의 이동에는 전진 3단 또는 4단을 사용한다.

〈표 2.4-2〉 불도저 _ 타이어형의 작업속도 (V_1 및 V_2) [공통품셈]

규 격 (ton)	전진 속도(m/분)			후진 속도(m/분)	
	1단	2단	3단	1단	2단
15	83	200	415	92	125
28	92	200	482	92	200
33	92	210	546	110	250

[주] 1. 흐트러진 상태의 토량운반, 연한 지반의 굴착 운반작업 등에는 전진 1단, 후진 1단을 사용한다.

2. 평탄하고 흐트러진 상태의 정지 및 전압작업 등에는 전진 2단, 후진 2단을 사용한다.

3. 작업현장에서의 이동에는 전진 2단 또는 3단을 사용한다.

다. 삽날의 용량(q_o), 운반거리계수(e), 작업효율(E)

〈표 2.4-3〉 불도저 _ 삽날의 용량 (q_o) [공통품셈]

종별 \ 규격(ton)	4 (초습지)	7	10	12	13 (습지)	15	19	28	32	33
무한 궤도	0.5	1.1	1.5	2.0	1.5	-	3.2	-	5.5	-
타 이 어	-	-	-	-	-	3.1	-	4.0	-	5.7

〈표 2.4-4〉 불도저 _ 운반거리계수 (e) [공통품셈]

운반거리(m)	10 이하	20	30	40	50	60	70	80
e	1.00	0.96	0.92	0.88	0.84	0.80	0.76	0.72

〈표 2.4-5〉 불도저 _ 작업효율 (E) [공통품셈]

토질명 \ 현장 조건	자연 상태			흐트러진 상태		
	양 호	보 통	불 량	양 호	보 통	불 량
모 래, 사 질 토	0.80	0.65	0.50	0.85	0.70	0.55
자갈섞인흙, 점성토	0.70	0.55	0.40	0.75	0.60	0.45
파 쇄 암	-	-	-	-	0.35	0.25

[주] 1. 양호 : 작업현장이 넓고(배토판 폭의 3배 이상), 지반의 요철 등에 의한 미끄럼이 없고, 또한 하향구배 등으로서 작업속도가 충분히 기대되는 조건인 경우
   2. 보통 : 작업현장은 넓으나 작업속도가 기대되지 않는 경우, 작업현장은 좁으나(배토판 폭의 3배 미만) 작업속도가 충분히 기대되는 등 제조건이 중간으로 판단되는 경우
   3. 불량 : 작업현장이 좁고 지반상태를 고려한 미끄럼이 많고 또 상향 구배 등으로서 작업속도를 저해하는 조건인 경우
   4. 정지작업을 겸하는 경우는 0.1을 뺀 값으로 한다.
   5. 터파기에 대해서는 0.05를 뺀 값으로 한다.
   6. 리핑한 것은 리핑된 상태를 고려하여 그 상태에 해당하는 토질에서의 값을 취한다.

2.4.3 굴착기 [공통품셈 8-2-3]

굴착기 규격기준은 [LH공사] 기준을 준용하여 0.4(m^3)로 한다. 선회각도(싸이클타임)는 조경구조물의 터파기·되메우기, 운반토 정지전압, 잔토처리는 135도를, 간단한 소형구조물과 조경시설물의 터파기·되메우기 및 토사류 절취·상차는 90도를 기준으로 한다. 조경시설물의 터파기공사 등은 타 공종과의 간섭 등을 감안하여 불량을 기준으로 하며, 작업조건으로 조정할 수 있다.

굴착(깎기, 터파기)작업에 굴착기를 활용하는 경우 [공통품셈 제3장(토공사)]를 우선 적용하며, 해당 품의 작업조건과 상이하다고 판단되는 경우 본 항목을 활용하여 작업능력을 계상하여 적용한다.

가. 기본식

$$Q = \frac{3,600 \cdot q \cdot K \cdot f \cdot E}{Cm}$$

Q : 시간당 작업량 (m^3/hr) f : 체적 환산계수

q : 버킷용량 (m^3) E : 작업효율

K : 버킷계수 Cm : 1회 싸이클 시간 (초)

나. 버킷계수(K)

〈표 2.4-6〉 굴착기 _ 버킷계수(K) [공통품셈]

현 장 조 건	K
용이하게 굴착할 수 있는 연한 토질로서 버킷에 산적으로 가득 찰 때가 많은 조건이 좋은 모래, 보통토인 경우	1.10
위의 토질보다 약간 단단한 토질로서 버킷에 거의 가득 채울 수 있는 모래, 보통토 및 조건이 좋은 점토인 경우	0.90
버킷에 가득 채우기가 어렵거나 가벼운 발파를 필요로 하는 것으로서 단단한 점토질, 점토, 역토질인 경우	0.70
버킷에 넣기 어렵고 불규칙한 공극이 생기는 것으로서 발파 또는 리퍼작업 등에 의하여 얻어진 암과 파쇄암, 호박돌, 역 등인 경우	0.55

[주] 1. 굴착기는 위치한 지면보다 낮은데 있는 토량의 굴착에 사용되는 것이 일반이다.

  2. 버킷계수는 굴착하는 토질과 굴착 작업의 높이 또는 깊이에 따라 다르나 작업현장 조건을 고려하여 기종이 선택되므로 특수한 경우를 제외하고는 굴착 작업의 깊이는 버킷계수에 영향을 주지 않는 것으로 한다.

  3. 굴착기는 굴착된 토량을 운반하는 기계와의 상태가 작업상 균형이 유지되고 굴착기에 대한 운반기계의 적재높이가 적합토록 이루어져야 한다.

다. 작업효율(E)

〈표 2.4-7〉 굴착기 _ 작업효율(E) [공통품셈]

토질명 \ 현장조건	자 연 상 태			흐트러진 상태		
	양 호	보 통	불 량	양 호	보 통	불 량
모 래, 사 질 토	0.85	0.70	0.55	0.90	0.75	0.60
자갈섞인 흙, 점성토	0.75	0.60	0.45	0.80	0.65	0.50
파 쇄 암	-	-	-	-	0.45	0.35

[주] 1. 자연상태의 굴착시 작업효율

  • 양호 : 자연지반이 무르고, 절토작업이 최적으로 연속작업이 가능하고, 작업방해가 없는 등의 조건인 경우

  • 보통 : 자연지반은 단단하지만 절토작업이 최적인 경우 또는 자연지반은 무르지만 절토작업이 곤란한 경우 등 제 조건이 중간으로 판단되는 경우

  • 불량 : 자연지반이 단단하고 또한 연속작업이 곤란하며 작업방해가 많은 등외 조건인 경우

2. 흐트러진 상태의 적용은 상기 ①항의 조건 중 자연지반 상태의 조건을 제외한 기타의 조건을 감안하여 결정한다.

3. 작업장소가 수중 또는 용수작업인 경우는 불량을 적용한다.

4. 터파기에 대하여는 0.05를 뺀 값으로 한다.

5. 리핑한 것은 리핑된 상태를 고려하여 그 상태에 해당되는 토질에서의 값을 취한다.

6. 굴착작업시 지하매설물(각종 매설관 등)로 인하여 작업이 현저하게 저하하는 경우는 작업효율을 별도로 정할 수 있다.

7. 주택가지역에서 상하수도 관로부설 등의 공사시 작업장소가 협소하고 지하매설물 등으로 인하여 작업이 현저하게 저하하는 경우에는 작업효율(E)을 모래·사질토는 보통 0.30, 불량 0.19를 자갈섞인 흙·점성토는 보통 0.26, 불량 0.15를 적용할 수 있다.

- 보통 : 작업현장이 보통의 경우나, 지하장애물이 약간 있는 경우로서 연속적인 굴착이 불가능한 지역
- 불량 : 작업현장이 협소한 경우나, 지하장애물이 많은 경우로서 연속적인 굴착이 불가능한 지역

라. 싸이클시간(Cm)

〈표 2.4-8〉 굴착기 _ 싸이클시간(Cm) [공통품셈]

규격(m³) \ 각도(도)	싸이클 시간(sec)			
	45	90	135	180
0.12 ~ 0.4	13	15	18	20
0.6 ~ 0.8	16	18	20	22
1.0 ~ 1.2	17	19	21	23
2.0	22	25	27	30

2.4.4 로더 [공통품셈 8-2-5]

로더는 대규모 토공이나 골재 상차 등에 사용하며, [LH공사]도 규격기준이 규정되어 있지 않으므로 로더 상차는 특별히 필요한 경우에 한하여 적용한다.

가. 기본식

$$Q = \frac{3{,}600 \cdot q \cdot K \cdot f \cdot E}{Cm} \qquad Cm = m \cdot \ell + t_1 + t_2$$

Q : 운전시간당 작업량 (m³/hr) Cm : 1회 싸이클 시간 (초)

q : 버킷용량 (m³) K : 버킷계수

f : 체적환산계수 E : 작업효율

m : 계수 (초/m) – 무한궤도식 : 2.0, 타이어식 : 1.8

ℓ : 편도 주행거리 (표준을 8m로 한다)

t_1 : 버킷에 토량을 담는 데 소요되는 시간 (초)

t_2 : 기어변환 등 기본시간과 다음 운반기계가 도착할 때까지의 시간 (14초)

나. 적재시간(t_1)

〈표 2.4-9〉 로더 _ 적재시간 (t_1, 초) [공통품셈]

기종 별	무한 궤도식		타 이 어 식	
현장조건 ＼ 작업방법	산적 상태에서 담을 때	지면부터 굴착 집토하여 담을 때	산적 상태에서 담을 때	지면부터 굴착 집토하여 담을 때
용 이 한 경 우	5	20	6	22
보 통 인 경 우	8	29	9	32
약간 곤란한 경우	9	36	14	41
곤 란 한 경 우	11	-	18	-

다. 버킷계수(K)

〈표 2.4-10〉 로더 _ 버킷계수(K) [공통품셈]

현 장 조 건	계수
굴착기계로 깎거나 쌓아 모은 산적상태에서 적재하는 것으로 굴착력을 필요로 하지 않고 쉽게 버킷에 산적할 수 있는 것, 즉 조건이 좋은 모래, 보통토 등	1.2
흐트러진 산적 상태에서 적재하는 것으로 위 상태보다 약간 삽날이 들어가기 어려운 토질로서 버킷에 가득 채울 수 있는 것, 즉 점토, 역질토	1.0
모래, 사력 보통토, 점토, 역질토 등 직접 자연상태에서 굴착적재할 수 있는 여건으로 버킷에 평적에 약간 미달되게 채울 수 있는 것	0.9
버킷에 가득 채울 수 없는 것으로 다른 기계로 쌓아 모아 놓은 부순돌 및 점질토나 역질토로서 굳어진 덩어리 상태로 되어 있는 것	0.7
버킷에 넣기 어렵고 허술하며 불규칙한 공극이 생긴 것. 예를 들면 발파 또는 리퍼로 깎은 암괴, 호박돌, 역 등	0.55

[주] 1. K치의 적용에 있어 토질 분류에 의한 판단보다는 실지 적재 가능한 양의 판단에 따라 적용하여야 한다.

　　2. 위 표는 타이어식 로더를 기준으로 한 것이다. 단, 발파암 및 암괴 등을 적재할 경우는 무한궤도식 로더로 계상할 수 있다.

　　3. 함수 조건에 따라 차이가 있는 것으로 저지대 작업 등 특별한 경우는 현실에 맞게 조정할 수 있다.

라. 작업효율(E)

〈표 2.4-11〉 로더 _ 작업효율(E) [공통품셈]

토질명 ＼ 현장 조건	자 연 상 태			흐트러진 상태		
	양 호	보 통	불 량	양 호	보 통	불 량
모 래, 사 질 토	0.70	0.55	0.40	0.75	0.60	0.45
자갈섞인 흙, 점성토	0.60	0.45	0.30	0.60	0.50	0.35
파 쇄 암	-	-	-	0.55	0.35	0.25

[주] 1. 양호 : 자연지반이 무르고, 적입형식이 덤프트럭 이동형으로서 작업방해가 없고 절토높이가 최적(1~3m) 등의 조건인 경우, 터널 내 암버럭 적재 시

　　2. 보통 : 적입형식은 덤프트럭 이동형이지만 작업방해 등이 있는 경우 또는 적입형식은 덤프트럭 정치형이지만 작업방해가 없는 경우

등 제조건이 중간으로 판단되는 경우

3. 불량 : 자연지반이 단단하여 굴착이 곤란하고, 적입형식은 덤프트럭 정치형으로서 작업방해가 많고, 절토높이가 최적이 아닌 경우
4. 흐트러진 상태의 토사적재의 경우는 상기의 조건 중 단단한 조건을 뺀 기타의 조건을 감안하여 수치를 정하는 것으로 한다.
5. 터파기에 대하여 0.05를 뺀 값으로 한다.
6. 리핑한 것은 리핑된 상태를 고려하여 그 상태에 해당되는 토질에서의 값을 취한다.
7. 작업방해란 도로개량공사 등에서 시간당 최대교통량이 100대 이상이거나, 현장조건이 이와 유사하다고 판단되는 경우를 말한다.
8. 타이어식 로더의 적용은 흐트러진 상태에서 파쇄암 이외의 토질 적재시 현장조건은 양호한 것으로 한다.

2.4.5 덤프트럭 [토목품셈 8-2-8]

덤프트럭 규격기준은 [LH공사] 기준을 준용하여 8ton으로 한다. 대기시간은 적재장소는 넓지 않으나 목적장소에 불편없이 진입할 수 있을 때인 0.42분, 적재함 덮개 설치 및 해체시간은 자동덮개시설인 0.5분을 기준으로 한다. 적재와 공차시 평균 주행속도는 사토장(토취장) 및 사업지구 내 운반거리 150m미만은 7, 8(km/hr), 150~250m는 10, 15(km/hr), 250m이상은 15, 20(km/hr)를 기준으로 하며, 간선도로 포장공사의 노상 완료시나 포장용 혼합골재 완료시 15, 20(km/hr), 기층 완료시 20, 25(km/hr), 표층 완료시 30, 35(km/hr)를 기준으로 작업조건에 의하여 조정할 수 있다.

가. 기본식

$$Q = \frac{60 \cdot q \cdot f \cdot E}{Cm} \qquad q = \frac{T}{r^t} \cdot L$$

Q : 1시간당 작업량 (m³/hr)

q : 흐트러진 상태의 덤프트럭 1회 적재량 (m³)

r^t : 자연상태에서 토석의 단위중량(습윤밀도) (ton/m³)

f : 체적 환산계수

E : 작업 효율(0.9)

Cm : 1회 싸이클시간 (분) $Cm = t_1 + t_2 + t_3 + t_4 + t_5 + t_6$

T : 덤프트럭의 적재용량 (ton)

L : 체적환산계수에서의 체적변화율 $L = \dfrac{\text{흐트러진 상태의 체적 (m}^3)}{\text{자연 상태의 체적 (m}^3)}$

나. 적재시간(t_1) : 적재방법으로 인력과 기계로 구분하여 다음과 같이 적용한다.

〈표 2.4-12〉 덤프트럭 _ 인력 적재시간 (t_1) [공통품셈]

구 분	적재시간(분/m³)	조 건
토 사 류	10	적재 인부 5인 기준
석 재 류	12	평지인 경우

$$\text{기계 적재} : Cmt = \frac{Cms \cdot n}{60 \cdot Es} + (t_2 + \cdots + t_6) \qquad n = \frac{Qt}{q \cdot K}$$

Cmt : 덤프트럭의 1회 싸이클시간 (분)

Cms : 적재기계의 1회 싸이클시간 (초)

n : 덤프트럭 1대의 토량을 적재하는데 소요되는 적재기계의 싸이클 횟수

Es : 적재기계의 작업효율

Qt : 덤프트럭 1대의 적재토량 (m³)

q : 적재기계의 덤퍼 또는 버킷용량 (m³)

K : 리퍼 또는 버킷계수

다. 왕복시간(t_2)

$$왕복시간(분) = \left(\frac{운반거리\,(km)}{적재시\ 평균주행속도\,(km/hr)} + \frac{운반거리\,(km)}{공차시\ 평균주행속도\,(km/hr)} \right) \times 60$$

〈표 2.4-13〉 덤프트럭 _ 운반도로와 평균주행속도 (t_2) [공통품셈]

도 로 상 태	평균속도(km/hr)	
	적재	공차
토취장 또는 토사장 등 열악한 조건의 도로	7	8
교차가 힘든 산간지도로 및 제방 등의 도로	10	15
교차가 가능한 산간지도로 및 제방도로, 미포장도로	15	20
2차로 이상의 공사용도로	30	35
2차로 교통량 및 교통대기가 많은 시가지 포장도로 (7,000대/일 이상) 4차로 이상의 교통량 및 교통대기가 많은 시가지 포장도로 (40,000대/일 이상)	20	25
2차로 시가지 포장도로 (7,000~2,000대/일)	25	30
4차로 이상의 시가지 포장도로 (40,000대/일 미만) 2차로 교외 포장도로 (2,000대/일 이상) 4차로 이상의 교외 포장도로 (40,000대/일 이상)	30	35
2차로 교외 포장도로 (2,000대/일 미만) 4차로 이상의 교외 포장도로 (40,000대/일 미만)	35	35
2차로 고속도로 또는 교통량(편도) 1일 40,000대 이상의 4차로 고속도로	50	55
4차로 고속도로 (편도 교통량 1일 40,000대 미만)	60	60

[주] 차로는 왕복기준이며, 주행속도는 차로수·교통량 등 현장 조건에 따라 주행속도를 측정하여 사용할 수 있다.

라. 적하시간(t_3) : 적재한 토량을 내리는데 소요되는 시간으로 차례를 기다리는 시간이 포함된다.

〈표 2.4-14〉 덤프트럭 _ 적하시간 (t_3) [공통품셈]

토 질	작업 조 건(분)		
	양 호	보 통	불 량
모래, 역, 호박돌	0.5	0.8	1.1
점 질 토, 점 토	0.6	1.05	1.5

[주] 1. 양호 : 사토장이 넓고 정지된 상태에서 일시에 적하하는 경우

　　2. 보통 : 사토장이 넓으나 움직이는 상태에서 적하하는 경우

　　3. 불량 : 사토장이 넓지 않고 천천히 움직이는 상태에서 적하하는 경우

마. 대기시간(t_4) : 적재장소에 도착한 때로부터 적재작업이 시작될 때까지의 시간

〈표 2.4-15〉 덤프트럭 _ 대기시간 (t_4) [공통품셈]

현 장 조 건	대기시간(분)
적재장소가 넓어서 트럭이 자유로이 목적장소에 진입할 수 있을 때	0.15
적재장소가 넓지는 않으나 목적장소에 불편없이 진입할 수 있을 때	0.42
적재장소가 좁아서 목적장소에 진입하는데 불편을 느낄 때	0.70

바. 적재함 덮개 설치 및 해체시간(t_5), 세륜기 통과시간(t_6)

〈표 2.4-16〉 덤프트럭 _ 적재함 덮개 설치 및 해체시간 (t_5) [공통품셈]

구 분	인력에 의한 경우	자동덮개 시설의 경우
시 간 (분)	3.77	0.5

〈표 2.4-17〉 덤프트럭 _ 세륜기 통과시간 (t_6) [공통품셈]

세륜시간 (분)	1.5

2.4.6 롤러 [공통품셈 8-2-9]

롤러 규격기준은 [LH공사] 기준을 준용하여 현장여건으로 진동롤러(핸드가이드식 0.7ton)을 진동롤러(자주식 2.5ton)로 대체할 수 있으며, 시공량은 동일하게 적용한다. 포장공사 다짐은 인력식 소규모 장비를 기준으로 하며, 동상방지층이 없는 경우 원지반 다짐을 반드시 반영한다.

흙쌓기 및 도로포장 작업에 활용하는 롤러장비는 표준품셈 해당 항목의 일당시공량을 우선 적용하며, 해당 품의 작업조건과 상이하다고 판단되는 경우 본 항목을 활용하여 작업능력을 계상하여 적용한다.

가. 기본식

$$Q = \frac{1,000 \cdot V \cdot W \cdot D \cdot E \cdot f}{N} \qquad A = \frac{1,000 \cdot V \cdot W \cdot E}{N}$$

Q : 시간당 다짐토량 (m³/hr) E : 작업효율

V : 다짐속도 (km/hr) f : 체적환산계수

W : 롤러의 유효폭 (m) N : 소요다짐횟수 (회)

D : 펴는 흙의 두께 (m) A : 시간당 다짐면적 (m²/hr)

나. 다짐기계의 선정기준 : 토질 및 지형조건에 따라 적정 다짐효과를 얻도록 선정한다.

〈표 2.4-18〉 다짐기계의 선정기준 [공통품셈]

다짐기계의 종 류	암 괴 호박돌 역	역질토	모 래	사질토	점 토 및 점질토	역이 섞인 점토 및 점질토	연약한 점토 및 점질토	단단한 점토 및 점질토
로 드 롤 러	B	A	A	A	B	B	C	C
자주식 타이어롤러	B	A	A	A	A	A	C	B
탬 핑 롤 러	C	C	B	B	B	B	C	A
진 동 롤 러	A	A	A	A	C	B	C	C
콤 팩 터	A	A	A	A	C	B	C	C
래 머	B	A	A	A	B	B	C	C
불 도 저	A	A	A	A	B	B	C	A
습지 불도저	C	C	C	C	B	B	A	C

[주] 1. 여기서 A는 효과적이고 적당한 방법이며, B는 따로 적당한 기계가 없을 때 사용하여야 하고, C는 부적당하다.

2. 로드롤러(머캐덤, 탠덤)는 노면 등의 마무리에 사용한다.

3. 타이어롤러로 하는 흙쌓기 부분의 다짐에는 일반으로 자주식을 사용하는 것이 경제적이나 지형이 복잡하고 여러 공구를 동시에 작업할 경우 등에는 견인식을 사용하는 것도 검토할 필요가 있다.

4. 불도저를 흙쌓기 비탈면의 다짐에 사용할 때에는 비탈면의 경사가 1 : 1.8 보다 낮아질 경우에 능률적이다.

5. 래머, 콤팩터는 구조물의 뒤채움 등 국부적인 장소의 다짐에 사용한다.

6. 습지도우저를 흙쌓기 비탈면의 다짐에 사용할 경우에는 qc(콘지수)=4 이하의 대단히 연약한 점질토 점토 등에 적용한다.

다. 유효다짐폭(W)과 다짐속도(V)

〈표 2.4-19〉 롤러 _ 유효다짐폭(W)과 다짐속도(V) [공통품셈]

다짐기계	규격(ton)	유효다짐폭 (m)	표준다짐속도(km/hr)		
			노체, 축제, 노상	보조기층, 기층	표 층
머캐덤 롤러	6 ~ 8 8 ~ 10 10 ~ 12 12 ~ 15	0.7 0.8 0.8 0.9	2.0	2.5	3.0
탠 덤 롤러	5 ~ 8 8 ~ 10 10 ~ 14	1.1 1.1 1.2	2.0	-	3.0
타이어 롤러	5 ~ 8 8 ~ 15 15 ~ 25	1.4 1.8 2.0	2.5	4.0	4.0
불 도 저	12 19	0.7 0.8	4.0	-	-
자주식, 양족식 롤러	19	1.8	4.0	-	-
진 동 롤 러 (자주식)	2.5 4.4 6.0 10.0	0.7 0.8 1.5 1.9	1.0 1.0 3.0 4.0	1.0 1.0 3.0 4.0	-

라. 소요다짐횟수(N) 및 다짐두께(D)

〈표 2.4-20〉 롤러 _ 소요다짐횟수(N) 및 다짐두께(D) [공통품셈 발췌]

공종	다짐두께(cm)	다짐기계	규격(ton)	다짐횟수	다짐도(%)
노 체	30	진동 롤러 타이어롤러	10 8~15	6 4	90 이상
노 상	20	진동 롤러 타이어롤러	10 8~15	6 4	95 이상
보조 기층	15~20	진동 롤러 타이어롤러	10 8~15	8 4	95 이상
표 층	5	머케덤롤러 타이어롤러 탠덤 롤러	8~10 8~15 10~14	2 10 4	96 이상

[주] 1. 다짐횟수는 동일지점을 하중륜이 통과한 횟수로 한다.

   2. 다짐두께는 다져진 상태의 두께이다.

   3. 다짐기계의 규격 및 조합은 보편화된 규격 및 조합방법을 기준한 것이다.

   4. 성토용 다짐재료는 다짐이 용이한 실트질흙, 보조기층 재료는 부순 자갈을 기준한 것이다.

5. 다짐회수는 보편화된 조건에서 표준적인 횟수를 정한 것이다.

6. 다짐회수에 따른 다짐도는 다짐장비의 규격과 조합, 토질의 종류, 함수비, 입도 분포 등에 따라 각기 상이하므로 실제 적용과정에서는 공사규모, 현장조건 등에 따라 다짐 기계규격 및 조합방법을 결정하고 시험시공을 통하여 규정된 다짐 효과를 얻도록 다짐횟수를 결정한다.

7. 다짐도는 최대건조 밀도에 대한 다짐 후 건조밀도의 백분율이다.

마. 작업효율(E)

〈표 2.4-21〉 롤러 _ 작업효율(E) [공통품셈]

공종	다짐기계	현장 조건		
		양호	보통	불량
표　　층	머캐덤 롤러	0.75	0.55	0.35
	타이어 롤러	0.65	0.45	0.25
	탠덤 롤러	0.60	0.45	0.30
기　　층 보조 기층	진 동 롤 러	0.80	0.60	0.40
	머캐덤 롤러	0.70	0.50	0.30
	타이어 롤러	0.60	0.40	0.20
노　　체 축　　제 노　　상	불 도 저 타이어 롤러 진 동 롤 러 양족식롤러(자주식)	0.80	0.60	0.40

[주] 작업효율의 결정은 다음 사항을 고려하여 이들의 조건이 보통의 경우보다 좋은 때에는 양호측으로 나쁠 때에는 불량측의 값을 택한다.

1. 흙쌓기 재료 또는 노반재료의 공급능력과 다짐작업과의 균형 (평형 또는 공급능력이 상회하였을 때에는 작업효율은 양호)
2. 흙쌓기 재료 또는 노반재료의 토질, 함수비, 입도 배합 등의 적정
3. 작업현장에서의 작업방해의 정도
4. 작업현장의 요철(凹凸) 굴곡 등 지형상황

2.4.7 플레이트 콤팩터 [2024년 공통품셈 8-2-10]

2025년 표준품셈 개정으로 [공통품셈 3-4-3(흙다지기)]에 포함되어 삭제되었으므로 특별히 필요시 준용한다.

$$Q = \frac{1,000 \cdot V \cdot W \cdot D \cdot E \cdot f}{N} \qquad A = \frac{1,000 \cdot V \cdot W \cdot E}{N}$$

Q : 시간당 다짐토량 (m³/hr)　　　E : 작업효율

V : 다짐속도 (km/hr)　　　f : 체적환산계수

W : 롤러의 유효다짐폭 (m)　　　N : 소요다짐횟수 (회)

D : 펴는 흙의 두께 (m)　　　A : 시간당 다짐면적 (m²/hr)

〈표 2.4-22〉 플레이트 콤팩터 _ 각종 계수(W, V, N, D) [2024년 공통품셈]

규 격	유효다짐폭 (m)	표준다짐속도 (km/hr)	소요다짐횟수 (회)	다짐 두께 (cm)
1.5	0.45	1.0	3	10

[주] 다짐횟수는 보편화된 조건에서 표준적인 횟수를 정한 것으로서 다짐도에 따라 증감할 수 있다.

〈표 2.4-23〉 플레이트 콤팩터 _ 작업효율(E) [2024년 공통품셈]

양 호	보 통	불 량
0.80	0.60	0.40

[주] [공통품셈 8-2-9(롤러)]의 3.작업효율(E)을 준용한다.

2.4.8 경운기 [공통품셈 8-2-21]

$$Q = \frac{60 \cdot q \cdot f \cdot E}{Cm} \qquad Cm = \frac{L}{V_1} + \frac{L}{V_2} + t$$

Q : 시간당 작업량 (m³/hr) $\qquad$ L = 거리 (m)

q : 흐트러진 상태의 경운기 1회 적재량 (m³)

f : 체적환산계수 $\qquad$ V_1 = 적재시 속도 (m/분)

E : 작업효율 (0.9) $\qquad$ V_2 = 공차시 속도 (m/분)

Cm : 1회 싸이클 시간 $\qquad$ t = 적재 적하시간 (분)

〈표 2.4-24〉 경운기 _ 적재 적하시간 및 속도 [공통품셈]

구 분	적재 적하 시간(분)	평균 주행 속도(m/분)					
		적 재			적 하		
		양 호	보 통	불 량	양 호	보 통	불 량
토 사 류	11	83	57	35	117	83	57
석 재 류	13						

[주] 1. 삽작업이 가능한 토석재를 기준한다.

2. 적재 적하는 2인을 기준한다.

3. 절취는 별도 계산한다.

4. 작업로에 따른 구분

• 양호 : 작업로가 구배가 없고 평탄할 때

• 보통 : 작업로가 약간 요철이 있는 경우

• 불량 : 작업로가 구배가 약간 있고 (7% 이하) 요철이 있는 경우

2.4.9 이동식 임목파쇄기 [공통품셈 8-2-32]

가. 93.25kW (피견인식)

$$Q\,(\text{시간당 작업량}) = 6.0(\text{m}^3/\text{hr})$$

[주] 1. 생산능력 및 정산수량은 파쇄 후 생산량(파쇄량)으로 한다.

    2. 장비의 운반비는 별도 계상한다.

    3. 동력은 발전기 250kW 기준으로 한다.

    4. 작업보조인부 필요시 보통인부 2인을 별도 계상한다.

    5. 임목파쇄기에 목재를 투입할 시 굴착기(0.7m^3)에 부착용집게를 부착하여 투입하고 작업량은 임목파쇄기의 작업량에 준한다.

〈표 2.4-25〉 피견인식 임목파쇄기 _ 소모품 소모량 [공통품셈]

소 모 품	소모율(개/hr)	비 고
메인 파쇄기 날	0.00125	
분 쇄 기 날	0.005	42 개

나. 354.35~402.84kW (자주식)

$$Q = q \cdot K \cdot S \cdot E$$

Q : 임목파쇄기의 시간당 파쇄능력 (m^3/hr)　　　S : 임목파쇄기의 스크린계수

q : 354.35kW의 시간당 표준파쇄량 (m^3/hr) = 26 (m^3/hr)

K : 임목파쇄기의 규격별 능력계수　　　E : 작업효율

[주] 1. 생산능력은 파쇄 후 생산량(파쇄량)으로 한다.

    2. 장비의 운반비는 별도 계상한다.

    3. 작업보조인부 필요시 보통인부 1인을 별도 계상한다.

    4. 임목파쇄기에 목재를 투입할 시 굴착기(0.8m^3)에 부착용 집게를 부착하여 투입하고 작업량은 임목파쇄기의 작업량에 준한다.

〈표 2.4-26〉 자주식 임목파쇄기 _ 규격별 능력계수(K) [공통품셈]

구 분	354.35 kW	402.84 kW
K	1.0	1.5

〈표 2.4-27〉 자주식 임목파쇄기 _ 스크린계수(S) [공통품셈]

구 분	50 mm	75 mm	100 mm	125 mm
S	0.8	1.0	1.1	1.3

〈표 2.4-28〉 자주식 임목파쇄기 _ 작업효율(E) [공통품셈]

구 분	불 량	보 통	양 호
E	0.9	1.0	1.1

[주] 불량 : 뿌리류
　　보통 : 팔레트류
　　양호 : 가지, 잡목류

〈표 2.4-29〉 자주식 임목파쇄기 _ 소모품 소모량 [공통품셈]

소 모 품	규 격	소모율(개/hr)	비 고
햄　　　머	HD12/1:Bolt	0.02	20개 1조
햄 머 팁	78×74.5×41.5/1Hole	1.00	20개 1조
스 크 린	6×8HL/1	0.005	2개 1조

2.4.10 관리용 기계장비 [한국도로공사]

〈표 2.4-30〉 관리용장비 손료 및 운전경비 [한국도로공사]　　　　　　　(시간 당)

장 비 명	규 격	장비가격 (천원)	시간당손료 (10^{-7})	운전 경비 주연료 (ℓ)	운전 경비 잡재료 (%)	운전 경비 조종원 (인/일)
체 인 톱	3.5HP	450	3,432	0.7	20	-
동력 전정기	22.5cc	600	3,432	0.7	20	-
예 취 기	33.6cc	550	3,432	0.5	20	-
소형 삭초기	5.5HP	550	3,432	0.7	20	-
중형 삭초기	6.2HP	850	3,432	1.0	20	-
대형 삭초기	15HP	6,200	3,432	2.4	20	-
동력 분무기	3.0HP	720	3,432	0.9	20	-
물 탱 크	5,500ℓ	38,257	2,045	9.3	30	1
작업용 차량	1.0Ton Wcap	15,000	2,901	1.04	38	1
작업용 차량	2.5Ton Wcap	42,200	2,901	2.9	38	1
수송용 차량	12인승	23,600	1,706	1.25	10	1

제 3 장

식재기반 조성공사
(KCS 34 30 00)

3.1 표토모으기 및 활용

3.2 조경 토공

식재기반 조성공사 (KCS 34 30 00)

제 3 장

부지조성의 첫 단계는 양질의 표토 채취와 재활용으로부터 시작하여야 하며, 표토의 채취와 보관이 곤란한 경우에도 가능하면 표토 재활용에 준하는 계획이나 조치를 시행한 후 부지조성공사에 임하여야 한다.

3.1 표토모으기 및 활용

3.1.1 개요

표토란 지질의 지표면을 이루는 흙으로 유기물과 토양 미생물이 풍부한 유기물층과 용탈층 등을 포함한 표층토양을 말한다.

표토의 활용은 부지조성 등으로 지형 변형이 예상되는 지역의 표토를 채취 운반하여 적치장에 보관하였다가 지형조형으로 수목식재와 녹화 등 양질토의 복원이 요구되는 지역에 포설하는 것을 말한다.

3.1.2 적용범위

수목식재 및 녹화에 적합한 토양의 채취, 운반, 포설, 보관 등에 적용한다.

식재기반 조성은 조경공사의 주된 소재인 식생의 기반을 양호하게 조성하는 공정으로 지형 조형과 성·절토 면고르기가 완료된 상태에서 식재면 정비에 적용한다.

일반지반의 식재기반은 벌목, 제초, 토양 채취·운반·보관·포설 등의 양질토, 혼합토 조성으로 구분된다. 인공지반의 식재기반은 건축·구조물 상부, 실내조경 등 인공구조물 상부의 식재기반으로 인공토, 혼합토, 양질토 조성으로 구분된다.

3.1.3 적용품셈

가. 개간 관련 품셈은 2020년 벌목, 뿌리뽑기가 개정되었으며, 2025년 토공사 관련 품셈이 전면 개정되었으므로 품셈 적용에 유의한다. 개간 관련 품셈으로 특별히 필요시 2015년 품셈의 막갈이, 흙바수기, 돌자갈 치우기, 표토취급을 다음과 같이 준용한다.

나. 조경토의 일반 기준은 사질양토이므로 표토의 취급은 [2015년 토목품셈 18-7(표토 취급)]
의 양토를, 고결토의 흙갈기는 [LH공사] 기준을 준용하여 [2015년 토목품셈 18-4(막갈이)]
와 [2015년 토목품셈 18-5(흙바수기)]의 양토 15cm를 다음과 같이 준용한다. 자연형 전답은
[2015년 토목품셈 18-6(돌자갈 치우기)]를 다음과 같이 준용한다.

다. 그럼에도 불구하고 지형조형을 위한 토공사는 2025년 표준품셈 전면개정으로 굴착, 흙깎기,
터파기, 흙쌓기, 흙다지기, 뒤채움 및 다짐, 되메우기 및 다짐은 [3.2 조경토공]에 수록된 품셈
적용을 원칙으로 한다. 2025년 [공통품셈 제3장(토공사)]의 개정으로 [표준품셈 8-2(시공능
력)]에서 "굴착(깍기, 터파기), 흙쌓기 및 도로포장 작업에 [불도저, 리퍼(유압식), 굴착기, 대형
브레이커, 모터 그레이더, 롤러]를 활용하는 경우 [표준품셈] 해당항목의 일당시공량을 우선
적용하며, 해당 품의 작업조건과 상이하다고 판단되는 경우 본 항목을 활용하여 작업능력을
계상하여 적용할 수 있다."고 기술하므로 특별히 필요시에만 건설기계 시공능력을 적용한다.

라. 기반조성으로 발생하는 불필요한 폐기물의 제거는 [공통품셈 1-5-4(환경관리비)]의 폐기물
발생량인 〈표 1.3-20〉을 기준하되, 현장 조건상 특별히 필요한 경우에는 산출에 의하여 변경
적용할 수 있다.

〈표 3.1-1〉 표토 취급 [2015년 토목품셈]　　　　(992m² 당)

구 분	취급 심도(cm)				
	6	9	12	15	18
사 　 토	11인	14인	17인	20인	23인
양 　 토	13	17	20	24	28
식 　 토	16	20	24	28	32

〈표 3.1-2〉 막갈이 [2015년 토목품셈]　　　　(992m² 당)

구 분	막갈이 깊이(cm)				
	9	12	15	18	21
사 　 토	5인	7인	9인	11인	13인
양 　 토	6	8	11	13	15
식 　 토	8	11	13	15	18

〈표 3.1-3〉 흙바수기 [2015년 토목품셈]　　　　(992m² 당)

구 분	경토 깊이(cm)				
	9	12	15	18	21
사 　 토	3인	4인	5인	6인	7인
양 　 토	4	5	6	7	8
식 　 토	5	6	7	8	9

[주] 본 품은 고르기를 포함한 것이다.

〈표 3.1-4〉 돌자갈 치우기 [2015년 토목품셈] (992m² 당)

구 분	함 유 물		
	10% 이내	10~30%	30% 이상
개답 (開畓)	2인	6인	17인
개전 (開田)	0.5	3.5	6.5

3.2 조경 토공

3.2.1 개요

조경 토공이란 조경공사의 땅깎기, 흙쌓기, 정지, 노반 마무리, 지형조성 등과 구조물 또는 시설물 기초 및 관부설을 위한 터파기, 되메우기, 잔토처리 등이다. 부지 조성에서는 지형이 변형되는 구역의 표토를 채취 운반하여 적치장 보관 후 수목식재 및 녹화 등 양질토가 필요한 지역에 포설하는 공종까지 포함된다.

3.2.2 적용범위

조경공사의 모든 토공사에 적용한다.

식재지역 기반조성과 마운딩용 토양은 표토 사용을 원칙으로 하고, 표토가 없는 경우에는 양질토를 사용하며 소정의 다짐으로 부등침하를 방지한다.

토공사는 표준품셈 2025년 개정에서 적용기준, 작업조 및 품의 변화를 제시하여 현장과 작업조건으로 변경 가능하므로 필요시 적정 운용한다.

표준품셈 토공사 이외 기준으로 변경 필요시 [공통품셈 제8장(건설기계)]의 기계시공 기준인 본서 [2.3 건설기계 적용기준], [2.4 건설기계 시공능력]을 적용한다.

3.2.3 적용품셈

1. 공통사항

2020년 개정시 절취를 삭제하고 터파기는 굴착(인력)으로 단일화하였으며, 2025년 대규모 신설·정비로 흙깎기(기계), 터파기(기계), 흙쌓기, 흙 다지기, 뒤채움 및 다짐(소형, 대형장비), 되메우기 및 다짐(소형, 대형장비)을 표준품셈 직접 적용으로 개정하였다.

표준품셈의 적용기준, 작업조 및 품의 변화는 다음과 같다.

가. 적용기준

- [공통품셈 제3장(토공사)]는 보편적인 작업을 기준으로 하며, 설계 및 현장 여건 변화로 인해 [공통품셈 제3장(토공사)]의 규격, 시공량 등 적용이 어려운 경우 [공통품셈 제8장(건설기계) 8-2(시공능력)]의 작업능력(Q)을 산정하여 활용한다.

- 토공사의 본 품은 현장시공에 투입되는 자원(인력, 장비)이며, 교통통제 및 안전처리를 위한 인력(신호수 등) 및 시설은 제외되어 있으므로 필요시 현장조건을 고려하여 별도 계상한다.

나. 작업조 및 품의 변화

- 현장 여건에 따라 장비구성 및 조합을 변경하여 적용할 수 있다.

- 시공량 변화

  - 설계조건의 변화(토질 및 규모)가 확인되는 경우 해당 규격의 시공량을 적용한다.

  - [공통품셈 1-4(품의 할증)] 적용이 필요한 경우 할증 수량을 계상하여 적용한다.

- 장비단독 작업의 현장관리 인력 반영

  - 장비단독 작업(깎기, 터파기, 부대공 등)에 적용한다.

  - 작업 위치의 현장관리(작업보조 등)에 인력이 투입되는 경우 [특별인부]를 작업조에 추가 반영한다.

- ※ 단, 아래와 같이 동일 작업구간에 복수의 작업이 발생하는 경우 통합 현장관리 여건을 고려하여 반영한다.

  - 본 작업과 동일 장소에서 연계 시공되는 공종(운반 등)의 발생.

  - 복수의 작업조가 동일 구간에서 시공되는 경우.

2. 굴착 및 터파기

굴착 기준은 [건축적산자료] 흙의 휴식각[14]과 터파기의 여유[15]를 적용한다. 이때 토공사면 1m 이하는 직각터파기, 1m이상은 1 : 0.3 기울기를 표준으로 한다.

굴착(인력/토사)는 [공통품셈 3-2-1(굴착-인력/토사)], 굴착(인력/암반)은 [공통품셈 3-2-2(굴착-인력/암반)]에 의하여 다음과 같이 적용한다.

---

14) 흙의 휴식각 : 특수한 토질을 제외하고 터파기 깊이가 1m 미만일 때는 휴식각을 고려하지 않는 수직터파기량으로 계산하며, 1m 이상의 경우에는 토질시험에 의하여 결정한 흙의 휴식각을 적용하는 것을 원칙으로 한다. 단, 토질시험에 의하지 아니하는 경우에 있어서의 토질에 따른 흙의 휴식각은 표준에 따른다.

15) 터파기의 여유 : 거푸집, 흙막이, 방수, 잡석지정 등의 작업공간을 확보하기 위하여 넓게 팔 필요가 있는 경우에는 설계에 의하여 결정하되, 일반적으로 다음을 표준으로 한다. 흙막이가 없는 경우에는 터파기 높이 1.0m이하는 20cm, 2.0m이하는 30cm, 4.0m이하는 50cm, 4.0m이상은 60cm이며, 흙막이가 있는 경우에는 높이 5.0m이하는 60~90cm, 높이 5.0m이상은 90~120cm를 표준으로 한다.

〈표 3.2-1〉 굴착(인력/토사) [공통품셈] (일 당)

구 분	단위	수량	시공량(m3)			
			보통토사	경질토사	고사점토 및 자갈섞인토사	호박돌 섞인 토사
특 별 인 부	인	1	3.6	2.7	2.2	1.2
비 고	- 현장 내에서 소운반하여 깔고 고르는 잔토처리는 m³당 보통인부 0.2인을 별도 계상한다. - 주위에 장애물이 없고, 넓은 구역의 터파기인 경우에는 시공량을 40%까지 가산한다.					

[주] 1. 본 품은 자연상태 토사를 기준한 것이며, 깊이 1m이하의 인력에 의한 구조물 터파기 또는 흙깎기 등에 적용한다.

    2. 본 품은 굴착 및 면고르기를 포함한다.

    3. 흙막기 및 물푸기 품은 필요시 별도 계상한다.

    4. 용수가 있는 곳은 시공량의 33%까지 감할 수 있다.

〈표 3.2-2〉 굴착(인력/암반) [공통품셈] (m³ 당)

암질 \ 구분	착암공 (인)	보통인부 (인)	공기압축기 (시간)	소형브레이커 (시간)	비 고
풍 화 암	0.33	0.16	0.30	1.26	공기압축기 7.1m³/min 소형브레이커 1.3m³/min 4대 기준
연 암	0.41	0.21	0.48	1.68	
보 통 암	0.58	0.29	0.60	2.40	
경 암	0.94	0.48	0.96	3.90	

[주] 1. 버럭적재 및 운반은 별도 계상한다.

    2. 굴착토량은 단위개소당 10m³ 미만의 경우 또는 대형브레이커나 화약사용이 불가능한 경우에 적용한다.

    3. 기계 및 기구 경비는 별도 계상한다.

    4. 잡재료는 인력품의 1%까지 계상할 수 있다.

    2025년 신설된 흙깎기(기계)는 [공통품셈 3-2-3(흙깎기-기계)]의 보통토사, 혼합토사, 암의 구분에 의하여 아래 기준으로 다음과 같이 적용한다. 암은 표준품셈을 참고한다.

- 토공 장비에 의한 깎기, 집토 작업을 포함한다.

- 흙의 외부 반출을 위한 적재 및 운반 작업은 제외되어 있다.

- 공사 규모의 구분은 100,000m³ 이상은 대규모, 100,000m³ 미만은 중규모, 10,000m³ 미만 또는 작업공간 협소 등 장비운영이 원활하지 않은 경우 소규모로 구분한다.

- 체적환산계수를 기반영한 것으로 자연상태의 토량에 적용한다.

〈표 3.2-3〉 흙깎기(기계) - 보통토사 [공통품셈] (일 당)

구 분	규격	단위	대규모		중규모		소규모	
			수량	시공량(m³)	수량	시공량(m³)	수량	시공량(m³)
불 도 우 저	32ton	대	1		-		-	
불 도 우 저	19ton	대	-	930	1	560	-	310
굴 착 기	1.0m³	대	-		-		1	

〈표 3.2-4〉 흙깎기(기계) - 혼합토사 [공통품셈]　(일 당)

구 분	규격	단위	대규모		중규모		소규모	
			수량	시공량(m^3)	수량	시공량(m^3)	수량	시공량(m^3)
불 도 우 저	32ton	대	1		-		-	
불 도 우 저	19ton	대	-	640	1	390	-	230
굴 착 기	1.0m^3	대	-		-		1	

[주] 1. 혼합토사는 다음을 준하여 적용할 수 있다.
　　　- 토질이 견고하여 리퍼 작업이 병행 시공되는 경우
　　　- 호박돌, 자갈 등이 혼합되어 버킷을 가득 채우기 어려운 경우
　　2. 유압식 리퍼의 경비는 깎기장비 기계경비(재료비, 노무비, 경비)의 2%로 계상한다.

　　2025년 신설된 터파기(기계)는 [공통품셈 3-2-4(터파기-기계)]의 보통토사, 혼합토사, 암의 구분에 의하여 아래 기준으로 다음과 같이 적용한다. 암은 표준품셈을 참고한다.

- 토공 장비에 의한 터파기, 드러내기 작업을 포함한다.

- 흙의 외부 반출을 위한 적재 및 운반 작업은 제외되어 있다.

- 규격 구분은 다음에 준하여 적용한다.

　- Type Ⅰ : 지반 및 현장조건이 일반적인 경우

　- Type Ⅱ : 지장물, 가시설 등에 의해 연속작업이 곤란하며, 작업방해가 발생하는 조건

　- Type Ⅲ : 작업공간이 협소(측구, 터파기 등)하여 작업효율이 현저하게 저하하는 경우

　※ 도심지/주택가 지역에서 상하수도 관로부설 등의 공사시 작업장소가 협소하고 지하매설물
　　등으로 인하여 작업이 현저하게 저하되는 경우에는 [공통품셈 8-2-3(굴착기)]를 적용하여
　　산정한다.

- 체적환산계수를 기반영한 것으로 자연상태의 토량에 적용한다.

〈표 3.2-5〉 터파기(기계) - 보통토사 [공통품셈]　(일 당)

구 분	규격	단위	Type Ⅰ		Type Ⅱ		Type Ⅲ	
			수량	시공량(m^3)	수량	시공량(m^3)	수량	시공량(m^3)
굴 착 기	1.0m^3	대	1	560	1	420	-	190
굴 착 기	0.6m^3	대	-		-		1	
비　　고			- 용수 발생으로 인해 터파기 작업에 지장이 발생하는 경우 시공량을 25% 감하여 적용한다.					
			- 굴착 깊이가 5m를 초과하는 경우 시공량을 9% 감하여 적용한다.					

〈표 3.2-6〉 터파기(기계) - 혼합토사 [공통품셈] (일 당)

구 분	규격	단위	Type I		Type II		Type III	
			수량	시공량(m³)	수량	시공량(m³)	수량	시공량(m³)
굴 착 기	1.0m³	대	1	390	1	300	-	150
굴 착 기	0.6m³	대	-		-		1	
비 고	- 용수 발생으로 인해 터파기 작업에 지장이 발생하는 경우 시공량을 25% 감하여 적용한다. - 굴착 깊이가 5m를 초과하는 경우 시공량을 9% 감하여 적용한다.							

[주] 1. 혼합토사는 다음을 준하여 적용할 수 있다.
    - 토질이 견고하여 리퍼 작업이 병행 시공되는 경우
    - 호박돌, 자갈 등이 혼합되어 버킷을 가득 채우기 어려운 경우
  2. 유압식 리퍼의 경비는 깎기장비 기계경비(재료비, 노무비, 경비)의 2%로 계상한다.

3. 흙쌓기

2025년 신설된 [공통품셈 3-4-1(흙쌓기)]는 흙쌓기(다짐), 흙쌓기(비다짐)의 구분에 의하여 다음 품셈의 세부기준으로 적용한다. 암쌓기는 표준품셈을 참고한다.

- 토공 장비에 의한 포설, 다짐 작업을 포함한다.

- 재료의 함수비 조절을 위한 살수작업을 포함한다.

- 규격 구분은 다음에 준하여 적용한다.

  - 두께 30cm : 다짐도 90%이상

  - 두께 20cm : 다짐도 95%이상

- 체적환산계수를 기반영한 것으로 다짐상태(비다짐 : 흐트러진 상태)의 토량에 적용한다.

〈표 3.2-7〉 흙쌓기(다짐) [공통품셈] (일 당)

구 분	규격	단위	수량	시공량(m³)	
				두께 30cm	두께 20cm
특 별 인 부		인	1		
모터그레이더(일반용)	3.6m	대	1	1,150	770
진동롤러(자주식)	10.0ton	대	1		
굴 착 기	0.6m³	대	1		
물탱크 (살수차)	16,000ℓ	대	0.5		

〈표 3.2-8〉 흙쌓기(비다짐) [공통품셈] (일 당)

구 분	규격	단위	수량	시공량(m³)
불 도 우 저	32ton	대	1	1,300

[주] 비다짐은 토공장비에 의한 정지작업을 기준한다.

4. 잔토처리 및 되메우기

잔토처리는 터파기 흙에서 사용 후 잔여토량을 현장내에 버리는 사토(捨土)작업이다. 소규모 잔토처리는 [공통품셈 3-2-1(굴착-인력/토사)]의 비고에 의하여 다음과 같이 적용한다.

〈표 3.2-9〉 잔토처리(인력) [공통품셈]　　(m³ 당)

구 분	직 종	단위	수량
잔 토 처 리	보통인부	인	0.20

시설설치 후 복원은 기존에는 되메우기, 다지기가 구분되었으나 일괄형태로 변경되어 [공통품셈 3-4(쌓기)]의 흙 다지기, 기초다짐은 작업형태와 규모로 [공통품셈 3-4-4, 5(뒤채움 및 다짐 – 소형/대형장비)], [공통품셈 3-4-6, 7(되메우기 및 다짐 – 소형/대형장비)], 보강토 옹벽 뒤채움 등은 [공통품셈 3-8-4(뒤채움 및 다짐)], 기초는 [공통품셈 3-2-4(기초지정)]에 의하여 다음과 같이 적용한다.

〈표 3.2-10〉 흙 다지기 [공통품셈]　　(일 당)

구 분	규격	단위	수량	다짐두께	시공량(m³) 토사	시공량(m³) 점토
특 별 인 부		인	1	15cm	18	11
보 통 인 부		인	1	30cm	24	15
플레이트콤펙터	1.5ton	대	1			
특 별 인 부		인	1	15cm	14	9
보 통 인 부		인	1	30cm	20	13
래 머	80kg	대	1			

[주] 1. 본 품은 흐트러진 상태의 흙 두께를 깔아서 다져진 상태의 토량 기준이다.
　　2. 본 품은 흙다지기 및 흙고르기를 포함한다.
　　3. 플레이트 콤펙터, 래머 기계경비 산정시 조정원은 계상하지 않는다.
　　4. 모래밭은 적용되지 않는다.
　　5. 살수품은 물의 운반거리에 따라 별도 가산한다.

〈표 3.2-11〉 뒤채움 및 다짐(소형장비) [공통품셈]　　(일 당)

구 분	규 격	단위	수량	시공량(m³)
특 별 인 부		인	1	
보 통 인 부		인	1	
굴 착 기	0.2 m³	대	1	110
진동롤러(핸드가이드식)	0.7 ton	대	1	
살 수 차	5,500ℓ	대	0.5	

[주] 1. 본 품은 소형 다짐장비를 사용한 구조물 뒤채움 기준이다.
　　2. 본 품은 포설 및 고르기, 다짐 작업을 포함한다.
　　3. 투입장비는 작업여건에 따라 장비조합을 변경하여 적용할 수 있다.
　　4. 진동롤러(핸드가이식) 기계경비 산정시 조정원은 계상하지 않는다.

〈표 3.2-12〉 뒤채움 및 다짐(대형장비) [공통품셈] (일 당)

구 분	규 격	단위	수량	시공량(m³)
특 별 인 부		인	1	
보 통 인 부		인	1	
굴 착 기	0.6 m³	대	1	250
진 동 롤 러	10 ton	대	1	
진동롤러(핸드가이드식)	0.7 ton	대	1	
살 수 차	5,500ℓ	대	0.5	

[주] 1. 본 품은 대형 다짐장비를 사용한 구조물 뒤채움 기준이다.

2. 본 품은 포설 및 고르기, 다짐 작업을 포함한다.

3. 투입장비는 작업여건에 따라 장비조합을 변경하여 적용할 수 있다.

4. 진동롤러(핸드가이식) 기계경비 산정시 조정원은 계상하지 않는다.

〈표 3.2-13〉 뒤채움 및 다짐 - 보강토 [공통품셈] (10m³ 당)

구 분	규 격	단위	수량
보 통 인 부		인	0.07
굴 착 기	0.6 m³	hr	0.31
진 동 롤 러	10 ton	hr	0.19
진동롤러(핸드가이드식)	0.7 ton	hr	0.18

[주] 1. 본 품은 보강토 옹벽의 뒤채움 및 다짐 작업 기준이다.

2. 본 품은 블록 속채움 및 뒤채움, 다짐 작업을 포함한다.

3. 지지력 시험은 별도 계상한다.

4. 투입장비는 작업여건에 따라 장비조합을 변경하여 적용할 수 있다.

〈표 3.2-14〉 되메우기 및 다짐(소형장비) [공통품셈] (일 당)

구 분	규 격	단위	수량	시공량(m³)
특 별 인 부		인	1	
보 통 인 부		인	1	
굴 착 기	0.2 m³	대	1	130
진동롤러(핸드가이드식)	0.7 ton	대	1	
살 수 차	5,500ℓ	대	0.5	

[주] 1. 본 품은 소형 다짐장비를 사용한 되메우기 기준이다.

2. 본 품은 포설 및 고르기, 다짐 작업을 포함한다.

3. 투입장비는 작업여건에 따라 장비조합을 변경하여 적용할 수 있다.

4. 진동롤러(핸드가이식) 기계경비 산정시 조정원은 계상하지 않는다.

〈표 3.2-15〉 되메우기 및 다짐(대형장비) [공통품셈]　(일 당)

구 분	규 격	단위	수량	시공량(m³)
특 별 인 부		인	1	
보 통 인 부		인	1	
굴 착 기	0.6 m³	대	1	290
진 동 롤 러	10 ton	대	1	
진동롤러(핸드가이드식)	0.7 ton	대	1	
살 수 차	5,500ℓ	대	0.5	

[주] 1. 본 품은 대형 다짐장비를 사용한 되메우기 기준이다.
　　 2. 본 품은 포설 및 고르기, 다짐 작업을 포함한다.
　　 3. 투입장비는 작업여건에 따라 장비조합을 변경하여 적용할 수 있다.
　　 4. 진동롤러(핸드가이식) 기계경비 산정시 조정원은 계상하지 않는다.

〈표 3.2-16〉 기초지정 [공통품셈]　(일 당)

구 분	규격	단위	모래지정		자갈지정		잡석지정	
			수량	시공량(m³)	수량	시공량(m³)	수량	시공량(m³)
특 별 인 부		인	1		1		1	
보 통 인 부		인	1		1		1	
굴 착 기	0.2 m³	대	1	110	1	100	1	90
플레이트콤펙터	1.5 ton	대	1		-		-	
진동롤러(핸드가이식)	0.7 ton	대	-		1		1	

[주] 1. 본 품은 모래, 자갈, 잡석을 사용한 기초지정 기준이다.
　　 2. 본 품은 포설 및 고르기, 다짐 작업을 포함한다.
　　 3. 투입장비는 작업여건에 따라 장비조합을 변경하여 적용할 수 있다.
　　 4. 플레이트 콤펙터, 진동롤러(핸드가이식) 기계경비 산정시 조정원은 계상하지 않는다.

5. 면고르기

　　과거 면고르기는 토공 후 1차 면고르기인 성토·절토면 고르기만으로 구성되어 공사의 구분에서 논란이 있었으며, 작업 만족도 측면으로도 많은 문제점을 표출하였다. 2013년 식재면고르기가 신설되어 1차적인 지형조형과 부지조성면의 성토면·절토면 고르기 후 식재기반 조성인 식재면 고르기를 2차적으로 시행한다.

　　토공면 1차 고르기는 절토부대공, 성토부대공의 [공통품셈 3-5-1(절토면 고르기)]와 [공통품셈 3-6-1(성토면 고르기)]에 의하여 다음과 같이 적용한다. 또한 조경 시설물, 구조물, 급배수관로 등 (배수관로의 기초 설치시는 제외)의 기계 터파기 공사면은 바닥 전면적을 대상으로 절토면 고르기의 50% 품으로 면고르기를 시행하는 [LH공사] 기준을 다음과 같이 준용한다. 성토면 고르기는 2016년 기계 병용으로 변경되었으므로 특별히 인력시공 필요시에는 [2015년 토목, 건축품셈 3-3-2(성토면 고르기)]에 의하여 다음과 같이 준용한다.

　　조경공사 식재기반을 조성하는 2차 면고르기는 [공통품셈 3-6-2(식재면 고르기)]에 의하여 다음과 같이 적용한다.

〈표 3.2-17〉 절토면 고르기 [공통품셈] (일 당)

구 분	규 격	단위	수량	토질(암) 분류	시공량(m²)
굴 착 기	1.0 m³	대	1	모래·사질토·점토·점질토	390
				연질토·불순자갈	250
				호박돌 섞인 고결토·경질토	230
				풍화암	120
굴 착 기	1.0 m³	대	1	연암	80
대형 브레이커	1.0 m³	대	1	보통암·경암	60

[주] 1. 본 품은 굴착기를 사용한 절토 비탈면의 고르기 기준이다.
 2. 호박돌 섞인 고결토·경질토 및 풍화암은 리퍼를 사용한 기준이며, 리퍼의 기계경비는 굴착기 기계경비의 2%로 계상한다.

〈표 3.2-18〉 바닥면 고르기 [LH공사] (m² 당)

구 분	규 격	단위	수량
보 통 인 부		인	0.0025
작 업 반 장		인	0.0001
굴 착 기	0.4m³	hr	0.001

[주] 1. 본 품은 [2024년 공통품셈 3-3-1(절토면 고르기)]의 사질토를 50% 적용하면서 굴착기는 0.4m³로 변경한 [LH공사]의 준용 기준이다.
 2. 본 품은 토공사(굴착 및 성토 등)의 후속 공종을 위한 토사면 고르기에 적용한다.

〈표 3.2-19〉 성토면 고르기 [공통품셈] (일 당)

구 분	규 격	단위	수량	시공량(m²)
굴 착 기	1.0 m³	대	1	1,060

[주] 1. 본 품은 하천제방, 램프 등 성토 비탈면의 고르기 기준이다.
 2. 본 품은 점토, 점질토, 모래, 사질토 기준이다.

〈표 3.2-20〉 성토면 고르기 [2024년 공통품셈] (10m² 당)

구 분	규 격	단위	수량
굴 착 기	0.6 m³	hr	0.09

[주] 1. 본 품은 하천제방, 램프 등 성토 비탈면의 고르기 기준이다.
 2. 본 품은 점토, 점질토, 모래, 사질토 기준이다.

〈표 3.2-21〉 성토면 고르기 - 인력 [2015년 토목, 건축품셈 발췌] (10m² 당)

시공기준	토 질	구 분	규 격	단위	수량
인력 시공	점토 또는 점질토	보통인부		인	0.19
	모래 또는 사질토	보통인부		인	0.17

〈표 3.2-22〉 식재면 고르기 [공통품셈]　　　　　　　　　　　　　　　　　　(일 당)

구 분	단위	수량	시공량(m^2)
조 경 공	인	1	670
보 통 인 부	인	5	

[주] 1. 본 품은 부토 및 면고르기가 완료된 상태에서 인력으로 잔돌제거 등 식재면을 정비하는 기준이다.
　　2. 본 품은 식재면 고르기가 필요한 공종에 별도 계상한다.

6. 조경토 운반

조경토는 위치별 절·성토량을 산정하여 토사를 반출·반입한다. 지형조성시 절·성토량은 표준 단면에 의한 양단면평균법으로 토량을 산출하며, 간격은 10m를 기준으로 지형·규모에 의하여 1~20m로 조정할 수 있다.

조경공사의 잔토, 성토용 토사의 운반은 구역별 최소 운반거리의 용토계획을 수립하여 운반거리를 산정한다. 단, 적치장(또는 토취장)이 확정되지 않은 경우 운반거리를 L=10km 등으로 추정하고 시공 후 정산한다.

조경토 굴착·상차·운반은 [LH공사] 기준을 준용하여 불도저(7Ton), 굴착기($0.4m^3$), 덤프트럭(8ton, 자동덮개설치)을 기준으로 시공규모별로 적합한 장비를 선정 적용한다. 굴착운반(불도저 7Ton)시 불도저 절취로 자동 성토되는 구간(20m)은 비용을 계상하지 않으며, 절성토시 운반거리 20m 이상은 불도저 절토·운반 및 굴착기 굴착 + 덤프트럭 운반 등을 비교하여 적용한다. 이때, 굴착상차는 절취·상차를 적용하되, 조경공사는 터파기·상차 적용을 기준으로 한다.

외부반입토 등의 토양시험은 산림청의 수수료를 기준으로 적용한다.

7. 식재지 조형 및 마운딩

식재지 조형은 녹지의 자연스러운 라운딩과 표면배수용 구배조정으로, 녹지면에 반영하며 마운딩 구간은 별도 적용한다. 식재지 조형에서 단지개발은 [2024년 공통품셈 3-4-1(성토면 고르기)]의 100%를, 주택건설은 소규모 녹지의 산재 및 건축물 작업조건 등을 감안하여 130% 비율로 반영하는 [LH공사] 기준을 준용하여 〈표 3.2-20〉의 성토면 고르기를 공원 등의 녹지는 100%, 택지는 130%의 비율로 다음과 같이 준용한다. 소규모 식재지 조형은 [2015년 토목, 건축품셈]의 인력 면고르기를 준용하는 [LH공사] 기준인 〈표 3.2-21〉을 다음과 같이 준용한다.

토공량은 토량변화율을 고려하여 충분히 여성토하며, 토양 운반비는 별도 계상한다. 토양 반입으로 조성되는 식재지반은 굴착 및 상차 → 운반 → 정지·전압 및 마운딩 성토 → 식재지 조형 → 식재면 고르기 순으로 시행되므로, 식재지반조성 분류는 조경토 굴착·운반, 정지·전압, 식재지 조형, 마운딩용 성토, 식재면 고르기로 구분하며, 현장 내의 토양 이동이나 지반조성은 반입토의 지반조성에 준하여 운용한다.

마운딩용 토양의 체적은 등고선 구적법 등으로 산출하며, 백호우를 이용한 마운딩용 성토는 작업 난이도에 의하여 단순·보통·복잡으로 세분하여 〈표 3.2-24〉[16)]으로 적용한다. 마운딩은 [LH공사] 기준을 준용하여 공공용지 및 녹지 등은 운반토량 30%를, 공원과 공동주택 단지는 운반토량 70%를 적용한다. 이는 토양 하차로 이미 일부 작업이 완료된 상태를 가정한 값으로 추정되므로 대규모는 30%, 소규모는 70%를 적용하며, 보통의 2가지 분류는 작업 난이도를 감안하여 보통과 인력품이 할증된 보통(주택)으로 구분하므로 적절하게 준용한다.

〈표 3.2-23〉 식재지 조형 [LH공사]　　　　　　　　　　　　　　　　　　　(m² 당)

구 분	규 격	단위	수량
식재지 조형 (단지)	성토면 고르기 기계	a	0.01
식재지 조형 (주택)	성토면 고르기 기계	a	0.013

[주] 1. 본 품은 [2024년 공통품셈 3-4-1(절토면 고르기)]인 굴착기(0.6m³) 0.09(hr)/(10m²당)인 〈표 3.2-20〉을 식재지 조형에 준용한 품이다.
　　 2. 본 품은 토공사(성토 등)의 성토면 고르기가 완료된 상태에서 식재지 지형을 조형하기 위한 면고르기에 적용한다.

〈표 3.2-24〉 마운딩용 성토 [LH공사]　　　　　　　　　　　　　　　　　　　(m² 당)

구 분	조경공(인)	보통인부(인)	백호우(hr)	
			0.7(m³)	0.4(m³)
단　　　순	0.005	0.010	0.008	0.009
보　　　통	0.030	0.010	0.020	0.024
보통 (주택)	0.060	0.020	0.020	0.024
복　　　잡	0.061	0.020	0.040	0.047

[주] 작업의 난이도는 다음과 같이 구분한다.
- 단순 : 완충녹지 및 방음둑 조성과 같이 동일 단면으로 연속되는 단순한 형태의 마운딩시 적용
- 보통 : 공원 및 공동주택 단지내 등 경관성 향상을 위하여 도입된 일반적인 형태의 마운딩시 적용
　　　　 단, 주택개발사업지구 아파트 단지에 적용시에는 장비사용 등의 어려움을 감안하여 인력품에 100% 할증 적용
- 복잡 : 공원 및 공동주택 단지내 등 특별한 경관을 창출코자 자유곡선 형태 등 지형의 변화가 많은 마운딩시 적용

8. 토양개량 및 소운반

토양 개량은 현장토의 경운이나 인공토, 혼합토, 치환토 등으로 구분된다. 대상지역 조건과 현장 여건을 감안하여 양질토인 현장토 또는 반입토, 토양이 불량한 경우 치환토, 혼합토 또는 인공토 등을 적용한다.

인공토는 무기질의 퍼라이트계나 화산석계 등의 인공토양을 반영하며, 혼합토는 설계도서에 의하되 인공토 : 토양 비율은 50 : 50을 기준으로 30 : 70, 70 : 30으로 비율을 조정 적용할 수 있다. 인공토 및 혼합토의 포설량은 설계도의 면적×포설깊이를 기준으로, 작업 소실량과 여성토를 고려한 [LH공사] 기준을 준용하여 15% 할증을 계상한다.

---

16) 마운딩용 성토에서 백호우 0.7(m³)는 실사값, 0.4(m³)는 [LH공사] 공사원가 산정지침의 적용값이다. [LH공사]는 0.7(m³)를 기준하므로 일반적으로는 0.7(m³), 소규모는 0.4(m³)를 적용한다.

인공토 중량은 100(kg/m³)[17] 기준으로, 1회 운반량은 포장단위를 감안하여 2포대(10kg×2), 적재 및 적하 소요시간은 0.5분을 기준으로 한다. 인공토 소운반은 [LH공사] 기준인 2층 운반거리[18]로 0.0301(인/m³)를 준용한다. 소운반 거리가 다른 인공지반이나 옥상 등의 경우에도 이 기준으로 산출 적용한다.

9. 토양과 인공토의 혼합

토양과 인공토의 혼합은 수목의 양호한 생육환경 조성을 위하여 적정 비율의 희석이 필요한 경우 반드시 적용되어야 한다. 적정규모를 기준으로 대규모 토양혼합은 기계로, 소규모의 토양혼합은 인력으로 구분 적용한다.

대규모 혼합은 기존토와 부토를 굴착기(0.4m³)로 떠서 흔들어 섞는 [LH공사] 기준을 준용하여, m³당 혼합(굴착기 0.4m³) 작업시간(Q)=41.47(m³/hr)[19]으로 산출되어 단위(m³)당 소요시간 0.0241(hr/m³)를 기준으로 한다.

소규모 혼합은 인력으로 [건축품셈 9-1-1(모르타르 배합)]의 체가름 제외품인 0.43(인/m³)를 기준하며, 소규모 혼합토 부설은 토공의 잔토처리를 준용한다. 대규모 혼합토 부설은 일반 토공과 동일 기준으로 공종별로 흙 다지기, 뒤채움 및 다짐, 되메우기 및 다짐의 [공통품셈 3-4-3~7]인 〈표 3.2-10~15〉를 적용한다.

10. 매트부설

매트부설은 [공통품셈 5-2-1(매트부설)]에 의하여 다음과 같이 적용한다.

〈표 3.2-25〉 매트부설 [공통품셈]   (100m² 당)

구 분	규 격	단위	육 상			수 중	
			사면	연약지반		사면	연약지반
				도로/철도	매립지		
특별 인부		인	0.07	0.09	0.10	0.16	0.24
보통 인부		인	0.04	0.05	0.05	0.12	0.12
잠 수 조		인				0.08	0.15
굴 착 기	0.4m³	인	0.10	0.15	0.19		

[주] 1. 본 품은 연약지반 및 호안등사면에 합성수지 계통 토목섬유 매트의 포설 및 봉합작업을 기준한 것이다.
    2. 본 품은 매트부설, 매트봉합 및 마무리 작업이 포함된 것이다.

---

17) 인공토의 체적은 1,000(ℓ/m³)이며, 단위중량은 육성용 100(kg/m³) 배수용 140(kg/m³)이므로 일반적으로 적용 편의를 위하여 [LH공사] 기준과 동일하게 100(kg/m³)로 한다.

18) 2층 기준거리(운반거리 10m + 2층 6m × 환산계수6) = 46m로서 운반속도는 보통(2,500m/hr), 적재 및 적하 소요시간 0.5분으로 N=166.174(회/일), Q=33.235(m³/일)이므로 0.0301(인/m³)으로 산정된다.

19) 굴착기 작업의 Q=3600×q×k×f×E/cm에서 q=0.4, k=0.9, f=1/1.25=0.8, F=흐트러진상태, 모래, 불량인 0.60, cm=15(90°)를 적용하여 Q=3600×0.4×0.9×0.8×0.6/15 = 41.47(m³/hr)으로 (m³)당 작업시간은 0.0241(hr/m³)이다.

3. 수중매트 부설에 따른 선박 등 기계경비는 별도 계상한다.

4. 항만 매립지 등에서 토질 특성으로 인해 시공장비 개선(철판, 연결로프 등 사용) 또는 특수장비를 활용한 시공이 필요한 경우 별도 계상한다.

5. 수중부설의 수심은 10m 이하를 기준한 것이며, 수심이 10m 이상일 경우 현장조건에 따라 조정 적용한다.

6. 조수 및 파랑 등의 현장 조건에 따라 본 품을 조정 적용할 수 있다.

7. 공구손료 및 경장비(봉합기)의 기계경비는 인력품의 4%로 계상한다.

8. 장비(굴착기) 규격은 현장조건을 고려하여 적용한다.

〈참고자료〉 매트고정이 필요한 경우 재료량은 다음을 참고한다. (100m^2 당)

- 육상부설 : 매트 110(m^2), PP로프(9mm) 98(m), 모래주머니 64(개), 철근(19mm) 19(m)
- 수중부설 : 매트 115(m^2), PP로프(9mm) 53(m), 모래주머니 38(개), 철근(19mm) 11(m)

※ 재료량은 할증이 포함되어 있다.

11. 기타

인공지반 상부 등의 원활한 통기를 위한 통기관과 배수상태 점검용으로 설치하는 점검구는 설계도서에 의하되 별도 명시가 없는 경우 [LH공사] 기준을 준용한다. 통기관은 고강도 폴리에틸렌관 D100×L500~1,000을 적용한 설치품인 〈표 4.1-14〉, 점검구는 오배수용 PVC관 D300×H900~1400과 콘크리트 타설을 기준으로 한다.

대규모 토공으로 발생하는 암반(岩盤)노출면의 정리는 [공통품셈 3-5-2(암반청소)]를 참조 적용한다.

제 4 장

식재공사
(KCS 34 40 00)

제 4 장

식재공사 (KCS 34 40 00)

식재공사는 수목, 식물 등과 관련 항목에 대하여 적용한다.

식재공사는 시방서 분류와 동일하게 일반식재기반 식재, 인공식재기반 식재, 수목이식, 잔디식재로 구분 기술한다.

4.1 일반식재기반 식재 (KCS 34 40 10)

수목의 식재기반은 자연지반인 일반식재기반과 자연지반과 구조물 또는 식재시설로 분리된 인공식재기반으로 분류되며, 식재 형태는 녹지 등의 면 식재와 포장면 등에서 가로수 기능을 수행하는 점 식재로 구분된다.

품셈의 적용 기준은 구조물 상부 및 옥상조경 등은 비록 인공지반이지만 자연지반과 유사하므로 일반식재기반을 기준하고, 일반식재에 부가되는 항목은 [본서 4.3 수목이식]의 수목굴취, 운반 등에 의한다.

4.1.1 수목식재

1. 개요

수목식재 세부과정은 식재구덩이 파기 – 나무 세우기 – 묻기 – 물조임 – 지주세우기 – 뒷정리 등의 순서이며, 이러한 과정 전반을 식재라고 한다.

식재는 임시로 식재하는 가식과 목적지에 최종적으로 식재하는 정식으로 세분할 수 있으나, 일반적으로 가식과 정식을 모두 식재로 통칭하고 있다.

2. 적용범위

식재는 모든 수목의 식재공사에 적용한다. 특수목 등에도 적용할 수는 있으나 일반적으로 특수목은 공사시방서 등의 별도 규정에 의한다.

식재 부대작업인 굴취(가버팀대, 뿌리돌림, 수간보호, 굴취, 분매기, 전정), 수목운반(상하차, 운반, 인력운반)은 [본서 4.3 수목이식]에 의한다.

3. 적용품셈

식재공사는 교목은 성상별로 나무높이, 흉고(근원)직경으로 구분하고 관목은 식재 형태별로 단식, 군식으로 구분 적용한다.

품셈에 기술되지 않은 교목의 흉고(근원)직경 50(60)cm이상 대형목은 품셈 흉고(근원)직경 45~50(54~60)cm 품을 기준값 50으로 나눈 후 흉고 55~60, 65~70, 75~80 등으로 10cm 간격으로 구분 적용하며, 대형 관목도 유사 기준으로 환산 적용한다.

가. 가식

가식은 수목의 반입에서 식재까지 일정기간이 필요하거나 반입 즉시 식재가 곤란하여 일정기간 임시로 식재하는 것이다. 가식은 반입·반출이 용이하도록 포지의 형태를 결정하여 가식한다.

가식 품은 일반 수목 기준으로 뿌리분에 영향이 미미한 임시 가식은 정식의 50%, 수형에 영향을 끼칠 수 있는 1~3년 가식은 [LH공사] 기준을 준용하여 정식의 80%, 3년 이상 장기 가식은 정식과 동일한 품을 적용한다. 단, 가식작업은 생육조건과 현장상황으로 많은 변수가 발생할 수 있으므로 기준의 변경 필요시 합리적으로 조정한다.

가식장 포지의 단위면적은 과거의 [LH공사] 기준을 다음과 같이 준용하며, 실제적인 가식장 포지면적은 수목의 반입량과 가식기간으로 산출 적용한다.

〈표 4.1-1〉 가식장포지 소요단위면적 [LH공사 준용] (순포지면적 m²/주)

교목			관목		
근원직경	기준근경	소요면적	수 고	기준수고	소요면적
R4	R4	1.00	0.3 미만	0.3	0.025
R6~8	R8	2.25	0.3~0.7	0.5	0.16
R10~12	R12	4.00			
R14~18	R16	9.00	0.8~1.1	1.0	0.36
R20~22	R22	16.00	1.2~1.5	1.4	0.64
R24~30	R28	25.00			
R32~40	R36	36.00	1.6~2.0	1.8	1.00
R45~50	R50	64.00	2.1~2.5	2.3	2.25
R55~60	R60	81.00			
R66~70	R70	100			

나. 교목식재

교목식재 품셈은 기존에는 수고, 흉고직경, 근원직경 구분에서 2013년 개정부터 나무높이, 흉고(근원)직경으로 구분하고 2024년 개정시 일당 시공량으로 변경하면서 규격 기준을 개정하였다. 식재 품셈은 2024년 개정되었으므로 적용시 유의한다.

교목 식재는 성상별로 [공통품셈 4-3-4(식재-나무높이)], [공통품셈 4-3-5(식재-흉고직경)]에 의하여 다음과 같이 적용한다. 만경류는 교목류 식재에서 비고의 지주목을 세우지 않을 때 기준으로 시공량을 11% 가산 적용한다.

〈표 4.1-2〉 식재(나무높이) [공통품셈] (일 당)

구 분		규 격	단위	수량	나무높이 (m)	시공량 (주)
인력시공	조 경 공		인	4	2.0이하	40
	보 통 인 부		인	2	3.0이하	20
					5.0이하	12
기계시공	조 경 공		인	3	2.0이하	55
	보 통 인 부		인	1	3.0이하	30
	굴 착 기	0.4m^3	대	1	5.0이하	20
비 고		- 지주목을 세우지 않을 때는 시공량의 11%를 가산한다.				

[주] 1. 본 품은 흉고 또는 근원직경을 추정하기 어려운 수종에 적용한다.
   2. 터파기, 나무 세우기, 묻기, 물주기, 지주목 세우기, 뒷정리 작업을 포함한다.
   3. 식재 시 1회 기준의 물주기는 포함되어 있으며, 유지관리는 [유지관리품셈 1-2(조경공사)]에 따라 별도 계상한다.
   4. 물주기를 위해 살수차 등의 장비가 필요한 경우 기계경비는 별도 계상한다.
   5. 암반식재, 부적기식재 등 특수식재 시는 품을 별도 계상할 수 있다.

〈표 4.1-3〉 식재(흉고직경) [공통품셈] (일 당)

구 분		규 격	단위	수량	흉고(근원)직경 (m)	시공량 (주)
인력시공	조 경 공		인	4	5(6)이하	30
	보 통 인 부		인	2	6~7(7~8)	15
기계시공	조 경 공		인	3	5(6)이하	45
	보 통 인 부		인	1	6~7(7~8)	22
	굴 착 기	0.4m^3	대	1	8~9(9~11)	17
					10~17(12~20)	12
기계시공	조 경 공		인	3	18~24(21~29)	9
	보 통 인 부		인	1	25~34(30~41)	7
	굴 착 기	0.6m^3	대	1	35~44(42~53)	5
	크 레 인		대	1	45~50(54~60)	4
비 고		- 지주목을 세우지 않을 때는 시공량의 11%를 가산한다.				

[주] 1. 본 품은 교목류 수종을 식재하는 기준이다.
   2. 흉고직경은 지표면에서 높이 1.2m 부위의 나무줄기 지름이다.
   3. 터파기, 나무세우기, 묻기, 물주기, 지주목 세우기, 뒷정리 작업을 포함한다.
   4. 식재 시 1회 기준의 물주기는 포함되어 있으며, 유지관리는 [유지관리품셈 1-2(조경공사)]에 따라 별도 계상한다.
   5. 물주기를 위해 살수차 등의 장비가 필요한 경우 기계경비는 별도 계상한다.
   6. 암반식재, 부적기식재 등 특수식재시는 품을 별도 계상할 수 있다.
   7. 크레인의 규격은 작업여건(시공높이, 시공위치 등) 및 안전율(적정하중, 작업반경 등)을 고려하여 적합한 규격을 적용한다.

다. 관목식재

관목식재는 식재형태별로 [공통품셈 4-2-2(식재-단식)], [공통품셈 4-2-3(식재-군식)]으로 구분하여 다음과 같이 적용하며, 기타류인 덩굴류(덩굴장미, 담쟁이, 인동, 칡 등) 조릿대 등도 관목 식재를 적용한다. 식재 품셈은 2024년 개정되었으므로 적용시 유의한다.

주기에 의하여 나무높이 1.5m 초과 수목은 나무높이에 비례 할증하며, 나무높이 보다 수관폭이 클 때에는 그 수관폭을 기준으로 한다.

〈표 4.1-4〉 관목 식재(단식) [공통품셈]   (일 당)

구 분	단위	수량	나무높이(m)	시공량(주)
조 경 공	인	3	0.3 미만	160
			0.3~0.7이하	125
보 통 인 부	인	1	0.8~1.1이하	75
			1.2~1.5이하	55

[주] 1. 본 품은 근원부에서 분지되어 다년생으로 자라는 관목수종의 식재 기준이다.
   2. 터파기, 가지치기, 나무세우기, 묻기, 물주기, 손질, 뒷정리 작업을 포함한다.
   3. 나무높이가 1.5m를 초과할 때는 나무높이에 비례하여 시공량을 감할 수 있다.
   4. 나무높이보다 수관폭이 더 클 때에는 그 수관폭을 나무높이로 본다.
   5. 식재 시 1회 기준의 물주기는 포함되어 있으며, 유지관리는 [유지관리품셈 1-2(조경공사)]에 따라 별도 계상한다.
   6. 물주기를 위해 살수차 등의 장비가 필요한 경우 기계경비는 별도 계상한다.
   7. 암반식재, 부적기식재 등 특수식재는 품을 별도 계상할 수 있다.

〈표 4.1-5〉 관목 식재(군식) [공통품셈]   (일 당)

구 분	단위	수량	나무높이(m)	시공량(주)
조 경 공	인	3	0.3 미만	440
			0.3~0.7이하	300
보 통 인 부	인	1	0.8~1.1이하	200
			1.2~1.5이하	140

[주] 1. 본 품은 근원부에서 분지되어 다년생으로 자라는 관목수종의 식재 기준이다.
   2. 터파기, 가지치기, 나무세우기, 묻기, 물주기, 손질, 뒷정리 작업을 포함한다.
   3. 나무높이가 1.5m를 초과할 때는 나무높이에 비례하여 시공량을 감할 수 있다.
   4. 나무높이보다 수관폭이 더 클 때에는 그 수관폭을 나무높이로 본다.
   5. 식재 시 1회 기준의 물주기는 포함되어 있으며, 유지관리는 [유지관리품셈 1-2(조경공사)]에 따라 별도 계상한다.
   6. 물주기를 위해 살수차 등의 장비가 필요한 경우 기계경비는 별도 계상한다.
   7. 암반식재, 부적기식재 등 특수식재는 품을 별도 계상할 수 있다.
   8. 군식은 일반적으로 수관폭 20cm는 32주/m^2, 30cm는 14주/m^2, 40cm는 8주/m^2, 50cm는 5주/m^2, 60cm는 4주/m^2, 80cm는 2주/m^2, 100cm는 1주/m^2의 식재밀도 이상인 경우이다.

4.1.2 식재부대공

1. 개요

식재공사 부대작업은 객토, 시비, 지주 및 부적기 식재의 약제처리 등이다.

일반적인 식재 부대공은 식재지역의 토양성을 개선하는 객토, 수목 생육 보조재인 유기물 시비, 수목의 활착을 보조하는 지주가 있다. 부적기 식재에는 수목 활착용 발근촉진제와 증산억제제 등의 약제처리가 부가된다.

2. 적용범위

수목 식재의 전반에 적용하는 부대공인 객토, 인공토양(토양개량제), 시비, 통기·관수시설, 지주 및 식재 부적기 식재시의 약제처리 등에 적용한다.

3. 적용품셈

가. 객토

식재시 불량토양의 토양성 개선을 위한 객토량 기준은 품셈이 기본품 위주로 개정되면서 2013년 삭제되었다. 특별히 토량개량이 필요한 경우 객토량은 설계에 의하거나, 수목 규격별 분크기에 의한 [2012년 토목, 건축품셈 4-4(식재)] 객토량을 준용하고, 식재품은 품셈 주기에 의하여 10% 가산한다. 토사 운반은 필요시 별도 계상하며, 시공량 변경시에는 정산한다.

〈표 4.1-6〉 객토량 _ 나무높이 [2012년 토목, 건축품셈 발췌]   (주 당)

나무높이(m)	객토량(m^3)	나무높이(m)	객토량(m^3)
1.0 이하	0.046	3.6 ~ 4.0	0.295
1.1 ~ 1.5	0.064	4.1 ~ 4.5	0.347
1.6 ~ 2.0	0.099	4.6 ~ 5.0	0.403
2.1 ~ 2.5	0.141	5.1 ~ 5.5	0.454
2.6 ~ 3.0	0.189	5.6 ~ 6.0	0.500
3.1 ~ 3.5	0.241		

〈표 4.1-7〉 객토량 _ 흉고직경 [2012년 토목, 건축품셈 발췌]   (주 당)

흉고직경(cm)	객토량(m^3)	흉고직경(cm)	객토량(m^3)
4 이하	0.125	18	1.698
5	0.167	19	1.915
6	0.217	20	2.149
7	0.276	21	2.402

(표 계속)

〈표 4.1-7〉 객토량 _ 흉고직경 [2012년 토목, 건축품셈 발췌]   (주 당)

흉고직경(cm)	객토량(m^3)	흉고직경(cm)	객토량(m^3)
8	0.345	22	2.673
9	0.423	23	2.964
10	0.513	24	3.275
11	0.614	25	3.608
12	0.727	26	3.961
13	0.853	27	4.337
14	0.992	28	4.736
15	1.146	29	5.158
16	1.314	30	5.604
17	1.498		

나. 인공토양 (토양개량제)

인공토양(토양개량제)은 [본서 3.2 조경토공]의 토양개량 및 소운반, 토양과 인공토 혼합에 의하며 순수 인공토 부설, 인공토의 소규모 혼합, 토양의 선별혼합은 다음과 같이 준용한다. 이때 혼합토량은 여성토를 고려 15% 할증 계상하는 [LH공사] 기준을 준용한다.

인공토양의 사용은 [SH공사]기준[20]을 다음과 같이 준용하며, 수목의 원활한 생장을 위하여 토양개량제 객토시에도 일반수목과 동일한 기준으로 유기물을 적용한다.

〈표 4.1-8〉 인공토양(토양개량제) [SH공사]   (주 당)

근원직경(cm)	단위	수량
R15	kg	30
R20~25	kg	50
R30~35	kg	80
R40~45	kg	100
R50	kg	120

〈표 4.1-9〉 인공토양 부설 [공통품셈 준용]   (m^3 당)

구 분	규 격	단위	수량
인공 토양 부설	보통 인부	인	0.20
혼합토양 부설 (단순배합)	보통 인부	인	0.43
혼합토양 부설 (선별포함)	보통 인부	인	0.66

[주] 1. 인공토양 부설은 [공통품셈 3-2-1(굴착-인력/토사)]의 주기인 현장내 잔토처리를 준용한 품이다.

2. 혼합토양 부설은 [건축품셈 9-1-1(모르타르 배합)]을 준용하여 일반적인 인력 배합은 모래체가름 제외 품을, 토양을 선별하는 경우에는 모래체가름 포함 품을 준용한 품이다.

---

20) 인공토양(토양개량제) 사용의 [SH공사] 기준은 '근원직경 15cm이상 대형목 식재(이식)시 토양의 물리적, 화학적 성질 개선을 위하여 식재 식혈부에 인공토양(토양개량제)을 혼합하여 객토한다.'라고하며 주기에서 '토양개량제로 객토시 생명정 및 유기질 비료는 제외한다'라고 규정하고 있다.

다. 시비

미숙성된 비료 사용시 유기물에 오히려 수목이 고사하는 문제점 등이 발생할 수 있으므로, 유기물은 공사비 등 다른 조건보다 우선적으로 완숙재를 선정 사용한다. 비료의 선정기준은「비료 공정규격 설정 [농촌진흥청고시 제2024-28호, 시행 2025. 1. 6.]」'별표2. 보통 비료의 공정규격설정', '별표3. 부산물 비료의 공정규격설정' 등에 적합한 제품으로 한다.

시비용 재료는 일반수목은 유기질비료, 소나무와 대형목 등 주요 수종은 생명정 또는 유기질비료 등을 기준으로 하며 특별히 필요시 고형비료[21]를 적용한다. 시비량은 발주처별 기준에 의하되 일반적으로는 과거 [LH공사]의 기준을 다음과 같이 준용한다. 2013년 품셈 개정부터 수목시비품은 별도 적용으로 규정되었으므로 [유지관리품셈 1-2-13(교목시비)], [유지관리품셈 1-2-14(관목시비)]에 의하여 다음과 같이 적용한다. 단, 식재시 시비는 작업성으로 시비품의 50% 적용을 원칙으로 한다.

〈표 4.1-10〉 수목 시비량 기준 [LH공사 준용]　　(주 당)

성 상	규 격			시비량(kg)
	수고(m)	흉고직경(cm)	근원직경(cm)	
교 목	H1.0 ~ 2.0	B 4 이하	R 7 이하	5
	H2.1 ~ 3.0	B 5 ~ 7	R 8 ~ 9	10
	H3.1 ~ 3.5	B 8 ~ 11	R10 ~ 14	15
	H3.6 ~ 4.0	B12 ~ 17	R15 ~ 24	20
	H4.1 ~ 5.0	B18 ~ 24	R25 ~ 30	30
	H5.1 ~ 6.0	B25 ~ 29	R31 ~ 39	40
	H6.1 이상	B30 이상	R40 이상	50
관 목	H0.5 이하			0.5
	H0.6 ~ 1.0			1.0
	H1.0 이상			2.0

[주] 1. 본 품은 일반적인 수목의 시비 기준량이다.
　　 2. 수벽용 교목은 상기 기준량의 1/4을 적용하거나 수고 1.5m 이하인 경우에는 관목의 기준을 적용한다.
　　 3. 독립수로 식재하는 관목은 교목의 기준을 적용한다.
　　 4. 초화류는 2kg/m²를 기준으로 한다.

〈표 4.1-11〉 교목시비 [유지관리품셈]　　(일 당)

구 분		단위	수량	시공량(주) - 근원직경(cm)					
				11미만	11~ 21미만	21~ 31미만	31~ 41미만	41~ 51미만	51이상
환 상 시 비	조 경 공	인	2	76	61	51	44	38	34
	보통인부	인	1						
방사형 시 비	조 경 공	인	2	100	82	69	59	52	46
	보통인부	인	1						

---

21) 고형비료 시비품은 [LH공사]의 규정인 주당 조경공 0.003(인), 보통인부 0.028(인)으로 준용한다.

[주] 1. 본 품은 터파기, 비료포설, 되메우기 작업을 포함한다.
　　2. 작업구분은 수종별, 형상별 등 필요에 따라 다음을 참고하여 적용한다.
　　　• 환상시비 : 뿌리가 손상되지 않도록 뿌리분 둘레를 깊이 0.3m, 가로 0.3m, 세로 0.5m 정도로 흙을 파내고 소요량의 퇴비(부숙된 유기질비료)를 넣은 후 복토한다.
　　　• 방사형시비 : 1회시에는 수목을 중심으로 2개소에, 2회시에는 1회시비의 중간위치 2개소에 시비 후 복토한다.
　　3. 비료의 종류, 수량은 토양의 상태, 수종, 수세 등을 고려하여 결정한다.

〈표 4.1-12〉 관목시비 [유지관리품셈]　　　　　　　　　　　　　　　　(일 당)

명 칭	단위	수량	시공량(m²)
조　경　공	인	2	300
보　통　인　부	인	1	

[주] 1. 본 품은 군식 관목 기준이다.
　　2. 비료의 종류, 수량은 토양의 상태, 수종, 수세 등을 고려하여 결정한다.

라. 통기·관수시설

가로수 등 답압에 노출되는 수목은 외적요인으로 통기성이 불량해지고 수분 공급이 곤란한 토양구조로 변화될 수 있다. 이러한 토양구조 개선과 기능수행을 위한 통기관은 통기성 확보, 수분과 양분 공급, 뿌리까지의 직접관수 등이 가능하도록 가급적 뿌리분에 밀착 시공하여야 한다. 그러므로 통기관은 직경 10cm 내외 기준으로, 공기 흐름으로 인한 동절기 뿌리의 동해를 방지할 수 있는 보온성 재료나 바람막이용 뚜껑 등 보호장치가 마련되어야 한다.

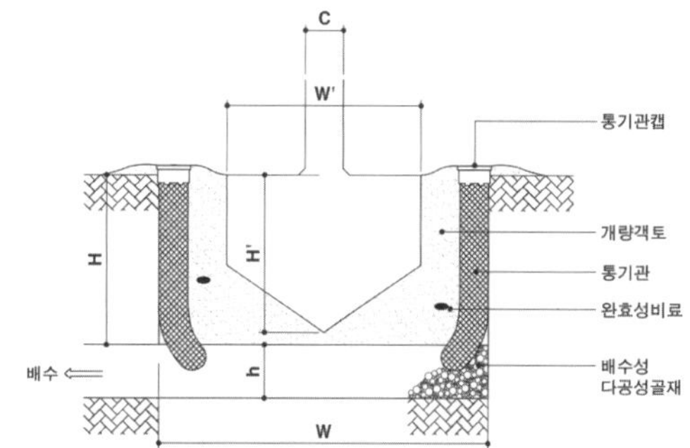

〈그림 4.1-1〉 통기 · 관수시설

통기·관수시설의 설치기준은 별도 규정이 없으나 [SH공사]는 수목 중심에서 50cm 지점에 깊이 50~100cm 뿌리분 이하에 지름 10cm이상 유공관 4개이상으로 규정하고 있으며, 일본의 규격별 세분기준은 다음과 같다. 그러므로 통기·관수시설은 [SH공사]와 일본 기준을 참고하여 가로수, 인공지반 및 포장면 등의 R20이상 대형목에 설치하며, 소형목은 특별히 필요시 설치한다. 통기·관수시설은 풍해·동해가 적도록 유공관의 독립 사용은 가급적 배제하고 다공질의 재료로 채워진 뚜껑 구조로 한다.

통기관 설치품은 [LH공사] 기준을 준용하여 통기관당 L=1.0m는 보통인부 0.016(인/개소), L=0.5m는 0.008(인/개소)를 기준으로 한다.

〈표 4.1-13〉 식혈 개량표 [일본 기준 준용] (주 당)

성상	규격	뿌리분			식 혈			배수층 (ℓ)	객토량 (m³)	비료량 (g)	통기파이프	
		분경 (cm)	높이 (cm)	용량 (m³)	분경 (cm)	높이 (cm)	용량 (m³)				길이 (m)	개수 (EA)
교목 · 흉고 직경 (cm)	10 미만	33	25	0.017	69	45	0.120	30	0.073	180	0.6	2
	10~14	38	28	0.028	75	48	0.175	35	0.112	180	0.6	2
	15~19	47	33	0.061	87	56	0.329	59	0.209	231	0.6	2
	20~24	57	39	0.11	99	63	0.517	77	0.33	283	1.0	2
	25~29	66	45	0.17	111	69	0.747	97	0.48	283	1.0	2
	30~34	71	48	0.21	117	77	0.921	161	0.55	386	1.0	2
	35~44	90	59	0.40	141	90	1.574	234	0.94	449	1.0	3
	45~59	113	74	0.74	171	105	2.624	344	1.54	514	1.5	3
	60~74	141	91	1.32	207	129	4.373	673	2.38	1,029	1.5	4
	75~89	170	108	2.08	243	153	6.609	1,159	3.37	1,029	1.5	5
관목 · 나무 높이 (m)	0.3 미만	15	8	0.001	29	28	0.018	3	0.014	90	-	-
	0.3~0.4	17	10	0.002	33	31	0.036	4	0.020	90	-	-
	0.5~0.7	20	12	0.004	37	33	0.035	5	0.026	116	-	-
	0.8~0.9	22	13	0.005	41	36	0.047	7	0.035	116	-	-
	1.0~1.4	26	16	0.008	46	43	0.070	13	0.049	154	0.6	2
	1.5~1.9	30	19	0.013	54	48	0.108	18	0.077	154	0.6	2
	2.0~2.4	35	23	0.022	61	56	0.162	29	0.111	231	0.6	2
	2.5~2.9	40	26	0.032	69	61	0.225	37	0.156	231	0.6	2

[주] 1. 통기·관수시설은 가로수 및 인공지반과 포장면 등의 R20이상 대형목에 설치하며, 소형 교목과 관목 등은 특별히 필요한 경우 설치한다.
   2. 통기관 설치품은 [LH공사] 기준을 준용하여 통기관당 보통인부 L=1.0m는 0.016(인/개소), L=0.5m는 0.008(인/개소)를 기준으로 한다.

〈표 4.1-14〉 통기관 설치 [LH공사] (개소 당)

구 분	규 격	단위	보통인부
통기관 설치	D100×L1.0m기준	인	0.016
통기관 설치	D100×L0.5m기준	인	0.008

[주] 통기관의 재료비는 별도 계상한다.

마. 지주

식재 수목의 활착을 보조하는 지주(목) 설치기준은 각 발주처의 기준과 설계도서에 의하며, 일반적으로는 다음과 같이 적용한다. 이때 지주 설치비는 식재 품에 포함되어 있으므로 별도 적용하지 않는다.

〈표 4.1-15〉 지주(목) 설치기준 [예시]

명 칭	기준 규격	수목 규격		
		수고(H)	근원직경(R)	흉고직경(B)
이 각 형	φ45×L1200	3.0m 이하	6cm 이하	5cm 이하
삼발이 소형	φ45×L1500	3.1 ~ 4.0m	7 ~ 12cm	6 ~ 10cm
삼발이 중형	φ60×L1800	4.1 ~ 5.0m	13 ~ 25cm	11 ~ 20cm
삼발이 대형	φ60×L2700	5.1m 이상	26cm 이상	21cm 이상

[주] 1. 지주(목)은 수목의 성상과 설치위치 등으로 규격과 형태를 조정하여 연계형, 철재형, 사각형, 당김줄형 등으로 변경 적용할 수 있다.

2. 관목의 지주는 필요시 수목의 성상과 설치형태 등에 의하여 이각형, 단주형, 연결형 등을 적용한다.

3. 삼발이 가로형이나 사각 지주목은 포장지역의 수목보호덮개 설치 수목이나 미관이 요구되는 곳의 수목에 적용할 수 있다.

4. 대나무연결형 지주는 소나무나 외곽수림대 또는 식재형태상 군식으로 식재하여 연결형 지주가 필요한 경우 적용할 수 있다.

5. 매립형, 당김줄형 지주는 대형목이나 경관상 특별히 필요한 경우 적용할 수 있다.

바. 약제처리

부적기 식재는 하절기(6~9월)를 말하며, 동절기(12~2월)식재는 원칙적으로 금한다. 뿌리분 크기는 식재 적기에는 근원직경의 4배 이상, 부적기에는 근원직경의 6배 이상을 기준으로 하며, 근원직경 25cm이상 대형목은 뿌리돌림을 이미 완료한 것이어야 한다.

부적기 식재시 [SH공사]의 발근촉진제와 증산억제제 기준을 다음과 같이 준용하며, 추가적으로 수간보호·방풍 등의 작업을 시행할 수 있다.

〈표 4.1-16〉 발근촉진제 처리 [SH공사] (주 당)

성상	흉고직경 (B, cm)	근원직경 (R, cm)	관수량 (ℓ)	원액량 (cc)	품/주 (인)
교목류	3 이하	4 이하	8	1.6	특별인부 0.02 보통인부 0.06
	4 ~ 5	5 ~ 6	21	4.2	
	6 ~ 9	7 ~ 12	66	13	
	10 ~ 12	13 ~ 15	180	36	
	13 ~ 15	16 ~ 20	384	76	
	16 이상	21 이상	609	121	
관목류			1.2	0.2	특별인부 0.01 보통인부 0.03

〈표 4.1-17〉 증산억제제 살포 [SH공사] (주 당)

수고(m)	주당 원액량(ℓ)		비 고
	상록 교목	낙엽 교목	
1.6 ~ 2.5	0.06	0.03	• 식재 후 1회 실시
2.6 ~ 3.5	0.08	0.05	• 원액희석률은 10%
3.6 ~ 4.5	0.10	0.07	• 잎, 줄기의 전면에 살포
4.6 이상	0.14	0.10	• 처리품은 표준품셈 적용

[주] 식재부적기 기간 중 식재일로부터 10일 간격으로 관수하는 것을 원칙으로 하되 기상조건을 감안하여 실시한다.

사. 수목보호홀덮개는 [LH공사]의 기준인 유사 품셈을 준용한다. 받침틀(보호틀)은 [토목품셈 1-9-2(보차도 및 도로경계블록 설치)] 유사 규격, 홀덮개는 [토목품셈 1-7-2(보도용 블록 설치-대형)]과 [토목품셈 1-7-1(보도용 블록 설치-소형)]을 준용한다. 포장면에 설치하는 기타 시설도 표준품셈의 유사 공종을 준용한다.

4.2 인공식재기반 식재 (KCS 34 40 15)

인공식재기반의 식재형태는 면식재와 점식재로 구분된다.

면식재 인공식재기반은 건축물 옥상·실내·지하 및 구조물 상부 등 인공기반과 식물 생육에 부적합한 임해·쓰레기·암반 등 불량환경인자 식재기반이며, 점식재 인공식재기반은 구조물이나 식재용으로 제작된 시설 기반이다. 인공식재기반은 보다 열악한 인공환경 극복을 위하여 식재기반조성과 수목특성의 고려 및 관리 등에서 특히 세심한 주의가 필요하다.

인공식재기반은 일반식재기반에 더하여 수목 생육에 부적합한 원인 인자를 차단하고 토양의 개량 등으로 식생의 양호한 생육 환경을 조성한다. 부적합한 원인인자의 차단과 토양개량은 일반식재기반 등 각 항목별 세부내용을 적용하며, 여기에서는 일반식재기반과는 다른 품셈의 적용이 필요한 실내조경과 벽면녹화에 한하여 기술한다.

4.2.1 실내조경

1. 개요

실내조경은 천창이나 측창 등으로 자연광이 유입되는 실내공간이나 유리돔 등의 아트리움·아케이드 및 인공광의 도입이 가능한 실내공간과 발코니·베란다·현관 등 건축공간에 실내식물을 식재하거나 첨경물 및 시설물 등을 조성하는 조경공간이다.

식물을 식재하는 실내조경은 수목 생육에 적합한 광선과 수분 등을 고려하며, 실내식물의 생장기반인 토양은 배수성과 보수력을 동시에 가진 성분으로 고결화·산성화를 고려하여 개량제를 포함한 배양토를 사용하거나 일정 기간 경과 후 개량·교체가 필요하다.

식물을 식재하지 않는 미적기능을 추구하는 실내조경은 별도 규정에 의한다.

2. 적용범위

실내식물의 생장을 위한 기반조성과 식재용기·플랜터, 식물재료, 첨경물 및 공간을 구성하는 시설물의 설치공사 등에 적용한다.

3. 적용품셈

가. 실내조경에서 별도로 언급하지 않는 항목은 일반적인 외부 조경과 동일하거나 유사한 해당 항목을 참조하여 적용 또는 준용한다. 이때 소규모 실내조경 특성의 반영에 유의하며, 특히 소운반을 반드시 고려한다.

나. 실내조경용 자재(재료)의 대운반은 특별히 필요시 적용하고 설치비가 포함되지 않은 토양, 수목, 구조재, 시설재, 점경물 등 소운반은 1층, 20m 초과시 적용한다. 운반은 현장 상황별 업무효율과 경제성의 분석 후 리프트, 엘리베이터, 크레인 등 기계를 적극적으로 사용하며, 소운반은 [공통품셈 1-2-7(운반)]의 2. 인력운반 기본공식을 기준으로 한다.

다. 인공토양 및 혼합토부설은 일반적인 조경식재와 동일하게 〈표 4.1-9〉를 적용하며, 소운반은 필요시 별도 적용한다. 일반적인 인공토양 부설은 현장내 잔토처리를 준용하여 0.2(인/m³), 인력에 의한 일반 혼합토 배합은 0.43(인/m³), 토양 선별 배합은 0.66(인/m³)로 준용한다. 토양부설 면고르기는 전면적으로 [공통품셈 3-6-1(성토면 고르기)]를 적용하고, 식재면은 [공통품셈 3-6-2(식재면 고르기)]를 추가 적용한다.

라. 실내조경 식재는 집약적 표현과 균형에 비교적 많은 기술과 인력이 요구되므로 일반적으로 인력 시공을 기준으로 한다. 실내조경 식재는 일반 식재공사와 유사하게 목본류와 지피 및 초화류의 2가지로 분류하고, 목본류는 근원직경과 나무높이로 세분하며, 지피 및 초화류는 포트와 수고별로 다음과 같이 준용한다. 실내조경 목본류 식재는 인력시공 기준으로 초화류 식재의 "특수화단은 시공량을 17%까지 감할 수 있다"는 주기를 준용하고, 목본류의 R10 규격은 인력시공 최대 규격인 R8을 기계시공 R8과 R10의 비율로 환산하여 다음과 같이 준용하며, R10 이상 규격도 필요시 동일 기준으로 환산 준용한다.

〈표 4.2-1〉 실내조경 _ 목본류, 근원직경 [공통품셈 준용]　　　　　　　　　　　　　　　　　(일 당)

구 분		단위	수량	근원직경(m)	시공량(주)
인력시공	조 경 공	인	4	R6 이하	24.90
	보통 인부	인	2	R7 ~ 8	12.45
				R9~10	9.62

[주] 1. 본 품은 [공통품셈 4-3-5(식재-흉고직경)]의 인력시공을 기준으로 초화류 식재의 '특수화단은 시공량을 17%까지 감할 수 있다'는 주기를 준용한 품이다.

　　2. 소철, 파키라, 대만고무나무, 벤자민고무나무, 워싱토니아, 헤고, 왕대나무, 당종려, 먼나무, 녹나무 등에 적용한다.

　　3. 본 품은 소운반 환산거리 20m 기준으로 기준거리 초과시에는 소운반을 추가 계상하여야 한다.

　　4. 근원직경 R9~10은 인력시공 최대규격인 R7~8을 초화류 특수화단 기준 17% 감한 수량에서 기계시공 R8과 R10의 시공량 비율으로 환산한 품이며, 상기 규격을 초과하는 수목도 동일 기준으로 환산 적용한다.

〈표 4.2-2〉 실내조경 _ 목본류, 나무높이 [공통품셈 준용]　　　　　　　　　　　　　　(일 당)

구 분		단위	수량	나무높이(m)	시공량(주)
인력시공	조 경 공	인	4	2.0이하	33.20
	보통 인부	인	2	3.0이하	16.60
				5.0이하	9.96

[주] 1. 본 품은 [공통품셈 4-3-4(식재-나무높이)]의 인력시공을 기준으로 초화류 식재의 '특수화단은 시공량을 17%까지 감할 수 있다'는 주기를 준용한 품이다.

  2. 공작야자, 아레카야자, 관음죽, 아라우카리아, 남천, 후피향, 드라세나, 종려죽(7촉기준) 등에 적용한다.

  3. 본 품은 소운반 환산거리 20m 기준으로 기준거리 초과시에는 소운반을 추가 계상하여야 한다.

마. 실내조경에서 지피 및 초화류는 식재형태를 군식, 단식으로 구분하고 Pot, 높이를 세분하며, 초화류 식재 주기의 "특수화단은 시공량을 17%까지 감할 수 있다"는 기준을 다음과 같이 준용한다. 표준품셈 초화류 식재품이 3~4" 기준이므로, 초화류 식재는 단순할 수 있으나 포트 및 높이가 큰 초화류는 관목 식재와 유사하므로, 대규격은 보정 준용한 시공량이다. 군식의 3~4" H0.3미만은 초화류 양호, H0.3이상은 초화류 보통, 5~6" H0.4미만은 초화류 불량, H0.4이상은 초화류 불량의 70%, 7"이상 H0.5미만은 관목 군식 0.3미만, H0.5이상은 관목 군식 H0.3~0.7으로 준용한다. 단식에서 3~4" H0.3미만은 초화류 보통, H0.3이상은 초화류 불량, 5~6" H0.5미만은 초화류 불량의 70%, H0.5이상은 초화류 불량의 50%, 7"이상 H0.5미만은 관목 단식 0.3미만, H0.5이상은 관목 단식 H0.3~0.7으로 준용한다. 단, 이 품은 실내조경의 특성을 고려한 기준이므로 작업성이 용이한 경우에는 일반 식재품을 적용하는 등 적정 조정한다.

〈표 4.2-3〉 실내조경 _ 지피 및 초화류 [공통품셈 준용]　　　　　　　　　　　　　　(일 당)

구 분	단위	수량	규 격			시공량 (주)
			식재형태	Pot	높이(H)	
조 경 공	인	3	군 식	3 ~ 4"	H0.3 미만	2,241
보통 인부	인	1			H0.3 이상	1,494
				5 ~ 6"	H0.4 미만	913
					H0.4 이상	639
				7" 이상	H0.5 미만	440
					H0.5 이상	300
			단 식	3 ~ 4"	H0.3 미만	1,494
					H0.3 이상	913
				5 ~ 6"	H0.4 미만	639
					H0.4 이상	456
				7" 이상	H0.5 미만	160
					H0.5 이상	125

[주] 1. 본 품은 실내조경 특성으로 [공통품셈 4-1-3(초화류 식재)]의 시공량을 17%를 감하여 적용하고, 대형 규격은 [공통품셈 4-2-3(관목 식재 - 군식)], [공통품셈 4-2-2(관목 식재 - 단식)]을 준용한 기준이다.

  2. 본 품은 소운반 환산거리 20m 기준이므로 기준거리 초과시에는 소운반을 추가 계상한다.

  3. 식재면적이 개소당 3.3m² 미만이거나 단일 수종의 1.0m² 미만 면적이 50%를 초과할 경우에는 본 품의 50%를 가산한다.

  4. 특수한 수목이나, 특수한 효과의 연출이 필요한 경우에는 본 품의 50%까지 가산할 수 있다.

바. 실내조경 멀칭은 수목과 초화류의 식재공간에 이끼, 우드칩, 화산석 등을 포설한다. 이끼는 [공통품셈 4-1-1(잔디붙임 – 평떼)]인 〈표 4.4-2〉, 우드칩 등은 [한국도로공사]의 피복작업(멀칭)인 〈표 4.4-11〉, 화산석 또는 인공토양 부설은 〈표 4.1-9〉를 준용한다. 이때, 복잡하거나 소규모는 초화류와 동일 기준으로 일반품에 시공량을 17% 감하여 준용할 수 있다.

사. 실내식물의 유지관리는 일반적인 유지관리와 수분의 공급을 위한 관수 및 폐수처리로 구분된다. 실내식물의 유지관리는 지침서를 기준하되, 관리기준이 제시되지 않은 일반적 기준은 다음과 같으며 현장여건으로 조정할 수 있다.

〈표 4.2-4〉 실내식물 _ 유지관리 [예시]　　(회/m² 당)

구 분	단위	보통 인부	비 고
적 심 작 업	인	0.005	년 6회 기준, 하엽제거 포함
정 지 및 전 정	인	0.012	년 2회 기준, 하엽제거 포함
병 충 해 방 제	인	0.015	년 2회 기준
시　　비	인	0.015	년 2회 기준
세 척 작 업	인	0.055	월 1회 기준

[주] 1. 유지관리에 필요한 잡 재료비는 품의 5%를 가산한다.
　　2. 적심작업, 정지 및 전정 작업은 하엽 제거를 포함하며, 하엽 제거를 포함하지 않을 때는 m²당 0.001인을 공제한다.
　　3. 병충해방제는 발근 촉진재, 성장 촉진재 및 병충해 방제 등을 목적으로 하는 경우에 적용한다.
　　4. 세척작업은 수목 잎의 미세먼지 등을 제거하는 작업으로서, 특별히 세척이 곤란한 지역 또는 특별한 세척이 필요한 경우에는 품을 50%까지 추가로 계상할 수 있다.

〈표 4.2-5〉 실내식물 _ 관수 및 폐수처리 [예시]　　(회/m² 당)

구 분		단위	보통 인부	비 고
관 수	자동 관수	인	0.0006	1회 기준
	호스 관수	인	0.0035	1회 기준
	물통 관수	인	0.023	1회 기준
폐 수 처 리		인	0.017	배수구가 없는 경우
기 계 실 관 리		인	0.200	자동관수 및 기타

[주] 1. 전체 면적대비 교목성 수목이 m²당 1~2주의 기준이며, 교목이 비례보다 많을 경우에는 상기품의 30%까지 가산하고, 지피 및 초화류로만 구성된 경우에는 상기품의 30%를 감한다.
　　2. 관수 시 m²당 일반적인 1회 관수기준이며, 특별히 추가적인 관수 또는 수시관수 필요 시에는 품을 30%까지 가감할 수 있다.
　　3. 관수에 필요한 잡 재료비는 품의 5%를 가산한다.
　　4. 기계실 관리는 자동 관수시설의 구동에 적용하며, 특별히 실내식물의 유지관리가 필요한 경우에도 적용할 수 있다.

4.2.2 벽면녹화

1. 개요

벽면녹화(수직정원)는 공간분할, 차폐, 시선차단 등을 목적으로 설치하는 수직적 구조체나 건축물 내외벽면, 옹벽, 석축, 방음벽, 담장, 휀스 등 구조물을 식재나 수목 피복으로 인공적인 환경의 위화감을 완화하는 녹화방법이다.

벽면녹화는 녹화방법별로 벽면에 직접 식재장치를 설치하는 방법과, 벽면 상·하부 식생을 벽면으로 유도하는 상·하향 녹화로 대별할 수 있다.

2. 적용범위

벽면녹화는 유니트(패널)형, 와이어형, 메쉬형, 휀스형 및 혼합형 등으로 구분된다. 유니트(패널)형, 와이어형, 메쉬형, 휀스형은 홀더 등으로 각 재료 명칭을 사용하며 혼합형은 이러한 시스템의 조합형 녹화방법이다.

여기에 기술하는 벽면녹화는 건축·구조·시설물 등에 식재장치나 보조재를 설치하는 벽면녹화의 표준 예시이므로, 조합·복합으로 다양한 연출이 가능하다. 식생유도용 벽면 상·하부 식재장치·시설은 일반 식재와 유사하므로 일반시설기준을 참조한다.

3. 적용품셈

가. 유니트(패널)형은 철물구조체로 뼈대를 형성하고 식재기반인 식생패널을 철물에 고정한 후 식생으로 벽면을 피복하는 방식이다. 식재용기인 식생패널은 합성폴리프로필렌(COPP) 250×500×깊이120mm기준 1패널당 10개내외 식재셀 구성 기준이다. 식생패널(유니트)형은 토양심도 최대화와 토양 유실 최소화를 위하여 식재셀을 30도 경사형으로 설치하며, 자체 저수기능으로 초화류와 왜성 관목까지 식재가 가능하다. 유지관리 측면으로 패널 상단부에 파이프 고정 요(凹)홈부가 있는 점적관수시스템과 일체적 구조로서 물넘이 방식으로 패널 전체에 수분이 공급된다.

〈표 4.2-6〉 벽면녹화 _ 유니트형 [예시]　(m² 당)

구 분	규 격	단위	수량
철물 지지대	스텐레스	m	2.00~3.00
부 착 철 물	40×T2 ㄷ철물	m	8.00
식 생 패 널	250×500×H120	EA	7.40
관 수 시 설	자동관수, 점적	m²	1.00

[주] 1. 철물지지대는 벽면부착형 스텐레스 가공품으로서 바닥자립형인 경우에는 지지에 필요한 철물을 별도 적용한다.

2. 철물지지대와 관수시설 설치비는 각 자재대의 30% 기준이며, 식생패널 설치비는 자재대의 5%를 적용한다.

3. 물받이와 몰딩은 필요시 별도 적용한다.

4. 본 품은 높이 3m미만 50m² 이상 기준이며 설치높이가 3m이상인 경우 설치 장비를 별도 적용하고, 설치면적이 50m² 이하인 경우에는 설치품의 할증을 20% 적용한다.

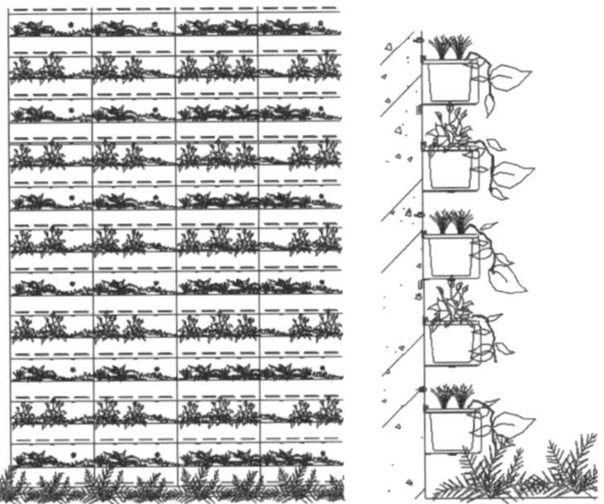

〈그림 4.2-1〉 유니트형 녹화상세 #1

〈그림 4.2-2〉 유니트형 녹화사례 #1

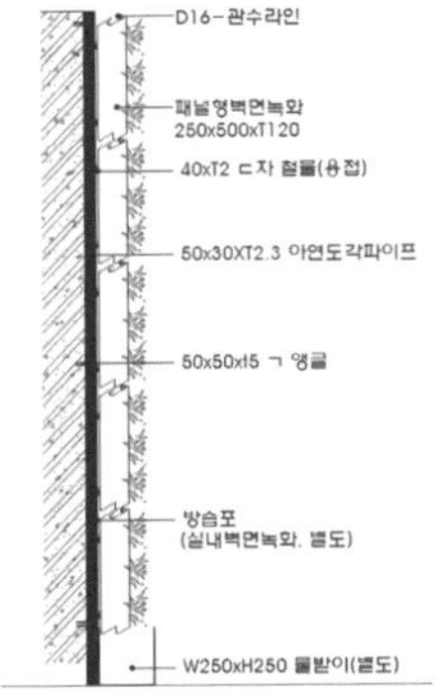

〈그림 4.2-3〉 식생패널(유니트형) 상세 #2

〈그림 4.2-4〉 유니트형 녹화사례 #2

〈표 4.2-7〉 벽면녹화 _ 식생패널(유니트형) [예시]   (EA 당)

구 분	규 격	단위	수량
식 생 패 널	250×500×H120	EA	1.00
토 양	녹화용	m³	0.019
식 물 포 켓		EA	12.00
흡 습 재		EA	12.00
식 물	실내 또는 옥외용	본	10.00
수 태		m²	0.145
덮 개		EA	6.00

[주] 1. 식재 식물은 실내인 경우 실내식물을 적정비율로 식재하고, 실외인 경우에는 상록기린초와 야생화를 80 : 20 비율로 식재한다.

   2. 덮개는 식생패널당 6개(상부용 1EA, 하부용 1EA, 중간용 4EA)를 적용한다.

나. 와이어형은 기 조성 또는 신축 건축물의 벽면이나 구조체에 와이어(Wire) 등 등반보조재로 덩굴식물을 유인하여 녹화하는 방식이다. 와이어는 벽면고정용 홀더로 고정하며, 최대 녹화 높이는 식재식물 생장량에 비례 산정된다. 일반적으로 자연지반에 식재하고 와이어(Wire)를 등반보조재로 사용하되, 녹화 목적용 구조체나 벽면 하부가 자연지반이 아닌 경우에는 식생 패널(유니트형) 등을 적용하는 혼합형으로 조성한다.

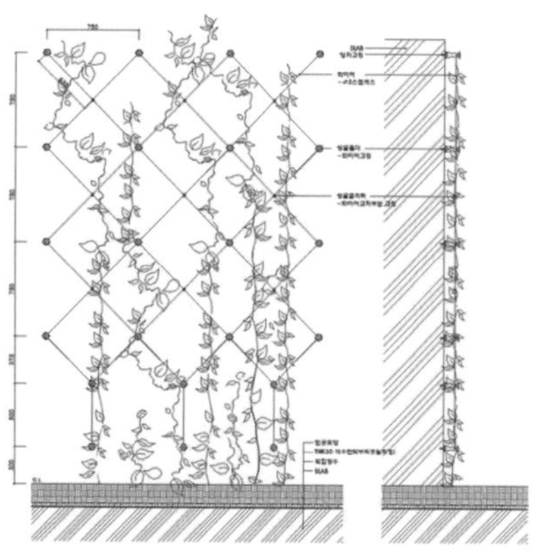

〈그림 4.2-5〉 와이어형 녹화상세

〈그림 4.2-6〉 와이어형 녹화사례

〈표 4.2-8〉 벽면녹화 _ 와이어형 [예시]　　　　　　　　　　　　　　　　　　　　　　(m² 당)

구 분	규 격	단위	수량
스 텐 와 이 어	φ3	m	3.75
와 이 어 설 치 공	와이어형	m²	1.00
홀　　　　더	H123 싱글	EA	2.60
클　리　퍼	H137 싱글	EA	1.50
셋트앵커설치	10×100 스텐	개소	2.60

[주] 1. 본 품은 벽면녹화 와이어형의 기본 품으로서 디자인을 변형하는 경우에는 품을 별도 계상한다.
　　2. 본 품의 기본형 이외에 추가로 설치하는 문양이나 클리퍼 고정양식, 식재용 시설과 식물식재는 별도로 계상한다.

〈표 4.2-9〉 벽면녹화 _ 와이어설치공(와이어형) [예시]　　　　　　　　　　　　　　(m² 당)

구 분	규 격	단위	수량
특 별 인 부		인	0.15
보 통 인 부		인	0.15

[주] 1. 본 품은 메쉬휀스 H1.0 설치의 경간당 설치인부를 m당으로 환산한 품으로서 와이어를 셋트앵커에 고정하고 마무리하는 품이다.
　　2. 본 품은 개소당 설치면적 20m² 이상 기준이며, 설치규모가 소규모인 경우 10~20m²는 20%, 10m²이하는 50% 할증을 적용한다.
　　3. 본 품은 설치높이 5m이하 기준이며, 5m 이상인 경우 20% 할증하거나 양중(Lifting)을 별도 적용한다.

다. 메쉬(휀스)형은 기 조성되거나 설치된 벽면이 있는 경우에만 가능한 와이어형과 달리 벽면이나 구조체가 없는 경우에도 가능하도록 수직구조물인 메쉬(휀스)를 설치하여 덩굴식물로 구조체를 피복할 수 있는 방식이다. 일반적으로는 와이어형과 유사하게 자연지반에 식물을 식재하고 등반보조재로 메쉬(Mesh)나 휀스(Fence) 설치면에 덩굴식물로 벽면을 피복한다. 메쉬의 1겹 설치는 싱글형으로 2겹 설치는 더블형으로 구분되며, 기존 시설물이나 벽면에 부착하는 부착형과 메쉬(휀스)의 독립적 구조인 독립형으로 세분된다. 품셈 기준은 메쉬부착형과 메쉬독립형으로 구분하고 싱글형과 더블형으로 세분하여 적용한다.

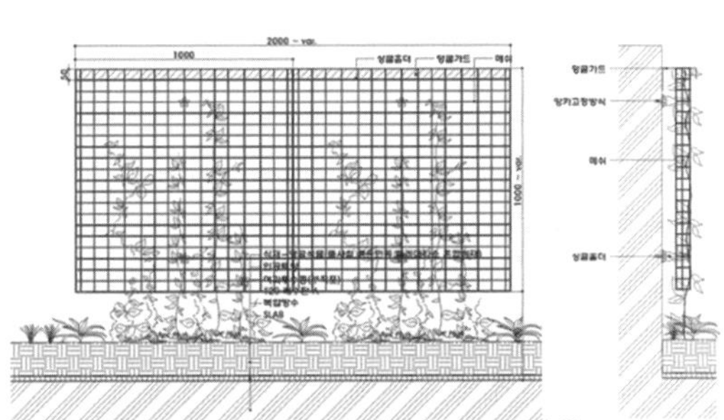

〈그림 4.2-7〉 메쉬녹화(싱글부착형) 상세

〈그림 4.2-8〉 메쉬녹화(더블부착형) 사례

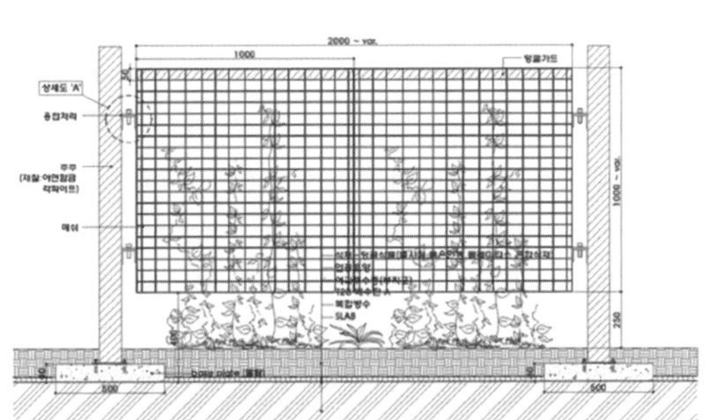

〈그림 4.2-9〉 휀스녹화(싱글독립형) 상세

〈그림 4.2-10〉 휀스녹화(더블독립형) 사례

〈표 4.2-10〉 벽면녹화 _ 휀스부착형 (싱글/더블) [예시]   (m² 당)

구 분	규 격	단위	수 량	
			싱글	더블
메 쉬	2000×1000	매	0.50	1.00
메쉬 설치공	일반 / 고급	m²	1.00	1.50
덩 굴 가 드	일반 / 스텐	m	0.50	0.50
홀 더	H123 싱글 or 더블	EA	3.00	3.00
셋트앵커설치	10×L100 스텐	개소	3.00	3.00

[주] 1. 본 품은 벽면녹화의 휀스부착 싱글형과 더블형의 기본형 품으로서 디자인을 변형하는 경우에는 품을 별도 계상한다.

2. 본 품의 기본형 이외에 추가로 설치하는 문양이나 클리퍼 고정양식, 식재용 시설과 식물식재는 별도로 계상한다.

3. 본 품에서 더블형의 메쉬 설치공은 양쪽면을 동시에 설치하므로 한면은 50% 품을 적용한 150%를 기준으로 한다.

〈표 4.2-11〉 벽면녹화 _ 휀스독립형 (싱글/더블) [예시]　　　　　　(m² 당)

구 분	규 격	단위	수 량	
			싱글	더블
주　　주	100 각관 or 형강	m	1.25	1.25
주주 설치공	일반 / 형강	개소	0.50	0.50
메　　쉬	2000×1000	매	0.50	1.00
메쉬 설치공	일반 / 고급	m²	1.00	1.50
덩 굴 가 드	일반 / 스텐	m	0.50	0.50
주주연결철물	100×100 스텐	EA	1.00	1.00
클 리 퍼	H137 싱글 or 더블	EA	4.00	4.00
셋트앵커설치	10×L100 스텐	개소	1.00	1.00

[주] 1. 본 품은 주주의 높이 2.5m, 메쉬는 2.0m 기준 기본형 품으로서 디자인을 변형하는 경우에는 품을 별도 계상한다.

　　 2. 본 품의 기본형 이외에 추가로 설치하는 주주, 세로 고정철물, 문양 및 식재용 시설과 식물식재는 별도로 계산한다.

　　 3. 본 품에서 더블형의 메쉬 설치공은 양쪽면을 동시에 설치하므로 한면은 50% 품을 적용한 150%를 기준으로 한다.

〈표 4.2-12〉 벽면녹화 _ 메쉬설치공(휀스형) [예시]　　　　　　(m² 당)

구 분	규 격	단위	수 량
특 별 인 부		인	0.15
보 통 인 부		인	0.15

[주] 1. 본 품은 메쉬휀스 H1.0 설치의 경간당 설치인부를 m당으로 환산한 기준 품으로서 휀스형 벽면녹화의 메쉬와 덩굴가드 설치 품이다.

　　 2. 본 품은 설치면적 100m² 이상 기준이며, 설치규모가 소규모인 경우 100~50m²는 20%, 50m²이하는 50% 할증을 적용한다.

　　 3. 본 품은 메쉬 상단이 지상에서 3m 이상인 경우 상단부는 20% 할증하거나 설치에 필요한 양중(Lifting)을 별도 적용한다.

　　 4. 본 품에서 규정된 메쉬 기본형 이외에 추가로 설치하는 시설이나 문양 및 식물 등은 별도 계상한다.

〈표 4.2-13〉 벽면녹화 _ 주주설치공(휀스형) [예시]　　　　　　(개소 당)

구 분	규 격	단위	수 량
특 별 인 부	주주설치	인	0.124
보 통 인 부	주주설치	인	0.062
셋트앵카설치	10×L100 스텐	개소	4.00

[주] 1. 본 품은 [건축품셈 8-2-2(앵커고정식 난간)]을 준용한 품이다.

　　 2. 주주는 매립과 상단부 결속성을 고려하여 설치길이 2.0m를 기준으로 품셈의 기초당 앵커 3개를 4개로 환산한 수량이며, 철공은 특별인부로 변경 적용한다.

　　 3. 본 품은 휀스의 골격을 구성하는 주주와 기초부의 지면고정 품으로서, 기초부는 별도 적용한다.

　　 4. 공구손료 및 경장비(전동드릴 등)의 기계경비는 인력품의 3%로 계상한다.

　　 4. 본 품은 100×100 각관 기준이므로 형강을 적용하는 경우에는 50% 할증하거나 별도 산출에 의한다.

라. 혼합형은 녹화 목적의 벽면 구조체 하부가 자연지반이 아니거나 식생 조건이 불량한 경우 와이어형, 메쉬형 또는 휀스형으로 상부 구조체를 형성하고 하부에는 식재기반인 유니트(패널)를 설치하는 방법이 가장 보편적이다. 기본형부터 다양하게 조합하여 유니트(패널)형과 메쉬형의 조합, 유니트(패널)형과 와이어형의 조합 및 복합 조합 등으로 다양한 디자인과 형태 연출이 가능하다. 나아가 메쉬나 휀스의 중간층에 식재기반인 유니트 설치로 식생면에 변화감

〈그림 4.2-11〉 혼합형(다층형) 사례

〈그림 4.2-12〉 혼합형(유니트+휀스) 사례

을 주어 디자인 요소로 활용하기도 한다. 혼합형은 설치하는 위치와 목적별로 다양한 형태와 디자인이 가능하므로 유니트형, 와이어형, 휀스형 등을 적절히 조합하고 설치품도 적절하게 운용한다.

4.3 수목이식 (KCS 34 40 20)

이식이란 수목의 이동 식재로서 세부 과정은 가버팀대 설치 – 뿌리돌림 – 수간보호 – 굴취 – 분매기 – 전정 – 상차 – 운반 – 하차 – 가식 – 재굴취 – 소운반 – 정식 – 지주세우기 등의 과정으로 시행된다. 이를 일반적으로 가식이 없는 경우 굴취 – 운반 – 식재로, 가식의 경우 굴취 – 운반 – 가식 – 재굴취 – 운반 – 정식으로 공종을 구분하는 경우가 많다.

수목 이식 품셈의 굴취·운반은 [LH공사], 야생수목이식은 [SH공사] 기준을 근간으로 다음과 같이 준용한다.

4.3.1 수목굴취

1. 개요

수목의 굴취는 재배수목과 야생수목 굴취로 분류되며, 굴취 과정은 가버팀대(가지주) 설치, 뿌리돌림, 굴취, 분매기, 전정으로 구분된다.

뿌리돌림은 가능한한 장기간에 수회를 분할 시행하고, 수종별 특성과 이식시기를 고려하여 가지치기, 잎따기 등의 조치를 취한다. 굴취시 뿌리분 크기의 일반 기준은 근원직경 4배이며, 깊이는 세근의 밀도가 현저히 감소한 부위로서 수종별 특성·이식력 및 발근력 등을 고려하여 적용한다.

2. 적용범위

뿌리돌림은 야생수목의 이식시에는 특별한 경우를 제외하고 반드시 적용되어야 하며, 대형목에도 가급적 뿌리돌림을 실시한다. 신규 수목은 현장 반입까지를 비용으로 포함하므로 굴취품은 적용하지 않으며, 발주처의 지급 수목이나 현장내 발생 수목의 이식공사에 적용한다.

가버팀대(가지주) 설치는 지주목 설치에 준하여 적용한다.

3. 적용품셈

가. 가버팀대

가버팀대는 [LH공사] 기준을 준용하여 근원직경 10배로 추정되는 수관 투영면적에 3m^{2}당 1개 설치 기준으로, 수목 규격별 가버팀대 소요량은 〈표 4.3-2〉의 내용과 같다.

가버팀대는 외기에 접하므로 [공통품셈 2-2-4(구조물 동바리)] 손율을 준용하며, 뿌리돌림 등과 연계작업이므로 뿌리돌림 적용시에는 설치품을 별도 적용하지 않는다.

나. 뿌리돌림

뿌리돌림은 [공통품셈 4-3-1(뿌리돌림)]에 의하여 다음과 같이 적용한다. 근원직경 100cm 이상은 비례 가산하며, 흉고직경은 R=1.2B 상관관계로 환산한다.

뿌리돌림 소요 재료는 5배분 기준으로 실제 사용 녹화끈(6mm)을 적용한 [LH공사] 기준을 다음과 같이 준용한다.

〈**표 4.3-1**〉 뿌리돌림 [공통품셈]   (주 당)

근원직경 (cm)	조경공 (인)	보통인부 (인)	근원직경 (cm)	조경공 (인)	보통인부 (인)
3	0.03	0.01	36	1.86	0.22
5	0.06	0.01	42	2.04	0.25
7	0.11	0.01	48	2.32	0.28
9	0.17	0.02	54	2.79	0.33
11	0.23	0.03	60	3.07	0.36
13	0.30	0.03	66	4.18	0.50
15	0.37	0.05	72	4.65	0.55
18	0.56	0.06	78	5.21	0.62
21	0.65	0.08	84	6.51	0.78
24	0.74	0.09	90	7.06	0.85
30	1.58	0.19	100	7.90	0.95

[주] 1. 뿌리돌림은 수목 이식 전에 뿌리분 밖으로 돌출된 뿌리를 깨끗이 절단하여 주근 가까운 곳의 측근과 잔뿌리의 발달을 촉진시키는 작업이다.
    2. 분은 근원직경의 4~5배로 한다.
    3. 뿌리 절단 부위의 보호를 위한 재료비는 별도 계상한다.

〈표 4.3-2〉 뿌리돌림 소요자재 [LH공사]　(주 당)

근원직경 (R, m)	분 직경 (D, m)	분감기 기준 (가로감기)	1회길이 (m)	감기횟수 (회)	녹화끈 (m)	가버팀대 (개)
0.15	0.75	2줄감기, 6cm간격	2.36	6	28.32	1
0.18	0.90	〃	2.83	8	45.28	1
0.21	1.05	3줄감기, 6cm간격	3.30	9	89.10	1
0.24	1.20	〃	3.77	10	113.10	2
0.30	1.50	3줄감기, 6cm간격	4.71	13	183.69	2
0.36	1.80	〃	5.65	15	254.25	3
0.42	2.10	〃	6.59	18	355.86	5
0.48	2.40	〃	7.54	20	452.40	6
0.54	2.70	3줄감기, 6cm간격	8.48	23	585.12	8
0.60	3.00	〃	9.42	25	706.50	9
0.66	3.30	〃	10.36	28	870.24	11
0.72	3.60	〃	11.30	30	1,017.00	14
0.78	3.90	3줄감기, 6cm간격	12.25	33	1,212.75	16
0.84	4.20	〃	13.19	35	1,384.95	18
0.90	4.50	〃	14.13	38	1,610.82	21
1.00	5.00	〃	15.70	42	1,978.20	26

[주] 1. 분의 직경은 5배분(5R) 기준이다.
　　2. 1회 가로감기 길이(분둘레) = D × 3.14
　　3. 가로감기횟수(뿌리분옆면 1/2D까지 6cm간격 감기) = (1/2×D) ÷ 0.06
　　4. 녹화끈(6mm) 소요량 = 1회 감기길이 × 감기줄수 × 가로감기 횟수
　　5. 가버팀대(철재 φ48.6×2.4mm, 3m) = {(R × 10) / 2}^{2} × 3.14 ÷ 3.0(m^2)

다. 수간보호

수간보호 품은 [유지관리품셈 1-2-6(수간보호)]에 의하여 〈표 4.3-3〉과 같이 적용한다.

현행 공공의 수간보호는 [LH공사]의 소요자재[22]로서 다음 2가지로 구분된다. 소요자재 #1 〈표 4.3-4〉는 일반적인 녹화마대 감기이며, 소요자재 #2의 〈표 4.3-5〉는 흡착포를 감은 후 황토액을 칠하는 방법이다.

---

22) - 수간보호 소요자재 #1은 녹화마대 감기를 시행하는 기준이다. 녹화마대(#150) 2겹감기 기준으로 수간보호의 시행높이는 R20이하는 근원부로부터 1.5m 까지이며 R21이상 수목은 2.0m까지 감는 기준이다.
　　- 수간보호 소요자재 #2는 황토바르기를 시행하는 기준이다. 근원부로부터 높이 1.5m를 흡착포(W32cm×L100m) 2겹감기 후 수목보호 전용 황토액을 칠하는 기준이다.

〈표 4.3-3〉 수간보호 [유지관리품셈] (일 당)

구 분		단위	수량	시공량(주) - 흉고직경				
				11cm미만	11~ 21cm미만	21~ 31cm미만	31~ 41cm미만	41~ 51cm미만
수간보호 (조형)	조 경 공 보통인부	인 인	2 1	24	13	6	3	2
수간보호 (일반)	조 경 공 보통인부	인 인	2 1	38	24	16	11	8

[주] 1. 본 품은 수간보호재로 교목의 줄기를 감싸주는 기준이다.

2. 작업구분은 수종별, 형상별 등 필요에 따라 다음을 참고하여 적용한다.

- 수간보호(조형) : 교목의 조형미를 고려하여 줄기(주간, 주지 등)를 수형에 맞게 보호재로 감싸주는 기준이다.
- 수간보호(일반) : 동절기 동해 예방 및 햇볕, 건조에 의하여 발생하는 피소현상을 예방하고 병충해 방제를 목적으로 수간에 녹화마대 등으로 감싸주는 기준으로 지표로부터 1.5m 높이까지 설치 기준이다.

〈표 4.3-4〉 수간보호 소요자재 #1 - 녹화마대 [LH공사] (주 당)

규 격	자재 산출 근거		자 재	
근원(흉고)직경 (cm)	평균(R) (m)	수간보호 높이(m)	거적 (m²)	녹화마대 (m)
R5(B4)이하	0.05	1.5	0.196	2.878
R6 (B5)	0.06	1.5	0.236	3.454
R7~8(B6~7)	0.075	1.5	0.294	4.317
R9~12(B8~10)	0.105	1.5	0.412	6.044
R13 (B11)	0.13	1.5	0.510	7.483
R14~17(B12~14)	0.155	1.5	0.608	8.922
R18~20(B15~17)	0.19	1.5	0.746	10.937
R21~24(B18~20)	0.225	2.0	1.178	17.270
R25~29(B21~24)	0.27	2.0	1.413	20.724
R30~36(B25~30)	0.33	2.0	1.727	25.329
R37~41(B31~34)	0.39	2.0	2.041	29.934
R42~48(B35~40)	0.45	2.0	2.355	34.540
R49~53(B41~44)	0.51	2.0	2.669	39.145
R54~59(B45~49)	0.565	2.0	2.957	43.366
R60 (B50)	0.6	2.0	3.140	46.053

[주] 1. 대상면적은 평균(R)/1.2 × 3.14 × 높이로 산출한 수량이다.

2. 자재수량은 설계도서에 따라 추가 계상할 수 있다.

〈표 4.3-5〉 수간보호 소요자재 #2 - 황토바르기 [LH공사]   (주 당)

규 격	자재 산출 근거			자 재	
근원(흉고)직경 (cm)	평균(R) (m)	수간보호 높이(m)	대상면적 (m²)	흡착포 (W32cm,롤)	황토액 (20kg/18ℓ,통)
R18~20(B15~17)	0.19	1.5	0.75	0.047	0.06
R21~23(B18~19)	0.22	1.5	0.86	0.054	0.07
R24~29(B20~24)	0.27	1.5	1.06	0.066	0.09
R30~35(B25~29)	0.33	1.5	1.30	0.081	0.11
R36~41(B30~34)	0.39	1.5	1.53	0.096	0.13
R42~47(B35~39)	0.45	1.5	1.77	0.111	0.15
R48~53(B40~44)	0.50	1.5	1.96	0.123	0.16
R54~59(B45~49)	0.57	1.5	2.24	0.140	0.19
R60(B50)	0.60	1.5	2.36	0.148	0.20

[주] 1. 대상면적은 평균(R)/1.2 × 3.14 × 높이로 산출한 수량이다.

    2. 흡착포(W32cm)는 폭의 50%가 겹치도록 시공하는 수량으로 산출한다.

    3. 황토액(단위중량 1.11kg/ℓ)의 피복두께는 1.5mm를 기준으로 한다.

    4. 녹화마대 감기 품은 [유지관리품셈 1-2-6(수간보호)]인 〈표 4.3-3〉의 일반을 적용한다.

    5. 황토바르기 품은 [건축품셈 11-2-1(수성페인트-붓칠)]을 준용하여 적용한다.

〈표 4.3-6〉 수목 부위별 규격 _ 직경(cm) [수량산출]

(H, m) (B, cm)	H0.0	H1.5	H2.0	H2.5	H3.0	H3.5	H4.0	H4.5	H5.0
20	24.00	19.00	17.33	15.67	14.00	12.33	10.67	9.00	7.33
25	30.00	23.75	21.67	19.58	17.50	15.42	13.33	11.25	9.17
30	36.00	28.50	26.00	23.50	21.00	18.50	16.00	13.50	11.00
40	48.00	38.00	34.67	31.33	28.00	24.67	21.33	18.00	14.67
50	60.00	47.50	43.33	39.17	35.00	30.83	26.67	22.50	18.33
60	72.00	57.00	52.00	47.00	42.00	37.00	32.00	27.00	22.00
70	84.00	66.50	60.67	54.83	49.00	43.17	37.33	31.50	25.67
80	96.00	76.00	69.33	62.67	56.00	49.33	42.67	36.00	29.33
90	108.00	85.50	78.00	70.50	63.00	55.50	48.00	40.50	33.00
100	120.00	95.00	86.67	78.33	70.00	61.67	53.33	45.00	36.67

[주] 1. 흉고직경(B, cm) 수목별 R=1.2×B 기준에 의하여 직경부위별(H) 산출된 직경(m)이다.

    2. 흉고직경별 H0.0과 H1.5m의 직경은 흉고10cm는 12.00, 9.50cm, 흉고 12cm는 14.40, 11.40cm, 흉고 15cm는 18.00, 14.25cm이다.

〈표 4.3-7〉 수목 부위별 규격 _ 둘레(m) [수량산출]

(B, cm) \ (H, m)	H0.0	H1.5	H2.0	H2.5	H3.0	H3.5	H4.0	H4.5	H5.0
20	0.75	0.60	0.54	0.49	0.44	0.39	0.33	0.28	0.23
25	0.94	0.75	0.68	0.61	0.55	0.48	0.42	0.35	0.29
30	1.13	0.89	0.82	0.74	0.66	0.58	0.50	0.42	0.35
40	1.51	1.19	1.09	0.98	0.88	0.77	0.67	0.57	0.46
50	1.88	1.49	1.36	1.23	1.10	0.97	0.84	0.71	0.58
60	2.26	1.79	1.63	1.48	1.32	1.16	1.00	0.85	0.69
70	2.64	2.09	1.90	1.72	1.54	1.36	1.17	0.99	0.81
80	3.01	2.39	2.18	1.97	1.76	1.55	1.34	1.13	0.92
90	3.39	2.68	2.45	2.21	1.98	1.74	1.51	1.27	1.04
100	3.77	2.98	2.72	2.46	2.20	1.94	1.67	1.41	1.15

[주] 1. 흉고직경(B, cm) 수목별 R=1.2×B 기준으로 산출된 수목 부위별 직경 〈표 4.3-6〉에 (3.14×직경)으로 산출된 둘레(m)이다.

    2. 흉고직경별 H0.0과 H1.5m의 둘레는 흉고10cm는 0.38, 0.30m, 흉고 12cm는 0.45, 0.36m, 흉고 15cm는 0.57, 0.45m이다.

수목의 활착을 증진하고 기후변화와 병충해의 대응으로 하자를 저감하기 위하여 수목식재 및 수목관리시 범용적으로 시행하는 황토약손 수간보호[23)]는 H1.5m까지 설치하는 기본형과 지정높이까지의 확장형[24)]으로 구분하여 소요자재와 품을 다음과 같이 적용한다.

수목 규격의 계산치수인 규격별 〈표 4.3-6〉 직경과 〈표 4.3-7〉 둘레를 기준으로 흡착포 자재 면적과 설치 품, 황토약손 자재 수량과 칠 품의 순으로 산출 적용한다. 수간보호자재 #a 〈표 4.3-8〉은 흡착포 설치, 수간보호자재 #c 〈표 4.3-10〉은 흡착포 면에 황토약손을 칠하는 자재량이다. 수간보호 품 #b 〈표 4.3-9〉는 표준품셈이 H1.5m 기준이므로 H1.5m이하는 품셈 기준으로, 이상 규격은 H1.5m로 환산한 보통인부 산출량이며, 조경공은 1 : 2비율로 산출량의 2배를 적용한다. 수간보호 품 #d 〈표 4.3-11〉의 황토약손 칠 품은 H1.5m이하는 수량에 기본품을, H1.5m이상은 작업성으로 수량에 할증품을 적용한 후 최종적으로 2구간을 합하여 적용한다.

〈표 4.3-8〉 수간보호 자재 #a - 흡착포(W30cm, m) [수량산출] (주 당)

(B, cm) \ (H, m)	H1.5	H2.0	H2.5	H3.0	H3.5	H4.0	H4.5	H5.0
20	8.17	10.47	12.56	14.44	16.11	17.56	18.81	19.84
25	10.21	13.09	15.70	18.05	20.13	21.95	23.51	24.80
30	12.25	15.70	18.84	21.66	24.16	26.34	28.21	29.76
40	16.34	20.94	25.12	28.88	32.21	35.12	37.61	39.68
50	20.42	26.17	31.40	36.09	40.26	43.90	47.02	49.60

(표 계속)

23) - 황토약손 수간보호는 적용부위 규격과 설치높이별로 자재(흡착포, 황토약손) 2종과 그 설치품 2종으로 구분 적용한다.

    - 적용순서(a,b,c,d) : 흡착포 자재 면적 → 흡착포 설치 품 → 황토약손 자재 수량 → 황토약손 칠 품 순으로 적용한다.

24) - 황토약손 수간보호 기본형은 H1.5m로 하고, 확장형의 규격기준은 B40이하 H2.0, B60이하 H3.0, B80이하 H4.0, B100이하 H5.0m를 기준으로 한다.

〈표 4.3-8〉 수간보호 자재 #a - 흡착포(W30cm, m) [수량산출]　　(주 당)

(H, m)＼(B, cm)	H1.5	H2.0	H2.5	H3.0	H3.5	H4.0	H4.5	H5.0
60	24.51	31.41	37.68	43.31	48.32	52.69	56.42	59.52
70	28.59	36.64	43.96	50.53	56.37	61.47	65.82	69.44
80	32.67	41.88	50.24	57.75	64.42	70.25	75.23	79.37
90	36.76	47.11	56.52	64.97	72.47	79.03	84.63	89.29
100	40.84	52.35	62.80	72.19	80.53	87.81	94.04	99.21

[주] 1. 흉고직경(B, cm) 수목규격 구간별 면적을 흡착포(W30cm), 회수 2(회), 보정량 10(%), 할증량 10(%)으로 산출한 소요량(m)이다.
　　2. 흡착포 소요량은 지면부터 시행높이까지의 수량을 합한 적용량이다.
　　3. 흉고직경별 H1.5m 흡착포 소요량은 흉고10cm는 4.08(m), 흉고 12cm는 4.90(m), 흉고 15cm는 6.13(m)이다.

〈표 4.3-9〉 수간보호 품 #b - 흡착포설치, 보통인부(인) [수량산출]　　(주 당)

(H, m)＼(B, cm)	H1.5	H2.0	H2.5	H3.0	H3.5	H4.0	H4.5	H5.0
12-20	0.07692	0.10256	0.12821	0.15385	0.17949	0.20513	0.23077	0.25641
25-30	0.16667	0.22222	0.27778	0.33333	0.38889	0.44444	0.50000	0.55556
35-40	0.33333	0.44444	0.55556	0.66667	0.77778	0.88889	1.00000	1.11111
45-50	0.50000	0.66667	0.83333	1.00000	1.16667	1.33333	1.50000	1.66667
55-60	0.60000	0.80000	1.00000	1.20000	1.40000	1.60000	1.80000	2.00000
65-70	0.70000	0.93333	1.16667	1.40000	1.63333	1.86667	2.10000	2.33333
75-80	0.80000	1.06667	1.33333	1.60000	1.86667	2.13333	2.40000	2.66667
85-90	0.90000	1.20000	1.50000	1.80000	2.10000	2.40000	2.70000	3.00000
95-100	1.00000	1.33333	1.66667	2.00000	2.33333	2.66667	3.00000	3.33333

[주] 1. [유지관리 표준품셈 1-2-6(수간보호-조형)]인 〈표 4.3-3〉을 흉고직경(B, cm) 수목규격 구간별 설치품을 산출한 보통인부 기준으로, 조경공은 상기 산출량의 2배를 적용한다.
　　2. [유지관리 표준품셈 1-2-6(수간보호)]는 지표에서 1.5m 높이까지 설치기준이므로, 이상 규격은 H1.5m 기준으로 시행높이까지 수량을 비례 계상한 보통인부의 산출량이다.
　　3. 흉고직경별 H1.5m 수간보호 품은 흉고10cm는 0.04167(인), 흉고 12-15cm는 0.07692(인)이다.

〈표 4.3-10〉 수간보호 자재 #c - 황토약손(kg) [수량산출]　　(주 당)

(H, m)＼(B, cm)	H1.5	H2.0	H2.5	H3.0	H3.5	H4.0	H4.5	H5.0
20	3.13	4.09	4.96	5.75	6.45	7.05	7.57	8.01
25	3.91	5.11	6.20	7.19	8.06	8.82	9.47	10.01
30	4.69	6.14	7.45	8.62	9.67	10.58	11.36	12.01
40	6.26	8.18	9.93	11.50	12.89	14.11	15.15	16.01
50	7.82	10.23	12.41	14.37	16.11	17.63	18.94	20.02
60	9.39	12.27	14.89	17.25	19.34	21.16	22.72	24.02
70	10.95	14.32	17.37	20.12	22.56	24.69	26.51	28.02
80	12.52	16.36	19.85	22.99	25.78	28.22	30.30	32.03
90	14.08	18.41	22.34	25.87	29.00	31.74	34.08	36.03
100	15.64	20.45	24.82	28.74	32.23	35.27	37.87	40.03

[주] 1. 흉고직경(B, cm) 수목규격 구간별 면적을 시공두께(2.5mm), 중량(20kg/17.8L), 할증량 H1.5m까지 10(%), H1.5m이상 20%으로 산출한 소요량(kg)이다.
　　2. 황토약손 소요량은 지면부터 시행높이까지의 수량을 합한 적용량이다.
　　3. 흉고직경별 H1.5m 황토약손 소요량은 흉고10cm는 1.56(kg), 흉고 12cm는 1.88(kg), 흉고 15cm는 2.35(kg)이다.

〈표 4.3-11〉 수간보호 품 #d - 황토약손칠, 기준면적(m²) [수량산출]　　　　　　(주 당)

(H, m) (B, cm)	H0-1.5	H1.5-2.0	H1.5-2.5	H1.5-3.0	H1.5-3.5	H1.5-4.0	H1.5-4.5	H1.5-5.0
20	2.03	0.57	1.09	1.55	1.97	2.33	2.64	2.89
25	2.53	0.71	1.36	1.94	2.46	2.91	3.30	3.62
30	3.04	0.86	1.63	2.33	2.95	3.49	3.96	4.34
40	4.05	1.14	2.18	3.11	3.94	4.66	5.28	5.79
50	5.06	1.43	2.72	3.89	4.92	5.82	6.59	7.24
60	6.08	1.71	3.27	4.66	5.90	6.99	7.91	8.68
70	7.09	2.00	3.81	5.44	6.89	8.15	9.23	10.13
80	8.10	2.28	4.35	6.22	7.87	9.32	10.55	11.58
90	9.11	2.57	4.90	6.99	8.85	10.48	11.87	13.02
100	10.13	2.85	5.44	7.77	9.84	11.64	13.19	14.47

[주] 1. 흉고직경(B, cm) 수목규격 구간별 면적을 시공두께(2.5mm), 중량(20kg/17.8L)으로 황토약손칠 품 적용의 기준면적이다.
　　2. 황토약손 칠 품은 H1.5m는 H0.0-1.5 구간을, 이상 규격은 H1.5m부터 시행높이까지 수량이다. 설치품의 적용시 H1.5m이하 구간은 수량에 기본품을 H1.5m이상 구간은 수량에 높이할증 품을 적용하여 2구간을 합하여 적용한다.
　　3. 흉고직경별 H1.5m의 황토약손 칠 품 기준면적은 흉고10cm는 1.01m², 흉고 12cm는 1.22m², 흉고 15cm는 1.52m²이다.

　장송 등 대형목 황토약손 수간보호 확장형의 규격기준은 B40이하 H2.0m, B60이하 H3.0m, B80이하 H4.0m, B100이하 H5.0m를 기준으로 한다. 이는 적용규격의 기준적인 규정이므로 수종이나 수형 등으로 적용규격 기준의 조정이 필요한 경우에는 변경 적용할 수 있다.

　라. 굴취

　교목굴취는 성상별로 [공통품셈 4-3-2(굴취-나무높이)], [공통품셈 4-3-3(굴취-근원직경)], 관목굴취는 [공통품셈 4-2-1(굴취)]에 의하여 다음과 같이 적용한다. 이때 "야생일 경우에는 시공량의 17%까지 감할 수 있다"는 품셈 주기와 "도시 내 기존 가로수로서 통신관로 등으로 작업이 곤란한 경우 할증한다"는 [LH공사]의 기준을 준용하여 야생수목과 작업곤란지 굴취는 시공량을 17% 감하여 적용한다.

　교목의 굴취는 근원(흉고)직경 적용을 기준으로 하며, 근원(흉고)직경의 측정이 곤란한 경우에는 나무 높이를 기준으로 한다. 품셈 규격 외의 대형목은 원칙적으로 흉고직경을 기준으로 하되, 특별히 필요한 경우 근원직경을 적용할 수 있다. 교목 대형목은 품셈 근원(흉고)직경 50cm를 기준값으로 하고 10cm 간격(60, 70, 80, 90, 100cm...)으로, 관목 대형목은 높이 1.5m를 기준값으로 하고 0.5m 간격(2.0m, 2.5m...)으로 차등하여 적용한다.

　주요 발주처는 이식품을 각각 규정[25]하고 있으나 이는 작업의 편의성만을 고려하고 수목 이식으

---

25) [공통품셈 제4장(조경공사)]의 굴취품을 기준으로 야생수목은 공통적으로 120%를 적용하며, [LH공사]는 가식장 굴취품을

로 발생할 수 있는 하자에는 일반기준을 적용하는 이중적 기준이므로, 생존을 고려하여 다음과 같이 재굴취품을 적용한다.

재굴취 품은 일반 수목 기준으로 식재 후 1년이내는 뿌리분 골격이 존치된 상태이므로 재사용을 위한 준용기준인 50%를 적용하며, 2~4년은 뿌리분 작업이 일부 필요하므로 야생굴취 시공량을 감하는 품을 역으로 준용하여 17%를 감한다. 식재 후 10년이 경과하면 뿌리 분포가 광범위할 것이므로 야생수목으로 간주하고, 5~9년은 일반수목 굴취품을 기준으로 한다. 이때, 재굴취는 일반수목 보통분을 기준으로 현장 조건에서 많은 변수가 발생할 수 있으므로 기준의 변경이 필요한 경우 합리적으로 조정한다.

〈표 4.3-12〉 굴취(나무높이) [공통품셈]　(일 당)

구 분		규 격	단위	수량	나무높이 (m)	시공량 (주)
인력시공	조 경 공		인	4	2.0이하	70
	보통 인부		인	2	3.0이하	45
					5.0이하	30
기계시공	조 경 공		인	3	2.0이하	90
	보통 인부		인	1	3.0이하	60
	굴 착 기	0.4m³	대	1	5.0이하	40
비 고		- 분이 없는 경우 시공량의 25%를 가산한다.				

[주] 1. 본 품은 흉고직경 또는 근원직경을 추정하기 어려운 수종 기준이다.
　　2. 분은 근원직경의 4~5배로 한다.
　　3. 준비, 구덩이파기, 뿌리절단, 분뜨기, 운반준비 작업을 포함한다.
　　4. 굴취시 야생일 경우에는 시공량의 17%까지 감할 수 있다.
　　5. 굴취수목의 운반을 위하여 운반로를 개설하여야 하는 경우에는 그 비용을 별도 계상한다.
　　6. 분뜨기, 운반준비를 위한 재료비는 별도 계상한다.

〈표 4.3-13〉 굴취(근원직경) [공통품셈]　(일 당)

구 분		규 격	단위	수량	근원(흉고)직경(m)	시공량(주)
인력시공	조 경 공		인	4	5(4)이하	50
	보통 인부		인	2	6~7(5~6)	30
					8~9(7~8)	15
기계시공	조 경 공		인	3	5(4)이하	70
	보통 인부		인	1	6~7(5~6)	40
					8~9(7~8)	25
	굴 착 기	0.4m³	대	1	10~14(8~12)	15
					15~19(13~16)	10

(표 계속)

100% 적용하고 있다. [SH공사]는 가식장 운용시 자생수목과 정식수목의 가식과 재굴취품은 25%내외, 정식의 굴취품은 50%로 규정하고 있으며, [서울시 시설관리공단]은 가식 후 정식시 기식과 재굴취를 각각 교목은 50%, 관목은 30%로 규정하고 있다.

〈표 4.3-13〉 굴취(근원직경) [공통품셈] (일 당)

구 분		규 격	단위	수량	근원(흉고)직경(㎝)	시공량(주)
기계시공	조 경 공		인	3	20~29(17~24)	7
	보 통 인 부		인	1	30~39(25~32)	5
	굴 착 기	0.6㎥	대	1	40~49(33~41)	4
	크 레 인		대	1	50~60(42~50)	3
비 고		- 분이 없는 경우 시공량의 25%를 가산한다.				

[주] 1. 본 품은 교목류 수종의 굴취 기준이다.
    2. 분은 근원직경의 4~5배로 한다.
    3. 준비, 구덩이파기, 뿌리절단, 분뜨기, 운반준비 작업을 포함한다.
    4. 굴취시 야생일 경우에는 시공량의 17%까지 감할 수 있다.
    5. 굴취수목의 운반을 위하여 운반로를 개설하여야 하는 경우에는 그 비용을 별도 계상한다.
    6. 크레인의 규격은 작업여건(시공높이, 시공위치 등) 및 안전율(적정하중, 작업반경 등)을 고려하여 적합한 규격을 적용한다.
    7. 분 뜨기, 운반준비를 위한 재료비는 별도 계상한다.

〈표 4.3-14〉 관목 _ 굴취 [공통품셈] (일 당)

구 분	단위	수량	나무높이(m)	시공량(주)
조 경 공	인	3	0.3 미만	480
보 통 인 부	인	1	0.3~0.7이하	230
			0.8~1.1이하	150
			1.2~1.5이하	100

[주] 1. 본 품은 근원부에서 분지되어 다년생으로 자라는 관목수종의 굴취 기준이다.
    2. 본 품은 분을 보호하지 않은 상태(녹화마대, 녹화끈 등 활용)로 굴취하는 작업 기준이다.
    3. 나무높이가 1.5m를 초과할 때는 나무높이에 비례하여 시공량을 감할 수 있다.
    4. 나무높이보다 수관폭이 더 클 때는 그 크기를 나무높이로 본다.
    5. 굴취수목의 운반을 위하여 운반로를 개설하여야 하는 경우에는 그 비용을 별도 계상한다.
    6. 녹화마대, 녹화끈을 사용하여 분을 보호할 경우 [공통품셈 4-3-2(굴취-나무높이)]를 적용한다.
    7. 굴취 시 야생일 경우에는 시공량을 17%까지 감할 수 있다.

마. 분매기

분매기는 굴취와 연계작업으로 별도의 품을 적용하지는 않는다. 분매기 자재는 근원직경(R) 5배의 보통분 분경(D) 기준인 [LH공사]의 분싸기, 분감기, 철선감기, 보호목, 발근촉진제 및 상처유합제(살균제)를 적용기준[26]에 의하여 다음과 같이 준용한다.

---

26) - **분싸기**는 분 외부(옆면+윗면+아래면) 녹화마대 2회 감기로서 수목 규격 기준으로 녹화마대 규격(폭 300~600)을 연동하며, 10cm 겹침에 10% 할증을 추가한다.
  - **분감기**는 가로감기와 세로감기로 구분하며, 천연밴드(W25mm, 연신율 250%) 1줄 1회감기로서 할증 10%를 적용한다. 가로감기는 분 상단에서 하단방향 0.1m 간격으로 〈그림 4.3-1〉 분고의 Rh1 구간에만 시행하며, 세로감기는 뿌리분 상단면 가장자리를 0.2m 간격으로 분 전체를 세로방향으로 감는다.
  - **철선감기**는 소철선 #8(4mm, 10.1m/kg)을 분감기 길이 1/3에 2줄로 꼬아 감으며, 할증 3%를 적용한다. 운반시 뿌리분 보호용 비계목(원목, ∮0.09m×L0.25m)은 뿌리분 외경부의 위와 아래를 횡방향으로 50%, 수목주간 근원부에 종방향으로 둘레의 50%로 하되, 원목을 2등분하여 사용한다.
  - **약제**는 발근촉진제와 상처유합제를 적용한다. 발근촉진제는 원액 1g/분 표면적(㎡) 1000배 희석 분표면살포, 상처유합제(살균제)는 원액 10g/근원직경(m) 500~1000배 희석 토양관주 및 옆면살포 기준이며, 굴취 연계작업이므로 분매기와 동일하게

〈표 4.3-15〉 분매기 자재 소요량 [LH공사]　　　　　　　　(주 당)

성상	구분		분규격(5D)			자재							
						분싸기		분감기/철선감기					
	근원 직경 (R,m)	대표 직경 (R,m)	직경 (m)	분 체적 (m³)	분 표면적 (m²)	녹화 마대 (m)	규격	1회 감기	천연 밴드 (m)	철선 (kg)	보호목 (개)	발근 촉진제 (g)	살균제 (g)
교 목 (근원 직경) (R,m)	4	0.04	0.20	0.004	0.129	1.4	#300	2.59	1.1	-	-	0.13	0.40
	5	0.05	0.25	0.007	0.202	2.2	〃	4.04	1.8	-	-	0.20	0.50
	6~7	0.065	0.325	0.016	0.341	3.8	〃	6.83	3.0	-	-	0.34	0.65
	8~9	0.085	0.425	0.035	0.583	6.4	〃	11.68	5.1	-	-	0.58	0.85
	10~11	0.105	0.525	0.066	0.890	9.8	〃	17.82	7.8	-	-	0.89	1.05
	12~14	0.13	0.65	0.126	1.365	10.0	#400	27.31	12.0	1.9	-	1.37	1.30
	15~17	0.16	0.80	0.234	2.067	15.2	〃	41.38	18.2	2.8	-	2.07	1.60
	18~19	0.185	0.925	0.362	2.764	20.3	〃	55.32	24.3	3.8	-	2.76	1.85
	20~24	0.22	1.10	0.610	3.908	28.7	〃	78.23	34.4	5.3	-	3.91	2.20
	25~29	0.27	1.35	1.127	5.887	25.9	#600	117.82	51.8	8.0	11	5.89	2.70
	30~34	0.32	1.60	1.876	8.269	36.4	〃	165.50	72.8	11.3	13	8.27	3.20
	35~39	0.37	1.85	2.900	11.055	48.6	〃	221.26	97.4	15.0	15	11.06	3.70
	40~44	0.42	2.10	4.242	14.244	62.7	〃	285.11	125.4	19.4	17	14.24	4.20
	45~49	0.47	2.35	5.944	17.838	78.5	#600	357.03	157.1	24.3	19	17.84	4.70
	50~54	0.52	2.60	8.050	21.835	96.1	〃	437.03	192.3	29.7	21	21.84	5.20
	55~59	0.57	2.85	10.602	26.236	115.4	〃	525.12	231.0	35.7	23	26.24	5.70
	60	0.60	3.00	12.366	29.070	127.9	〃	581.85	256.0	39.6	24	29.07	6.00
관목 (수관폭) (W,m)	0.3미만	0.03	0.15	0.002	0.073	0.8	#300	1.45	0.7			0.07	0.30
	0.3~0.7	0.03	0.15	0.002	0.073	0.8	〃	1.45	0.7			0.07	0.30
	0.8~1.1	0.04	0.20	0.004	0.129	1.4	〃	2.59	1.1			0.13	0.40
	1.2~1.5	0.05	0.25	0.007	0.202	2.2	〃	4.04	1.8			0.20	0.50
관목 (수고) (H,m)	1.0이하	0.04	0.20	0.004	0.129	1.4	#300	2.59	1.1			0.13	0.40
	1.1~1.5	0.05	0.25	0.007	0.202	2.2	〃	4.04	1.8			0.20	0.50

바. 전정

이식시의 전정은 수목유지관리의 전정과는 또다른 전정작업이다.

이식작업의 전정은 [LH공사] 기준으로 [유지관리품셈 1-2-2(일반전정)]을 적용하며, 기존 임상의 야생수목은 적용규격을 흉고 20cm이상으로 제한함을 원칙으로 한다. 가로수는 [유지관리품셈 1-2-4(가로수 전정)]의 강전정을 적용하되 수형불량 등으로 가로수로 재식재하지 않는 경우에는 일반전정을 적용한다.

별도의 품을 적용하지 않는다.

- **문매기 보호목**은 근원직경 25cm이상 수목의 상하치와 운반시 뿌리분 보호를 위하여 비계목(φ0.09×L0.25)을 뿌리분 외경 상하와 근원부에 반영한 기준이며, H빔이나 판자 등 가설운반틀의 제작과 설치는 필요시 설계도서에 의하여 별도 적용한다.

4.3.2 수목 운반

1. 개요

굴취 수목의 가식이나 정식을 위한 운반은 대운반과 소운반으로 구분된다.

대운반은 굴취 후 가식이나 정식 장소로 기계(차량)를 이용하는 장거리 운송이며, 소운반은 굴취나 대운반의 전후 기계나 인력에 의한 단거리 이동이다.

2. 적용범위

식재를 위한 수목의 운반과 관련된 상하차 및 운반공사에 적용한다.

3. 적용품셈

가. 상하차

수목 상하차는 인력과 기계로 대별한다. [LH공사]의 기준을 준용하여 근원직경 10cm미만 교목과 관목은 인력, 근원직경 10cm이상 교목은 굴취 장비와 연계하여 트럭탑재형크레인(10, 15ton)과 타이어크레인(25~50ton)을 기준으로 한다. 적재량에 따른 적재(T1), 적하(T3)시간은 동일하게 적용한다.

장비 상하차의 상차(하차)시간(T1, T3)은 묶는시간(t1), 푸는시간(t2), 선회시간(t3) 및 대기시간(t4)을 포함하며, 작업효율(0.9)를 적용한다. 선회시간(t3)은 [공통품셈 8-2-3(굴착기)]의 cm 180°를, 대기시간(t4)은 굴취 지점간 이동 및 제장비의 이동 시간으로 [공통품셈 8-2-5(로더)]의 t2인 14초를 기준으로 하되, 근원직경 30cm 초과수목은 규격별 작업 난이도를 감안하여 조정 적용하는 [LH공사]의 기준을 준용한다.

〈표 4.3-16〉 수목 상하차 _ 인력 [LH공사] (주 당)

구 분		1조당 구성인원			1회 운반량	비 고
		계	차상인부	운반인부		
교 목	R4	1	-	1	1	
	R5	1	-	1	1	
	R6~7	3	1	2	1	
	R8~9	3	1	2	1	
관 목	0.3 미만	1	-	1	6	3개조 투입
	0.3~0.7	1	-	1	6	
	0.8~1.1	1	-	1	4	
	1.2~1.5	1	-	1	2	
	1.6~2.0	1	-	1	1	
	2.1~2.5	3	1	2	1	

[주] 1. L1 (작업징거리) = 10m

　2. L2 (평균운반거리) = 7m

　3. L3 (상차, 수직높이 1m는 수평거리 6m로 환산) = 9m

　4. t5 (인력운반) = (L2 + L3) × 2 ÷ ([공통품셈 1-2-7의 5.(기계설비의 인력운반 보통 평균속도)] 적용 1,500(m/hr)) = 76.80sec

　5. CM = t1(묶는시간) + t2(푸는시간) + t5(인력운반)

　6. tM = q × CM ÷ p (3개조 투입이므로 p = 3)

나. 운반

수목 운반은 [LH공사] 기준을 다음과 같이 준용한다.

수목 적재량은 운반장비와 적재 중량 및 적재함(뿌리분 평적 기준) 규격을 감안하여 다음과 같이 적용한다. 적재장비는 굴취장비와 연계하여 트럭탑재형크레인(10ton, 15ton)을 기본으로, 근원직경 40cm이상 대형목은 트럭트레일러를 적용한다.

운반 평균주행속도는 [공통품셈 8-2-8(덤프트럭)]에 의하되, 수목과 뿌리분 보호를 위하여 저속 주행을 기준으로 한다. 이에 야생수목 굴취 후 운반은 "토취장 또는 토사장 등 열악한 조건의 도로"의 적재시 7km/hr, 공차시 8km/hr를 적용하고, 가식장 및 정식을 위한 운반 등은 "교차가 힘든 산간 지도로 및 제방 등의 도로"의 적재시 10km/hr, 공차시 15km/hr를 적용한다. 대기 지연시간(T4)은 [공통품셈 8-2-8(덤프트럭)]의 5. 적재장소에 도착한 때로부터 적재작업이 시작될 때까지의 시간 (t4)의 나. 적재장소가 넓지는 않으나 목적장소에 불편없이 진입할 수 있을 때인 0.42분을 기준으로 한다.

운반거리는 설계도서에 의하되 거리 산정 곤란시 [LH공사] 기준거리인 굴취~가식장 1km, 가식 장~정식 0.3km를 기준 적용하고 필요시 시공 후 정산한다.

〈표 4.3-17〉 이식수목 운반 적용기준 [LH공사] (주 당)

구 분		적재량 (주)	운반장비	묶는시간 (t1)	푸는시간 (t2)	선회시간 (t3)	대기시간 (t4)	cms	상하차
교목	4	243	트럭탑재형 크레인 10ton	30	30	76.8	-	136	인력1인, 3조
	5	178		38	38	76.8	-	152	
	6~7	130		52	52	76.8	-	180	인력3인, 3조
	8~9	88		65	65	76.8	-	206	
근원 직경 (R, m)	10~11	55		70	70	36	14	190	트럭탑재형 크레인 10ton
	12~14	36		70	70	36	14	190	
	15~17	26		70	70	36	14	190	
	18~19	17		80	80	36	14	210	
	20~24	14		80	80	36	14	210	
	25~29	5	트럭탑재형 크레인 15ton	90	90	36	14	230	트럭탑재형 크레인 15ton
	30~34	4		90	90	45	15	240	
	35~39	2		90	90	45	15	240	

(표 계속)

〈표 4.3-17〉 이식수목 운반 적용기준 [LH공사] (주 당)

구 분		적재량 (주)	운반장비	상하차(sec)					상하차
				묶는 시간 (t1)	푸는 시간 (t2)	선회 시간 (t3)	대기 시간 (t4)	cms	
교 목	40~44	2	트럭트레일러 20ton	100	100	50	20	270	크레인(타이어) 25ton
	45~49	2		110	110	60	30	310	
근 원 직 경 (R, m)	50~54	1	트럭트레일러 30ton	120	120	90	30	360	크레인(타이어) 30ton
	55~59	1		140	140	90	30	400	크레인(타이어) 40ton
	60	1		150	150	90	30	420	크레인(타이어) 50ton
관 목 수관폭 (W, m)	0.3 미만	1,963	트럭탑재형 크레인 10ton	30	30	76.8	-	136	1인, 3조, 1회 6주운반
	0.3~0.7	1,250		30	30	76.8	-	136	1인, 3조, 1회 6주운반
	0.8~1.1	625		45	45	76.8	-	166	1인, 3조, 1회 4주운반
	1.2~1.5	394		45	45	76.8	-	166	1인, 3조, 1회 2주운반

〈표 4.3-18〉 이식수목 운반 사례 [LH공사] (주 당)

구 분		굴취~가식장 (1km)				가식장~정식 (0.3km)			
		t1, t3 적재 기계효율	Cm	Q (주/hr)	hr/주	t1, t3 적재 기계효율	Cm	Q (주/hr)	hr/주
교 목 근 원 직 경 (R, m)	4	183.60	383.69	38.00	0.03	183.60	370.62	39.34	0.03
	5	150.31	317.11	33.68	0.03	150.31	304.04	35.13	0.03
	6~7	130.00	276.49	28.21	0.04	130.00	263.42	29.61	0.03
	8~9	100.71	217.91	24.23	0.04	100.71	204.84	25.78	0.04
	10~11	193.52	403.53	8.18	0.12	193.52	390.46	8.45	0.12
	12~14	126.67	269.83	8.01	0.12	126.67	256.76	8.41	0.12
	15~17	91.48	199.45	7.82	0.13	91.48	186.38	8.37	0.12
	18~19	66.11	148.71	6.86	0.15	66.11	135.64	7.52	0.13
	20~24	54.44	125.37	6.70	0.15	54.44	112.30	7.48	0.13
	25~29	21.30	59.09	5.08	0.20	21.30	46.02	6.52	0.15
	30~34	17.78	52.05	4.61	0.22	17.78	38.98	6.16	0.16
	35~39	8.89	34.27	3.50	0.29	8.89	21.20	5.66	0.18
	40~44	10.00	36.49	3.29	0.30	10.00	23.42	5.12	0.20
	45~49	11.48	39.45	3.04	0.33	11.48	26.38	4.55	0.22
	50~54	6.67	29.83	2.01	0.50	6.67	16.76	3.58	0.28
	55~59	7.41	31.31	1.92	0.52	7.41	18.24	3.29	0.30
	60	7.78	32.05	1.87	0.53	7.78	18.98	3.16	0.32
관 목 수관폭 (W, m)	0.3미만	247.19	510.87	230.55	0.004	247.19	497.80	236.60	0.004
	0.3~0.7	157.41	331.31	226.37	0.004	157.41	318.24	235.67	0.004
	0.8~1.1	144.10	304.69	123.08	0.008	144.10	291.62	128.59	0.008
	1.2~1.5	181.68	379.85	62.24	0.016	181.68	366.78	64.45	0.016

[주] 1. 운반 t2는 1km기준인 굴취~가식장은 16.07이며, 0.3km기준인 가식장~정식은 3.00이다.

  2. 적재대기시간 t4는 [공통품셈 8-2-8(덤프트럭)]의 5.의 나. 목적장소에 불편없이 진입할 수 있을 때의 0.42분 적용 기준이다.

다. 인력(목도) 운반

수목 운반은 기계 시공을 원칙으로 하되 불가피한 경우에는 다음과 같이 수목 중량을 산출하여 인력운반 공식을 운용한 목도운반을 적용한다. 이때 경사지는 수직거리 1m를 수평거리 6m로 환산 적용한다.

❖ 수목의 중량산출 : 수목의 중량은 뿌리분 형상별 체적을 다음 공식으로 산출한다. 즉, 수목 중량은 뿌리분 중량(W_1)과 지상부 중량(W_2)의 합계이다.

- $V = \{(3.14D^2/4) \times (D/2)\} + \{(3.14D^2/4) \times (Rh_2/3)\}$

  $= 0.3927D^3$ (접시분), $= 0.4581D^3$ (보통분), $= 0.5236D^3$ (조개분)

  V : 뿌리분의 체적 (m^3)

  D : 뿌리분의 직경 (m)

  Rh_2 : 뿌리분 형상별 밑면높이 (m)

  　　　$= 0$(접시분), $D/4$(보통분), $D/2$(조개분)

- $W_1 = V \times U_{W1}$

  W_1 : 뿌리분의 중량 (kg)

  V : 뿌리분의 체적 (m^3)

  U_{W1} : 뿌리분의 단위중량 (1,300 kg/m^3)

- $W_2 = K_3 \times 3.14 \times (B/2)^2 \times H \times U_{W2} \times (1+P)$

  W_2 : 지상 부위의 중량 (kg)

  K_3 : 수간 형상계수 (0.5)

  B : 수목의 흉고직경 (m)

  H : 수목의 높이 (m)

  U_{W2} : 수간의 단위중량(교목 : 1,200 kg/m^3, 관목 : 1,300 kg/m^3)

  P : 지엽의 보합률 (독립수 : 0.1, 임목 : 0.2)

❖ 목도운반 산출기준 : 인력에 의한 목도운반은 [공통품셈 1-2-7의 2(인력운반 기본공식)]을 다음과 같이 준용한다. 목도채를 이용한 목도운반에서 소형 수목은 2인 1조, 중량형 수목은 진행방향으로의 중심유도와 수목의 움직임 조절을 위한 보통인부 1인을 추가하여 5인 또는 7인 1조로 한다.

$$운반비\ Q = \frac{M}{T} \times A \left(\frac{60 \times 2 \times L}{V} + t \right)$$

M : 필요한 인력운반공(목도공)수 (인) = 총운반량 / 1인당 1회 운반량 (25kg)

T : 1일 실작업 시간 (분)

A : 인력운반공(목도공)의 노임

L : 운반거리 (m) = 경사지인 경우 환산계수(a$\times$L) 적용

$$V : \text{왕복평균속도 (m/hr)} = \text{양호 } 2,000(\text{m/hr}), \text{ 보통 } 1,500(\text{m/hr}),$$
$$\text{불량 } 1,000(\text{m/hr}), \text{ 물이 있는 논 } 500(\text{m/hr}),$$
$$t : \text{준비작업시간 (2분)}$$

4.3.3 야생수목 이식

1. 개요

개발 등으로 수목의 존치가 곤란한 경우 야생수목을 이식한다.

야생수목은 뿌리 분포가 광범위하여 일반수목 보다 많은 기간과 과정이 소요되므로 별도의 이식 계획 수립이 반드시 필요하다.

2. 적용범위

야생수목의 이식공사에 적용한다.

야생수목의 이식은 [SH공사] 기준에서 수목선정기준, 설계기준, 가식장조성, 이식 품의 적용, 상 하차시 적재장비 및 적재소요시간, 공사비 적용방안, 자재소요량 및 포지 단위면적 기준, 수목제거 를 규정하고 있다. 야생수목 이식은 이 기준을 기본틀로 [표준품셈], [LH공사] 등 일반 수목식재와 유사·중복되는 공통사항은 해당 항목을 참조하고 수목선정기준, 설계기준, 공사비 적용방안, 수목 제거를 다음과 같이 준용한다.

3. 수목 선정기준

수목 선정기준은 이식대상수목, 조사등급, 주요수종, 검토사항을 규정하고 있다.

가. 이식대상수목 : 사업계획 구역 내 자생수목 중 수세 및 발육 형태가 양호하고 이식이 용이하 며 병충해에 강한 수종으로 수형과 규격이 적절하여 보존가치가 있는 수목(경제성 고려)을 대상으로 한다.

나. 조사등급

〈표 4.3-19〉 야생수목 조사등급 [SH공사]

구 분	A 등급	B 등급	C 등급
수　　형	- 고유 수형이 유지된 정자수, 관상가치가 있는 특별수형목, 독립대형목, 보호수 등	- 고유 수형이 비교적 양호하게 유지된 수목	- 사후관리로 수형 교정이 가능한 수목
병 충 해 감 염 여 부	- 병충해 감염이 없는 수목		- 사후관리 및 약제 살포가 요구되는 수목

(표 계속)

〈표 4.3-19〉 야생수목 조사등급 [SH공사]

구 분	A 등급	B 등급	C 등급
수　세	- 충분한 공간과 양호한 토양조건에서 정상적으로 생육중인 수목		- 불리한 조건에서 생육중인 수목
굴　취	- 분뜨기에 양호한 토질과 여건을 지닌 수목		- 분뜨기에 불리한 여건을 지닌 수목

다. 주요수종 : 소나무, 잣나무, 젓나무, 팥배나무, 참나무류, 산벚나무, 서어나무, 생강나무, 산단풍, 때죽나무, 아그배, 돌배, 산사, 느티, 신, 층층, 진달래, 보리수, 물철쭉, 병꽃, 노린재, 조팝, 가막살, 백당, 개암, 화살나무 등

라. 검토사항

- 자생수목에 대한 정밀조사 후 활용계획을 수립하고 지형조성공사 시행 전에 이식·보존하여 활용계획을 수립한다.

- 이식대상 수종 및 규격은 당해수목의 구입 식재비용과 이식공사 비용(가식비용+관리비용+정식비용)과의 경제성을 비교·검토 결정한다. (이식 규격은 근원직경(R)을 원칙으로 하고, 근원직경의 표시가 없을 경우에는 흉고직경과 수고를 근원직경(흉고직경의 1.2배)으로 환산 적용한다.)

- 수목의 식재유형·기능·재료 등과 이식 전 준비사항·뿌리돌림·굴취·운반·식재·유지관리 및 기타 이식에 따른 제반사항을 고려한다.

- 보호수나 노거수, 잔뿌리의 발생이 어려운 수목, 이식이 곤란한 수목 등은 이식 전 뿌리돌림을 하도록 조치하여야 하며, 특히 야생수목의 경우 대부분 생육조건이 불량하므로 반드시 뿌리돌림을 시행하며 별도 품과 자재(약제포함) 등을 추가할 수 있다.

4. 설계기준

〈표 4.3-20〉 야생수목이식 설계기준 [SH공사]

구 분	내 용	비 고
고사 허용율	- 10% 적용	- 고사 허용율 10%이상의 보수 의무는 서울시 전문시방서 적용 - 이식공사 설계서는 수종별, 규격별 수량이 표시되도록 작성 - 고사 허용율이란 설계서의 수종별, 규격별 수량에 대한 고사 수목량을 말함.
수목선정원칙	- 교목 : A, B 등급 - 관목 : A, B, C 등급 - 이식이 곤란한 대형목 제외	
유지관리공사	- 이식공사에 포함 발주 - 제초, 약제살포, 시비, 관수 등은 관리공사 시행 후 정산	
뿌리분 크기	- 근원직경의 5배	

5. 이식수목 본(조경)공사 활용시 공사비 적용방안

공사비의 적용방안은 고사율에 따른 지급수목 재료의 보수의무, 약제처리, 고사기준율 10%이내의 하자목 보식 처리, 수량변경, 기타를 규정하고 있다.

가. 지급수목의 보수의무

[SH공사]의 기준인 "지급품을 식재하는 경우, 법정하자 보수기간 내에 고사목이 발생하면 발주자와 수급인이 별도 합의하지 않는 한 수급인은 다음의 기준에 따라 보수한다."며 규정한 다음 기준을 준용한다.

〈표 4.3-21〉 고사율에 따른 지급수목 재료의 보수의무 [SH공사]

고사 기준율 (수종별, 규격별, 수량대비)	보 수 의 무
10% 미만	- 전량 하자보수 면제
10%이상 ~ 20%미만	- 10% 이상의 분량만을 지급품으로 보수
20% 이상	- 10~20% 분량은 지급품으로 보수 - 20%이상의 분량은 수급인이 동일 규격 이상의 수목으로 보수

나. 약제처리

약제는 불포함하되 수목상태, 식재시기, 식재지반을 감안하여 감독원이 필요하다고 인정되는 경우에만 약제처리하고 설계 변경할 수 있다.

다. 고사기준율 10%이내의 하자목 보식 처리

조경공사 본공사 또는 유지관리공사 시 보식 후 설계변경을 실시한다.

라. 수량변경

발주설계 당시 가식장 내 이식된 수량을 기준으로 한다. 가식수목 중 하자로 인하여 이식 불가시에는 구입 수목으로 대체한다.

마. 기타

이식 대상 수량은 수목의 성상, 관리기관 협의 등을 고려하여 결정한다.

4.3.4 이식 유지관리

이식 수목 유지관리는 [본서 9.1 식생유지관리]의 예초, 시비, 수목진단·처방, 병충해 방제(살포, 수간주사), 관수를 동일 기준으로 시행한다.

이식 유지관리는 [LH공사]의 기준을 준용하여 일반 유지관리에 3가지 항목을 필요시 추가 적용한다. 첫째, 교목은 관수용 물받이 조성, 둘째, 관리인은 조경공(4개월/년, 20일/월) 1인 상주, 보통인부(설계도서에 따라 조경공과 동일 기준으로 반영)를 반영하며, 셋째, 임야구간의 야생수목 운반을 위한 진입도로와 임도개설 비용을 별도 계상할 수 있다.

〈표 4.3-22〉 물받이 조성 [LH공사]　　(주 당)

구 분	규 격	보통인부(인)
물받이 조성	교목 관수용	0.0125

4.4 잔디 식재 (KCS 34 40 25)

잔디는 공원, 잔디광장, 일반 녹지 등 평지와 비탈면의 피복에 대중적으로 사용되며 천연잔디경기장, 골프장 등 운동시설에도 적용되고 있다. 잔디 식재공간은 과거의 폐쇄적 이용에서 최근에는 시대적 흐름으로 접근이 다소 용이해지고 있으며, 적절한 공사비 투입과 재배기술의 발달로 고급 소재들도 다수 사용되고 있다.

여기에서는 잔디 및 초화류 식재공사, 잔디 및 초화류 파종공사, 기타 부대공사로 구분하여 기술한다.

4.4.1 잔디 및 초화류 식재공사

1. 개요

잔디 식재기반은 자연지반인 일반식재기반, 자연지반과 분리된 인공식재기반으로 분류된다. 인공식재기반 등 생육조건이 제한적인 경우에는 수목에 비하여 상대적으로 유리 또는 불리할 수 있으나 기반조성이 소홀하면 녹지 전반에 문제점이 발생할 수 있으므로 그에 대한 고려가 필요하다.

2. 적용범위

가. 잔디식재 면적은 잔디식재 구간 총면적에서 수목식재 등으로 잔디의 생육이 불가능한 교목 하부, 관목 및 초화류 등의 식재면적공제 적용을 원칙으로 한다.

나. 잔디식재 공제면적은 [LH공사]의 기준을 준용하여 교목은 0.1(m²/주)를 기본으로 공제하되 멀칭재 적용수목은 0.785(m²/주)를 공제하며, 초화류·관목류의 식재면적을 공제한다.[27]

다. 식재면적에서 경사지 포함시 평면과 경사지를 구분 집계하고, 면적 보정을 위하여 경사지는 평면적에 1~5~10m 등 표준거리의 경사율을 가산하거나, 경사지의 평면적에 일괄로 15% 할증하는 [LH공사]의 표준보정치를 준용할 수 있다.

---

27) [LH공사] 진디면적 신출식 = (식제지ュ형면적)　(멀칭계 미포설 교목수량) × 0.1 - (멀칭재 포설 교목수량)×0.785 - (관목 식재면적 + 초화류 식재면적) + (마운딩 A0면적) 으로 적용한다.

라. 지피식재 면적은 설계도에 의하되 경사지는 잔디와 동일 기준으로 실면적을 적용하고 시공 후 정산한다. 이때 지피식물의 식재밀도는 〈표 4.4-1〉 등을 준용하며 식물의 규격, 경관중요도 및 조기녹화 요구도 등으로 변경 적용할 수 있다. 지피식물 규격은 Pot재배가 일반적이므로 Pot 크기를 기준으로 한다.

〈표 4.4-1〉 지피식물 표준식재밀도 [SH공사 / 부산광역시] (본/m² 당)

구 분	규 격	식재밀도 (본/m²)		비 고
		SH공사	부산광역시	
감 국	8cm	25	49	
관 중	15cm	16	16	
구 절 초	8cm	25	49	
기 린 초	8cm	36	49	
꽃 잔 디	8cm	36	49	
꽃 창 포	8cm(2~3분얼)	25	49	
담 쟁 이 덩 굴	40cm	4	4	열식(본/m)
돌 나 물	8cm	36	49	
돌 단 풍	10cm	25	36	
두 메 부 추	8cm(2~3분얼)	36	49	
마 가 렛	8cm	25	49	
매 발 톱 꽃	10cm	25	36	
맥 문 동	8cm(3~5분얼)	49	49	
바 위 취	8cm	36	49	
백 리 향	10cm	36	36	
벌 개 미 취	8cm	25	49	
부 처 꽃	8cm	25	49	
붓 꽃	10cm(7~10분얼)	25	36	
비 비 추	10cm(4~5분얼)	25	36	
세 덤	8cm	36	49	
섬 기 린 초	8cm	36	49	
수 호 초	10cm	25	36	
쑥 부 쟁 이	10cm	25	36	
옥 잠 화	10cm(2~3분얼)	25	36	
왜 성 술 패 랭 이	8cm	36	49	
원 추 리	8cm(2~3분얼)	25	49	
은 방 울 꽃	8cm	25	49	
(붉은)인동덩굴	40cm	4	4	열식(본/m)
자 주 꿩 의 비 름	8cm	25	49	
좀 씀 바 귀	8cm	36	49	
줄 사 철	60cm	4	4	열식(본/m)
층 꽃 나 무	10cm	36	36	

[주] 조기녹화가 필요한 지역이나 경관이 특히 중요하다고 생각되는 지역 등 식재위치에 따라 식재밀도를 가감할 수 있다.

3. 적용품셈

가. 모든 녹지면은 [본서 제3장 식재기반 조성공사] 성토면·절토면 고르기를 1차로 시행한 후 수목과 잔디식재를 위한 식재기반조성인 식재면 고르기를 2차적으로 시행한다. 면고르기에 추가하여 뿌리뽑기, 객토, 토양개량, 경운 등의 식재기반정비는 필요시 별도 적용한다.

나. 잔디식재는 [공통품셈 4-1-1(잔디붙임)]에 의하여 다음과 같이 적용한다. 잔디식재 품셈은 [2005년 토목, 건축품셈 4-1(떼뜨기, 떼붙임 및 초류파종)] 들떼의 떼뜨기, 떼붙임 및 재배잔디의 평떼, 줄떼로 세분되었으나 재배잔디의 주된 사용으로 2006년 떼뜨기가 삭제되었으므로 특별히 필요시 참고 준용한다.

〈표 4.4-2〉 잔디붙임 [공통품셈] (일 당)

구 분	단위	수량	시공량(m^2)	
			줄떼	평떼
조 경 공 보 통 인 부	인 인	1 4	170	150

[주] 1. 본 품은 재배잔디를 붙이는 기준이다.
    2. 줄떼는 10~30cm 간격을 표준으로 한다.
    3. 홈파기, 뗏밥주기, 물주기 및 마무리 작업을 포함한다.
    4. 식재 시 1회 기준의 물주기는 포함되어 있으며, 유지관리는 [유지관리품셈 1-2(조경공사)]에 따라 별도 계상한다.
    5. 물주기를 위해 살수차 등의 장비가 필요한 경우 기계경비는 별도 계상한다.

다. 잔디 소운반은 기준거리 20m 초과시 적용하며 [공통품셈 1-2-7(운반)] 또는 [2005년 토목, 건축품셈 4-1-1(들떼)]의 주기를 다음과 같이 준용한다. 이때 줄떼는 1/3줄떼이며, 싣고 부리기 인부는 보통인부 기준이다.

〈표 4.4-3〉 잔디 운반 [2005년 토목, 건축품셈] (단위 당)

구 분 / 종 별	줄떼 적재량 (매)	평떼 적재량 (매)	싣고 부리기 시간(분)	싣고 부리기 인부(인)
지 게	30	10	2	1
리 어 카	150	50	5	2
우 마 차	480	160	13	2
경 운 기	570	190	16	2
2.5톤 트럭	1,500	500	20	5
6톤 트럭	3,600	1,200	50	5
8톤 트럭	4,800	1,600	60	5

라. 초화류 식재는 소형, 대형으로 대별하여, 일반 소형초화는 [공통품셈 4-1-3(초화류 식재)]의 주기 작업조건의 단순·용이는 양호, 일반은 보통, 수변·수생 및 경사지는 불량으로 구분하여 다음과 같이 적용한다.

마. 대형초화는 [서울형품셈2.0 조경분야12(대형 초화류 식재)]에 의하여 다음과 같이 준용한다.
이는 표준품셈 초화류 식재가 소형초화(3~4치)기준 개발품으로서, 대형 포트를 식재하는 최
근 추세를 반영하여 서울시에서 실사자료를 기반으로 개발 2025년 신설하였으므로 6치, 7치
이상 규격으로 구분하여 다음과 같이 준용한다.

〈표 4.4-4〉 초화류 식재 [공통품셈]　　　　　　　　　　　　　　　　　　　　　　　　(일 당)

구 분	단위	수량	시공량(주)		
			양 호	보 통	불 량
조 경 공	인	3	2,700	1,800	1,100
보 통 인 부	인	1			

[주] 1. 본 품은 초화류 식재, 물주기 및 마무리를 포함한다.
　　2. 특수화단(화문화단, 리본화단, 포석화단)은 시공량을 17%까지 감할 수 있다.
　　3. 식재 시 1회 기준의 물주기는 포함되어 있으며, 유지관리는 [유지관리품셈 1-2(조경공사)]에 따라 별도 계상한다.
　　4. 물주기를 위해 살수차 등의 장비가 필요한 경우 기계경비는 별도 계상한다.
　　5. 초화류 식재품의 적용은 아래의 조건을 감안하여 적용한다.
　　　• 양호 : 작업장소가 넓고 평탄하며, 식재의 내용이 단순하여 작업속도가 충분히 기대되는 조건인 경우
　　　• 보통 : 직입장소에 교목류, 소경석 능 지장물이 있어 식재 작업에 지장을 받는 경우
　　　• 불량 : 작업장소가 경사지로서 작업조건이 복잡한 경우, 도로변·하천변·절개지 등 안전사고의 위험이 있는 경우

〈표 4.4-5〉 대형 초화류 식재 [서울형품셈2.0]　　　　　　　　　　　　　　　　　　　(일 당)

구 분	단위	수량	포트규격	시공량(주)
조 경 공	인	3	17~20cm(6치)	1,320
보 통 인 부	인	1	21cm이상 (7치 이상)	720

[주] 1. 본 품은 17cm포트 이상의 초화류를 대상으로 하며 식재, 물주기 및 마무리를 포함한다.
　　2. 식재 시 물주기는 포함되어 있으며, 유지관리는 [유지관리품셈 1-2(조경공사)]에 따라 별도 계상한다.
　　3. 물주기를 위해 살수차 등의 장비가 필요한 경우 기계경비는 별도 계상한다.
　　4. 뿌리뽑기, 객토, 식재면고르기 등 식재기반 정비가 필요한 경우 별도 계상한다.
　　5. 작업장소에 교목류, 조경석, 구조물 등 지장물이 있어 식재작업에 지장을 받는 경우 시공량을 17%까지 감할 수 있다.
　　6. 특수화단(화문화단, 리본화단, 포석화단)은 시공량을 17%까지 감할 수 있다.

바. 시공 후 단기간에 양호한 경관으로 조성하기 위하여 시행하는 종자판 붙임, 롤형식물 식재는
[2012년 토목, 건축품셈 4-1-2(종자판 붙임공)], [2012년 토목, 건축품셈 4-4-7(롤형 지피식물
식재)], 식물매트 설치는 [서울형품셈2.0 조경분야05(식물매트 설치)]에 의하여 다음과 같이
준용한다.

〈표 4.4-6〉 종자판 붙임공 [2012년 토목, 건축품셈]　　(100m² 당)

규 격	객토량 (m3)	퇴 비 (kg)	비 료 (kg)	종 자 (ℓ)	특별인부 (인)
폭 10cm, 두께 3cm (21줄)	0.756	17	13	1.3	5.46
폭 10cm, 두께 3cm (26줄)	0.936	20	15	1.5	6.76

[주] 본 품은 경사 10%, 비탈면 길이 10m일 경우이며 경사가 급해짐에 따라 할증할 수 있다.

〈표 4.4-7〉 롤형 지피식물 식재 [2012년 토목, 건축품셈]　　(m² 당)

구 분	규 격	단위	잔 디 운동장	잔 디 녹지대	초화류
롤 형 잔 디	65×154×2	Roll	1	1	-
롤 형 초화류	65×154×2	Roll	-	-	1
모 래	-	m³	0.005	0.135	-
마 사 토	-	m³	-	-	0.1
유기질 비료	-	m³	-	0.0065	0.005
무기질 비료	21-17-17	kg	-	0.05	0.05
조 경 공	-	인	0.03	0.04	0.03
보 통 인 부	-	인	0.09	0.12	0.11
진 동 롤 러	2.5톤(자주식)	hr	0.0058	-	-

[주] 1. 본 품의 운동장 잔디식재는 식재면 고르기, 잔디 소운반 및 깔기, 배토, 다짐을 기준한 것으로 배수층과 식재층 조성은 제외되어 있다.
　　2. 본 품의 녹지대 잔디 및 초화류 식재는 터파기, 지반 고르기, 잔토처리, 모래 또는 마사토 포설, 비료포설, 잔디 또는 초화류 소운반 및 깔기, 다짐을 기준한 것이다.
　　3. 관수는 별도 계상한다.

〈표 4.4-8〉 식물매트 설치 [서울형품셈2.0]　　(m² 당)

구 분	단위	수량
조 경 공	인	0.030
보 통 인 부	인	0.042

[주] 1. 식물매트 설치에는 소운반, 핀 고정, 복토, 현장정리, 물주기 품이 포함되어 있다.
　　2. 재료비 및 면고르기 품은 별도 계상한다.
　　3. 소운반 거리가 20m를 초과할 경우 초과분에 대하여 별도 계상한다.

4.4.2 잔디 및 초화류 파종공사

1. 개요

잔디 및 초화류 파종지역은 지형이 노출되는 경우 세굴 등으로 원형의 유지가 곤란하고 지형과 주변에 나쁜 영향을 끼칠 수 있으므로 반드시 보호조치를 하여야 한다. 이에 파종지역의 사면 등은 일정기간 지형유지, 씨앗착상 및 발아 보조 역할으로 거적 등의 표면 보호 조치를 시행한다.

2. 적용범위

잔디 및 초화류의 파종 면적은 설계도면으로 산출하며, 원지형이 대규모 암반노출 등으로 잔디 및 초화류 활착이 불가능한 면적을 제외한 전면시행을 원칙으로 한다. 이때 경사지는 잔디 등과 동일한 기준으로 실면적을 구한다.

3. 적용품셈

가. 초류 종자 살포는 [공통품셈 4-1-2(초류종자 살포-기계살포)]에 의하여 다음과 같이 적용한다. 서양잔디 종자 살포시 [LH공사]는 초류 종자 살포에서 3가지를 변경[28]하여 준용하므로 필요시 참고한다.

〈표 4.4-9〉 초류종자 살포(기계살포) [공통품셈]   (일 당)

구 분	규 격	단위	수량	시공량(m^2)
조 경 공		인	2	
보 통 인 부		인	1	
취 부 기	11.94kW	hr	1	3,100
트 럭	4.5ton	hr	1	
펌 프	φ50mm	hr	1	

[주] 1. 본 품은 트럭에 종자살포기가 장착되어 살포하는 기준이다.

   2. 재료배합, 종자살포 작업을 포함한다.

   3. 살수양생 및 객토가 필요한 때는 별도 계상한다.

※ 초류종자 살포(기계살포) 재료량 - 100(m^2 당)

- 종자 : 2~3(kg)
- 비료(복합비료) : 10(kg)
- 피복재(화이버/펄프류) : 18(kg)
- 침식방지안정제(합성접착제) : 5~15(kg)
- 색소(착색제) : 0.2(kg)

나. 초류 종자 인력 파종은 필요시 [2013년 토목, 건축품셈 4-4-6(초화류 식재 및 파종공)]의 파종에 의하여, 조경공 1인당 30(m^2) 파종인 0.0333(인/m^2)를 준용한다.

다. 잔디 파종은 [LH공사] 기준의 [2013년 토목, 건축품셈 4-1-4(초류종자 파종공)]을 다음과 같이 준용한다. 이는 평지 전면 파종 기준으로 약제살포부터 경운정지 등에서 파종 부분만 발

---

28) 변경 사항은 1. 종자살포기는 물탱크(5,500ℓ)의 50%를 적용, 2. 펌프는 양수기(50mm)와 휘발유 엔진(2.5HP)을 조합 사용, 3. 탑재용 트럭은 4.5(ton)으로 운전시간은 1회당 5km 이동시간 포함 0.39(h/100m^2)을 적용하고 이동거리가 5km를 초과하면 5km마다 0.07(h/100m²)를 가산한다.

췌 준용하였으므로 경사지나 부분파종 등의 적용에는 부적합하다. 한국잔디 종자파종시 평지 전면 파종은 [LH공사]의 공종[29] 및 재료[30] 적용기준을 참고하여 준용한다.

〈표 4.4-10〉 잔디 파종 [LH공사]　　　　　　　　　　　　　　　　　　　　(100m^2 당)

구 분	규 격	단위	수량
종　　　자		kg	1.50
비　　　료		kg	5.00
퇴　　　비		kg	50.00
특 별 인 부		인	1.50

4.4.3 기타 부대공사

1. 개요

자연지반의 노출시 세굴 등으로 지형과 경관 등에 악영향을 줄 수 있으므로 잔디와 초화류 식재 지역 이외의 녹지면은 지반의 안정적인 유지를 위한 고려가 필요하다. 지형안정과 수분유지는 물론 잡초발생 억제 등의 유지관리 측면을 고려하여 거적덮기로 표면 보호 조치하거나 우드칩, 짚 등으로 멀칭한다.

2. 적용범위

가능한한 식재 지역을 제외한 녹지 전면에 시행하고, 그 면적은 설계도서에 의하되 시공 후 정산을 원칙으로 한다. 경사지 등 사면은 잔디 등과 동일한 기준으로 실면적을 적용한다.

---

29) 적용공종은 약제살포, 경운, 흙 고르기, 돌·자갈치우기, 전압, 시비, 파종, 관수, 덮개피복, 제초 및 기타로 구분 규정하고 있다.
　　1. 제초 및 살충제의 살포는 [유지관리품셈 1-2-16(약제살포-기계)]를 각 1회씩 적용한다.
　　2. 파종지 경운은 양토 깊이 15cm 조건을 적용한다.
　　3. 흙 부수고 고르기는 경운정지 흙바수기의 양토 21cm를 적용한다.
　　4. 돌·자갈치우기는 함유물 10% 이하를 기준으로 0.00005(인/m^2)를 적용한다.
　　5. 파종지의 전압은 견인롤러 6회 다짐을 파종 전·후 각 1회씩 실시한다.
　　6. 시비는 [유지관리품셈 1-2-15(잔디시비)]를 적용하며 파종지 조성시 1회, 파종 후 관리시 2회를 계상한다.
　　7. 전면파종은 〈표 4.4-9〉를 적용한다.
　　8. 파종지의 관수는 [유지관리품셈 1-2-9(살수차관수)]를 적용한다.
　　9. 파종지의 피복 및 제거는 [공통품셈 5-2-1(매트부설)]의 육상부설을 적용하며, 피복 및 제거에 각각 1회씩 적용한다.
　　10. 제초는 [유지관리품셈 1-2-10(제초)]의 일반 잔디지역을 적용한다.
　　11. 설계도서에 규정한 바에 의하여 파종 후 관리에 관수가 필요한 경우에는 추가로 계상할 수 있다.

30) 파종 소요 재료는 설계도서, 공사시방서에 따르되 규정이 없는 경우에는 파종면적 100(m^2)당 다음 수량을 기준으로 적용한다. -
　　제초제 : 부타 입제(마세트 입제 등 선택성 제초제) 0.6(kg)
　　- 살충제 : 에토프 입제(파프 분제 등 접촉성 살충제) 0.6(kg)
　　- 친모래 : 0.2(m^3) (두께 2mm기준)
　　- PE필름 : 110(m^2) (두께 0.03mm이상)

3. 적용품셈

　표면안정을 위한 거적덮기는 [공통품셈 4-1-4(거적덮기)]를, 우드칩 포설은 [한국도로공사 유지
관리품]에 의하여 다음과 같이 적용, 준용한다.

〈표 4.4-11〉 거적덮기 [공통품셈]　　　　　　　　　　　　　　　　　　　　　　　　　　　　　(일 당)

구 분	단위	수량	시공량(m²)
조 경 공	인	3	
보 통 인 부	인	1	1,600

[주] 1. 본 품은 성토 또는 절토사면에 거적을 덮어 설치하는 기준이다.
　　 2. 거적깔기, 핀설치 및 고정 작업을 포함한다.
　　 3. 재료량(거적, 고정핀, 착지핀, 매트고정판, 비닐끈 등)은 설계수량에 따라 별도 계상한다.

〈표 4.4-12〉 피복작업(멀칭) [한국도로공사]　　　　　　　　　　　　　　　　　　　　　(m² 당)

구 분	규 격	단 위	수 량
우 드 칩	분쇄목 T10cm기준	m³	0.11
보 통 인 부		인	0.02
소 운 반	L20m 리어카기준	Ton	0.11

[주] 1. 피복(멀칭)재료는 퇴비, 짚, 분쇄목 등을 사용하며 피복두께는 10cm를 기준으로 한다.
　　 2. 토공사의 면고르기가 완료된 토공면에 수목식재와 식재면 고르기 후 피복작업을 시행한다.

제 5 장

조경시설물공사
(KCS 34 50 00)

조경시설물공사 (KCS 34 50 00)

제5장

조경시설물은 외부공간에 설치되는 교량, 옹벽 등 토목구조물을 제외한 조경시설물 전체를 그 대상으로 한다. 경관적으로 식생블록, 조경석쌓기 등 선형구조도 일부 있지만 대부분 점적요소이므로 재료, 모양, 색채 등을 동질적·체계적으로 계획한다. 특히 조경시설물은 이용자들이 밀접 접촉하므로 휴먼스케일에 맞게 가급적 친환경적이고 인체에 무해하여야 하는 등 세심한 배려가 필요하다.

이 장은 조경시설물에 공통으로 적용되는 단위공사 및 조경공간의 조경구조물, 현장제작설치시설, 옥외시설물, 놀이시설, 운동 및 체력단련시설, 수경시설, 환경조형시설, 조경석, 조경 급배수 및 관수 등에 적용한다.

5.1 조경시설물 공통 (KCS 34 50 05)

이 절은 조경구조물, 현장제작설치시설, 옥외시설물, 놀이시설, 운동 및 체력단련시설, 수경시설, 환경조형시설, 조경석, 조경 급배수 및 관수 등과 단위 조경시설에 공통으로 적용되는 사항을 규정한다.

조경시설물의 공통 공종인 콘크리트공사, 미장공사, 방수공사, 조적공사, 돌공사, 타일공사, 칠(도장)공사, 목공사, 철재 및 금속공사, 기타 시설공사를 주요 내용으로 한다.

5.1.1 콘크리트공사

콘크리트공사는 철근, 거푸집 및 콘크리트로 대별된다.

1. 개요

철근은 압축강도가 극강인 콘크리트에 부가하여 휨, 전단, 비틀림 등으로 인한 균열방지를 위하여 사용한다. 압축강도용 콘크리트와 인장강도용 철근의 결합으로 견고한 철근콘크리트 구조체를 형성하고 철근에 콘크리트가 밀착되어 부식을 방지한다.

거푸집은 콘크리트의 형태를 만들기 위한 구조물로서 조경공사에는 일반적으로 합판거푸집을 사용횟수별로 적용하며, 특별히 필요한 경우 문양거푸집, 목재거푸집, 유로폼 등을 사용한다.

콘크리트는 시멘트가 물과 반응하여 굳어지는 수화반응(水和反應)으로 잔골재, 굵은골재를 시멘트풀(시멘트를 물로 개어 풀처럼 만든 것)으로 둘러싸서 굳힌 물질이다. 보통 콘크리트의 용적 구성은 70%가 골재, 나머지 30%가 시멘트풀이며, 이들 원료로 계량 및 배합, 비비기, 운반, 치기, 다지기, 보양 등의 작업공정을 포함한다.

2. 적용기준

철근은 종별, 지름별 총연장에 단위중량을 곱하여 실중량을 구하고, 여기에 할증량을 더하여 총량을 산출한다.

철근은 2024년 표준품셈 개정으로 [공통품셈 6-2-1(적용범위)][31]에서 토목은 3단계(세부내용은 5단계) 건축은 2단계 구분에 의하며, 아래의 [LH공사] 유형별 적용기준을 참조한다.

〈표 5.1.1-1〉 철근가공조립 _ 유형별 적용기준 [LH공사]

유형	적용 기준	적용 사례
Type - I	일반적 시설 (I -1)	집수정, 장식벽(H2.5미만), 앉음벽, 화강석계단, 돌담 등
Type - II	복잡한 시설 (II -2)	횡단배수구, 장식벽(H2.5이상), 플랜터, 콘크리트계단 등
Type - III	매우 복잡한 시설	교각, 구주식 교대, 플랜트 등

표준품셈의 거푸집은 합판 거푸집, 강재 거푸집, 유로폼, 문양 거푸집, 합성수지(PE) 원형 맨홀거푸집, 슬립폼, 알루미늄폼, 갱폼으로 구분 기술하고 있다. 조경공사에 주로 사용하는 합판거푸집은 사용횟수(1~6회), 자재수량(1~6회), 설치 및 해체(5단계)에 의하여 구분하여 적용하며, [LH공사]의 거푸집 적용기준을 참조한다.

〈표 5.1.1-2〉 거푸집 _ 적용기준 [LH공사]

구 분	사용횟수	구 조 물	적용 사례
합판거푸집	1회	노출콘크리트마감	
	2회	콘크리트면에 도장 등으로 마감하는 구조물, 복잡한 구조물	장식벽(도장마감)
	3회	지상부 콘크리트면에 타일, 미장모르타르 등으로 마감공사를 하는 구조물, 약간 복잡한 노출 구조물	플랜터(미장마감, 탄성도료 마감 등), 콘크리트 계단(미장마감)

(표 계속)

---

31) - 2023년까지 표준품셈은 (토목)은 간단, 보통, 복잡, 매우복잡의 4단계, (건축)은 보통, 복잡의 2단계로 구분하고, (토목)은 시설종류별, (건축)은 13mm이하의 철근중량 50%를 기준으로 구분하였다.

　- 2024년부터 표준품셈은 (토목)은 3단계(세부적으로 5단계), (건축)은 2단계로 구분하고, (토목)은 시설종류별에 철근중량을 추가 적용하고, (건축)은 13mm이하의 철근중량 50%를 기준으로 구분하였다.

　- 철근의 이러한 Type 구분은 13mm이하 철근의 ton당 가공·조립 품이 증가하는 (건축)의 기준을 (토목)도 적용한 것으로서, 조경공사는 보통 (토목)은 Type-II (세부적으로 II -1), (건축)은 Type-II의 적용이 합당하겠다.

〈표 5.1.1-2〉 거푸집 _ 적용기준 [LH공사]

구분	사용횟수	구 조 물	적용 사례
합판거푸집	4회	지상부 콘크리트면에 적벽돌, 산석 등으로 마감공사를 하는 구조물 및 지상부 노출구조물의 저판부, 횡단배수구, 집수정 등 비교적 간단한 구조물	플랜터, 돌담, 놀이벽, 장식벽, 집수정, 계단기초 등
	6회	지하매설기초 등 극히 간단한 구조물	경계블록, 빗물받이, 관기초, 측구, 매립조경시설물 기초
제치장 요철 거푸집	5회	노출콘크리트마감(폼타이 사용)	

표준품셈의 콘크리트 규정[32]에 의하며, 콘크리트 구조물별 타설기준을 세분하여 규정한 [LH공사] 적용기준[33]에 의하여 다음과 같이 준용한다.

〈표 5.1.1-3〉 콘크리트 _ 구조물별 타설기준 [LH공사]

구분	타 설 기 준
소형구조물	단독구조물 : 인력비빔 3m^3, 기계비빔 10m^3, 레미콘 6m^3 이하 연속구조물 : 0.2m^3/m 이하
철근구조물	철근가공조립의 복잡 이상 구조물
무근구조물	무근, 철근가공조립의 보통 이하 구조물

3. 적용품셈

2024년 개정된 철근은 [공통품셈 6-2(철근)]의 1. 적용범위[34], 2. 현장가공, 3. 현장조립, 4. 공장가공에 의하여 다음과 같이 적용한다.

기계적 이음은 필요시 [공통품셈 6-2-5(철근의 기계적 이음)]을 참고 적용한다.

---

32) - 콘크리트량이 많거나 소량이라 할지라도 그 품질상 필요한 경우에는 반드시 배합설계를 하여야 한다.
- 레미콘은 그 경제성 및 품질을 현장 콘크리트와 비교하여 사용여부를 결정하여야 한다.
- 본 품에서 타설 시 수행하는 양생준비 작업은 포함하고 있으며, 타설 이후 살수 양생을 하는 경우 특별인부를 추가 계상한다.

33) - 레미콘 차량의 접근이 가능한 곳에 위치한 시설물의 콘크리트는 레미콘 타설을 기준으로 하되, 1회 타설 콘크리트량이 레미콘 운반차량의 최소운반량 (3m^3) 이하인 경우 현장비빔 콘크리트 타설을 적용한다.
- 레미콘 차량 진입 곤란으로 소운반거리(20m)를 초과하여 운반이 필요한 콘크리트 타설은 기계비빔타설을 적용하며, 콘크리트 믹서의 접근도 곤란한 위치에 대하여는 인력비빔타설을 적용한다.
- 레미콘 타설은 인력운반 타설과 장비사용(굴착기 0.6m^3) 타설로 구분한다.

34) - 인력에 의한 철근 가공 및 조립을 기준하며, 현장여건(주철근 규격 35mm 초과 등)으로 인하여 인력에 의한 단독시공이 불가능한 경우 크레인 등 기계경비를 별도 계상한다.
- 철근 시공상세도(shop drawing) 작성비용은 별도 계상한다.
- PC강선의 가공 및 조립은 별도 계상한다.
- 철근 가공 및 조립의 Type은 아래 표 유형의 각 호 중 어느 하나에 해당하는 경우에 적용한다.

〈표 5.1.1-4〉 철근 적용범위 _ 토목 [공통품셈]

구 분		유 형
Type - Ⅰ	Ⅰ-1	- 철근가공 및 조립 작업이 일반적인 토목시설(반중력식 옹벽, L형 옹벽, 교량 슬래브, 매트기초, 수문 등
	Ⅰ-2	- 특정위치에서 철근의 가공 및 조립이 반복되는 경우(빔제작, 철근망 등)
Type - Ⅱ	Ⅱ-1	- 철근가공 및 조립 작업이 복잡한 토목시설(라멘교, 교대, 암거, 지하차도, 부벽식 옹벽 등) - Type-Ⅰ 시설에서 직경 13mm 이하 철근이 전 철근중량의 50% 이상인 경우
	Ⅱ-2	- 콘크리트 대비 소량의 철근이 사용되는 경우(측구/개거, 중력식 옹벽, 일체형 중앙분리대 등)
Type - Ⅲ	Ⅲ	- 철근 가공 및 조립 작업이 매우 복잡한 토목시설(교각, 구주식 교대 등) - 특수 구조시설물에서 철근직경 35mm를 초과하여 인력에 의한 단독 시공이 어려운 경우(플랜트, 원자력 발전소 등)

〈표 5.1.1-5〉 철근 적용범위 _ 건축 [공통품셈]

구 분	유 형
Type - Ⅰ	- 직경 13mm이하 철근이 전 철근중량의 50%미만인 경우
Type - Ⅱ	- 직경 13mm이하 철근이 전 철근중량의 50%이상인 경우 또는 철골과 병행 시공되는 경우 - 직경 13mm이하 철근이 50% 미만이나 철근가공 및 조립작업이 복잡한 구조시설물 (하수종말처리장, 폐기물처리장 등)

〈표 5.1.1-6〉 철근 _ 현장가공 [공통품셈]　(일 당)

구 분	단위	수량	시공량(ton)		
			Type - Ⅰ	Type - Ⅱ	Type - Ⅲ
철 근 공	인	3	4.5	4.0	3.5
보 통 인 부	인	1			

[주] 1. 가공은 절단, 절곡(밴딩) 등 철근의 변형을 요하는 작업이며, 가공수량은 전체 철근조립 수량을 기준으로 한다.
　　 2. 철근가공에 사용되는 공구손료 및 경장비(철근 가공기 등)의 기계경비는 인력품의 9%를 계상한다.
　　 3. 가공장과 조립 위치의 철근 운반 및 양중에 소요되는 크레인의 기계경비는 별도 계상한다.

〈표 5.1.1-7〉 철근 _ 현장조립 [공통품셈]　(일 당)

구 분	유 형		인력(인)		시공량(ton)
			철근공	보통인부	
토 목	Type - Ⅰ	Ⅰ-1	6	2	3.4
		Ⅰ-2	4	1	2.2
	Type - Ⅱ	Ⅱ-1	5	2	2.6
		Ⅱ-2	2	1	1.1

(표 계속)

〈표 5.1.1-7〉 철근 _ 현장조립 [공통품셈] (일 당)

구 분	유 형	인력(인)		시공량(ton)
		철근공	보통인부	
토 목	Type - Ⅲ	5	2	2.4
건 축	Type - Ⅰ	6	2	3.4
	Type - Ⅱ	6	2	3.0
비 고	- 개소별 소량(0.5ton 미만)의 시공 위치가 산재하는 경우 시공량의 50%까지 감하여 적용한다. - 현장여건(고소작업, 철근 적재공간 협소 등)에 따라 상시적인 크레인을 활용한 시공이 필요한 경우 해당 장비를 작업조에 추가하여 계상하고, 시공량은 감하지 않는다.			

[주] 1. 철근의 기계적 이음(나사 및 원터치식) 및 간격재 설치를 포함한다.

   2. D35mm이상에서 화약을 이용하여 용접하는 기계적 이음은 별도 계상한다.

   3. 철근 조립에 사용되는 공구손료 및 경장비의 기계경비는 인력품의 2%를 계상한다.

   4. 간격재, 결속선 등 소모재료 재료비는 별도 계상하며, 결속선의 표준 사용량은 다음을 참고한다. (ton당)

     • Type - Ⅰ : 6.5(kg)

     • Type - Ⅱ : 8.0(kg)

     • Type - Ⅲ : 9.5(kg)

〈표 5.1.1-8〉 철근 _ 공장가공 [공통품셈] (ton 당)

구 분	단위	Type - Ⅰ	Type - Ⅱ	Type - Ⅲ
철 근 공	인	0.23	0.30	0.38
보 통 인 부	인	0.03	0.04	0.06

[주] 1. 본 품에는 가공 및 상차작업이 포함되어 있다.

   2. 운반비는 별도 계상한다.

   3. 공장관리비는 노무품의 60%까지 계상할 수 있다.

   4. 철근의 나사 가공 등 특수 공장가공은 별도 계상한다.

합판거푸집은 [공통품셈 6-3-1(합판거푸집 설치 및 해체)]의 1. 사용횟수, 2. 자재수량, 3. 설치 및 해체에 의하여 다음과 같이 적용한다.

합판거푸집 사용횟수[35]에 의하며, 기준이 모호한 경우에는 적용사례가 부가된 [LH공사] 적용기준인 〈표 5.1.1-2〉를 준용한다.

조경공사에서 사용이 적은 2. 강재거푸집, 3. 유로폼, 4. 문양거푸집, 5. 합성수지(PE) 원형 맨홀거푸집, 6. 슬립폼, 7. 알루미늄폼, 8. 갱폼은 품셈을 참조한다. 기존 사용하던 목재거푸집, 원형거푸집, 터널폼은 필요시 [2016년 토목, 건축품셈]을 참고 준용한다.

---

35) - 사용횟수는 구조물 형상 또는 시공조건(타설횟수, 시공물량, 복잡도 등)에 따라 반복 재사용이 가능한 사용횟수를 산출하여 적용한다.

   - 현장 여건상 특수거푸집(종이거푸집, 문양거푸집 등)을 사용할 경우 별도 계상한다.

⟨**표 5.1.1-9**⟩ 합판거푸집 _ 사용횟수 [공통품셈]

사용횟수	유 형	구 조 물
1~2회	제물치장	제물치장 콘크리트
2회	매우복잡	T형보, 난간, 복잡한 구조의 교각, 교대, 수문관의 본체 등 매우 복잡한 구조
3회	복 잡	교대, 교각, 파라펫트, 날개벽 등 복잡한 벽체 구조, 건축 라멘구조의 보, 기둥
4회	보 통	측구, 수로, 우물통 등 비교적 간단한 벽체 구조, 교량 및 건축 슬래브
6회	간 단	수문 또는 관의 기초, 호안 및 보호공의 기초 등 간단한 구조

⟨**표 5.1.1-10**⟩ 합판거푸집 _ 자재수량 [공통품셈]   (m^2 당)

구 분	단위	수량 1회	1회 사용 자재비의 %				
			2회	3회	4회	5회	6회
합 판	m^2	1.03	55.0%	44.3%	38.0%	35.0%	32.7%
각 재	m^3	0.038					
소모 자재 (박리재 등)	주자재비의 %	4.0%	7.0%	8.0%	9.0%	10.0%	11.0%

[주] 1. 자재수량은 설계조건에 따라 별도 계상할 수 있다.

2. 2회 이상에서는 1회 사용수량에 대해 해당 요율을 적용한다.

3. 제물치장에 소요되는 볼트, 나무덧쇠, 파이프 등은 별도 계상한다.

4. 폼타이(Form Tie) 사용시 소요수량은 콘크리트의 측압에 따라 다음에 의거 계상한다. (조/m^2 당)

- 규격 7.9mm : 측압 3(t/m^2)=1.07, 측압 4(t/m^2)=1.42, 측압 5(t/m^2)=1.80, 측압 6(t/m^2)=2.14
- 규격 9.5mm : 측압 3(t/m^2)=0.71, 측압 4(t/m^2)=0.97, 측압 5(t/m^2)=1.19, 측압 6(t/m^2)=1.43
- 규격 12.7mm : 측압 3(t/m^2)=0.53, 측압 4(t/m^2)=0.72, 측압 5(t/m^2)=0.88, 측압 6(t/m^2)=1.07

가. 폼타이(D형 1/2인치 경우) 소요량은 거푸집 m^{2}당 2.14본(1.07조)으로 하고 사용횟수는 10회로 한다.

나. 특수한 경우(거푸집 측압이 6t/m^{2}이상)에는 폼타이 수량을 적의 조정하여 사용한다.

다. 세퍼레이터는 필요한 경우에 소모재료로 계상한다.

5. 폼 타이 제거 후 구멍땜이 필요한 경우 다음표를 기준으로 계상한다. (100개소 당)

- 시 멘 트 : 6.99(kg) : (배합비 1 : 3 기준)
- 모 래 : 0.015(m^3)
- 혼 화 재 : -(g) : (필요에 따라서 별도계상)
- 보통인부 : 0.62(인)

※ 폼타이 규격은 12.7mm를 기준한 것이며, 코킹재를 사용할 경우 별도 계상한다.

⟨**표 5.1.1-11**⟩ 합판거푸집 _ 설치 및 해체 [공통품셈]   (일 당)

구 분	단위	수량	시공량(m^2)				
			제물치장	매우복잡	복 잡	보 통	간 단
형 틀 목 공	인	5	20	25	30	45	50
보 통 인 부	인	2					

(표 계속)

〈표 5.1.1-11〉 합판거푸집 _ 설치 및 해체 [공통품셈] (일 당)

구 분	단위	수량	시공량(m²)				
			제물치장	매우복잡	복 잡	보 통	간 단
비　　고	- 현장여건(고소작업, 거푸집 적재공간 협소 등)에 따라 상시적인 크레인을 활용한 시공이 필요한 경우 해당 장비를 작업조에 추가하여 계상하고, 시공량은 감하지 않는다. - 본 품은 수직고 7m까지 적용하며, 양중장비를 활용하지 않고 수직고가 7m를 초과하는 경우 매 3m마다 시공량을 9%까지 감한다. - 지붕 슬래브 설치(경사도 20도 미만)에서는 시공량의 17%를 감한다. - 조적턱, 창호턱 등 소량의 거푸집이 산재되어 시공되는 경우 '매우복잡'을 적용한다.					

[주] 1. 본 품은 설치면적을 기준한 것이며, 합판거푸집(내수합판 12mm기준)의 가공, 제작, 조립, 해체를 포함한다.
　　2. 본 품에는 청소, 박리제 바름 및 보수 품이 포함되어 있으며, 동바리 설치(재료포함)는 제외되어 있다.
　　3. 곡면 및 특수형상 부분의 품은 별도 계상한다.
　　4. 공구손료 및 경장비 기계경비는 인력품의 1%로 계상한다.

철근콘크리트는 [공통품셈 6-1(콘크리트)]의 1. 레디믹스트 콘크리트 타설, 2. 현장비빔타설, 3. 표면 마무리, 4. 콘크리트 펌프차 타설에 의하여 다음과 같이 적용한다.

조경공사의 직용이 적은 [공통품셈 6-1-5(에폭시 콘크리트 접착제 바르기)]는 필요시 품셈을 참조 적용한다.

〈표 5.1.1-12〉 레디믹스트콘크리트 타설 [공통품셈] (일 당)

구 분		규격	단위	수량	시공량(m³)	
					무근구조물	철근구조물
인력운반 타 설	콘크리트공		인	3	23	20
	보통 인부		인	3		
장비사용 타 설	콘크리트공		인	3	63	55
	보통 인부		인	1		
	굴 착 기	0.6~0.8m³	대	1		
비　　고	- 개소별 소량(12m³ 이하)의 타설 위치가 산재하는 경우 본 시공량을 50%까지 감하여 적용한다. - 본 품의 타설유형은 다음의 경우에 적용한다. 　• 인력운반타설 : 인력운반 장비(손수레 등)로 콘크리트를 운반하여 시공하는 기준이다. 　• 장비사용타설 : 믹서트럭에서 콘크리트를 굴착기로 공급받아 근접된 타설 위치에 직접 시공하는 기준이다.					

[주] 1. 본 품은 현장내 콘크리트 운반, 타설, 다짐 및 양생준비를 포함한다.
　　2. 미장공에 의한 표면 마무리가 필요한 경우 [공통품셈 6-1-3(표면마무리)]를 따른다.
　　3. 양생은 양생방법 및 시간을 고려하여 별도 계상한다.
　　4. 공구손료 및 경장비(콘크리트 진동기 등) 기계경비는 인력품의 2%로 계상한다.

〈표 5.1.1-13〉 현장비빔타설 [공통품셈]　　(m³ 당)

유 형	구분	단위	수 량		
			무근구조물	철근구조물	소형구조물
기계비빔타설	콘크리트공	인	0.15	0.17	0.24
	보 통 인부	인	0.46	0.68	0.94
인력비빔타설	콘크리트공	인	0.85	0.87	1.29
	보 통 인부	인	0.82	0.99	1.36

[주] 1. 본 품은 현장 내 콘크리트 운반, 타설, 다짐 및 양생준비를 포함한다.
　　2. 소형구조물은 소량의 콘크리트 구조물(인력비빔 3m³내외, 기계비빔 10m³내외)이 산재되어 있는 경우에 적용한다.
　　3. 미장공에 의한 표면 마무리가 필요한 경우 [공통품셈 6-1-3(표면마무리)]를 따른다.
　　4. 콘크리트 용수를 현장에서 구득하기 어려운 경우에는 운반비를 별도 계상한다.
　　5. 양생은 양생방법 및 시간을 고려하여 별도 계상한다.
　　6. 비빔 및 타설에 필요한 장비(배합기, 진동기 등)의 기계경비는 별도 계상한다.

〈표 5.1.1-14〉 표면 마무리 [공통품셈]　　(100m² 당)

구 분	단위	수량
미 장 공	인	0.34

[주] 본 품은 콘크리트 타설 후 쇠흙손을 이용하여 마감하는 기준이다.

콘크리트 펌프차 타설은 [공통품셈 6-1-4(콘크리트 펌프차 타설)]의 1. 적용범위[36], 2. 인력편성, 3. 일일작업량, 4. 압송관 설치 및 철거에 의하여 다음과 같이 적용한다.

펌프차 타설은 2017년, 2022년, 2024년 개정으로 작업조(인력과 장비)의 1일 작업량 기준으로 변경되었으므로 적용시 각별히 유의한다.

---

36) - 본 품은 콘크리트 펌프차(80m³/hr 이상)를 활용한 콘크리트 타설에 적용한다.
　　- 펌프차 타설은 단일 구조물의 일일 타설(1회 셋팅 및 마감)을 기준으로 하며, 일작업시간내에 인접되어 있는 두개 이상의 구조물을 연속하여 타설할 경우 타설량을 합산하여 계상한다.
　　- 본 품은 펌프차를 활용한 타설, 다짐, 양생준비 작업을 포함한다.
　　- 타설 횟수는 설계(시공단계에 따른 타설 위치) 및 시공조건(일 작업시간, 시공이음, 1회가능 타설수량 등)을 고려하여 적용한다.
　　- 타설 후 별도의 표면 마무리가 필요한 경우 [공통품셈 6-1-3(표면 마무리)]를 따른다.
　　- 콘크리트 펌프차 규격은 타설높이 및 수평거리를 고려하여 선정한다.
　　　배관타설은 붐 타설이 곤란한 경우, 혹은 현장조건 등에 따라 배관타설이 적당한 경우에 적용하며, 배관의 설치 및 철거는 [공통품셈 6-1-4(콘크리트 펌프차 타설)의 4. 압송관 설치 및 철거]를 따른다.
　　- 양생은 양생방법 및 시간을 고려하여 별도 계상한다.
　　- 소모재료(양생재 등)가 필요한 경우 별도 계상한다.

〈표 5.1.1-15〉 콘크리트 펌프차 타설 _ 인력편성 [공통품셈]

구 분	단위	작업조		비 고
		무근콘크리트	철근콘크리트	
콘 크 리 트 공	인	3	4	타설 / 진동기 / 면정리
특 별 인 부	인	2	2	배관타설 : 1인 추가
보 통 인 부	인	1	1	현장정리 / 보조
콘크리트펌프차	대	1대 (80m³/hr 이상)		시공조건에 따른 규격 선정

[주] 1. 본 편성인력은 콘크리트 진동기 사용 기준으로 진동기를 사용하지 않는 경우 콘크리트공과 특별인부를 각 1인 제외한다.

　　 2. 공구손료 및 경장비(콘크리트 진동기 등)의 기계경비는 편성인력 노무비의 5%를 적용한다.

〈표 5.1.1-16〉 콘크리트 펌프차 타설 _ 일일시공량 [공통품셈]　　　　　　　　　　　(일 당)

슬 럼 프	기준 시공량(m3)	
	무근구조물	철근구조물
8 ~ 12 cm	130	125
15 cm	135	130
18 cm 이상	145	140

[주] 1. 본 시공량은 펌프차를 활용한 일일 타설량을 기준한다.

　　 2. 일당 시공량은 기준시공량에 시설유형(f1), 현장조건(f2)에 따라 시공량에 다음 계수를 곱하여 적용한다.

　　　 - 시공량(m³) : 기준시공량 × f1 × f2

　　※ 펌프차의 타설범위(타설높이 및 수평거리)를 초과하여 펌프차 이동 및 재셋팅이 필요한 경우 회당 시공량의 5%를 감하여 적용한다.

〈표 5.1.1-17〉 콘크리트 펌프차 타설 _ 시설유형(f1) [공통품셈]

유 형	Type - I	Type - II	Type - III	Type - IV
f 1	1.4	1.0	0.8	0.3

[주] 1. 시설유형별 적용기준은 다음과 같다.

　　• Type - Ⅰ : 매트기초 등 펌프차 작업에 제약이 없는 시설물

　　• Type - Ⅱ : 벽, 기둥, 보, 슬래브, 교각 등 펌프차 작업에 큰 지장이 없어 일반적인 시공이 가능한 시설물

　　• Type - Ⅲ : 옹벽, 줄기초, 슬래브 없는[월거더 : wall girder] 구조의 기둥과 보 등 펌프차 작업에 제약을 받는 타설부위가 좁거나 깊은 시설물

　　• Type - Ⅳ : 절·성토부 비탈면에 시공되는 구조물 등 펌프차 작업에 제약이 매우 큰 시설물

〈표 5.1.1-18〉 콘크리트 펌프차 타설 _ 현장조건(f2) [공통품셈]

유 형	Type - I	Type - II	Type - III
f 2	1.2	1.0	0.8

[주] 1. 현장조건별 적용기준은 다음과 같다.

　　• Type - Ⅰ : 대기공간이 충분히 넓어 믹서트럭 2대가 병렬로 타설준비가 가능하며 지속적인 타설을 수행하는 경우

　　• Type - Ⅱ : 믹서트럭이 1대씩 직렬로 대기하며 순차적으로 타설준비하여 타설하는 일반적인 경우

　　• Type - Ⅲ : 믹서트럭의 대기공간이 매우 협소하고 진출입 길이가 길어 연속적인 타설이 어려운 경우

〈표 5.1.1-19〉 콘크리트 펌프차 타설 _ 압송관 설치 및 철거 [공통품셈]　(일 당)

구 분	단위	수량	시공량(m)	
			설치	철거
비 계 공	인	2	220	330

　　표준품셈 콘크리트 펌프차 타설을 종합한 무근, 철근콘크리트 일반은 〈표 5.1.1-20, 22〉[37]이며, 소규모인 개소당 10m³ 타설시 무근, 철근콘크리트 대표적 기준은 〈표 5.1.1-21, 23〉[38]으로 산출된다.

〈표 5.1.1-20〉 콘크리트 펌프차 타설 #1 - 무근콘크리트 일반 [공통품셈 적용산출]　(m³ 당)

유형/기준	슬럼프	1일시공량(m³)		일위대가 산출값(인, hr)			
		기준량	환산량	콘크리트공	특별인부	보통인부	펌프차(hr)
조건 1-1	8,12	130	**218.4**	0.01374	0.00916	0.00458	0.03663
(f1-T1)=1.4	15	135	**226.8**	0.01323	0.00882	0.00441	0.03527
(f2-T1)=1.2	18	145	**243.6**	0.01232	0.00821	0.00411	0.03284
조건 1-2	8,12	130	**182.0**	0.01648	0.01099	0.00549	0.04396
(f1-T1)=1.4	15	135	**189.0**	0.01587	0.01058	0.00529	0.04233
(f2-T2)=1.0	18	145	**203.0**	0.01478	0.00985	0.00493	0.03941
조건 1-3	8,12	130	**145.6**	0.02060	0.01374	0.00687	0.05495
(f1-T1)=1.4	15	135	**151.2**	0.01984	0.01323	0.00661	0.05291
(f2-T3)=0.8	18	145	**162.4**	0.01847	0.01232	0.00616	0.04926
조건 2-1	8,12	130	**156.0**	0.01923	0.01282	0.00641	0.05128
(f1-T2)=1.0	15	135	**162.0**	0.01852	0.01235	0.00617	0.04938
(f2-T1)=1.2	18	145	**174.0**	0.01724	0.01149	0.00575	0.04598
조건 2-2	8,12	130	**130.0**	0.02308	0.01538	0.00769	0.06154
(f1-T2)=1.0	15	135	**135.0**	0.02222	0.01481	0.00741	0.05926
(f2-T2)=1.0	18	145	**145.0**	0.02069	0.01379	0.00690	0.05517
조건 2-3	8,12	130	**104.0**	0.02885	0.01923	0.00962	0.07692
(f1-T2)=1.0	15	135	**108.0**	0.02778	0.01852	0.00926	0.07407
(f2-T3)=0.8	18	145	**116.0**	0.02586	0.01724	0.00862	0.06897
조건 3-1	8,12	130	**124.8**	0.02404	0.01603	0.00801	0.06410
(f1-T3)=0.8	15	135	**129.6**	0.02315	0.01543	0.00772	0.06173
(f2-T1)=1.2	18	145	**139.2**	0.02155	0.01437	0.00718	0.05747

(표 계속)

---

37) - 1일시공량(기준량)에서 **시설유형(f1)** = T1(양호), T2(보통), T3(불량)과 **현장조건(f2)** = T1(양호), T2(보통), T3(불량)을 적용하여 1일시공량(환산량)을 계산한다.
　- **환산량**에 표준품셈의 편성인 무근콘크리트는 콘크리트공 3인, 특별인부 2인, 보통인부 1인, 콘크리트펌프차 1대를, 철근콘크리트는 콘크리트공 4인, 특별인부 2인, 보통인부 1인, 콘크리트펌프차 1대를 적용하여 일위대가 산출값을 계산한다.

38) - 개소당 10m³ 타설의 대표기준 4가지이므로 적용시 개소당 25m³, 50m³ 타설 등으로 세분하고 조건별 구분 적용이 필요다다.
　- 펌프차 재셋팅 회당 5%를 감하므로 환산량에서 실세팅횟수(산출량 -1)에 0.05를 곱한량을 감하여 **실작업량**을 계산한다.
　- 산출된 **실작업량**에 표준품셈의 편성인 무근콘크리드는 콘크리트공 3인, 특별인부 2인, 보통인부 1인, 콘크리트펌프차 1대를, 철근콘크리트는 콘크리트공 4인, 특별인부 2인, 보통인부 1인, 콘크리트펌프차 1대를 적용하여 일위대가 계산이 필요하다.

〈표 5.1.1-20〉 콘크리트 펌프차 타설 #1 - 무근콘크리트 일반 [공통품셈 적용산출]　(m³ 당)

유형/기준	슬럼프	1일시공량(m³)		일위대가 산출값(인, hr)			
		기준량	환산량	콘크리트공	특별인부	보통인부	펌프차(hr)
조건 3-2	8,12	130	**104.0**	0.02885	0.01923	0.00962	0.07692
(f1-T3)=0.8	15	135	**108.0**	0.02778	0.01852	0.00926	0.07407
(f2-T2)=1.0	18	145	**116.0**	0.02586	0.01724	0.00862	0.06897
조건 3-3	8,12	130	**83.2**	0.03606	0.02404	0.01202	0.09615
(f1-T3)=0.8	15	135	**86.4**	0.03472	0.02315	0.01157	0.09259
(f2-T3)=0.8	18	145	**92.8**	0.03233	0.02155	0.01078	0.08621

〈표 5.1.1-21〉 콘크리트 펌프차 타설 #2 - 무근콘크리트 (10m³/개소)기준 [품셈적용산출]　(일 당)

유형/기준	슬럼프	1일시공량(m³)		셋팅횟수(회)		1일시공량
		기준량	환산량	산출량	실셋팅량	실작업량
조건 1-1	8,12	130	218.4	10.96176	9.96176	**109.618**
(f1-T1)=1.4	15	135	226.4	11.15931	10.15931	**111.593**
(f2-T1)=1.2	18	145	243.6	11.53200	10.53200	**115.320**
조건 1-2	8,12	130	182.0	10.00522	9.00522	**100.052**
(f1-T1)=1.4	15	135	189.0	10.20310	9.20310	**102.031**
(f2-T2)=1.0	18	145	203.0	10.57817	9.57817	**105.782**
조건 2-1	8,12	130	156.0	9.20225	8.20225	**92.022**
(f1-T1)=1.0	15	135	162.0	9.39780	8.39780	**93.978**
(f2-T3)=1.2	18	145	174.0	9.77005	8.77005	**97.701**
조건 2-2	8,12	130	130.0	8.27270	7.27270	**82.727**
(f1-T3)=1.0	15	135	135.0	8.46270	7.46270	**84.627**
(f2-T3)=1.0	18	145	145.0	8.82610	7.82610	**88.261**

〈표 5.1.1-22〉 콘크리트 펌프차 타설 #3 - 철근콘크리트 일반 [공통품셈 적용산출]　(m³ 당)

유형/기준	슬럼프	1일시공량(m³)		일위대가 산출값(인, hr)			
		기준량	환산량	콘크리트공	특별인부	보통인부	펌프차(hr)
조건 1-1	8,12	125	**210.0**	0.01905	0.00952	0.00476	0.03810
(f1-T1)=1.4	15	130	**218.4**	0.01832	0.00916	0.00458	0.03663
(f2-T1)=1.2	18	140	**235.2**	0.01701	0.00850	0.00425	0.03401
조건 1-2	8,12	125	**175.0**	0.02286	0.01143	0.00571	0.04571
(f1-T1)=1.4	15	130	**182.0**	0.02198	0.01099	0.00549	0.04396
(f2-T2)=1.0	18	140	**196.0**	0.02041	0.01020	0.00510	0.04082
조건 1-3	8,12	125	**140.0**	0.02857	0.01429	0.00714	0.05714
(f1-T1)=1.4	15	130	**145.6**	0.02747	0.01374	0.00687	0.05495
(f2-T3)=0.8	18	140	**156.8**	0.02551	0.01276	0.00638	0.05102

(표 계속)

〈표 5.1.1-22〉 콘크리트 펌프차 타설 #3 - 철근콘크리트 일반 [공통품셈 적용산출]　　(m^3 당)

유형/기준	슬럼프	1일시공량(m^3)		일위대가 산출값(인, hr)			
		기준량	환산량	콘크리트공	특별인부	보통인부	펌프차(hr)
조건 2-1	8,12	125	**150.0**	0.02667	0.01333	0.00667	0.05333
(f1-T2)=1.0	15	130	**156.0**	0.02564	0.01282	0.00641	0.05128
(f2-T1)=1.2	18	140	**168.0**	0.02381	0.01190	0.00595	0.04762
조건 2-2	8,12	125	**125.0**	0.03200	0.01600	0.00800	0.06400
(f1-T2)=1.0	15	130	**130.0**	0.03077	0.01538	0.00769	0.06154
(f2-T2)=1.0	18	140	**140.0**	0.02857	0.01429	0.00714	0.05714
조건 2-3	8,12	125	**100.0**	0.04000	0.02000	0.01000	0.08000
(f1-T2)=1.0	15	130	**104.0**	0.03846	0.01923	0.00962	0.07692
(f2-T3)=0.8	18	140	**112.0**	0.03571	0.01786	0.00893	0.07143
조건 3-1	8,12	125	**120.0**	0.03333	0.01667	0.00833	0.06667
(f1-T3)=0.8	15	130	**124.8**	0.03205	0.01603	0.00801	0.06410
(f2-T1)=1.2	18	140	**134.4**	0.02976	0.01488	0.00744	0.05952
조건 3-2	8,12	125	**100.0**	0.04000	0.02000	0.01000	0.08000
(f1-T3)=0.8	15	130	**104.0**	0.03846	0.01923	0.00962	0.07692
(f2-T2)=1.0	18	140	**112.0**	0.03571	0.01786	0.00893	0.07143
조건 3-3	8,12	125	**80.0**	0.05000	0.02500	0.01250	0.10000
(f1-T3)=0.8	15	130	**83.2**	0.04808	0.02404	0.01202	0.09615
(f2-T3)=0.8	18	140	**89.6**	0.04464	0.02232	0.01116	0.08929

〈표 5.1.1-23〉 콘크리트 펌프차 타설 #4 - 철근콘크리트 (10m^3/개소)기준 [품셈적용산출]　　(일 당)

유형/기준	슬럼프	1일시공량(m^3)		셋팅회수(회)		1일시공량
		기준량	환산량	산출량	실셋팅량	실작업량
조건 1-1	8,12	125	210.0	10.75610	9.75610	**107.561**
(f1-T1)=1.4	15	130	218.4	10.96176	9.96176	**109.618**
(f2-T1)=1.2	18	140	235.2	11.34927	10.34927	**113.493**
조건 1-2	8,12	125	175.0	9.80000	8.80000	**98.000**
(f1-T1)=1.4	15	130	182.0	10.00522	9.00522	**100.052**
(f2-T2)=1.0	18	140	196.0	10.39393	9.39393	**103.939**
조건 2-1	8,12	125	150.0	9.00000	8.00000	**90.000**
(f1-T1)=1.0	15	130	156.0	9.20225	8.20225	**92.022**
(f2-T3)=1.2	18	140	168.0	9.58696	8.58696	**95.870**
조건 2-2	8,12	125	125.0	8.07690	7.07690	**80.769**
(f1-T3)=1.0	15	130	130.0	8.27270	7.27270	**82.727**
(f2-T3)=1.0	18	140	140.0	8.64707	7.64707	**86.471**

　　인력비빔 현장타설 콘크리트는 작업여건상 레미콘이 불가능하거나 극소량인 경우 등 인력에 의한 콘크리트 타설이 불가피한 경우 적용하며 규격별 재료량은 [서울시 산하구청], [LH공사]의 콘크리트 배합기준에 의하여 다음과 같이 준용한다.

〈표 5.1.1-24〉 인력비빔 콘크리트 [서울시 산하구청]

콘크리트 종별	시멘트(kg)	모래(m³)	자갈(m³)	
			φ25(#57)	φ40(#467)
1종 (24MPa)	338.5	0.498	0.680	-
2종 (21MPa)	309.3	0.505	0.689	-
3종 (18MPa)	261.6	0.488	-	0.741
4종 (14MPa)	211.0	0.507	-	0.737
5종 (10MPa)	245.4	0.500	-	0.727

〈표 5.1.1-25〉 인력비빔타설 [LH공사]

골재의 최대치수	시멘트(kg)	모래(kg)	자갈 또는 부순돌(kg)
25 (mm)	346	828	1,011

[주] 단위 중량 : • 모래 1,600(kg/m³) • 자갈 또는 부순 돌 1,700(kg/m³)

콘크리트 이어치기할 때의 치핑은 [공통품셈 6-1-6(콘크리트 치핑)], 지수판은 [공통품셈 6-3-9(지수판 설치)]의 1. PVC 용접, 2. 소켓 연결에 의하여 다음과 같이 적용한다. 조인트 신축이음은 [공통품셈 6-3-10(신축이음(Expansion Joint) 설치)]의 1. 다웰바 설치, 2. 채움재 설치, 3. 실링 마감에 의하여 다음과 같이 적용한다.

〈표 5.1.1-26〉 콘크리트 치핑(Chipping) [공통품셈]　(m² 당)

구 분	단위	수량
특 별 인 부	인	0.12
보 통 인 부	인	0.02

[주] 1. 본 품은 소형치핑장비(소형브레이커, 치핑기)를 활용한 인력에 의한 작업 기준이다.
　　2. 본 품에는 치핑, 청소 및 정리품을 포함한다.
　　3. 벽체, 천장 등 치핑을 위한 가시설물이 필요한 경우는 별도 계상한다.
　　4. 공구손료 및 경장비(소형브레이커, 치핑기 등)의 기계경비는 인력품의 8%로 계상한다.
　　5. 대형 장비(굴착기 등)를 활용한 기계치핑의 경우는 별도 계상한다.

〈표 5.1.1-27〉 지수판 설치 _ PVC 용접 [공통품셈]　(m 당)

구 분	단위	수량
특 별 인 부	인	0.151
보 통 인 부	인	0.116

[주] 1. 본 품은 PVC 용접기를 사용한 지수판 설치를 기준한 것이다.
　　2. 공구손료 및 경장비(PVC 용접기 등)의 기계경비는 인력품의 3%로 계상한다.
　　3. 재료량은 다음을 참고하여 적용한다. (m당)
　　　• PVC 지수판 (200×5t) : 1.04(m)
　　　• PVC 용접봉 : 0.042(kg)
　　　• 철 선 (#8) : 0.21(kg)
　　※ 재료량은 할증이 포함되어 있으며, 설계에 따라 재료를 증감할 수 있다.

〈표 5.1.1-28〉 지수판 설치 _ 소켓 연결 [공통품셈]　(m 당)

구 분	단위	수량
특 별 인 부	인	0.085
보 통 인 부	인	0.029

[주] 1. 본 품은 지수판 연결재(소켓)를 사용한 지수판 설치를 기준한 것이다.
　　2. 본 품은 지수판 절단 및 설치, 소켓 연결, 실란트 마감 작업이 포함된 것이다.

〈표 5.1.1-29〉 신축이음 _ 다웰바 설치 [공통품셈]　(ea 당)

구 분	단위	수량
형 틀 목 공	인	0.043
보 통 인 부	인	0.009

[주] 1. 본 품은 콘크리트 구조물의 신축이음부 설치를 기준한 것이다.
　　2. 다웰바의 설치 간격은 150mm를 기준한 것이다.
　　3. 녹막이 페인트 작업은 [건축품셈 11-2-6(녹막이페인트칠)]을 따른다.

〈표 5.1.1-30〉 신축이음 _ 채움재 설치 [공통품셈]　(m^2 당)

구 분	단위	수량
형 틀 목 공	인	0.029
보 통 인 부	인	0.006

[주] 1. 본 품은 콘크리트 구조물의 신축이음부 설치를 기준한 것이다.
　　2. 채움재(발포폴리스티렌)는 두께 20mm를 기준한 것이다.

〈표 5.1.1-31〉 신축이음 _ 실링 마감 [공통품셈]　(m 당)

구 분	단위	수량
방 수 공	인	0.021
보 통 인 부	인	0.004

[주] 1. 본 품은 콘크리트 구조물의 신축이음부 마감을 기준한 것이다.
　　2. 본 품은 V컷팅, 프라이머 바름, 백업재 삽입, 실링재 주입 작업이 포함된 것이다.
　　3. 공구손료는 인력품의 1%를 계상한다.

5.1.2 미장공사

1. 개요

미장 공사는 구조물의 표면을 모르타르, 석회, 인조석 등으로 치장하는 작업으로 바탕처리, 미장 바름, 마무리 작업으로 구분된다.

2. 적용기준

[건축품셈 제9장(미장공사)]는 1. 모르타르 바름 및 타설, 2. 콘크리트면 마무리, 3. 충전으로 대별하고 있다.

3. 적용품셈

모르타르는 [건축품셈 9-1(모르타르 바름 및 타설)]의 1. 모르타르 배합, 2. 모르타르 바름, 3. 모르타르 타설, 4. 표면마무리, 5. 라스 붙임에 의하여 다음과 같이 적용한다.

〈표 5.1.2-1〉 모르타르 배합 [건축품셈] (m³ 당)

구 분	단위	수 량	
		모래체가름 포함	모래체가름 제외
보 통 인 부	인	0.66	0.43

[주] 1. 본 품은 시멘트와 모래를 배합하는 기준이며, 건조시멘트모르타르를 사용하지 않는 경우 적용한다.
   2. 배합이 포함된 것이며, 비빔은 제외되어 있다.
   [참고자료] 모르타르 배합 재료량 (m³당)
   - 배합용적비 1 : 1 = 시멘트 1,093(kg), 모래 0.78(m³)
   - 배합용적비 1 : 2 = 시멘트 680(kg), 모래 0.98(m³)
   - 배합용적비 1 : 3 = 시멘트 510(kg), 모래 1.10(m³)
   - 배합용적비 1 : 4 = 시멘트 385(kg), 모래 1.10(m³)
   - 배합용적비 1 : 5 = 시멘트 320(kg), 모래 1.15(m³)
   ※ 위 재료량은 할증이 포함된 것이다.

〈표 5.1.2-2〉 모르타르 바름 [건축품셈] (일 당)

구 분		단위	수량	시공량(m²)		
				1회	2회	3회
시공높이 3.6m이하	미 장 공	인	2	40	29	20
	보 통 인 부	인	1			
시공높이 3.6m초과~7.2m이하	미 장 공	인	2	37	27	19
	보 통 인 부	인	2			
비 고	- 바탕의 폭 30cm이하이거나 원주 바름면일 때에는 시공량의 17%를 감한다. - 비계사용시 높이 7.2m 초과하는 경우 3.6m마다 시공량(시공높이 3.6m초과 ~7.2m이하)의 3%를 감한다.					

[주] 1. 본 품은 벽체에 바름 두께 24mm 이하로 모르타르를 바르고 쇠흙손으로 마감하는 기준이다.
   2. 바름 횟수에 따른 기준은 다음과 같다.
     - 1회 : 바탕면에 페이스트를 바르고 정벌 바름하여 마무리하는 기준
     - 2회 : 초벌바름 후 정벌 바름하여 마무리하는 기준
     - 3회 : 초벌바름 후 재벌하고 정벌 바름하여 마무리하는 기준
   3. 바탕 청소(물뿌리기), 페이스트 바르기, 모르타르 비빔 및 바름, 쇠갈퀴 긁기, 고름질, 쇠흙손마감을 포함한다.
   4. 본 품 배합이 완료된 상태의 건조시멘트모르타르 기준이며, 모르타르 배합(시멘트, 모래)이 필요할 경우 [건축품셈 9-1-1(모르타르 배합)]을 따른다.
   5. 공구손료 및 경장비(비빔기 등)의 기계경비는 인력품의 2%로 계상한다.

〈표 5.1.2-3〉 모르타르 타설 [건축품셈]   (일 당)

구분	단위	수량	시공량(m^3)	
			모르타르	경량기포콘크리트
미 장 공	인	2		
기 계 설 비 공	인	1	50	65
보 통 인 부	인	2		
모르타르 타설장비	대	1		

[주] 1. 본 품은 모르타르 타설장비를 이용한 바닥 모르타르 타설 기준이다.
  2. 준비작업(바탕청소, 보양 등), 압송관 조립 및 철거, 모르타르 타설 및 고르기 작업을 포함한다.
  3. 모르타르 타설장비의 기계조합은 다음을 기준으로 한다.
   • 모르타르 펌프 : 37kW
   • 믹서 : 0.3m^3
   • 양수기 : 1.49kW
   • 배관 파이프 (ϕ50) : 2.6m

〈표 5.1.2-4〉 모르타르 _ 표면 마무리 [건축품셈]   (100m^2 당)

구분	규격	단위	수 량	
			인력마감	기계마감
미 장 공		인	0.30	0.22
비 고	- 현장 조건에 따라 작업대기 등이 발생되는 경우, 다음 할증까지 가산하여 적용한다. • 인력마감 : 인력품의 55(%) • 기계마감 : 인력품의 75(%)			

[주] 1. 본 품은 바닥 모르타르 타설 후 표면을 마감하는 것으로 연속적인 작업이 가능하여 대기시간이 발생되지 않는 기준이다.
  2. 공구손료 및 경장비(미장기계 등)의 기계경비는 다음을 계상한다.
   • 인력마감 : 인력품의 0(%)
   • 기계마감 : 인력품의 9(%)

〈표 5.1.2-5〉 라스 붙임 [건축품셈]   (10m^2 당)

구분	단위	수량
미 장 공	인	0.14

[주] 본 품은 미장면 보강을 위해 미장 시 메탈라스 또는 유리섬유메쉬를 붙이는 작업을 기준한 것이다.

콘크리트면 마감은 [건축품셈 9-2(콘크리트면 마무리)]의 1. 콘크리트면 정리, 2. 부분 마감, 3. 전면 마감에 의하여 다음과 같이 적용한다.

〈표 5.1.2-6〉 콘크리트면 정리 [건축품셈]   (10m^2 당)

구분	단위	수량(높이)	
		3.6m 이하	3.6m초과~7.2m이하
견 출 공	인	0.11	0.14

(표 계속)

〈표 5.1.2-6〉 콘크리트면 정리 [건축품셈] (10m² 당)

구 분	단위	수량(높이)	
		3.6m 이하	3.6m초과~7.2m이하
비 고	- 천장은 본 품의 20%를 가산한다. - 비계사용시 높이 7.2m 초과하는 경우 3.6m마다 시공량(시공높이 3.6m초과 ~7.2m이하)의 3%를 감한다.		

[주] 1. 본 품은 콘크리트 바탕면에 연마기를 사용하여 면정리하는 기준이다.
    2. 공구손료 및 경장비(연마기 등)의 기계경비는 인력품의 3%로 계상한다.

〈표 5.1.2-7〉 콘크리트면 마무리 _ 부분 마감 [건축품셈] (일 당)

구 분		단위	수량	시공량(m²)
시공높이 3.6m이하	미 장 공	인	2	170
	보 통 인 부	인	1	
시공높이 3.6m초과~7.2m이하	미 장 공	인	2	155
	보 통 인 부	인	2	
비 고	- 천장은 시공량의 17%를 감한다. - 비계사용시 높이 7.2m 초과하는 경우 3.6m마다 시공량(시공높이 3.6m 초과 ~7.2m이하)의 3%를 감한다.			

[주] 1. 본 품은 콘크리트 바탕 전면에 시멘트페이스트로 부분마감하는 기준이다.
    2. 홈메우기, 시멘트페이스트 바름, 붓칠 작업을 포함한다.

〈표 5.1.2-8〉 콘크리트면 마무리 _ 전면 마감 [건축품셈] (일 당)

구 분		단위	수량	시공량(m²)
시공높이 3.6m이하	미 장 공	인	2	120
	보 통 인 부	인	1	
시공높이 3.6m초과~7.2m이하	미 장 공	인	2	115
	보 통 인 부	인	2	
비 고	- 천장은 시공량의 17%를 감한다. - 비계사용시 높이 7.2m 초과하는 경우 3.6m마다 시공량(시공높이 3.6m 초과 ~7.2m이하)의 3%를 감한다.			

[주] 1. 본 품은 콘크리트 바탕 전면에 시멘트페이스트로 전면마감하는 기준이다.
    2. 홈메우기, 시멘트페이스트 바름, 붓칠 및 마무리 작업을 포함한다.
    [참고자료] 전면 마감 재료량 (10m² 당)
      • 시멘트 : 14.3(kg)
      • 혼화재 : 22.7(g)
      ※ 혼화재는 필요에 따라 사용한다.

충전은 [건축품셈 9-3(충전)]의 1. 창호주위 모르타르 충전, 3. 주각부 무수축 모르타르 충전에 의하여 다음과 같이 적용한다.

조경공사 적용이 적은 2. 창호주위 발포우레탄 충전, 4. 우레탄폼 분사충전은 필요시 품셈을 참고 적용한다.

〈표 5.1.2-9〉 모르타르 충전 [건축품셈]　　　　(10m 당)

구 분	단위	수량
미　　장　　공	인	0.14
보　통　인　부	인	0.04

[주] 1. 본 품은 창문틀 주위에 모르타르를 사용하여 충전하는 기준이다.

　　2. 본 품은 바탕정리, 모르타르 비빔 및 충전, 마무리작업을 포함한다.

　　3. 방수 코킹은 [건축품셈 6-6-1(수밀코킹)]을 따른다.

　　4. 공구손료 및 경장비(비빔기 등)의 기계경비는 인력품의 2%로 계상한다.

　　5. 모르타르 재료량은 다음을 참고한다. (10m 당)

　　　• 시멘트 : 27.3(kg)

　　　• 모 래 : 0.06(m³)

〈표 5.1.2-10〉 주각부 무수축 모르타르 충전 [건축품셈]　　　　(개소 당)

구 분	단위	400×400mm	500×500mm	600×600mm	700×700mm
미　　장　　공	인	0.16	0.20	0.23	0.27
보　통　인　부	인	0.05	0.06	0.07	0.09

[주] 1. 본 품은 철골세우기를 위해 기초부에 무수축 모르타르를 타설하는 것으로, 모르타르 두께는 50mm를 기준한 것이다.

　　2. 본 품은 설치위치 확인, 형틀설치, 모르타르 비빔 및 타설 작업이 포함된 것이다.

　　3. 재료량은 다음을 참고하여 적용한다. (개소당)

　　　• 400×400mm = 무수축 몰탈 15.6(kg)

　　　• 500×500mm = 무수축 몰탈 24.4(kg)

　　　• 600×600mm = 무수축 몰탈 35.1(kg)

　　　• 700×700mm = 무수축 몰탈 47.8(kg)

5.1.3 방수공사

1. 개요

방수공사는 침수와 누수 방지를 위한 공사로서, 사용재료로 구분 적용한다. 부대공사로 줄눈 및 국부적인 실링공사 등이 있다.

2. 적용기준

[건축품셈 제6장(방수공사)]는 1. 공통공사, 2. 도막방수, 3. 시트방수, 4. 시멘트 모르타르계 방수, 5. 기타방수, 6. 부대공사로 대별하고 있다.

3. 적용품셈

방수 기반공사는 [건축품셈 6-1(공통공사)]의 1. 바탕처리, 2. 방수프라이머 바름, 3. 방수층보호재 붙임, 4. 방수층 누름철물 설치에 의하여 다음과 같이 적용한다.

〈표 5.1.3-1〉 바탕처리 [건축품셈] (m² 당)

구 분	단위	보 통		불 량	
		바 닥	수직부	바 닥	수직부
방 수 공	인	0.030	0.032	0.036	0.040
보 통 인 부	인	0.012	0.014	0.015	0.017

[주] 1. 본 품은 방수공사를 위한 바탕면(콘크리트)을 정리하는 기준이다.
   2. 본 품은 들뜸 및 요철 제거, 홈메우기, 불순물 청소, 퍼티 작업을 포함하고 있으며, 들뜸 및 레이턴스 등 과다로 바탕전면에 연마를 수행해야 하는 경우 불량을 적용한다.
   3. 공구손료 및 경장비(엔진송풍기, 연마기 등)의 기계경비는 인력품의 요율로 다음과 같이 계상한다.
     • 보통 : 4(%)
     • 불량 : 6(%)
   4. 바탕처리에 사용되는 재료(퍼티, 방수테이프 등)는 별도 계상한다.

〈표 5.1.3-2〉 방수프라이머 바름 [건축품셈] (m² 당)

구 분	단위	수량
방 수 공	인	0.011
보 통 인 부	인	0.005

[주] 1. 본 품은 프라이머의 롤러 1층(회) 바름을 기준한 것이다.
   2. 본 품은 보조붓칠 작업이 포함된 것이다.
   3. 공구손료는 인력품의 2%로 계상한다.

〈표 5.1.3-3〉 방수층 보호재 붙임 [건축품셈] (m² 당)

구 분	단위	PE필름		발포 PE시트	
		바 닥	수직부	바 닥	수직부
방 수 공	인	0.011	0.013	0.012	0.016
보 통 인 부	인	0.003	0.004	0.004	0.005

[주] 본 품은 방수층 보호재(PE필름, 발포 PE시트) 붙임을 기준한 것이다.

〈표 5.1.3-4〉 방수층 누름철물 설치 [건축품셈] (m 당)

구 분	단위	수량
방 수 공	인	0.011
보 통 인 부	인	0.011

[주] 본 품은 시트 및 보호재 상부의 누름철물 마감 작업을 기준한 것이다.

도막방수는 [건축품셈 6-2(도막방수)]의 1. 도막바름, 2. 보강포 붙임, 3. 마감도료(Top- coat) 바름에 의하여 다음과 같이 적용한다.

〈표 5.1.3-5〉 도막바름 [건축품셈]　　(㎡ 당)

구분	단위	바닥	수직부
방　수　공	인	0.015	0.020
보　통　인　부	인	0.009	0.012

[주] 1. 본 품은 우레탄 고무계, 아크릴 고무계, 고무아스팔트계 등 도막 1층(회)을 형성하는 작업을 기준한 것이다.
　　2. 본 품은 치켜올림 부위, 드레인 주위 등에 방수테이프 및 실란트 덧바름 작업을 포함한다.
　　3. 공구손료는 인력품의 2%로 계상한다.

〈표 5.1.3-6〉 보강포 붙임 [건축품셈]　　(㎡ 당)

구분	단위	바닥	수직부
방　수　공	인	0.010	0.015
보　통　인　부	인	0.004	0.006

[주] 본 품은 방수층 보강에 사용되는 보강포(부직포 등) 1층(회) 붙임을 기준한 것이다.

〈표 5.1.3-7〉 마감도료(Top-coat)바름 [건축품셈]　　(㎡ 당)

구분	단위	바닥	수직부
방　수　공	인	0.012	0.015
보　통　인　부	인	0.005	0.007

[주] 1. 본 품은 노출방수층의 마감도료(Top-Coat) 1층(회) 바름을 기준한 것이다.
　　2. 공구손료는 인력품의 2%로 계상한다.

　　시트방수는 [건축품셈 6-3(시트 방수)]의 1. 가열식시트 붙임, 2. 접착식시트 붙임, 3. 자착식시트 붙임에 의하여 다음과 같이 적용한다.

〈표 5.1.3-8〉 가열식시트 붙임 [건축품셈]　　(㎡ 당)

구분	단위	바닥	수직부
방　수　공	인	0.060	0.080
보　통　인　부	인	0.030	0.040

[주] 1. 본 품은 토치로 가열하여 접착시키는 시트 1겹 붙임 기준이다.
　　2. 방수시트는 두께 2.5~3.0㎜, 폭 1.0m 기준이다.
　　3. 본 품은 치켜올림 부위, 드레인 주위, 시트접합부 등에 방수재 덧바름 및 덧붙임 작업을 포함한다.
　　4. 공구손료 및 경장비(토치 등)의 기계경비는 인력품의 3%로 계상한다.
　　5. 재료량은 다음을 참고하여 적용한다. (㎡당)
　　　• 시트 : 1.2(㎡)
　　　※ 재료량은 할증이 포함된 것이며, 연료는 별도 계상한다.

〈표 5.1.3-9〉 접착식시트 붙임 [건축품셈] (m² 당)

구분	단위	바 닥	수직부
방 수 공	인	0.034	0.046
보 통 인 부	인	0.020	0.025

[주] 1. 본 품은 방수시트를 접착제로 1겹 붙임하는 기준이다.

2. 방수시트는 두께 1.0~2.0㎜, 폭 1.0m 기준이다.

3. 본 품은 치켜올림 부위, 드레인 주위, 시트접합부 등에 방수재 덧바름 및 덧붙임 작업을 포함한다.

4. 공구손료는 인력품의 2%로 계상한다.

5. 재료량은 [건축품셈 6-3-1(가열식시트 붙임)]을 참고하여 적용한다.

〈표 5.1.3-10〉 자착식시트 붙임 [건축품셈] (m² 당)

구분	단위	바 닥	수직부
방 수 공	인	0.026	0.036
보 통 인 부	인	0.016	0.020

[주] 1. 본 품은 접착 성능을 가진 자착형 방수시트를 1겹 붙임하는 기준이다.

2. 방수시트는 두께 1.4~3.0㎜, 폭 1.0m 기준이다.

3. 본 품은 치켜올림 부위, 드레인 주위, 시트접합부 등에 방수재 덧바름 및 덧붙임 작업을 포함한다.

4. 재료량은 [건축품셈 6-3-1(가열식시트 붙임)]을 참고하여 적용한다.

　모르타르 방수는 [건축품셈 6-4(시멘트 모르타르계 방수)]의 1. 시멘트 액체방수 바름, 2. 폴리머 시멘트 모르타르방수 바름, 3. 방수모르타르 바름, 4. 시멘트 혼입 폴리머계 도막방수 바름에 의하여 다음과 같이 적용한다.

〈표 5.1.3-11〉 시멘트 액체방수 바름 [건축품셈] (m² 당)

구분	단위	바 닥	수직부
방 수 공	인	0.075	0.060
보 통 인 부	인	0.040	0.030

[주] 1. 바닥은 "물뿌리기 → 시멘트페이스트 1차 → 방수액 침투 → 시멘트페이스트 2차 → 모르타르" 기준이다.

2. 수직부는 "물뿌리기 → 바탕접착제 → 시멘트페이스트 → 모르타르" 기준이다.

3. 본 품은 모르타르 비빔작업과 치켜올림, 드레인 주위 등에 모르타르 면잡기 작업을 포함한다.

4. 모르타르 배합(시멘트, 모래)은 [건축품셈 9-1-1(모르타르 배합)]을 따른다.

5. 양생 후 아스팔트도막 바름은 [건축품셈 6-2-1(도막바름)]을 따른다.

6. 공구손료 및 경장비(비빔기 등)의 기계경비는 인력품의 3%로 계상한다.

〈표 5.1.3-12〉 폴리머 시멘트 모르타르방수 바름 [건축품셈] (m² 당)

구분	단위	1종	2종
방 수 공	인	0.060	0.040
보 통 인 부	인	0.040	0.020

[주] 1. 1종은 모르타르 3층(회) 바름, 2종은 모르타르 2층(회) 바름 기준이다.

2. 본 품은 모르타르 비빔작업과 치켜올림, 드레인 주위 등에 모르타르 면잡기 작업을 포함한다.

3. 모르타르 배합(시멘트, 모래)은 [건축품셈 9-1-1(모르타르 배합)]을 따른다.

4. 양생 후 아스팔트도막 바름은 [건축품셈 6-2-1(도막바름)]을 따른다.

5. 공구손료 및 경장비(비빔기 등)의 기계경비는 인력품의 3%로 계상한다.

〈표 5.1.3-13〉 방수모르타르 바름 [건축품셈]　　　　(m² 당)

구 분	단위	10mm이하	15mm이하	20mm이하
미 장 공	인	0.047	0.056	0.073
보 통 인 부	인	0.035	0.043	0.048

[주] 1. 본 품은 벽돌, 콘크리트 바탕에 방수모르타르 바름을 기준한 것이다.

　　2. 본 품은 비빔작업이 포함된 것이며, 모르타르 배합(시멘트, 모래)은 [건축품셈 9-1-1(모르타르 배합)]을 따른다.

　　3. 외벽은 높이에 따라 다음 할증률에 의한 품을 가산할 수 있으며 19층 이상은 매 3층 증가마다 4%씩 가산할 수 있다.

　　　• 지하층 및 1~3층 : 0(%)

　　　• 4~6층 : 5(%)

　　　• 7~9층 : 8(%)

　　　• 10~12층 : 12(%)

　　　• 13~15층 : 16(%)

　　　• 16~18층 : 20(%)

　　　※ 층의 구분을 할 수 없는 건축물인 경우 1개층의 층고를 3.6m로 기준하여 층수를 환산한다.

　　4. 공구손료 및 경장비(비빔기 등)의 기계경비는 인력품의 2%로 계상한다.

〈표 5.1.3-14〉 시멘트 혼입 폴리머계 도막방수 바름 [건축품셈]　　　　(m² 당)

구 분	단위	노출 공법	비노출 공법
방 수 공	인	0.100	0.090
보 통 인 부	인	0.070	0.060

[주] 1. 노출공법은 마감도료(Top-Coat)를 포함한 것이다.

　　2. 본 품은 바탕처리, 프라이머바름 및 방수층 보호재 깔기가 제외되어 있다.

　　3. 공구손료는 인력품의 3%로 계상한다.

　　4. 재료는 별도 계상하며, 뿜칠 시공시에는 재료량을 10% 가산한다.

　　기타방수는 [건축품셈 6-5(기타방수)]의 1. 규산질계 도포방수 바름, 2. 액상형 흡수방지방수 도포, 3. 벤토나이트방수 붙임에 의하여 다음과 같이 적용한다.

〈표 5.1.3-15〉 규산질계 도포방수 바름 [건축품셈]　　　　(m² 당)

구 분	단위	바 닥	수직부
방 수 공	인	0.059	0.065
보 통 인 부	인	0.021	0.023

[주] 1. 본 품은 규산질계 도포 방수 2층(회) 바름을 기준한 것이다.

　　2. 본 품은 비빔작업이 포함된 것이며, 모르타르 배합(시멘트, 모래)은 [건축품셈 9-1-1(모르타르 배합)]을 따른다.

　　3. 공구손료 및 경장비(비빔기 등)의 기계경비는 인력품의 3%로 계상한다.

〈표 5.1.3-16〉 액상형 흡수방지방수 도포 [건축품셈] (m² 당)

구분	단위	바름		뿜칠	
		1층(회)	2층(회)	1층(회)	2층(회)
방 수 공	인	0.014	0.021	0.011	0.017
보 통 인 부	인	0.003	0.005	0.003	0.004

[주] 1. 본 품은 구조물 외벽의 발수제 도포를 기준한 것이다.

2. 외벽은 높이에 따라 다음 할증률에 의한 품을 가산할 수 있으며 19층 이상은 매 3층 증가마다 4%씩 가산할 수 있다.

- 1~3층 : 0(%)
- 4~6층 : 5(%)
- 7~9층 : 8(%)
- 10~12층 : 12(%)
- 13~15층 : 16(%)
- 16~18층 : 20(%)

※ 층의 구분을 할 수 없는 건축물은 1개층의 층고를 3.6m로 기준하여 층수를 환산한다.

3. 크레인(고소작업차)을 사용하는 경우 기계경비는 별도 계상한다.

4. 뿜칠 시 공구손료 및 경장비(엔진식 도장기 등)의 기계경비는 인력품의 4%로 계상한다.

5. 재료는 별도 계상하며, 뿜칠시공시에는 재료량을 10% 가산한다.

〈표 5.1.3-17〉 벤토나이트방수 붙임 [건축품셈] (m² 당)

구분	단위	벤토나이트 매트		벤토나이트 시트	
		바 닥	수직부	바 닥	수직부
방 수 공	인	0.038	0.043	0.027	0.032
보 통 인 부	인	0.013	0.014	0.009	0.011

[주] 1. 본 품은 지하구조물 외부에 벤토나이트 방수재 붙임을 기준한 것이다.

2. 본 품은 벤토나이트 씰 보강, 방수재 절단 및 설치, 조인트 테이프 붙임 작업이 포함된 것이다.

3. 공구손료 및 경장비(에어콤프, 화약총 등)의 기계경비는 인력품의 3%로 계상한다.

4. 재료량은 다음을 참고하여 적용한다. (m²당)

	단위	매트 바닥	매트 수직부	시트 바닥	시트 수직부
벤토나이트방수재 (매트 1219×4570×6.4mm)	(m²)	1.18	1.20	-	-
벤토나이트방수재 (시트 1220×6700×4.5mm)	(m²)	-	-	1.15	1.20
벤토나이트씰재	(L)	0.45	0.50	0.15	0.42
벤토나이트알갱이	(kg)	3.38	1.46	0.80	0.80
PE필름 (0.04mm)	(m²)	1.20	1.20	0.60	0.80
카트리지 (화약)	(개)	10	10	10.5	10.5
콘크리트못 (32mm)	(개)	10	10	10.5	10.5
와셔	(개)	10	10	10.5	10.5
조인트테이프	(m)	-	-	1.10	1.10

※ 재료량은 할증이 포함된 것이다.

방수공 부대공사는 [건축품셈 6-6(부대공사)]의 1. 수밀코킹, 2. 줄눈 절단, 3. 줄눈 설치에 의하여 다음과 같이 적용한다.

〈표 5.1.3-18〉 방수 부대공사 _ 수밀코킹 [건축품셈]　　(m 당)

구 분	단위	수량
코 킹 공	인	0.025

[주] 1. 본 품은 전용건을 사용한 실링마감 작업을 기준한 것이다.
　　2. 본 품은 마스킹테이프 설치 및 제거, 실링재 충전 작업이 포함된 것이다.
　　3. 재료량은 다음을 참고하여 적용한다. (m당)
　　　　• 실링재 : 1.20(m)
　　　※ 재료량은 할증이 포함되어 있다.

〈표 5.1.3-19〉 방수 부대공사 _ 줄눈 절단 [건축품셈]　　(m 당)

구 분	규 격	단위	수량
방 수 공		인	0.005
보 통 인 부		인	0.001
커 터	320~400mm	hr	0.017

[주] 1. 본 품은 옥상 보호콘크리트의 절단을 기준한 것이다.
　　2. 본 품은 먹매김, 콘크리트 절단 작업이 포함된 것이다.
　　3. 공구손료 및 경장비(청소기 등) 기계경비는 인력품의 2%로 계상한다.

〈표 5.1.3-20〉 방수 부대공사 _ 줄눈 설치 [건축품셈]　　(m 당)

구 분	단위	수량
방 수 공	인	0.005
보 통 인 부	인	0.001

[주] 1. 본 품은 옥상 보호콘크리트의 줄눈 설치를 기준한 것이다.
　　2. 본 품은 프라이머 바름, 백업재 주입, 실링마감 작업을 포함한다.

5.1.4 조적공사

1. 개요

조적공사는 벽돌이나 블럭 등을 쌓는 일이다.

과거에는 영국식, 네덜란드식, 프랑식 쌓기법으로 구분하고 두껍게 쌓기도 하였으나 현재는 간단한 벽재 또는 치장쌓기로서 0.5~1.5B 쌓기가 주로 적용되고 있다.

2. 적용기준

[건축품셈 제2장(조적공사)]는 1. 벽돌, 2. 블록, 3. ALC로 대별하고 있다.

3. 적용품셈

[건축품셈 2-1(벽돌)]의 1. 벽돌 쌓기, 2. 치장쌓기 및 줄눈설치, 5. 인방보 설치에 의하여 다음과 같이 적용한다. 조경공사에서 적용이 적은 3. 아치쌓기, 4. 아치쌓기 치장줄눈 설치는 표준품셈을 참고 적용한다.

벽돌운반은 [공통공사 1-2-7의 4(벽돌운반)]인 〈표 1.3-6〉에 의하여 필요한 경우에 별도 적용한다.

〈표 5.1.4-1〉 벽돌 쌓기 [건축품셈] (일 당)

구 분		단위	수량	시공량(m²)		
				0.5B	1.0B	1.5B
시공높이 3.6m이하	조 적 공	인	3	25	15	11
	보 통 인부	인	1			
시공높이 3.6m초과~7.2m이하	조 적 공	인	3	23	13	10
	보 통 인부	인	2			
비 고	- 공간쌓기를 하는 경우 시공량의 9%를 감한다. - 비계사용시 높이 7.2m 초과하는 경우 3.6m마다 시공량(시공높이 3.6m초과 ~7.2m이하)의 3%를 감한다. - 지게차를 사용하는 경우 보통인부 1인을 제외하고, 지게차 2.5hr을 반영한다.					

[주] 1. 본 품은 시멘트 벽돌(19×9×5.7cm) 쌓기 기준이다.

   2. 본 품은 먹매김, 규준틀설치, 정착철물 설치(긴결철선, 앵커철물 등), 모르타르 비빔, 벽돌 절단 및 쌓기, 줄눈누르기 및 마무리 작업을 포함한다.

   3. 본 품은 배합이 완료된 상태의 건조시멘트모르타르 기준이며, 모르타르 배합(시멘트, 모래)이 필요할 경우 [건축품셈 9-1-1(모르타르 배합)]을 따른다.

   4. 공구손료 및 경장비(비빔기 등)의 기계경비는 인력품의 2%로 계상한다.

[참고자료] 벽돌쌓기 재료량 (m² 당)

- 벽돌(19×9×5.7cm) : 0.5B = 75(매), 1.0B = 149(매), 1.5B = 224(매)
- 모르타르 : 0.5B = 0.019(m³), 1.0B = 0.049(m³), 1.5B = 0.078(m³)

※ 모르타르의 재료량은 할증이 포함된 것이며, 배합비는 1 : 3이다.

〈표 5.1.4-2〉 치장쌓기 및 줄눈설치 [건축품셈] (일 당)

구 분		단위	수량	시공량(m²)		
				0.5B	1.0B	1.5B
시공높이 3.6m이하	조 적 공	인	3	20	13	9
	줄 눈 공	인	2			
	보 통 인부	인	1			
시공높이 3.6m초과~7.2m이하	조 적 공	인	3	18	11	8
	줄 눈 공	인	2			
	보 통 인부	인	2			
비 고	- 비계사용시 높이 7.2m 초과하는 경우 3.6m마다 시공량(시공높이 3.6m초과 ~7.2m이하)의 3%를 감한다. - 지게차를 사용하는 경우 보통인부 1인을 제외하고, 지게차 2.5hr을 반영한다.					

[주] 1. 본 품은 치장벽돌(19×9×5.7cm)의 공간쌓기(한면치장) 기준이다.

2. 본 품은 먹매김, 규준틀설치, 정착철물 설치(고정철물, 줄눈보강근, 앵커철물, L형강앵글 등), 모르타르 비빔, 벽돌 절단 및 쌓기, 줄눈 파기, 치장줄눈 작업을 포함한다.

3. 본 품은 배합이 완료된 상태의 건조시멘트모르타르 기준이며, 모르타르 배합(시멘트, 모래)이 필요할 경우 [건축품셈 9-1-1(모르타르 배합)]을 따른다.

4. 공구손료 및 경장비(비빔기 등)의 기계경비는 인력품의 2%로 계상한다.

[참고자료] 치장쌓기 및 줄눈 재료량 (m² 당)
- 벽돌(19×9×5.7cm) : 0.5B = 75(매), 1.0B = 149(매), 1.5B = 224(매)
- 모르타르(쌓 기) : 0.5B = 0.019(m³), 1.0B = 0.049(m³), 1.5B = 0.078(m³)
- 모르타르(치장줄눈) : 0.5B = 0.003(m³), 1.0B = 0.003(m³), 1.5B = 0.003(m³)
※ 모르타르의 재료량은 할증이 포함된 것이며, 배합비는 쌓기 1 : 3 / 치장줄눈 1 : 1 이다.

〈표 5.1.4-3〉 인방보 설치 [건축품셈]　(m 당)

구 분	단위	수량(벽두께)			
		벽돌	치장벽돌	블록	ALC블록
조 적 공	인	0.06	0.08	0.08	0.06

[주] 1. 본 품은 개구부 상부에 인방보를 설치하는 기준이다.
　　2. 각 유형별 작업범위는 다음과 같다.
- 벽 돌 : 인방보(기성콘크리트보) 설치, 철근 및 블록메시 보강, 동바리 설치·해체 작업을 포함한다.
- 치장벽돌 : 정착철물(앵커철물, L형강앵글 등) 설치, 인방보(치장벽돌) 설치 작업을 포함한다.
- 블 록 : 인방보(U형블록) 설치, 철근 보강, 사춤, 동바리 및 가틀 설치·해체 작업을 포함한다.
- ALC블록 : 인방보(ALC인방보) 설치, 철근 보강, 동바리 설치·해체 작업을 포함한다.
　　3. 인방보를 현장타설 콘크리트로 설치하는 경우 별도 계상한다.

블록은 [건축품셈 2-2(블록)]의 1. 블록쌓기, 2. 블록 보강쌓기, ALC 블록 패널은 [건축품셈 2-3(ALC)]의 1. ALC블록 쌓기, 2. ALC패널 설치에 의하여 다음과 같이 적용한다.

〈표 5.1.4-4〉 블록쌓기 [건축품셈]　(일 당)

구 분		단위	수량	블록규격 (mm)	시공량(m²)	
					한면마감	양면마감
시공높이 3.6m이하	조 적 공	인	3	390×190×190	20	19
	보 통 인 부	인	1	390×190×150	24	23
				390×190×100	28	27
시공높이 3.6m초과~7.2m이하	조 적 공	인	3	390×190×190	19	18
	보 통 인 부	인	2	390×190×150	23	22
				390×190×100	27	25
비 고	- 비계사용시 높이 7.2m 초과하는 경우 3.6m마다 시공량(시공높이 3.6m초과 ~7.2m이하)의 3%를 감한다. - 지게차를 사용하는 경우 보통인부 1인을 제외하고, 지게차 2.5hr을 반영한다.					

[주] 1. 본 품은 콘크리트 블록을 막힌줄눈으로 쌓는 기준이다.
　　2. 본 품은 먹매김, 규준틀설치, 와이어 매쉬 삽입, 모르타르 비빔, 블록 절단 및 쌓기, 줄눈누르기 및 마무리 작업을 포함한다.
　　3. 본 품은 배합이 완료된 상태의 건조시멘트모르타르 기준이며, 모르타르 배합(시멘트, 모래)이 필요할 경우 [건축품셈 9-1-1(모르타르 배합)]을 따른다.
　　4. 인방보 설치가 필요한 경우 [건축품셈 2-1-5(인방보 설치)]은 따른다.
　　5. 공구손료 및 경장비(비빔기 등)의 기계경비는 인력품의 2%로 계상한다.

[참고자료] 블록쌓기 재료량 (m² 당)
- 모르타르 : 390×190×190mm = 0.010(m³), 390×190×150mm = 0.009(m³), 390×190×100mm = 0.006(m³)

※ 재료량은 할증이 포함된 것이며, 배합비는 1 : 3이다.

〈표 5.1.4-5〉 블록 보강쌓기 [건축품셈]   (일 당)

구 분		단위	수량	블록규격 (mm)	시공량(m²)	
					한면마감	양면마감
시공높이 3.6m이하	조 적 공	인	3	390×190×190	18	17
	보통 인부	인	1	390×190×150	22	21
				390×190×100	26	25
시공높이 3.6m초과~7.2m이하	조 적 공	인	3	390×190×190	17	16
	보통 인부	인	2	390×190×150	20	19
				390×190×100	24	23
비 고	- 블록 매장마다(간격 400mm) 사춤을 하는 경우 시공량의 5%를 감한다. - 비계사용시 높이 7.2m 초과하는 경우 3.6m마다 시공량(시공높이 3.6m초과 ~7.2m이하)의 3%를 감한다. - 지게차를 사용하는 경우 보통인부 1인을 제외하고, 지게차 2.5hr을 반영한다.					

[주] 1. 본 품은 콘크리트 블록 2장마다(간격 800mm) 사춤하는 통줄눈 쌓기 기준이다.

2. 본 품은 먹매김, 규준틀설치, 모르타르 비빔, 철망 및 고정철물 설치, 철근 절단 및 설치, 블록 절단 및 쌓기, 모르타르 사춤, 줄눈누르기 및 마무리 작업을 포함한다.

3. 본 품은 배합이 완료된 상태의 건조시멘트모르타르 기준이며, 모르타르 배합(시멘트, 모래)이 필요할 경우 [건축품셈 9-1-1(모르타르 배합)]을 따른다.

4. 인방보 설치가 필요한 경우 [건축품셈 2-1-5(인방보 설치)]을 따른다.

5. 공구손료 및 경장비(비빔기 등)의 기계경비는 인력품의 3%로 계상한다.

[참고자료] 블록 보강쌓기 재료량 (m² 당)
- 모르타르 : 390×190×190mm = 0.027(m³), 390×190×150mm = 0.019(m³), 390×190×100mm = 0.012(m³)

※ 재료량은 할증이 포함된 것이며, 배합비는 1 : 3이다.

〈표 5.1.4-6〉 ALC블록 쌓기 [건축품셈]   (일 당)

구 분		단위	수량	블록규격(mm)	시공량(m²)
시공높이 3.6m이하	조 적 공	인	3	600×400×100	23
	보통 인부	인	1	600×400×125	20
				600×300×150	18
				600×300×200	17
시공높이 3.6m초과~7.2m이하	조 적 공	인	3	600×400×100	22
	보통 인부	인	2	600×400×125	19
				600×300×150	17
				600×300×200	16
비 고	- 비계사용시 높이 7.2m 초과하는 경우 3.6m마다 시공량(시공높이 3.6m초과 ~7.2m이하)의 3%를 감한다. - 지게차를 사용하는 경우 보통인부 1인을 제외하고, 지게차 2.5hr을 반영한다.				

[주] 1. 본 품은 경량기포 콘크리트 블록(ALC블록)의 쌓기 기준이다.

2. 본 품은 먹매김, 규준틀설치, 모르타르 비빔, 고정철물 설치, 블록 절단 및 설치, 줄눈누르기 및 마무리 작업을 포함한다.

3. 본 품은 배합이 완료된 상태의 건조시멘트모르타르 기준이며, 모르타르 배합(시멘트, 모래)이 필요할 경우 [건축품셈 9-1-1(모르타르

배합)]을 따른다.

4. 인방보 설치가 필요한 경우 [건축품셈 2-1-5(인방보 설치)]을 따른다.

5. 공구손료 및 경장비(비빔기 등)의 기계경비는 인력품의 3%로 계산한다.

[참고자료] 경량기포 콘크리트(ALC) 재료량 (m² 당)

- 모르타르 : 600×400×100mm = 6.0(kg), 600×400×125mm = 7.0(kg), 600×300×150mm = 9.5(kg), 600×300×200mm = 12.0(kg)

※ 재료량은 할증이 포함된 것이다.

〈표 5.1.4-7〉 ALC패널 설치 [건축품셈]　(일 당)

구 분	단위	수량	패널두께(mm)	시공량(m²)
조 적 공	인	3	75	22
보 통 인 부	인	1	100	19
			125	16
			150	14
			175	13
			200	11

[주] 1. 본 품은 경량콘크리트 패널의 내벽설치 기준이다.

2. 본 품은 먹매김, 패널 절단 및 설치, 충전재 주입 및 마무리 작업을 포함한다.

3. 부속철물 설치는 별도 계상한다.

4. 공구손료 및 경장비(절단기 등)의 기계경비는 인력품의 3%를 계상한다.

5.1.5 돌공사

1. 개요

돌공사는 석재를 이용하여 사면안정 또는 마감면을 치장하는 공종이다. 여기에서는 석재의 가공, 쌓기 및 깔기, 붙임 등에 적용한다.

2. 적용기준

[공통품셈 제7장(돌공사)]는 1. 돌쌓기, 2. 돌붙임, 3. 전석 쌓기 및 깔기, 4. 석재판 붙임으로 대별하고 있다. [LH공사]의 기준을 준용하여 [국가유산수리 표준품셈]의 준용시 한식석공은 석공으로, 한식석공조공은 특별인부로 변경 준용한다.

3. 적용품셈

돌쌓기, 돌붙임은 [공통품셈 7-1(돌쌓기)]의 1. 메쌓기, 2. 찰쌓기와 [공통품셈 7-2(돌붙임)]의 1. 메붙임, 2. 찰붙임에 의하여 다음과 같이 적용한다.

〈표 5.1.5-1〉 메쌓기 [공통품셈]　　　　　　(m² 당)

구 분	규격	단위	수량(뒷길이)		
			35cm이하	55cm이하	75cm이하
석　　공		인	0.10	0.09	0.08
보 통 인 부		인	0.05	0.04	0.03
굴 착 기 + 부 착 용 집 게	0.6m³	hr	0.39	0.37	0.35

[주] 1. 본 품은 잡석을 채움재로 사용하는 깬돌 및 깬잡석의 골쌓기 기준이다.
　　 2. 경사도가 1 : 1 보다 급한 경우이며, 높이 3m이하 기준이다.
　　 3. 규준틀 설치, 돌쌓기, 잡석 채움, 배수파이프 설치 작업을 포함한다.
　　 4. 뒤채움 및 다짐은 [공통품셈 3-4-4 / 3-4-5(뒤채움 및 다짐)]을 따른다.
　　 5. 굴착기 규격은 작업여건(작업범위, 위치 등)에 따라 변경할 수 있다.
　　 6. 재료량은 설계수량을 적용한다.

〈표 5.1.5-2〉 찰쌓기 [공통품셈]　　　　　　(m² 당)

구 분	규격	단위	수량(뒷길이)		
			35cm이하	55cm이하	75cm이하
석　　공		인	0.09	0.08	0.07
보 통 인 부		인	0.05	0.04	0.03
굴 착 기 + 부 착 용 집 게	0.6m³	hr	0.31	0.30	0.28

[주] 1. 본 품은 콘크리트를 채움재로 사용하는 깬돌 및 깬잡석의 골쌓기 기준이다.
　　 2. 경사도가 1 : 1 보다 급한 경우이며, 높이 3m이하 기준이다.
　　 3. 규준틀 설치, 돌쌓기, 콘크리트 채움, 배수파이프 설치, 줄눈메꿈 작업을 포함한다.
　　 4. 뒤채움 및 다짐은 [공통품셈 3-4-4 / 3-4-5(뒤채움 및 다짐)]을 따른다.
　　 5. 굴착기 규격은 작업여건(작업범위, 위치 등)에 따라 변경할 수 있다.
　　 6. 재료량은 설계수량을 적용한다.

〈표 5.1.5-3〉 메붙임 [공통품셈]　　　　　　(m² 당)

구 분	규격	단위	수량(뒷길이)		
			35cm이하	55cm이하	75cm이하
석　　공		인	0.13	0.12	0.11
보 통 인 부		인	0.04	0.03	0.02
굴 착 기 + 부 착 용 집 게	0.6m³	hr	0.25	0.24	0.22

[주] 1. 본 품은 잡석을 채움재로 사용하는 깬돌 및 깬잡석의 돌붙임 기준이다.
　　 2. 경사도가 1 : 1 보다 완만한 경우이며, 높이 5m이하 기준이다.
　　 3. 규준틀 설치, 돌붙임, 잡석 채움, 배수파이프 설치 작업을 포함한다.
　　 4. 뒤채움 및 다짐은 [공통품셈 3-4-4 / 3-4-5(뒤채움 및 다짐)]을 따른다.
　　 5. 굴착기 규격은 작업여건(작업범위, 위치 등)에 따라 변경할 수 있다.
　　 6. 재료량은 설계수량을 적용한다.

〈표 5.1.5-4〉 찰붙임 [공통품셈]　(m² 당)

구 분	규격	단위	수량(뒷길이)		
			35cm이하	55cm이하	75cm이하
석　　　공		인	0.11	0.10	0.09
보 통 인 부		인	0.04	0.03	0.02
굴 착 기 + 부 착 용 집 게	0.6m³	hr	0.22	0.21	0.20

[주] 1. 본 품은 콘크리트를 채움재로 사용하는 깬돌 및 깬잡석의 돌붙임 기준이다.

2. 경사도가 1 : 1 보다 완만한 경우이며, 높이 5m이하 기준이다.

3. 규준틀 설치, 돌쌓기, 콘크리트 채움, 배수파이프 설치, 줄눈메꿈 작업을 포함한다.

4. 뒤채움 및 다짐은 [공통품셈 3-4-4 / 3-4-5(뒤채움 및 다짐)]을 따른다.

5. 굴착기 규격은 작업여건(작업범위, 위치 등)에 따라 변경할 수 있다.

6. 재료량은 설계수량을 적용한다.

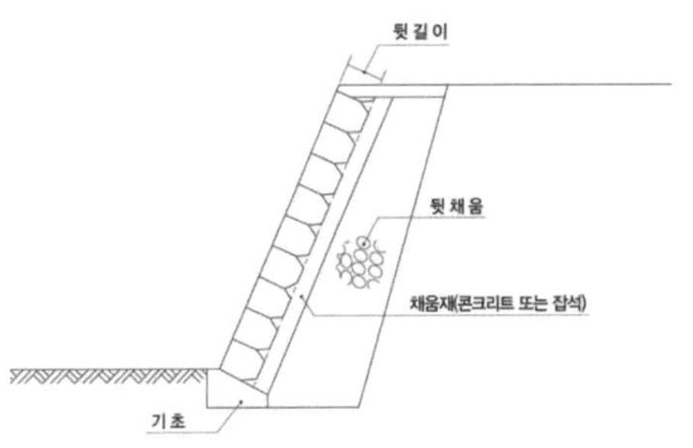

[참고자료] 돌쌓기 표준도

[참고자료] 돌쌓기 규격별 소요량

구 분		단위	수 량(뒷길이)						
			25cm	30cm	35cm	45cm	55cm	60cm	75cm
돌의 전면규격		cm	17×17	20×20	25×25	30×30	35×35	40×40	50×50
m² 당 개 수		개	33	24	17	12	9	6	4
고 임 돌 (돌쌓기)	깬 잡 석	m³	0.09	0.11	0.13	0.16	0.19	0.21	0.26
	깬　　돌	m³	-	0.10	0.12	0.15	0.18	0.20	0.25
틈메우기돌(돌붙임)		m³	• 고임돌(돌쌓기)의 15%까지 계상할 수 있다.						
채 움 콘 크 리 트		m³	0.11	0.14	0.16	0.20	0.25	0.27	0.34
줄눈메꿈 모르타르		m³	0.009	0.009	0.009	0.009	0.009	0.009	0.009

[주] 돌의 중량은 돌의 형상, 종류, 부피 등을 고려하고 [공통품셈 1-3-3(재료의 단위중량)]을 참고하여 계상한다.

　전석은 [공통품셈 7-3(전석쌓기 및 깔기)]의 1. 전석쌓기, 2. 전석깔기에 의하여 다음과 같이 적용한다.

〈표 5.1.5-5〉 전석쌓기 [공통품셈]　(m² 당)

구 분	규격	단위	수량
석　　　공		인	0.13
보 통 인 부		인	0.02
굴 착 기	0.6m³	hr	0.43

[주] 1. 본 품은 굴착기를 이용하여 전석(0.3m³~0.5m³급)을 쌓는 품이다.

2. 본 품은 전석쌓기, 고임돌 및 채움 콘크리트 시공이 포함된 것이다.

3. 기초 콘크리트, 고임돌 소요량은 별도 계상한다.

4. 기초 콘크리트 타설품은 별도 계상한다.

5. 장비의 규격은 작업여건(작업범위, 위치 등)에 따라 변경할 수 있다.

6. 재료량은 다음을 참고하여 적용한다. (m²당)
   - 채움콘크리트 : 0.20(m³)

〈표 5.1.5-6〉 전석깔기 [공통품셈]　　　　　　　　　　　　　　　(m² 당)

구 분	규격	단위	수량
석　　　공		인	0.06
보 통 인 부		인	0.02
굴　착　기	0.6m³	hr	0.17

[주] 1. 본 품은 굴착기를 이용하여 전석(0.3m³~0.5m³급)을 바닥에 까는 품이다.

2. 본 품은 전석깔기, 고임돌 시공이 포함된 것이다.

3. 콘크리트, 고임돌 소요량은 별도 계상한다.

4. 콘크리트 타설품은 별도 계상한다.

5. 장비의 규격은 작업여건(작업범위, 위치 등)에 따라 변경할 수 있다.

마름돌이란 원석을 일정한 규격으로 마름질(치수에 맞도록 재거나 자르는 일)한 돌을 의미한다. 조경시설에는 장대석 등이 해당되며 정다듬, 도드락다듬, 잔다듬으로 표면을 마감하여 사용한다.

마름돌 쌓기는 [국가유산수리 표준품셈 12-27(마름돌쌓기-기계장비)], 마름돌 깔기는 [국가유산수리 표준품셈 12-30(마름돌(박석)깔기)]의 T150mm를 두께별로 규정한 [LH공사] 기준을 다음과 같이 준용한다.

거친돌이란 다듬지 않은 돌로, 혹두기 이하의 마감면인 석재를 지칭한다.

거친돌 쌓기는 [국가유산수리 표준품셈 12-25(거친돌쌓기-기계장비)], 거친돌 깔기는 [국가유산수리 표준품셈 12-29(거친돌(박석)깔기)]의 T150mm를 두께별로 규정한 [LH공사] 기준을 다음과 같이 준용한다.

거친돌담쌓기는 [국가유산수리 표준품셈 16-5(거친돌담쌓기)]를 준용하는 [LH공사] 기준을 다음과 같이 준용한다. 거친돌담 모양(산석쌓기)는 거친돌담쌓기를 준용하되 거친돌담 자재는 0.66(m³/한면m²당, 250×300×T250)이므로 산석쌓기의 자재(다각형돌) 두께가 T50~150mm임을 감안하여 품을 50% 감하여 반영한다. 이 기준은 골쌓기 형태로서, 켜쌓기는 골쌓기 품의 90%를 적용하며, 얇은돌 켜쌓기는 작업효율을 감안하여 켜쌓기(일반) 품의 150%를 적용하는 [LH공사] 기준을 다음과 같이 준용한다.

〈표 5.1.5-7〉 마름돌쌓기(기계장비) [LH공사]　　　　　　　　　　　　　(m³ 당)

구 분	석공(인)	특별인부(인)	보통인부(인)	굴착기 (타이어 0.6m³)
T150초과, 0.035m³ 이하	0.85	0.34	0.17	3.35
T150초과, 0.035~0.3m³	0.82	0.33	0.17	3.02
T150 초과,　0.3m³ 초과	0.47	0.19	0.10	1.15

[주] 기구손료는 인건비의 5%로 계상한다.

〈표 5.1.5-8〉 마름돌깔기 [LH공사] (m³ 당)

구 분	석공(인)	특별인부(인)	보통인부(인)	비 고
T 150mm	0.6300	0.2500	0.1300	
T 100mm	0.4725	0.1875	0.0975	75%
T 50mm	0.3150	0.1250	0.0650	50%

[주] 기구손료는 인건비의 5%로 계상한다.

〈표 5.1.5-9〉 거친돌쌓기(기계장비) [LH공사] (m² 당)

구 분	석공	특별인부	보통인부	굴착기 (타이어 0.6m³)
T150초과, 0.035m³ 이하	0.54	0.22	0.11	2.33
T150초과, 0.035~0.3m³	0.49	0.20	0.10	2.16
T150 초과, 0.3m³ 초과	0.31	0.13	0.07	1.42

[주] 기구손료는 인건비의 5%로 계상한다.

〈표 5.1.5-10〉 거친돌깔기 [LH공사] (m² 당)

구 분	석공	특별인부	보통인부	비 고
T 150mm	1.3500	0.5400	0.2700	
T 100mm	1.0125	0.4050	0.2025	75%
T 50mm	0.6750	0.2700	0.1350	50%

[주] 기구손료는 인건비의 5%로 계상한다.

〈표 5.1.5-11〉 거친돌담쌓기 [LH공사] (한면 m² 당)

구 분	석공	특별인부	보통인부	비 고
T 150mm	0.34	0.36	0.28	

[주] 공구손료는 인건비의 5%로 계상한다.

〈표 5.1.5-12〉 거친돌담 모양쌓기 (산석쌓기) [LH공사] (한면 m² 당)

구 분	석공	특별인부	보통인부	비 고
모양쌓기(골쌓기)	0.17	0.18	0.14	
모양쌓기(켜쌓기)	0.153	0.162	0.126	골쌓기의 90%
모양쌓기(얇은돌켜쌓기)	0.2295	0.243	0.189	켜쌓기의 150%

[주] 공구손료는 인건비의 5%로 계상한다.

석재판 설치는 [공통품셈 7-4(석재판 붙임)]의 1. 습식공법, 2. 앵커지지 공법, 3. 강재트러스 지지

공법에 의하여 다음과 같이 적용한다.

석재는 일반적으로 기성품 또는 주문제작품의 사용으로 과거 품셈에 기술되었던 석재가공은 삭제되었다. 특별히 필요시 [LH공사]의 석재가공, 디딤돌가공, 글자새김 등을 참고 준용한다.

〈표 5.1.5-13〉 습식공법 [공통품셈] (m² 당)

구 분	단위	수 량			
		테라조판		화강석	
		바 닥	계단부	바 닥	계단부
석 공	인	0.26	0.29	0.31	0.35
보 통 인 부	인	0.12	0.13	0.14	0.16

[주] 1. 본 품은 모르타르를 사용한 바닥 및 계단부(계단챌판, 계단디딤판, 계단참)에 석재판을 붙이는 기준이다.

  2. 모르타르 비빔, 모르타르 포설 및 고르기, 석재판 절단 및 붙임, 줄눈채움, 보양 작업을 포함한다.

  3. 공구손료 및 경장비(절단기 등)의 기계경비는 인력품의 1%로 계상한다.

〈표 5.1.5-14〉 앵커지지 공법 [공통품셈] (m² 당)

구 분	단위	수량(석재판 규격)	
		0.3m²이하	0.3m²초과~0.8m²이하
석 공	인	0.39	0.35
보 통 인 부	인	0.15	0.17

[주] 1. 본 품은 구조물 벽체에 앵커로 고정하여 석재판을 설치하는 기준이다.

  2. 앵커 구멍뚫기, 지지철물 설치, 석재판 절단 및 설치, 줄눈코킹 작업을 포함한다.

  3. 석재설치 후 보양을 하는 경우 [공통품셈 2-11-1(건축물 보양)]에 따른다.

  4. 공구손료 및 경장비(절단기, 윈치 등)의 기계경비는 인력품의 3%로 계상한다.

〈표 5.1.5-15〉 강재트러스 지지공법 [공통품셈] (m² 당)

구 분	단위	수량(석재판 규격)			
		0.3m²이하		0.3m²초과~0.8m²이하	
		강재트러스설치	석재판 붙임	강재트러스설치	석재판 붙임
석 공	인	-	0.25	-	0.23
보 통 인 부	인	-	0.16	-	0.15
용 접 공	인	0.20	-	0.18	-
철 공	인	0.07	-	0.06	-

[주] 1. 본 품은 구조물 벽체에 강재트러스를 설치한 후 석재판을 설치하는 기준이다.

  2. 앵커 및 지지철물 설치, 강재트러스 절단 및 용접, 석재판 절단 및 설치, 줄눈(코킹) 작업을 포함한다.

  3. 석재설치 후 보양을 하는 경우 [공통품셈 2-11-1(건축물 보양)]에 따른다.

  4. 공구손료 및 경장비(절단기, 용접기 등)의 기계경비는 인력품의 3%로 계상한다.

5.1.6 타일공사

1. 개요

타일은 점토를 구워서 만든 얇고 표면이 매끈한 도자기 판으로서 바닥, 벽 등에 붙여 마감하는 치장재이다. 건축공사에 주로 사용되는 마감재로 조경공사에는 벽체 마감재로 주로 사용되며, 바닥 포장재로도 일부 사용되고 있다.

2. 적용기준

[건축품셈 제3장(타일공사)]는 1. 공통공사, 2. 타일 붙임으로 대별하고 있다.

3. 적용품셈

타일 기반공사는 [건축품셈 3-1(공통공사)]의 1. 바탕 고르기, 2. 타일줄눈 설치에 의하여 다음과 같이 적용한다.

〈표 5.1.6-1〉 바탕 고르기 [건축품셈]　　(일 당)

구 분	단위	수량	시공량(m²)	
			벽	바 닥
미 장 공 보 통 인 부	인 인	2 1	45	62

[주] 1. 본 품은 타일공사 전 두께 24mm이하(2회 바름)로 모르타르를 바르는 기준이다.
　　2. 본 품은 모르타르 비빔 및 바름, 쇠흙손 마감, 물매 맞추기를 포함한다.
　　3. 본 품은 배합이 완료된 상태의 건조시멘트모르타르 기준이며, 모르타르 배합(시멘트, 모래)이 필요할 경우 [건축품셈 9-1-1(모르타르 배합)]을 따른다.
　　4. 공구손료 및 경장비(비빔기 등)의 기계경비는 인력품의 2%로 계상한다.

〈표 5.1.6-2〉 타일줄눈 설치 [건축품셈]　　(m² 당)

구 분		단위	수 량		
			0.04~0.10m²	0.11~0.20m²	0.21~0.40m²
바 닥 면	줄 눈 공	인	0.016	0.013	0.011
벽　　면	줄 눈 공	인	0.020	0.017	0.015

[주] 1. 본 품은 배합이 완료된 상태의 줄눈재로 타일의 줄눈을 설치(도포)하는 기준이다.
　　2. 본 품은 줄눈재 비빔, 줄눈설치 및 마무리 작업을 포함한다.
　　3. 재료량은 다음을 참고한다. (m² 당)
　　　• 떠 붙이기 : 줄눈 모르타르 0.005(m³)
　　　• 압착붙이기 : 줄눈 모르타르 0.001(m³)
　　　※ 배합비 1 : 1 기준하며, 재료할증은 포함되어 있다.

타일붙이기는 [건축품셈 3-2(타일 붙임)]의 1. 떠붙이기, 2. 압착 붙이기, 3. 접착 붙이기, 4. 접착 붙이기(에폭시 접착제)에 의하여 다음과 같이 적용한다.

〈표 5.1.6-3〉 타일붙임 _ 떠붙이기 [건축품셈]　　　　　　　　　　　　　　　　　　　　(일 당)

구 분	단위	수량	타일규격(m²)	시공량(m²)
타 일 공 보 통 인 부	인 인	2 1	0.04~0.10이하 0.11~0.20이하 0.21~0.40이하	13 15 16
비 고	- 특수타일(유도타일, 축광타일, 문양을 내기위해 비규칙적으로 절단하여 시공되는 이형타일 등) 붙임은 시공량의 26~33%를 감한다.			

[주] 1. 본 품은 모르타르를 사용한 타일의 떠붙이기(벽면) 기준이다.

　2. 본 품에는 모르타르 비빔, 먹매김, 규준틀설치, 타일붙임, 줄눈파기 및 마무리 작업을 포함한다.

　3. 특정 모양으로 형상화된 타일(부조타일, 벽화타일)을 붙이는 경우 별도 계상한다.

　4. 본 품은 배합이 완료된 상태의 건조시멘트모르타르 기준이며, 모르타르 배합(시멘트, 모래)이 필요할 경우 [건축품셈 9-1-1(모르타르 배합)]을 따른다.

　5. 공구손료 및 경장비(비빔기 등)의 기계경비는 인력품의 3%로 계상한다.

　6. 붙임 모르타르 재료량은 다음을 참고한다. (m² 당)

　　• 바름두께 12mm : 0.014(m³)

　　• 바름두께 15mm : 0.017(m³)

　　• 바름두께 18mm : 0.020(m³)

　　• 바름두께 24mm : 0.026(m³)

　　※ 배합비 1 : 3 기준하며, 재료할증은 포함되어 있다.

〈표 5.1.6-4〉 타일붙임 _ 압착 붙이기 [건축품셈]　　　　　　　　　　　　　　　　　　　　(일 당)

구 분	단위	수량	타일규격(m²)	시공량(m²)	
				바닥면	벽면
타 일 공 보 통 인 부	인 인	2 1	0.04~0.10이하 0.11~0.20이하 0.21~0.40이하	18 21 22	15 16 18
비 고	- 모자이크(유니트형) 타일 붙임은 시공량의 20%를 감한다. - 특수타일(유도타일, 축광타일, 문양을 내기위해 비규칙적으로 절단하여 시공되는 이형타일 등) 붙임은 시공량의 26~33%를 감한다.				

[주] 1. 본 품은 모르타르를 사용한 타일의 압착 붙이기 기준이다.

　2. 본 품에는 모르타르 비빔, 먹매김, 규준틀설치, 타일붙임, 줄눈파기 및 마무리 작업을 포함한다.

　3. 특정 모양으로 형상화된 타일(부조타일, 벽화타일)을 붙이는 경우 별도 계상한다.

　4. 본 품은 배합이 완료된 상태의 건조시멘트모르타르 기준이며, 모르타르 배합(시멘트, 모래)이 필요할 경우 [건축품셈 9-1-1(모르타르 배합)]을 따른다.

　5. 공구손료 및 경장비(비빔기 등)의 기계경비는 인력품의 3%로 계상한다.

　6. 붙임 모르타르 재료량은 다음을 참고한다. (m² 당)

　　• 바름두께 5mm : 바닥면 = 0.005(m³), 벽면 = 0.006(m³)

　　• 바름두께 6mm : 바닥면 = 0.006(m³), 벽면 = 0.007(m³)

　　• 바름두께 7mm : 바닥면 = 0.007(m³), 벽면 = 0.008(m³)

　　※ 배합비 1 : 2 기준하며, 재료할증은 포함되어 있다.

〈표 5.1.6-5〉 타일붙임 _ 접착 붙이기 [건축품셈]　(일당)

구 분	단위	수량	타일규격(m²)	시공량(m²)
타 일 공	인	2	0.04~0.10이하	25
보 통 인 부	인	1	0.11~0.20이하	26
			0.21~0.40이하	28
비 고	- 모자이크(유니트형) 타일 붙임은 시공량의 20%를 감한다. - 특수타일(유도타일, 축광타일, 문양을 내기위해 비규칙적으로 절단하여 시공되는 이형타일 등) 붙임은 시공량의 26~33%를 감한다.			

[주] 1. 본 품은 유기질 접착제를 사용한 타일의 접착붙이기(벽면) 기준이다.
　　2. 본 품에는 먹매김, 규준틀설치, 접착제 비빔, 타일붙임, 줄눈파기 및 마무리 작업을 포함한다.
　　3. 특정 모양으로 형상화된 타일(부조타일, 벽화타일)을 붙이는 경우 별도 계상한다.
　　4. 공구손료 및 경장비(비빔기 등)의 기계경비는 인력품의 3%로 계상한다.

〈표 5.1.6-6〉 타일붙임 _ 접착 붙이기(에폭시 접착제) [건축품셈]　(일당)

구 분	단위	수량	타일규격(m²)	시공량(m²)
타 일 공	인	2	0.21~0.40이하	21
보 통 인 부	인	1		
타 일 공	인	3	0.40~0.75이하	30
보 통 인 부	인	1		

[주] 1. 본 품은 에폭시 접착제를 사용한 타일의 접착 붙이기(벽면) 기준이다.
　　2. 본 품에는 먹매김, 규준틀설치, 접착제 비빔, 타일붙임, 줄눈파기 및 마무리 작업을 포함한다.
　　3. 특정 모양으로 형상화된 타일(부조타일, 벽화타일)을 붙이는 경우 별도 계상한다.
　　4. 공구손료 및 경장비(비빔기 등)의 기계경비는 인력품의 3%로 계상한다.

5.1.7 칠(도장)공사

1. 개요

칠(도장)공사는 방부, 방충, 방청, 미관개선 등을 목적으로 구조물·시설물에 도료를 칠하여 도막을 형성하는 공사이다.

2. 적용기준

[건축품셈 제11장(칠공사)]는 1. 공통공사, 2. 페인트, 3. 스프레이로 대별하고 있다. 재료는 별도 적용이므로 제조사 등의 규정을 원칙으로 하되, 필요시 이전 품셈을 준용한다.

3. 적용품셈

칠공사 기반은 [건축품셈 11-1(공통공사)]의 1. 콘크리트·모르타르면 바탕만들기, 3. 철재면 바탕만들기, 4. 목재면 바탕만들기, 5. 도장 후 퍼티 및 연마, 6. 비닐 보양에 의하여 다음과 같이 적용한다. 조경공사의 적용이 적은 [건축품셈 11-1-2(석고보드면 바탕만들기)]는 필요시 품셈을 참고 적용한다.

〈표 5.1.7-1〉 콘크리트·모르타르면 바탕만들기 [건축품셈] (m² 당)

구 분	단위	수량
도 장 공	인	0.010
보 통 인 부	인	0.001
비 고	- 천장은 본 품의 20%를 가산한다.	

[주] 1. 본 품은 하도 바름 전 콘크리트, 모르타르면의 바탕만들기 기준이다.
    2. 본 품은 바탕 처리, 퍼티 및 연마 작업이 포함된 것이다.
    3. 콘크리트 견출 및 마감미장, 프라이머 바름은 별도 계상한다.
    4. 비계사용시 높이에 따라 다음 할증률에 의한 품을 가산할 수 있으며 19층 이상은 매 3층 증가마다 4%씩 가산할 수 있다.

      • 지하층 및 1~3층 : 0(%)   • 4~6층 : 5(%)
      • 7~9층 : 8(%)   • 10~12층 : 12(%)
      • 13~15층 : 16(%)   • 16~18층 : 20(%)

      ※ 외벽에서 층의 구분을 할 수 없을 때에는 층고를 3.6m로 기준하여 층수를 환산하고 내벽 높이에서도 3.6m를 기준하여 환산 적용한다.
    5. 공구손료 및 잡재료(연마지 등)는 인력품의 3%로 계상한다.
    6. 재료량(퍼티 등)은 도료 종류에 따라 시방서 및 제조사에서 제시하고 있는 수량을 적용한다. [39]

〈표 5.1.7-2〉 철재면 바탕만들기 [건축품셈] (m² 당)

구 분	단위	수량
도 장 공	인	0.006
보 통 인 부	인	0.001

[주] 1. 본 품은 철재면의 도장 전 먼지, 오염, 용접 등 부착된 불순물을 제거하는 기준으로 필요한 경우 적용한다.
    2. 인산염처리, 블라스트법을 하는 경우 별도 계상한다.
    3. 공구손료 및 잡재료(브러시 등)는 인력품의 3%로 계상한다.

〈표 5.1.7-3〉 목재면 바탕만들기 [건축품셈] (m² 당)

구 분	단위	불순물 제거	퍼티 및 연마
도 장 공	인	0.006	0.009
보 통 인 부	인	0.001	0.001

[주] 1. 본 품은 목재면의 도장 전 바탕처리하는 기준으로 필요한 경우 적용한다.
    2. 불순물 제거는 도장 전 먼지, 오염 등 부착된 불순물을 제거하는 기준이다.
    3. 퍼티 및 연마는 합판목재 등 시공 후 이음자리, 못구멍 등에 도장 전 퍼티 및 연마하는 기준이다.
    4. 공구손료 및 잡재료(연마지 등)는 인력품의 3%로 계상한다.
    5. 재료량(퍼티 등)은 도료 종류에 따라 시방서 및 제조사에서 제시하고 있는 수량을 적용한다.

---

39) 재료량의 별도 규정이 어려운 경우 [2020년 건축품셈] [주]의 (m² 당) 재료량을 다음과 같이 준용한다.
  - 퍼티 : 0.05(kg)

〈표 5.1.7-4〉 도장 후 퍼티 및 연마 [건축품셈]　(m² 당)

구 분	단위	수량
도 장 공	인	0.005
보 통 인 부	인	0.001
비 고	- 천장은 본 품의 20%를 가산한다.	

[주] 1. 본 품은 하도 바름 이후의 퍼티 및 연마를 기준한 것이다.
　　2. 비계사용시 높이별 품 할증은 [건축품셈 11-1-1(콘크리트·모르타르면 바탕만들기)]에 준하여 계상한다.
　　3. 공구손료 및 잡재료비(연마지 등)는 인력품의 3%로 계상한다.
　　4. 재료량(퍼티 등)은 도료 종류에 따라 시방서 및 제조사에서 제시하고 있는 수량을 적용한다.[40]

〈표 5.1.7-5〉 비닐 보양 [건축품셈]　(보양길이 100m 당)

구 분	단위	창호 및 난간류	배관류
보 통 인 부	인	0.625	0.912

[주] 1. 본 품은 도장 전 창호, 배관 등 시설물의 오염을 방지하기 위해 보양하는 기준이다.
　　2. 보양길이는 비닐보양 테이프의 접착길이를 적용한다.
　　3. 차량 등 다면으로 보양이 필요한 시설물은 별도 계상한다.
　　4. 현장여건에 따라 비계 또는 장비가 필요한 경우에는 별도 계상한다.

　페인트칠은 [건축품셈 11-2(페인트)]의 1. 수성페인트 붓칠, 2. 수성페인트 롤러칠, 3. 수성페인트 뿜칠, 4. 유성페인트 붓칠, 5. 유성페인트 롤러칠, 6. 녹막이 페인트칠, 7. 오일스테인칠에 의하여 다음과 같이 적용한다. 조경공사의 적용이 적은 8. 에폭시 페인트칠, 9. 낙서방지용 페인트칠, 10. 걸레받이용 페인트칠은 필요시 품셈을 참고 적용한다.

〈표 5.1.7-6〉 수성페인트 붓칠 [건축품셈]　(m² 당)

구 분	단위	수량
도 장 공	인	0.022
보 통 인 부	인	0.004
비 고	- 천장은 본 품의 20%를 가산한다.	

[주] 1. 본 품은 수성페인트를 1회 칠하는 기준이다.
　　2. 바탕만들기는 [건축품셈 11-1(바탕만들기)]에 준하여 계상한다.
　　3. 비계사용시 높이별 품 할증은 [건축품셈 11-1-1(콘크리트·모르타르면 바탕만들기)]에 준하여 계상한다.
　　4. 공구손료 및 잡재료비는 인력품의 2%로 계상한다.
　　5. 재료량(페인트 등)은 도료 종류에 따라 시방서 및 제조사에서 제시하고 있는 수량을 적용한다.[41]

---

40) 재료량의 별도 규정이 어려운 경우 [2020년 건축품셈] [주]의 (m² 당) 재료량을 다음과 같이 준용한다.
　　- 퍼티 : 철재면 = 0.08(kg), 콘크리트면 = 0.06(kg)

41) 재료량의 별도 규정이 어려운 경우 [2020년 건축품셈] [주]의 (m² 당) 재료량을 다음과 같이 준용한다.
　　- 에멀션페인트 : 1회 = 0.098(ℓ), 2회 = 0.197(ℓ), 3회 = 0.296(ℓ)

〈표 5.1.7-7〉 수성페인트 롤러칠 [건축품셈] (m² 당)

구분	단위	수량
도 장 공	인	0.012
보 통 인 부	인	0.002
비 고	- 천장은 본 품의 20%를 가산한다.	

[주] 1. 본 품은 수성페인트를 1회 칠하는 기준이다.
　　2. 본 품은 보조 붓칠 작업을 포함한다.
　　3. 바탕만들기는 [건축품셈 11-1(바탕만들기)]에 준하여 계상한다.
　　4. 비계사용시 높이별 품 할증은 [건축품셈 11-1-1(콘크리트·모르타르면 바탕만들기)]에 준하여 계상한다.
　　5. 공구손료 및 잡재료비는 인력품의 2%로 계상한다.
　　6. 재료량(페인트 등)은 도료 종류에 따라 시방서 및 제조사에서 제시하고 있는 수량을 적용한다.[42]

〈표 5.1.7-8〉 수성페인트 뿜칠 [건축품셈] (10m² 당)

구분	단위	수량
도 장 공	인	0.027
보 통 인 부	인	0.013
비 고	- 천장은 본 품의 20%를 가산한다.	

[주] 1. 본 품은 수성페인트를 1회 칠하는 기준이다.
　　2. 본 품은 보조 붓칠 작업을 포함한다.
　　3. 바탕만들기는 [건축품셈 11-1(바탕만들기)]에 준하여 별도 계상한다.
　　4. 비계사용시 높이별 품 할증은 [건축품셈 11-1-1(콘크리트·모르타르면 바탕만들기)]에 준하여 별도 계상한다.
　　5. 스프레이 도장 시 분진방지용 시설비용은 별도 계상한다.
　　6. 공구손료 및 경장비(엔진식 도장기 등)의 기계경비와 잡재료는 인력품의 12%로 계상한다.
　　7. 재료량(페인트 등)은 도료 종류에 따라 시방서 및 제조사에서 제시하고 있는 수량을 적용한다.[43]

〈표 5.1.7-9〉 유성페인트 붓칠 [건축품셈] (m² 당)

구분		단위	수량
바 탕 면	인 력		
철　　재　　면	도 장 공	인	0.020
	보 통 인 부	인	0.004
콘크리트면·모르타르면 석 고 보 드 면	도 장 공	인	0.024
	보 통 인 부	인	0.004
비 고	- 천장은 본 품의 20%를 가산한다.		

[주] 1. 본 품은 유성페인트를 1회 칠하는 기준이다.
　　2. 바탕만들기는 [건축품셈 11-1(바탕만들기)]에 준하여 계상한다.
　　3. 비계사용시 높이별 품 할증은 [건축품셈 11-1-1(콘크리트·모르타르면 바탕만들기)]에 준하여 계상한다.
　　4. 공구손료 및 잡재료비는 인력품의 2%로 계상한다.

---

42) 재료량의 별도 규정이 어려운 경우 [2020년 건축품셈] [주]의 (m² 당) 재료량을 다음과 같이 준용한다.
　　- 에멀션페인트 : 1회 = 0.098(ℓ), 2회 = 0.197(ℓ), 3회 = 0.296(ℓ)

43) 재료량의 별도 규정이 어려운 경우 [2020년 건축품셈] [주]의 (m² 당) 재료량을 다음과 같이 준용한다.
　　- 에멀션페인트 : 1회 = 1.27(ℓ), 2회 = 2.56(ℓ)

5. 재료량(페인트 등)은 도료 종류에 따라 시방서 및 제조사에서 제시하고 있는 수량을 적용한다.[44]

〈표 5.1.7-10〉 유성페인트 롤러칠 [건축품셈]　　(m² 당)

구 분		단위	수량
바 탕 면	인 력		
철　　재　　면	도　장　공	인	0.011
	보　통　인　부	인	0.002
콘크리트면·모르타르면	도　장　공	인	0.013
석　고　보　드　면	보　통　인　부	인	0.003
비 고	- 천장은 본 품의 20%를 가산한다.		

[주] 1. 본 품은 유성페인트를 1회 칠하는 기준이다.

　　　2. 본 품은 보조붓칠 작업을 포함한다.

　　　3. 바탕만들기는 [건축품셈 11-1(바탕만들기)]에 준하여 계상한다.

　　　4. 비계사용시 높이별 품 할증은 [건축품셈 11-1-1(콘크리트·모르타르면 바탕만들기)]에 준하여 계상한다.

　　　5. 공구손료 및 잡재료비는 인력품의 2%로 계상한다.

　　　6. 재료량(페인트 등)은 도료 종류에 따라 시방서 및 제조사에서 제시하고 있는 수량을 적용한다.[45]

〈표 5.1.7-11〉 녹막이 페인트칠 [건축품셈]　　(m² 당)

구 분	단위	수량
도　장　공	인	0.015
보　통　인　부	인	0.003
비 고	- 천장은 본 품의 20%를 가산한다.	

[주] 1. 본 품은 철재면에 방청성페인트를 붓으로 1회 칠하는 기준이다.

　　　2. 바탕만들기는 [건축품셈 11-1(바탕만들기)]에 준하여 계상한다.

　　　3. 비계사용시 높이별 품 할증은 [건축품셈 11-1-1(콘크리트·모르타르면 바탕만들기)]에 준하여 계상한다.

　　　4. 공구손료 및 잡재료비는 인력품의 2%로 계상한다.

　　　5. 재료량(페인트 등)은 도료 종류에 따라 시방서 및 제조사에서 제시하고 있는 수량을 적용한다.[46]

---

44) 재료량의 별도 규정이 어려운 경우 [2020년 건축품셈] [주]의 (m² 당) 재료량을 다음과 같이 준용한다.

　　● 철재면 - 조합페인트 : 1회 = 0.081(ℓ), 2회 = 0.166(ℓ), 3회 = 0.246(ℓ)

　　　　- 시너 : 1회 = 0.004(ℓ), 2회 = 0.008(ℓ), 3회 = 0.012(ℓ)

　　● 콘크리트·모르타르면, 석고보드면 - 조합페인트 : 1회 = 0.099(ℓ), 2회 = 0.199(ℓ), 3회 = 0.282(ℓ)

　　　　- 시너 : 1회 = 0.004(ℓ), 2회 = 0.008(ℓ), 3회 = 0.012(ℓ)

45) 재료량의 별도 규정이 어려운 경우 [2020년 건축품셈] [주]의 (m² 당) 재료량을 다음과 같이 준용한다.

　　● 철재면 - 조합페인트 : 1회 = 0.081(ℓ), 2회 = 0.166(ℓ), 3회 = 0.246(ℓ)

　　　　- 시너 : 1회 = 0.004(ℓ), 2회 = 0.008(ℓ), 3회 = 0.012(ℓ)

　　● 콘크리트·모르타르면, 석고보드면 - 조합페인트 : 1회 = 0.099(ℓ), 2회 = 0.199(ℓ), 3회 = 0.282(ℓ)

　　　　- 시너 : 1회 = 0.004(ℓ), 2회 = 0.008(ℓ), 3회 = 0.012(ℓ)

46) 재료량의 별도 규정이 어려운 경우 [2020년 건축품셈] [주]의 (m² 당) 재료량을 다음과 같이 준용한다.

　　- 녹막이페인트 : 1회 = 0.080(ℓ), 2회 = 0.161(ℓ), 3회 = 0.182(ℓ)

　　- 시너 : 1회 = 0.004(ℓ), 2회 = 0.008(ℓ), 3회 = 0.012(ℓ)

〈표 5.1.7-12〉 오일스테인칠 [건축품셈]　　　　　　　　　　　　　　　　　　　　(m² 당)

구 분	단위	수량
도　장　공	인	0.019
보　통　인　부	인	0.003

[주] 1. 본 품은 목재면에 오일스테인을 붓으로 1회 칠하는 기준이다.
　　2. 바탕만들기는 [건축품셈 11-1(바탕만들기)]에 준하여 계상한다.
　　3. 비계사용시 높이별 품 할증은 [건축품셈 11-1-1(콘크리트·모르타르면 바탕만들기)]에 준하여 계상한다.
　　4. 공구손료 및 잡재료비는 인력품의 2%로 계상한다.
　　5. 재료량(페인트 등)은 도료 종류에 따라 시방서 및 제조사에서 제시하고 있는 수량을 적용한다.[47]

　　스프레이칠은 [건축품셈 11-3(스프레이)]의 1. 무늬코트칠, 2. 탄성코트칠, 3. 석재도료칠에 의하여 다음과 같이 적용한다.

〈표 5.1.7-13〉 무늬코트칠 [건축품셈]　　　　　　　　　　　　　　　　　　　　(m² 당)

구 분	단위	수량
도　장　공	인	0.056
보　통　인　부	인	0.011
비 고	- 천장은 본 품의 20%를 가산한다.	

[주] 1. 본 품은 콘크리트, 모르타르 벽면에 무늬코트를 뿜칠하는 기준이다.
　　2. 본 품은 하도 2회(롤러칠), 퍼티 및 연마, 무늬코트 1회(스프레이칠), 상도코팅 1회(롤러칠) 기준이며, 보조 붓칠 작업을 포함한다.
　　3. 하도 전 바탕만들기는 [건축품셈 11-1-1(콘크리트·모르타르면 바탕만들기)]에 준하여 별도 계상한다.
　　4. 보양작업은 별도 계상한다.
　　5. 공구손료 및 경장비(에어콤푸레샤, 스프레이건 등)의 기계경비 및 잡재료(연마지 등)는 인력품의 2%를 계상한다.
　　6. 재료량(페인트 등)은 도료 종류에 따라 시방서 및 제조사에서 제시하고 있는 수량을 적용한다.

〈표 5.1.7-14〉 탄성코트칠 [건축품셈]　　　　　　　　　　　　　　　　　　　　(m² 당)

구 분	단위	수량
도　장　공	인	0.044
보　통　인　부	인	0.009
비 고	- 천장은 본 품의 20%를 가산한다.	

[주] 1. 본 품은 콘크리트, 모르타르 벽면에 탄성코트를 칠하는 기준이다.
　　2. 본 품은 하도 1회(롤러칠), 퍼티 및 연마, 탄성코트 1회(스프레이칠), 상도코팅 1회(롤러칠) 기준이며, 보조 붓칠 작업을 포함한다.
　　3. 하도 전 바탕만들기는 [건축품셈 11-1-1(콘크리트·모르타르면 바탕만들기)]에 준하여 별도 계상한다.
　　4. 보양작업은 별도 계상한다.
　　5. 공구손료 및 경장비(에어콤푸레샤, 스프레이건 등)의 기계경비는 인력품의 2%를 계상한다.
　　6. 재료량(페인트 등)은 도료 종류에 따라 시방서 및 제조사에서 제시하고 있는 수량을 적용한다.

---

47) 재료량의 별도 규정이 어려운 경우 [2020년 건축품셈] [주]의 (m² 당) 재료량을 다음과 같이 준용한다.
　　- 오일스테인 : 1회 = 0.091(kg), 2회 = 0.150(kg)
　　- 시너 : 1회 = 0.008(ℓ), 2회 = 0.018(ℓ)

〈표 5.1.7-15〉 석재도료칠 [건축품셈]　(100m² 당)

구 분	규 격	단위	줄눈무늬(無)	줄눈무늬(有)
도　장　공		인	0.620	0.810
보　통　인　부		인	0.100	0.130
고　소　작　업　차	3ton	hr	3.270	4.280

[주] 1. 본 품은 석재가 포함된 도료를 1회 뿜칠하는 기준이다.
　2. 본 품은 도료 배합, 스프레이칠 1회, 보조 붓칠, 줄눈테이프 부착 및 제거 작업을 포함한다.
　3. 바탕만들기, 페인트칠(하도), 보양작업은 별도 계상한다.
　4. 공구손료 및 경장비(에어콤프레샤, 스프레이건 등)의 기계경비는 인력품의 3%를 계상한다.
　5. 재료량(페인트 등)은 도료 종류에 따라 시방서 및 제조사에서 제시하고 있는 수량을 적용한다.

5.1.8 목공사

1. 개요

목공사는 구조 목공사, 수장 목공사, 거푸집 목공사, 기초 목공사로 분류할 수 있다.

구조 목공사는 목조의 뼈대를 만드는 공사이며, 수장 목공사는 건축공사의 문지방이나 문틀 등의 인방공사이다. 거푸집 목공사는 콘크리트 구조체용 거푸집을 만드는 공사이며, 기초 목공사는 다른 공사의 기초를 만드는 공사이다.

2. 적용기준

[건축품셈 제4장(목공사)]는 1. 구조목공사, 2. 수장목공사, 3. 부대목공사로 대별하였으나 건축공사 위주의 구성으로 조경용 목공사는 전통적으로 [LH공사] 기준을 준용하고 있다.

[LH공사]의 목재 규격기준은 다음과 같다.

〈표 5.1.8-1〉 목재의 규격기준 [LH공사]

형 상			규 격 기 준
원목	통 나 무	대　경　재	말구 지름 : 30cm이상 (60cm이상)
		중　경　재	말구 지름 : 15~30cm미만 (45~60cm미만)
		소　경　재	말구 지름 : 15cm미만 (45cm미만)
	조 각 재	대　조　각　재	폭 : 30cm이상 (60cm이상)
		중　조　각　재	폭 : 15~30cm미만 (45~60cm미만)
		소　조　각　재	폭 : 15cm미만 (45cm미만)

(표 계속)

〈표 5.1.8-1〉 목재의 규격기준 [LH공사]

형 상			규 격 기 준
제재목	판 재 류	좁은 판재	두께 : 3cm미만, 폭 : 12cm미만
		넓은 판재	두께 : 3cm미만, 폭 : 12cm이상
		두꺼운 판재	두께 : 3cm이상
		사 면 판재	폭 : 6cm이상, 횡단면 : 사다리꼴
	각 재 류	작은 각재	작은 정각재 : 횡단면이 정사각형
			작은 평각재 : 횡단면이 직사각형
		큰 각 재	큰 정각재 : 횡단면이 정사각형
			큰 평각재 : 횡단면이 직사각형

[주] 용어정의

  1. 원 목 : 제재하지 아니한 통나무와 조각재

  2. 조각재 : 최소 횡단면에 있어서 빠진변을 보완한 네모꼴의 4변의 합계에 대한 빠진변의 합계가 100분의 80이상인 둥근형태의 것, 「조각재의 말구 두께 및 폭」은 그 조각재의 말구의 빠진변을 보완한 네모꼴의 짧은변을 두께로 하고 긴 변을 폭으로 한 것을 말한다.

  3. 각재류 : 두께가 7.5cm 미만이고, 폭이 두께의 4배 미만인 것. 또는 두께 및 폭이 7.5cm 이상인 것

    - 작은 각재 (두께가 7.5cm미만이고, 폭이 두께의 4배 미만인 것)

    - 큰 각재 (두께 및 폭이 7.5cm 이상인 것)

  4. 판재류 : 두께가 7.5cm 미만이고, 폭이 두께의 4배 이상인 것

  ※ 괄호 안 수치는 수입 열대산 활엽수에 적용

3. 적용품셈

조경용 목공사는 [LH공사]의 적용기준[48]과 다음 품에 의하여 준용한다.

〈표 5.1.8-2〉 목재 가공 및 설치 [LH공사]   (m^3 당)

구 분				건축목공 (인)	보통인부 (인)	적용사례
보통구조	통나무, 대조각재, 중조각재, 큰각재, 두꺼운 판재, 사면판재가 80%이상으로 가공정도가 적은 구조	하	설치 간단	6.285	0.682	
		중	설치 보통	7.274	0.786	
		상	설치 복잡	8.780	0.958	
중등구조	통나무, 대조각재, 중조각재, 대각재, 두꺼운 판재, 사면판재가 50%이상으로 가공정도가 중간인 구조	보통	설치 보통	10.612	1.156	
		상	설치 복잡	13.767	1.497	
상등구조	작은각재, 좁은판재, 넓은판재가 50%이상으로 가공 정도가 많은 구조			16.975	1.848	앉음벽, 목재데크

---

48) - 목재의 가공 및 설치 품은 설계도면상의 마감 치수에 의하여 산출된 정미 소요량에 적용한다.

  - 목재의 가공 및 설치 품은 단위목재 재적당 품으로 환산하여 사용 목재의 규격에 따라 6단계로 구분 적용한다.

  - 평지가 아닌 상태에서 작업을 해야 하는 구조가 포함된 경우에는 필요시 비계공을 추가 적용한다.

  - 목재의 조립에 사용되는 철물(못, 볼트, 나사못 등) 및 기타 재료는 별도로 산출하여 계상한다.

  - 통나무(원목)의 단순한 가공 및 설치는 목재가공 및 설치의 보통구조(하)를 적용하고 여기에는 말뚝만들기, 껍질벗기기, 설치가 포함된 것으로 본다.

목재 데크는 [건축품셈 4-3(부대목공사)]의 1. 토대설치, 2. 목재데크틀 설치, 3. 목재데크 설치에 의하여 다음과 같이 적용한다.

〈표 5.1.8-3〉 부대목공사 _ 토대설치 [건축품셈]　　　　(m 당)

구 분	단위	수량
건 축 목 공	인	0.073
보 통 인 부	인	0.025

[주] 1. 본 품은 콘크리트 바닥면에 씰실러와 방부목으로 토대를 설치하는 기준이다.
　　2. 본 품은 앵커설치, 씰실러 깔기, 방부목 절단 및 설치 작업을 포함한다.
　　3. 공구손료 및 경장비(절단기, 공기압축기 등)의 기계경비는 인력품의 2%를 계상한다.

〈표 5.1.8-4〉 목재데크틀 설치 [건축품셈]　　　　(일 당)

구 분		단위	수량	시공량(ton)
평구조	철　　　공	인	3	0.40
	용 접 공	인	1	
	보 통 인 부	인	1	
계단구조	철　　　공	인	4	0.32
	용 접 공	인	1	
	보 통 인 부	인	2	

[주] 1. 본 품은 철물(각관 및 형강)을 사용하여 데크틀(H-Beam 등 철골류 제외)을 설치하는 기준이다.
　　2. 본 품은 수직재 및 수평재(기초철물, 멍에, 장선 등) 제작 및 설치 작업을 포함한다.
　　3. 평구조는 데크 바탕면을 수평형태로 형성하는 구조이다.
　　4. 계단구조는 데크 바탕면을 계단형태로 형성하는 구조이다.
　　5. 기초콘크리트 설치는 별도 계상한다.
　　6. 공구손료 및 경장비(절단기, 용접기 등)의 기계경비는 인력품의 4%로 계상한다.

〈표 5.1.8-5〉 목재데크 설치 [건축품셈]　　　　(일 당)

구 분	단위	수량	시공량(m²)
건 축 목 공	인	3	18
보 통 인 부	인	1	

[주] 1. 본 품은 목재데크(평구조, 계단구조)를 볼트로 고정하여 설치하는 기준이다.
　　2. 본 품은 목재데크 절단 및 설치작업을 포함한다..
　　3. 난간 설치, 오일스테인칠은 별도 계상한다.
　　4. 공구손료 및 경장비(절단기, 전동드릴, 발전기 등)의 기계경비는 인력품의 2%로 계상한다.
　　5. 잡재료 및 소모재료(데크 연결용 클립, 고정피스 등)는 주재료비의 6%로 계상한다.

조경공사용 목재는 "[목재의 방부·방충 처리기준][49]에 따른 방부처리 대상 자재(미송(햄록), 낙엽송 등)에 대하여 사용환경 범주에 적합한 처리가 된 자재를 반영하거나 또는 처리비용을 반영하

49) [국립산림과학원 고시 제2010-10호, (2010. 11. 30.)] 「목재의 방부·방충처리 기준」[별표 1] 사용환경범주, 사용환경조건, 사용가능방부제 구분 [H3_야외 사용 목재(공중에 설치되는 목재), H4_지면에 닿는 목재, H5_수면에 닿는 목재]을 고려하여 구분 적용한다. 현재는 [국립산림과학원 고시 제2011-4호, (2011. 12. 23.) 폐지제정]하였다.

여야 한다."는 [LH공사]의 [목재의 방부 및 건조][50]를 준용한다. 이때 특별히 중요하지 않은 구조로 지면(H4)이나 수면(H5)에 닿는 경우의 콜탈 칠은 [2014년 건축품셈 17-11(목재 방부제 칠)]에 의하여 다음과 같이 준용할 수 있다.

〈표 5.1.8-6〉 목재 방부제칠 [2014년 건축품셈 발췌]　　　　　　　(m² 당)

구분		칠 수량(ℓ)		도장공(인)	
		1회	2회	1회	2회
목재면	콜 탈	0.210	0.246	0.016	0.018

조경공사의 적용이 적은 [건축품셈 4-1(구조목공사)]의 먹매김, 마루틀 설치, 마루바탕 설치, 마루널 설치와 [건축품셈 4-2(수장목공사)]의 벽체틀 설치, 칸막이벽틀 설치, 벽체합판 설치, 수장합판 설치, 커튼박스 설치는 필요시 품셈을 참고 적용한다.

최근에는 통나무 사용이 적어지면서 표준품셈에서 삭제되었으나 점경용으로 사용시, 통나무 박피는 [2007년 토목품셈 5-3의 2(껍질 벗기기)], 말뚝다듬기는 [2007년 토목품셈 5-3의 1(말뚝다듬기)], 나무말뚝박기는 [2007년 토목품셈 5-4의 1(작은말뚝박기), 2(기초말뚝박기)]를 참고 준용한다.

5.1.9 철재 및 금속공사

1. 개요

철재 및 금속공사는 철재 등을 가공·조립·설치로 조경 시설물을 형성하는 공사이다.

2. 적용기준

철재는 [건축품셈 제8장(금속공사)]의 1. 제품, 2. 시설물, 3. 기타공사로 대별하고 있다.

철골재는 [건축품셈 제1장(철골공사)]의 1. 철골 가공 조립(공장생산), 2. 철골 세우기, 3. 데크플레이트, 4. 부대공사로 대별하고 있다.

---

50) **- 목재의 증기건조처리** : 목재의 증기건조는 설계도면에서 특별히 지정한 경우에만 적용한다. 일반 목재에 증기건조처리하는 경우 적용되는 재적은 가공 전 재적을 기준으로 산출한다.(할증포함)

　　- 목재의 방부처리 : 목재의 방부처리는 설계도서에서 지정한 방법에 의한다. 조경공사 목재시설물의 가압방부처리는 H3(야외사용 목재)와 H4(땅에 묻히는 목재)를 기준으로 한다.

　　- 목재증기건조 및 방부처리 운반비 : 증기건조 및 방부처리시설 이용을 위한 운반비는 현장에서 가장 가까운 시·도·군·구청소재지(서울특별시, 광역시 포함)로부터 현장까지의 수송에 필요한 경비를 계상한다. 운반장비는 일반화물트럭 4.5Ton(W2.0×L5.0×H1.2)을 1대(12m³)로 왕복운임을 적용하며, 트럭 대수는 (목재량/12m³)의 산출값 소수이하 올림으로 하여 정수단위로 적용한다.

3. 적용품셈

잡철물 제작 설치는 [LH공사]의 구조별 적용기준을 준용하여 [건축품셈 8-3-1(잡철물 제작 및 설치)]의 제품 설치, 규격철물 설치, 현장제작 설치로 세분하여 다음과 같이 적용한다.

〈표 5.1.9-1〉 잡철물설치 _ 구조별 적용기준 [LH공사]

유형	적용 기준	적용 사례
제 품 설 치	제작제품(기성품) 반입·설치	- 관로뚜껑, 수목표찰, 덮개 등
규격철물설치	일정규격의 1차 제작된 철물 반입·조립·설치	- 개비온(돌망태), 금속경계재(기성품), 안내시설물(구조재), 밸브보호통, 난간(기성품) 등
현장제작설치	각관, 형강 등 원자재 반입· 현장제작·설치	- 금속경계재, 안내시설물(마감재), 공원명판, 문자, 난간 등

〈표 5.1.9-2〉 잡철물 제작 및 설치 [건축품셈]　　　　　　　　　　　　　　　　　(ton 당)

구 분	단위	제품 설치		규격철물 설치		현장제작 설치	
		일반철재	경량철재	일반철재	경량철재	일반철재	경량철재
철　　　공	인	2.85	3.71	7.05	9.17	12.38	16.09
용 접 공	인	1.04	1.35	2.57	3.34	3.38	4.39
특 별 인 부	인	0.78	1.01	1.92	2.50	4.50	5.85
보 통 인 부	인	0.52	0.68	1.28	1.66	2.25	2.93
비 고	- 관로뚜껑, Sole Plate 등 용접, 부속자재 연결 작업 없이 기성제품을 단순 설치만하는 경우 제품설치 품의 10%를 감한다. - 트러스, 원형, 곡선 등의 부재와 같이 구조나 형태가 복잡한 경우 또는 절단, 절곡, 용접 개소가 과다하게 발생하는 경우 본 품의 30%를 가산한다.						

[주] 1. 본 품은 철판, 앵글, 파이프 등 철재류를 활용한 잡철물의 현장 제작 및 설치에 대한 기준이다.
　2. 제품 설치는 맨홀사다리 등 제작된 제품을 반입하여 설치하는 기준이다.
　3. 규격철물 설치는 일정규격으로 1차 제작된 철물을 반입하여 조립하고 설치하는 기준이다.
　4. 현장제작 설치는 구조틀, 배관지지대 등 각관, 형강 등 원자재를 반입하여 현장조건에 맞게 제작하고 설치하는 기준이다.
　5. 주물제작에 의해 공장가공을 요하는 대형부재(강재거푸집, 라이닝폼 등) 및 특수철물(조형물 등)의 제작·설치는 별도 계상한다.
　6. 잡철물 설치를 위한 장비(크레인 등) 및 비계매기는 필요한 경우 별도 계상한다.
　7. 공구손료 및 경장비(절단기, 용접기 등)의 기계경비 및 잡재료비(용접봉, 볼트 등)는 인력품의 요율로 다음을 적용한다.
　　• 공구손료 및 경장비의 기계경비 : 일반철재 = 5(%), 경량철재 = 4(%)
　　• 잡재료비 : 일반철재 = 3(%), 경량철재 = 2(%)

철재 난간과 철조망 울타리는 [건축품셈 8-2(시설물)] 1. 용접식난간 설치, 2. 앵커고정식난간 설치, 3. 철조망 울타리 설치에 의하여 다음과 같이 적용한다.

지주와 휀스판을 볼트로 체결하는 조경용 휀스 설치는 제품별 설치기준에 의하되 필요시 [서울형품셈2.0 조경분야02(조경용 휀스 설치)]에 의하여 다음과 같이 준용한다.

〈표 5.1.9-3〉 용접식난간 설치 [건축품셈] (ton 당)

구 분		단위	수량	시공량(ton)
현장제작 설 치	용 접 공	인	2	0.22
	철 공	인	2	
	보 통 인 부	인	1	
규격철물 설 치	용 접 공	인	2	0.28
	철 공	인	1	
	보 통 인 부	인	1	
비 고		- 경량철물(스테인리스)의 설치는 시공량의 22%를 감한다.		

[주] 1. 본 품은 용접을 사용한 철재 난간의 설치 기준이다.

2. 현장제작 설치는 형상의 변화가 다양(진입램프 및 계단 등)하여 주자재로 반입되어 현장에서 제작(절단, 가공, 용접 등)하여 설치하는 기준이다.

3. 규격철물 설치는 유사규격이 연속적으로 시공이 가능(외부발코니 등)하여 1차 제작된 자재로 반입되어 현장에서 용접 접합 및 설치하는 기준이다.

4. 용접부위의 갈기 및 재도장이 필요한 경우는 별도 계상한다.

5. 난간 설치에 있어 비계매기 또는 장애물처리에 필요한 경우 별도 계상한다.

6. 설치용 장비(크레인 등)가 필요한 경우 별도 계상한다.

7. 공구손료 및 경장비의 기계경비(용접기, 절단기 등), 잡재료(용접봉 등)비는 인력품에 다음 요율을 계상한다.

   • 공구손료/경장비 기계경비 : 주자재 제작설치 = 2(%), 규격자재 설치 = 2(%)

   • 잡재료비 : 주자재 제작설치 = 2(%), 규격자재 설치 = 2(%)

〈표 5.1.9-4〉 앵커고정식난간 설치 [건축품셈] (일 당)

구 분	단위	수량	시공량(m)
철 공	인	2	43
보 통 인 부	인	1	

[주] 1. 본 품은 발코니 및 계단에 분체도장된 난간(공장제작)의 조립설치 기준이다.

2. 본 품은 앵커설치, 난간 연결 및 설치 작업을 포함한다.

3. 공구손료 및 경장비(전동드릴 등)의 기계경비는 인력품의 3%로 계상한다.

4. 재료량은 다음을 참고한다. (m당)

   • 앵 커(φ10mm) : 3.3(개)

   • AL리벳(φ4.2mm) : 0.7(개)

〈표 5.1.9-5〉 철조망 울타리 설치 [건축품셈] (일 당)

구 분	규 격	단위	수량	시공량(m)	
				일자형 지주	Y자형 지주
특 별 인 부		인	3	40	30
보 통 인 부		인	1		
굴 착 기	0.2m³	대	1		

[주] 1. 본 품은 철조망 울타리(높이 3m이하, 경간 2m)의 설치 기준이다.

2. Y자형 지주는 상부 원형 철조망 및 가시철선 설치 작업을 포함한다.

3. 본 품은 터파기 및 되메우기, 지주 및 보조기둥 매립, 띠장설치, 철조망 설치 작업을 포함한다.

4. 본 품은 평지 기준으로 지형에 따라서 품을 20%까지 가산할 수 있다.

5. 기초콘크리트의 제작 및 타설 작업은 별도 계상한다.

6. 공구손료 및 경장비(그라인더, 전동드릴 등)의 기계경비는 인력품의 3%로 계상한다.

〈표 5.1.9-6〉 조경용 휀스 설치 [서울형품셈2.0]   (경간 당)

구 분	단위	수량
비 계 공	인	0.18
보 통 인 부	인	0.09

[주] 1. 본 품은 볼트 등을 이용하여 휀스판과 지주를 이용한 휀스설치품이며, 기초터파기 등 기초품은 제외된 품이다.
 2. 잡재료는 인력품의 5%로 별도 계상한다.
 3. 용접을 필요로 하는 경우 표준품셈의 용접품을 적용한다.
 4. 휀스자재나 설치방법의 차가 있는 경우 적용하지 아니할 수 있다.

앵커 볼트는 [건축품셈 1-2-6(앵커 볼트 설치)]에 의하여 다음과 같이 적용한다. 강구조의 고장력 볼트는 [건축품셈 1-2-4(고장력 볼트 본조임)]을 필요시 참고 적용한다.

〈표 5.1.9-7〉 앵커 볼트 설치 [건축품셈]   (개 당)

구 분	단위	수 량					
		φ16이하	φ20이하	φ24이하	φ28이하	φ32이하	φ40이하
철 골 공	인	0.05	0.08	0.12	0.16	0.20	0.23
특 별 인 부	인	0.02	0.03	0.05	0.06	0.07	0.09

[주] 1. 본 품은 철골세우기를 위해 앵커볼트 설치를 기준한 것이다.
 2. 본 품은 설치위치 확인, 앵커볼트 및 틀 설치가 포함된 것이다.
 3. 별도의 철제틀이 필요한 경우에는 철물 제작품을 적용한다.
 4. 일반철골공사에 적용하고 기계설치에는 적용하지 않는다.
 5. 공구손료 및 경장비(용접기 등)의 기계경비는 인력품의 2%로 계상한다.
 6. 콘크리트 독립주 위에서나 기타 비계가 양호치 못한 장소에서는 본 품의 20%까지 가산한다.

소형 앵커볼트는 앵커고정식난간 설치인 〈표 5.1.9-4〉의 (43m×기초당 3개) = 129개의 일당시 공량을 개당 환산하여 〈표 5.1.9-8〉과 같이 준용하거나, 필요시 [서울형품셈2.0 조경분야01(조경시 설물 기초앵커 설치)]에 의하여 다음과 같이 준용한다.

〈표 5.1.9-8〉 소형 앵커 설치 [건축품셈 준용]   (EA 당)

구 분	단위	수량
철 공	인	0.0155
보 통 인 부	인	0.00775

[주] 1. 본 품은 [건축품셈 8-2-2(앵커고정식난간 설치)]인 〈표 5.1.9-4〉의 준용 기준이다.
 2. 본 품은 철공 2인, 보통인부 1인이 일당 시공량 (43m×기초당 3개)=129(EA)로 계산한 수량이다.
 3. 공구손료 및 경장비(전동드릴 등)의 기계경비는 인력품의 3%로 계상한다.

〈표 5.1.9-9〉 조경시설물 기초앵커 설치 [서울형품셈2.0]　　　　　　　　(개소 당)

구분	단위	수량
철　　　　공	인	0.006
특 별 인 부	인	0.009
보 통 인 부	인	0.009

[주] 1. 본 품은 조경시설하부 콘크리트에 설치하는 기초앵커(ϕ12mm이하) 설치품이다.
　　 2. 개소당 설치품으로 기초당 4개소로 산출한다.

5.1.10 기타 시설 공사

1. 개요

조경공사 표준시방서에서 분류되지 않은 일반 옥외시설공사에 적용한다.

2. 적용기준

외부 조경의 지붕재는 2가지가 주로 사용된다. 아스팔트싱글은 완전 차단재로서 방수성능이 좋은 지붕재이며, 폴리카보네이트는 빗물을 차단하지만 햇빛은 투과하는 장점이 있다. 지붕재 설치 시 물끊음용 마감재는 후레싱이 사용된다.

기타 외부공간 자재는 계단의 미끄럼 방지를 위한 계단 논슬립이 있다.

3. 적용품셈

지붕에서 아스팔트 싱글은 [건축품셈 7-1-5(지붕 _ 아스팔트싱글 설치)], 폴리카보네이트는 [건축품셈 7-1-6(지붕 _ 폴리카보네이트 설치)], 후레싱은 [건축품셈 7-1-7(후레싱 설치)]에 의하여 다음과 같이 적용한다.

계단논슬립은 [건축품셈 8-1-1(계단논슬립 설치)]에 의하여 다음과 같이 적용한다.

〈표 5.1.10-1〉 아스팔트싱글 설치 [건축품셈]　　　　　　　　(m^2 당)

구분	단위	수량
지 붕 잇 기 공	인	0.07
보 통 인 부	인	0.01
비고	- 급경사(3/4이상)일 경우 본 품의 20%를 가산한다.	

[주] 1. 본 품은 아스팔트싱글(336×1,000×3mm) 지붕을 설치하는 기준이다.
　　 2. 본 품은 싱글 절단 및 잇기 작업을 포함한다.
　　 3. 후레싱 설치는 [건축품셈 7-1-7(후레싱 설치)]를 따른다.
　　 4. 방수재 깔기 및 아스팔트 프라이머 바름 작업은 별도 계상한다.
　　 5. 가시설물(비계, 안전발판 등)이 필요한 경우 작업여건(경사도 등) 및 「지붕공사 안전보건작업 기술지침」을 고려하여 별도 계상한다.
　　 6. 재료량은 다음을 참고한다. (m^2 당)

- 아스팔트 싱글 (336×1,000×3mm) : 7.30(매)
- 잡재료 및 소모재료(콘크리트 못 등) : 주재료비의 3(%)

※ 위 재료량은 할증(3%)이 포함되어 있다.

※ 용마루 및 골에 사용하는 싱글의 재료량은 별도 계상한다.

〈표 5.1.10-2〉 폴리카보네이트 설치 [건축품셈]

(m² 당)

구분	단위	수량
지 붕 잇 기 공	인	0.15
보 통 인 부	인	0.03

[주] 1. 본 품은 폴리카보네이트(두께 16mm이하) 지붕을 설치하는 기준이다.
　　 2. 본 품은 몰딩 설치, 폴리카보네이트 절단 및 설치, 덮개 Bar 설치, 실리콘 마감(코킹) 작업을 포함한다.
　　 3. 가시설물(비계, 안전발판 등)이 필요한 경우 작업여건(경사도 등) 및 「지붕공사 안전보건작업 기술지침」을 고려하여 별도 계상한다.
　　 4. 공구손료 및 경장비(전동드릴, 절단기 등)의 기계경비는 인력품의 3%로 계상한다.
　　 5. 재료량은 다음을 참고한다. (m² 당)
　　　 • 폴리카보네이트 : 1.1(m²)
　　　 • 잡재료 및 소모재료(몰딩, 실리콘, 덮개 Bar 등) : 주재료비의 10(%)
　　　 ※ 위 재료량은 할증이 포함되어 있다.

〈표 5.1.10-3〉 후레싱 설치 [건축품셈]

(m 당)

구분	단위	수량
지 붕 잇 기 공	인	0.02
비 고	- 급경사(3/4이상, 35도이상)일 경우 본 품의 20%를 가산한다.	

[주] 1. 본 품은 금속재 후레싱(설치폭 0.25m 이하)을 설치하는 기준이다.
　　 2. 본 품은 후레싱 현장 절단 및 설치, 실리콘 마감 작업을 포함한다.
　　 3. 가시설물(비계, 안전발판 등)이 필요한 경우 작업여건(경사도 등) 및 「지붕공사 안전보건작업 기술지침」을 고려하여 별도 계상한다.
　　 4. 공구손료 및 경장비(전동드릴 등)의 기계경비는 인력품의 5%로 계상한다.
　　 5. 재료량은 다음을 참고한다. (m 당)
　　　 • 후레싱 : 1.1(m)
　　　 • 잡재료 및 소모재료(못, 실리콘 등) : 주재료비의 3(%)
　　　 ※ 위 재료량은 할증이 포함되어 있다.

〈표 5.1.10-4〉 계단논슬립 설치 [건축품셈]

(일 당)

구분	단위	수량	시공량(m)	
			목조 계단	콘크리트 계단
내 장 공	인	2	145	110
보 통 인 부	인	1		

[주] 1. 본 품에 나사볼트를 사용한 계단논슬립의 설치 기준이다.
　　 2. 본 품은 바탕면갈기, 접착제 바름, 논슬립 설치 및 마감 작업을 포함한다.
　　 3. 공구손료 및 경장비(전동드릴, 그라인더 등)의 기계경비는 인력품의 3%로 계상한다.

5.2 조경구조물 (KCS 34 50 10)

조경구조물의 일반적 개념은 특정화되는 시설물을 제외한 조경시설으로 놀이시설, 운동시설, 휴게시설, 관리시설, 점경시설, 수경시설 등의 구조물이다.

조경구조물의 확장적 개념은 콘크리트 등의 구조물은 물론 우리가 시설물로 인식하는 특정화된 조경시설물을 포함하는 외부공간에 설치하는 모든 시설이다.

5.2.1 조경구조물 공통

1. 개요

조경공사 표준시방서의 분류에 의한 석축, 소옹벽, 식생옹벽, 장식벽, 담장 및 난간, 문주, 계단 및 경사로, 야외무대 및 스탠드, 전망대, 보도교 등 조경구조물을 포함하여 조경을 목적으로 외부공간에 설치하는 모든 시설이다.

2. 적용범위

조경구조물공사 품셈 적용의 공통적 기준을 규정한다.

3. 적용품셈

가. 토공사는 [공통품셈 제3장(토공사)]를 기준으로 장비작업이 곤란하거나 소규모 또는 특별히 필요시 인력을 적용한다. 토공사 기준 변경 필요시 [공통품셈 제8장(건설기계)]를 적용하며, 이때 굴착기는 [LH공사]의 0.4(m³) 적용을 기준으로 준용한다.

나. 기반조성은 원지반, 보조기층, 표층(구체)의 3단계와 소/중/대 규모별로 구분 적용한다. 원지반과 보조기층에서 소규모는 [공통품셈 제3장(토공사)]를, 중규모 이상은 [토목품셈 1-3-1(보조기층 _ 인력식 소규모장비 포설)] 등을, 표층은 [토목품셈 1-6-2(콘크리트 포장 _ 표층 인력 포설)] 등을, 구체는 [공통품셈 6-1-1(레미콘 타설)]의 적용을 기준으로 하며, 중규모 이상은 [공통품셈 6-1-4(콘크리트 펌프차 타설)]의 적용을 고려한다.

다. 본 절에서 미기술된 전문공사는 본서 [제2장 부지조성 및 대지조형], [제3장 식재기반 조성공사], [제4장 식재공사], [5.1 조경시설물 공통], [제6장 조경포장공사] 등을 참조하여 동일하게 적용한다.

라. 조경구조물은 다양한 형상과 형태로 제작할 수 있으며 그에 따른 조성방법과 재료도 다양할 수 있으므로 보편화된 공종·공법으로 정형화가 곤란한 경우에는 표준품셈 등의 유사기준을 최대한 준용하여 적정 예정가격으로 산정할 수 있도록 적의 준용한다.

5.2.2 옹벽 및 식생 구조물

1. 개요

본 절은 인공 비탈면의 침식 방지, 사면 안정과 경관 보전을 위한 인공재료설치 또는 인공구조물과 식생을 이용한 구조물의 피복공사에 적용한다.

2. 적용기준

보강토옹벽과 식생 블록쌓기 공사에 적용한다.

3. 적용품셈

가. 콘크리트 옹벽은 [본서 5.1.1(콘크리트공사)], 보강토 옹벽은 [본서 7.6(비탈면 녹화 및 복원-조경)]을 참조한다.

나. 식생블럭은 콘크리트 구조물, 보강토 옹벽 및 [본서 5.1.4(조적공사)]의 유사 항목 기준으로 블록 등을 설치 후 식재한다. 식재공사 중 관목류는 [공통품셈 4-2-2(관목 _ 식재-단식)]인 〈표 4.1-4〉, 초화류는 [공통품셈 4-1-3(초화류 식재)]인 〈표 4.4-4〉의 불량을 기준으로 적용한다.

5.3 현장제작설치 시설 (KCS 34 50 15)

현장제작설치 시설은 표준시방서에서 목재, 철강재, 합성수지재 등을 이용하여 현장에 제작 설치하는 조경시설물로 그 주요 내용을 규정하고 있다.

적산기준은 재료별 구분에 의할 때 동일 또는 유사하므로 목재시설은 [본서 5.1.8(목공사)], 철강재시설은 [본서 5.1.9(철재 및 금속공사)], 합성수지시설은 [본서 5.8.2(인조암)], 기타 시설은 각 자재별 적산기준의 내용과 규정을 참조 적용·준용한다.

5.4 옥외시설물 (KCS 34 50 20)

옥외시설물은 표준시방서에서 공원, 도로, 보행자전용도로, 휴게소, 광장, 공개공지, 주거단지 등의 옥외공간에 설치하는 안내시설, 휴게시설, 편익시설, 경관조명시설 등 옥외시설물로 규정하고 있다.

5.4.1 안내시설 , 휴게시설, 편익시설

적산기준은 재료별 구분에는 동일 또는 유사하므로 안내시설, 휴게시설, 편익시설은 자재별 적산기준의 내용과 규정을 참조 적용·준용한다.

5.4.2 경관조명시설

LED 조명, 광섬유 설치공사 및 전선관 배관공사에 적용한다.

1. 개요

LED(Light Emitting Diode)란 반도체의 p-n 접합구조를 이용하여 주입된 소수캐리어(전자 또는 양공)를 만들고 이들의 재결합(再結合)으로 발광시키는 조명시설이다. 최근 외부조명은 대체로 LED 조명시설을 설치하는 추세이다.

광섬유는 유리(석영)나 투명한 아크릴 등으로 빛의 전달을 목적으로 만든 가느다란 섬유물질로서 전기적으로 안전하다.

전선관 배관공사는 LED 조명과 광섬유에 전원 공급을 위한 전선관의 설치공사이다.

2. 적용기준

LED조명은 LED 등기구 설치, LED 투광등기구 설치, LED 보안등기구 설치, LED 가로등기구 설치, POLE LIGHT 설치, LED 등기구 에이밍 작업, LED Bar 설치, LED 면조명 설치, LED 광 파이프 설치로 나누어 적용한다.

광섬유 공사는 광섬유 케이블 설치, 조광기 설치, 끝단발광, 접속으로 구분 적용한다.

전선관 배관공사는 전선관 배관과 부속품률으로 적용한다.

3. 적용품셈

Pole Light는 인력과 기계로 구분하여 [전기품셈 5-27(Pole Light 설치)]의 (가) Pole Light 인력 설치, (나) Pole Light 기계 설치를 적용한다. 가로등 기초, 앵커볼트, 지주커버, 폴(Pole) 커버와 캡 설치는 [전기품셈 5-27-1(가로등 기초(기성품) 설치)], [전기품셈 5-27-2(가로등 기초 조합앵커볼트 설치)], [전기품셈 5-27-3(지주커버 설치)], [전기품셈 5-27-4(폴 베이스커버 설치)], [전기품셈 5-27-5(폴 기초앵커볼트캡 설치)]에 의하여 다음과 같이 적용한다.

〈표 5.4-1〉 Pole Light 인력 설치 [전기품셈]　　　　　(단위 : 본, 적용직종 : 내선전공)

규 격	1 등용	2 등용
5m 이하	2.10	2.52
6m 이하	2.20	2.65
7m 이하	2.52	2.90
8m 이하	2.76	3.08
9m 이하	3.13	3.37
10m 이하	3.49	3.70
12m 이하	4.19	4.40
14m 이하	5.03	5.24

[주] 1. 등기구, 안정기 설치, 배선, 등주세움 및 구내 소운반 포함.

　　2. 터파기, 되메우기, 잔재처리, 콘크리트 기초 및 Pole 도장은 별도.

　　3. Pole Light주 인력시공 품이며, 기계설치는 [전기품셈 5-27의 나(Pole Light 기계 설치)]인 〈표 5.4-2〉 품 준용.

　　4. 주철제 가로등주 및 주철제 공원등주 등의 조립 및 설치품은 165%.

　　5. 번호표 설치는 보통인부 0.068인.

　　6. 철거 50%, 재사용 철거는 80%, 이설은 180%.

〈표 5.4-2〉 Pole Light 기계 설치 (등기구 설치 제외) [전기품셈]　　　　　(단위 : 본)

규 격	내선전공	장비사용시간(hr)
5m ~ 7m	0.31	0.55
8m ~ 9m	0.36	0.60
10m ~ 12m	0.42	0.65
14m 이하	0.48	0.71

[주] 1. 기계설치 시의 등주세움 품이며, 장내운반 및 잔재정리 포함. 단, 등기구, 안정기 설치 및 결선은 해당 등기구 설치 품 별도 가산.

　　2. 터파기, 되메우기, 잔재처리, 콘크리트 기초, 볼트매입 및 Pole의 도장은 별도.

　　3. 현장조건에 따라 [전기품셈 제1장(적용기준)]의 작업 계수를 증감 적용.

　　4. 등구류 설치 또는 램프 교체를 위하여 절연버킷트럭 사용 시 장비사용시간은 Pole Light 기계설치의 60%를 별도 계상.

　　5. 현장교통정리 필요시 보통인부 (0.13/본) 별도 계상.

　　6. Pole Light 등주세움은 1일 시공물량 7본 이상으로서 트럭탑재형크레인 시공 가능 현장에 적용.

　　7. 기계장비의 경비(기계손료, 운전경비, 수송비)는 [전기품셈 제1장(적용기준)]의 "기계경비산정"을 적용.

　　8. 철거 50%, 재사용 철거 80%, 이설은 180%.

　　9. 주철제 가로등주 및 주철제 공원등주의 설치품은 해당 규격품의 120%. 단, 조립품은 [전기품셈 5-27의 가(Pole Light 인력 설치)]인 〈표 5.4-1〉 품의 45%.

〈표 5.4-3〉 가로등 기초(기성품) 설치 [전기품셈]　　　　　(단위 : 개소)

규 격	내선전공	보통인부	장비사용시간(hr)
가로등 높이 12m 이하	0.08	0.19	0.43

[주] 1. 터파기, 되메우기, 잔재처리, 높이 및 경사 조정 및 작업을 위한 준비사항 포함.

　　2. 현장조건에 따라 [전기품셈 1-34(기계장비 작업능력 산정)] (다) "전주세움 외 작업계수"를 증감 적용.

　　3. 기계경비는 해당 규격 장비 사용 별도 계상.

　　4. 장비사용시간은 굴착기 기준, 래머는 굴착기의 24% 별도 계상.

　　5. 철거 50%, 재사용 철거 80%, 이설은 180%.

　　6. 소규모 공사 시 [전기품셈 1 11-14(소단위작업 할증률)] 적용.

〈표 5.4-4〉 가로등 기초 조합앵커볼트 설치 [전기품셈]

규 격	단위	내선전공
가로등 기초 조합앵커볼트 설치	조	0.12

[주] 1. 가로등, 보안등, 공원 등의 등주 기초에 사용되는 4개의 앵커볼트를 1개 조합앵커볼트로 콘크리트 치기(콘크리트믹서트럭 사용)과 동시 설치 기준.
    2. 터파기, 잔토처리 및 조합앵커볼트 가공제작비 별도 계상.

〈표 5.4-5〉 지하매설식 가변형 지주커버 설치 [전기품셈] (단위 : 개소)

규 격	내선전공	보통인부
500×500×200mm 이하	0.07	0.07

[주] 1. 지주기초 위에 설치되는 경사조정이 가능한 가변형 지주커버 조립, 설치 기준.
    2. 가변형 지주커버 설치, 소운반, 높이 및 경사도 조정 포함.
    3. 보도블럭 등 마감재 철거 및 설치 필요시 별도 계상.
    4. 터파기, 되메우기, 잔토처리 별도 계상.
    5. 지주기초 설치 및 세움은 제외.
    6. 철거 50%, 재사용 철거 80%.

〈표 5.4-6〉 폴(Pole) 베이스커버 설치 [전기품셈] (단위 : 개)

공 종	내선전공
폴(Pole) 베이스커버 설치	0.033

[주] 1. 가로등, 보안등, 공원등 등의 폴(Pole) 하단에 베이스커버 설치 기준.
    2. 베이스커버의 고정 및 수평작업 포함.
    3. 현장교통정리 필요시 개소당 보통인부 0.017인 별도 계상.
    4. 철거 30%, 재사용 철거 50%.

〈표 5.4-7〉 폴(Pole) 기초앵커볼트캡 설치 [전기품셈] (단위 : 개소)

공 종	내선전공
4개 이하	0.018
8개 이하	0.035

[주] 1. 폴(Pole) 기초앵커볼트에 캡(Cap)을 설치하는 기준이며, 볼트캡 규격과 무관하게 적용.
    2. 현장교통정리 필요시 개소당 4개 이하는 보통인부 0.009인, 8개 이하는 보통인부 0.018인 별도 계상.
    3. 철거 30%, 재사용 철거 50%.

소형기초 잔디등은 [전기품셈 5-27-6(소형 기초(기성품) 인력 설치)], 팩타입 수목등은 [전기품셈 5-26-6(팩타입 수목등 설치)]에 의하여 다음과 같이 준용한다.

〈표 5.4-8〉 소형기초(기성품) 인력 설치 [전기품셈] (단위 : 개소)

규격(mm)	내선전공(인)
300×300×300이하	0.038

[주] 1. 기초 높이 조정 및 수평작업을 포함하며, 터파기, 되메우기, 잔토처리는 별도 계상.

　2. 현장교통정리 필요 시 개소당 보통인부 0.019인 별도 계상.

　3. 철거 30%, 재사용 철거 50%.

〈표 5.4-9〉 팩타입 수목등 설치 [전기품셈]　　　　　　　　　　　　　　　　　(단위 : 개)

공 종	내선전공(인)
팩타입 수목등 설치	0.067

[주] 1. 수목등을 지중에 팩을 사용하여 설치하는 기준이며, 램프 용량과는 무관하게 적용.

　　2. 등기구 조립·설치, 결선, 조명 각도 조절, 터파기, 되메우기, 잔토처리 포함.

　　3. 램프만 교체 시 설치품의 50% 적용.

　　4. 철거 30%, 재사용 철거 50%.

　　LED 등기구 설치는 가로등, 보안등, 투광등, 일반 등기구 및 선·롤형으로 구분하여 [전기품셈 5-26-1(LED 가로등기구 설치)], [전기품셈 5-26-3(LED 보안등기구 설치)], [전기품셈 5-26-4(LED 투광등기구 설치)], [전기품셈 5-25-3(LED 등기구 설치)], [전기품셈 5-26-5 (LED 등기구(선·롤형) 설치)]에 의하며, 에이밍은 [전기품셈 5-28(조명기구 에이밍 작업)]에 의하여 다음과 같이 적용한다.

〈표 5.4-10〉 LED 가로등기구 설치 [전기품셈]　　　　　　　　　　　　　　　　(단위 : 개)

종 별	내선전공
100W 이하	0.204
150W 이하	0.213
200W 이하	0.221
250W 이하	0.229

[주] 1. LED 등기구 일체형 기준(컨버터 내장형).

　　2. 소운반, 작업준비, 설치, 전원결선, 정리품 포함.

　　3. 세워진 Pole Light 등은 110% 적용.

　　4. 외장형 컨버터 별도 설치 시 0.105인 별도 계상.

　　5. LED 모듈 및 컨버터 교체시 (단위 : 개)

　　　• LED 모듈 : 내선전공 0.051(인)

　　　• 컨버터 내장형 : 내선전공 0.055(인)

　　　• 컨버터 외장형 : 내선전공 0.054(인)

　　6. 기계경비 필요시 별도 계상.

　　7. 철거 30%, 재사용 철거 50%.

〈표 5.4-11〉 LED 보안등기구 설치 [전기품셈]　　　　　　　　　　　　　　　　(단위 : 개)

종 별	내선전공
50W 이하	0.183
100W 이하	0.204

[주] 1. 등기구 일체형 기준(컨버터 내장형).

　　2. 등기구 조립·설치, 전원결선, 지지금구류 설치, 장내 소운반 및 잔재 정리 포함.

　　3. 보행등 및 공원등은 이 품을 준용. 단, Pole Light 설치 시 [선기품셈 5-27(Pole Light 설치)] 적용.

　　4. 외장형 컨버터 별도 설치 시 0.105인 별도 계상.

5. 컨버터 교체 시 0.15인 적용.

6. 철거 30%, 재사용 철거 50%.

7. 보안등을 전주에 부설시 직종은 배전전공 적용.

〈표 5.4-12〉 LED 투광등기구 설치 [전기품셈]　　　　　　　　(단위 : 개)

종 별	내선전공
100W 이하	0.208
150W 이하	0.269
250W 이하	0.325

[주] 1. 등기구 일체형 기준(컨버터 내장형).

　　2. 등기구 조립·설치, 전원결선, 지지금구류 설치, 장내 소운반 및 잔재 정리 포함.

　　3. 외장형 컨버터 별도 설치 시 0.105인 별도 계상.

　　4. 컨버터 교체 시 0.15인 적용.

　　5. 방폭형 20%.

　　6. 철거 30%, 재사용 철거 50%.

〈표 5.4-13〉 LED 등기구 설치 [전기품셈]　　　　　　　　(단위 : 개, 적용직종 : 내선전공)

종 별	직부등	펜던트	다운라이트	매입 및 반매입
15W 이하	0.117	0.158	0.155	-
25W 이하	0.138	0.163	0.182	-
35W 이하	0.163	0.213	0.208	0.242
45W 이하	0.221	0.249	-	0.263
55W 이하	0.254	-	-	0.306

[주] 1. 등기구 일체형 기준.

　　2. 등기구 조립·설치, 결선, 지지금구류 설치, 장내 소운반 및 잔재정리, 기준점 측정 포함.

　　3. 매입 또는 반매입 등기구의 천장 구멍뚫기 및 부착테 설치 별도 가산.

　　4. 이웃연결(연접) 설치 LED 등기구는 일체형일 경우 [전기품셈 5-25-1(배선회로 일체형 이웃연결 설치 등기구)] 준용, 별도형일 경우 [전기품셈 5-25-2(배선회로 별도형 이웃연결 설치 등기구)] 준용.

　　5. 높이 1.5m 이하의 Pole형 등기구는 직부등 품의 150% 적용하고 기초 설치는 별도품 준용.

　　6. 램프만 교체 시 해당 등기구 1등용 설치품의 10% 적용.

　　7. 철거 30%, 재사용 철거 50%.

　　8. 기타 사항은 [전기품셈 5-25(형광등기구)] 해설 준용.

〈표 5.4-14〉 LED 등기구(선·롤형) 설치 [전기품셈]　　　　　　　　(단위 : m, 개)

공 종		단위	내선전공
선(Line)형	지지금구 부착형, 1.2m 이하	개	0.057
	테이프 부착형, 1.2m 이하		0.031
롤(Roll)형	지지금구 부착형	m	0.057
	테이프 부착형		0.031

[주] 1. 지지금구 부착형은 지지금구(예 : ㄷ자형)를 고정 후, 선(Line)형 또는 롤(Roll)형 LED 등기구를 부착하는 기준.

　　2. 테이프 부착형은 양면테이프를 이용하여 선(Line)형 또는 롤(Roll)형 등기구를 부착하는 기준.

　　3. 컨버터 설치, 결선 포함.

　　4. 선(Line)형의 경우 개당 등기구의 길이가 1.2m 초과시 120% 적용.

5. 철거 30%, 재사용 철거 50%.

6. 기타 사항은 [전기품셈 5-25(형광등기구)] 해설 준용.

〈표 5.4-15〉 조명기구 에이밍 작업 [전기품셈]　　(단위 : 개)

규 격	전기공사산업기사	내선전공
방전등기구	0.016	0.016
LED 등기구	0.004	0.004

[주] 스포츠 시설 등에서 최적의 조명환경을 위하여 등기구 조사각도를 조정하는 기준.

　　광섬유 케이블 설치는 [통신품셈 4-1-1(광섬유 케이블 포설)]의 슬림형 내관포설, 광섬유 조광기는 [전기품셈 5-26(방전등기구 설치)]의 투광기를 다음과 같이 적용·준용한다. 광섬유 끝단발광은 [전기품셈 5-25-3(LED등기구 설치)]인 〈표 5.4-13〉의 다운라이트 설치 후 [전기품셈 5-28(조명기구 에이밍 작업)]인 〈표 5.4-15〉에 의하여 조율하며, 접속은 Joint Box의 재료와 [전기품셈 5-3(박스 설치)]의 플로어박스 설치 적용을 기본으로 [전기품셈 5-4(풀박스 설치)], [전기품셈 5-5(시스템박스 설치)]에 의하여 다음과 같이 적용한다.

〈표 5.4-16〉 광섬유케이블 포설 [통신품셈 발췌]

공 정	규 격	단위	통신외선공	보통인부
슬림형 내관포설	인력견인포설 (2조 이하)	100m	0.28	0.42

[주] 주기에 다수 내용이 있으므로 준용시에는 주기사항 참조.

〈표 5.4-17〉 방전등기구(형광등 제외) 설치 [전기품셈]　　(단위 : 개, 적용직종 : 내선전공)

종 별	100W 이하	200W 이하	250W 이하	300W 이하	400W 이하	700W 이하	1kW 이하	1kW 초과
투 광 기	1.23	1.47	1.50	1.65	1.68	2.04	2.27	2.50
직 부 등	0.35	0.40	0.45	0.45	0.48	0.56	0.61	0.66
현 수 등	0.38	0.44	0.495	0.495	0.53	0.62	0.67	0.72
매 입 등	0.47	0.54	0.61	0.61	0.65	-	-	-

[주] 1. 등기구, 안정기 설치 및 장내 소운반, 지지금구류 설치 포함. 다만, 안정기는 등기구에 내장 또는 근접설치 기준.

2. 안정기를 별도로 설치(Pole내 또는 근접설치 제외) 할 경우에는 400W 이하 0.25인, 700W 이상 0.35인 별도 계상.

3. 브래킷등은 현수등 품 준용.

4. Hood등 및 Pole Light등은 직부등 품에 110%.

5. 방폭형 200%.

6. 램프 교체는 0.05인, 글러브 교체는 0.025인, 안정기 교체는 0.15인.

7. 방전등(보안등 포함)을 전주에 부설 및 점검 시 직종은 배전전공을 적용하며, 동일 전주 등에 여러 등을 근접하여 설치 할 경우 2등은 180%, 3등은 240%, 4등은 280%, 4등 초과 시 매 1등 초과마다 40% 가산, 점검은 0.065인.

8. 2kW 투광기는 1kW 품의 140%.

9. 등기구 청소 시 외부청소만 할 경우 15%, 내부청소를 포함할 경우 30%.

10. 교량, 터널, 도로 등 교통전리원 필유시 부통인부와 위험할증은 별도 계상.

11. 철거 30%, 재사용 철거 50%.

〈표 5.4-18〉 박스(Box) 설치 [전기품셈] (단위 : 개)

종 별	내선전공
콘크리트 박스	0.12
Outlet 박스	0.20
스위치 박스 (2개용 이하)	0.20
스위치 박스 (3개용 이상)	0.25
노출형 박스 (콘크리트 노출기준)	0.29
플로어 박스	0.20
연결용 박스	0.04

[주] 1. 콘크리트 매입 기준.

2. 박스 위치의 먹줄치기, 첨부커버 포함.

3. 블록벽체 및 철근콘크리트 노출은 120%, 목조건물은 110%, 철강조 노출은 125%, 조적 후 배관 및 건축방음재(150mm이상)내 배관 시 130%.

4. 방폭형 및 방수형 300%.

5. 천정속, 마루밑은 130%.

6. 공동주택 및 교실 등과 같이 동일 반복공정으로 비교적 쉬운 공사의 경우는 90%.

7. 접지선 연결(Earth Bonding)은 나동선 1.6mm~2.0mm를 감아서 연결하는 것을 기준으로, 전선관 70mm 이하는 개소당 내선전공 0.01인, 70mm 초과는 개소당 내선전공 0.02인 계상하며, 접지클램프 사용 시는 [전기품셈 3-38(접지공사)]의 접지클램프 품 적용.

8. 기타 할증은 전선관 배관 준용.

9. 철거 30%.

〈표 5.4-19〉 풀박스(Pull Box) 설치 [전기품셈] (단위 : 개, 적용직종 : 내선전공)

규 격	천장면	벽 면
100×100×100mm 이하	0.04	0.17
250×250×200mm 이하	0.22	0.55
400×400×300mm 이하	0.35	0.66
700×700×400mm 이하	0.66	0.95
1,000×1,000×150mm 이하	0.95	1.23
1,200×1,200×150mm 이하	1.30	1.56
1,500×1,500×250mm 이하	2.50	3.00
2,000×2,000×300mm 이하	4.70	5.64

[주] 1. 콘크리트 매입 기준.

2. 벽면에 거푸집 설치 시는 별도 계상.

3. 기타 할증은 박스 설치 준용.

4. 철거 30%.

〈표 5.4-20〉 시스템박스(System Box) 설치 [전기품셈]

품 명	규격(폭×높이)	단위	내선전공
헤더 덕트 (Header Duct)	150×40	m	0.30
	200×40	m	0.40
	300×40	m	0.54

(표 계속)

〈표 5.4-20〉 시스템박스(System Box) 설치 [전기품셈]

품 명	규격(폭×높이)	단위	내선전공
시스템 박스	콘크리트매입 전선관용	개	0.63
	콘크리트매입 데크플레이트용	개	0.41
	액세스 플로어용	개	0.25

[주] 1. 콘크리트 매입 기준.
　　2. 박스·덕트 위치의 먹줄치기, 높이조정, 내부청소 및 덕트의 연결·절단, 박스커버 설치 포함.
　　3. 전선관배관, 박스내 콘센트 등의 부착물은 별도 계상.
　　4. 거푸집 사용 시는 별도 계상.
　　5. 덕트 등의 연결개소를 접지선으로 연결(Bonding)시는 개소 당 내선전공 0.02인 별도 계상.
　　6. 수직·수평 엘보 및 티형 헤더덕트는 개당 해당규격 직선 1m 품 적용.
　　7. 기타 할증은 박스 설치 준용.
　　8. 철거 30%.

　　전선관 배관은 [전기품셈 5-1(전선관 배관)]의 각종 전선관을, 이때 부속품률은 [전기품셈 5-2(전선관 부속품률)]에 의하여 다음과 같이 적용한다.

〈표 5.4-21〉 전선관 배관 [전기품셈]　　　　　　　　　　(단위 : m, 적용직종 : 내선전공)

규 격	합성수지 전선관	후강 전선관(G)	금속가요 전선관
14mm 이하	0.04	-	-
16mm 이하	0.05	0.08	0.044
22mm 이하	0.06	0.11	0.059
28mm 이하	0.08	0.14	0.072
36mm 이하	0.10	0.20	0.087
42mm 이하	0.13	0.25	0.104
54mm 이하	0.19	0.34	0.136
70mm 이하	0.28	0.44	0.156
82mm 이하	0.37	0.54	0.176
92mm 이하	0.45	0.60	0.196
104mm 이하	0.46	0.71	0.216
125mm 이하	0.51	-	-

[주] 1. 콘크리트 매입 기준.
　　2. 블록벽체 및 철근콘크리트 노출은 120%, 목조건물은 110%, 철강조 노출은 125%, 조적 후 배관 및 건축방음재(150mm이상)내 배관 시 130%.
　　3. 기존 콘크리트 노출 공사 시 앵커볼트 또는 칼블럭을 매입할 경우 설치품은 [전기품셈 5-29(옥내 잡공사)]에 의하여 별도 계상하고, 전선관 설치품은 매입 품으로 계상.
　　4. 천정속, 마루밑 공사 130%.
　　5. 관의 절단, 나사내기, 구부리기, 나사조임, 관내청소, 관통시험 포함.
　　6. 계장 배관공사도 이 품에 준함.
　　7. 방폭공사 시는 120%.
　　8. 폴리에틸렌 전선관 및 합성수지제 가요전선관(CD관)은 합성수지 전선관 품의 80%. 다만, 지름이 100mm 이상의 직관은 100%.
　　9. 합성수지 전선관 및 후강전선관을 지중매설 시는 해당품의 70%를 적용하며 굴착, 되메우기, 잔토처리는 별도 계상.
　　10. 여러개의 전선관을 동시에 배관하더라도 품의 가감 없이 각각의 전선관에 대하여 해당 품을 적용.
　　11. 공동주택 및 교실 능과 같이 동일 반복공정으로 비교적 쉬운 공사외 경우는 90%.
　　12. 접지선 연결(Earth Bonding)은 나동선 1.6mm~2.0mm를 감아서 연결하는 것을 기준으로 전선관 70mm 이하는 개소당 내선전공

0.01인, 70mm 초과는 개소당 내선전공 0.02인 계상하며, 접지클램프 사용시는 [전기품셈 3-38(접지공사)]의 접지클램프 품 적용.
13. 철거 30%, 재사용 철거 40%.
 ※ 나사 없는 전선관(E) / 박강 전선관(C)은 품셈 참조.

〈표 5.4-22〉 전선관 부속품률 [전기품셈]

품 명	부속품률
가요성 금속피(알루미늄, 스틸)케이블	10~15%
박강전선관, 후강전선관, 합성수지전선관(PVC)	15~20%
CD 전선관(주름관)	40%

[주] 1. 은폐 및 콘크리트 매입배관 기준.
　　2. 전선관 부속품에는 커플링, 붓싱, 커넥터, 로크너트를 포함.
　　3. 노멀밴드, 금속가요전선관 커넥터, 나사없는 전선관용 이음쇠는 실소요량을 별도 계상.
　　4. 특수한 장소에서 공사하는 경우에는 실소요량을 별도 계상.
　※ 전선관의 상호접속, 굴곡, 가공 및 전선관과 박스의 접속에는 많은 부속품을 필요로 하므로 부속품 가격은 전선관 가격에 부속푸률을
　　곱하여 얻어진 가격을 1식으로 계상한다. 단, 부속품슐은 건물의 크기, 용도(아파트, 복합건물, 공장, 사무실 등)에 따라 이 비율 범위
　　내에서 적절하게 적용한다.

5.5 놀이시설 (KCS 34 50 25)

1. 개요

놀이시설은 표준시방서에서 외부공간에 도입되는 놀이시설로 그 주요 내용을 규정하고 있다.

어린이놀이시설은 만10세 이하 어린이가 놀이를 위해 사용할 수 있도록 제조된 그네, 미끄럼틀, 공중놀이기구, 회전놀이기구 등으로서 대통령령으로 정한 어린이놀이기구가 설치된 놀이터로서 「어린이놀이시설 안전관리법」으로 관리되고 있다.

2. 놀이시설물 설치기준 (SH공사 설치기준)

가. 어린이놀이기구는 어린이놀이시설 안전관리법에 의한 안전검사기관으로부터 안전검사를 받거나 안전인증을 받은 시설을 설치하여야 한다.

나. 어린이놀이시설은 관리주체에 인도하기 전에 안전검사기관으로부터 설치검사를 받아야 한다.

다. 설치검사 수수료 산출은 어린이놀이시설 안전관리법 시행령 제9조의 부과 기준 및 안전행정부에서 고시한 수수료를 기준으로 별도 산출내역서를 작성하여 원가계산(이윤과 공급가액 사이)에 계상한다.

※ 설치검사 수수료 중 교통비항목 : 검사일수에 따라 산출하되, 아파트는 1일, 택지조경공사는 어린이 놀이시설이 설치된 단위공간에 따라 검사일수를 산정하고 공사 준공 시 실제 지출비

용에 따라 정산한다.

라. 택지조경공사의 경우 어린이놀이시설 배상책임보험료를 설치검사수수료 산출 시 합산하여 원가계산에 계상한다.

마. 어린이놀이터안내판에는 어린이놀이시설 안전관리법 시행령 제10조에 따라 검사확인표시판을 부착하며, 체계적 관리를 위해 놀이터마다 번호판을 부착하여야 한다.

3. 적용품셈

놀이시설은 기성품의 설치를 원칙으로 하며, 어린이 놀이시설 설치검사 수수료는「어린이 놀이시설 안전관리법」에 의거 예정가격 산정시 반드시 반영하여야 한다.

기타 적산기준은 재료별로 동일 또는 유사하므로 일반 자재는 [본서 5.1(조경시설물 공통)]의 콘크리트공사, 미장공사, 방수공사, 조적공사, 돌공사, 타일공사, 칠(도장)공사, 목공사, 철재 및 금속공사, 기타 시설공사 및 각 자재별 적산기준의 내용과 규정을 참조 적용·준용한다.

5.6 운동 및 체력단련시설 (KCS 34 50 30)

운동 및 체력단련시설은 표준시방서에서 옥외공간에 자유롭게 이용할 수 있도록 설치하는 실외체육시설으로 그 주요 내용을 규정하고 있다.

운동 및 체력단련시설은 기성품의 설치를 원칙으로 한다.

적산기준은 재료별로 동일 또는 유사하므로 일반적인 자재는 [본서 5.1(조경시설물 공통)]의 콘크리트공사, 미장공사, 방수공사, 조적공사, 돌공사, 타일공사, 칠(도장)공사, 목공사, 철재 및 금속공사, 기타 시설공사 및 각 자재별 적산기준의 내용과 규정을 참조 적용·준용한다.

5.7 수경시설 (KCS 34 50 35)

1. 개요

수경시설은 표준시방서에서 실내 및 실외공간에 물의 흘러내림(폭포, 벽천 등), 흐름(실개울, 수로 등), 고임(연못, 수조 등), 솟구침(분수 등)의 수경관 연출을 위한 자연·인공구조물의 설치 및 공간조성과 수경용수의 급수, 배수, 순환, 정수 및 수경연출 등을 위한 제반설비 설치로 그 주요 내용을 규정하고 있다.

2. 적용기준

수질오염방지시설, 배관/밸브, 기계설비, 전기설비, 방수/지수를 포함한다.

3. 적용품셈

가. 토공사는 [공통품셈 제3장(토공사)]를 기준으로 장비작업이 곤란하거나 소규모 또는 특별히 필요시 인력을 적용한다.

나. 수경시설 기반조성은 [공통품셈 제3장(토공사)]를, 콘크리트 구체는 [공통품셈 6-1-1(레미콘 타설)]을 기준으로 대규모는 [공통품셈 6-1-4(콘크리트 펌프차 타설)]을 고려한다.

다. 수경시설은 다양하게 제작할 수 있으며 그에 따른 조성방법과 재료도 다양할 수 있으므로 보편적인 공종·공법으로 정형화가 곤란한 경우에는 표준품셈 등의 유사기준을 최대한 준용하여 적정 예정가격을 산정할 수 있도록 적의 준용한다.

라. 일반적인 수경시설 노즐설치는 다음표에 의하며, 본 절에 기술되지 않은 전문공사는 본서의 타공종을 동일하게 적용·준용한다.

〈표 5.7-1〉 수경시설 노즐설치 (일반) [예시]　　　　　　　　　　　　　　　　(개소 당)

규 격	단위	배관공
15 A	인	0.190
25	인	0.228
50	인	0.274
100	인	0.329
150	인	0.658

[주] 본 품은 수경시설의 노즐을 설치한 후 각도조절, 연출 높이 및 연출 패턴을 조절하는 등의 시험 운전이 포함되어 있다.

마. 기후변화의 완화와 미세먼지 저감을 위한 증발냉방장치(Cooling Fog System) 미스트 등이 최근 각광받으며 다양하게 개발·적용되므로 이러한 수경복합시설 제 기준의 규정 마련이 필요할 것이다. 이러한 복합시설물은 일반 수경시설보다 복잡한 멀티구조로서 적산 계수가 필요하며, 기준의 수립 전까지는 적정 준용이 필요하겠다.

5.8 환경조형시설 (KCS 34 50 40)

표준시방서에서 환경조형시설은 기념비, 환경조각, 석탑, 상징탑, 부조, 환경벽화 등 예술적 작품성이 있는 시설을 조경공간 내에 설치하는 환경조형시설공사로 규정하고 있다.

5.8.1 기념비, 환경조각 등 예술조형물

도시 옥외공간 등 공적 공간의 예술작품은 주변 환경여건과의 조화를 고려하여 계획 조성한다.

쾌적한 옥외환경과 이용자의 미적욕구 충족 등을 위한 예술조형물은 적산기준 측면만으로 접근은 곤란하며, 예술적 측면의 별도 규정이 필요하다. 단 예술적 측면을 배제하는 경우 일반시설과 차이점의 구분이 곤란할 수 있으므로 재료와 기술항목만으로 규정할 때는 본서의 일반 규정을 참조 적용한다.

5.8.2 인조암

1. 개요

인공폭포, 인조바위, 점경물 등 석재형 인조물이다.

인조암 자재는 GRC(GFRC) 등이 주로 사용되며 과거 사용되던 FRP는 소재와 유지측면의 한계성 등으로 최근에는 이용이 제한되고 있다.

2. 적용기준

인조암은 시공 형태 및 조성 방법으로 패널형(Molde Casting)과 직조형(Rock Work)으로 구분된다. 패널형은 공장에서 제작한 패널을 현장에서 조립하는 공장제작 현장설치 형태이고, 직조형은 현장에서 형태를 직접 구성하고 제작한 후 뿜어붙이고 조각하는 일체화된 공정으로 구성·제작·설치한다.

인조암의 표면 곡면률은 제작 형태별로 다양하게 구성할 수 있으므로 적용기준으로 규정된 사항은 없으며, 곡면 형태별로 작품성과 작업 손실 등을 고려하여 20~60%를 주로 적용하고 있다. 곡면률은 굴곡과 바위 형태로 연출하며 일반적으로 단순 굴곡형은 20%, 보통 굴곡형은 40%, 복잡한 굴곡형은 60% 곡면률을 적용하고, 적층형 석재 연출 등 매우 복잡한 굴곡형은 100% 또는 그 이상의 곡면률을 적용하기도 한다. 이때 계획 및 설계의 곡면률은 시공후 실제 시공면적을 측정하여 정산함을 원칙으로 한다.

3. 적용품셈

인조암은 공장제작 현장설치인 패널형과 공장 형틀제작 현장 숏크리트(직조형)설치형으로 구분하여 표준품셈의 각 공종별 세부품을 적용·준용하거나 세부적인 품셈 적용의 어려움으로 일체화된 견적으로 처리한다.

패널형 인조암의 현장 설치 세부공정은 인조암 설치, 메탈라스 설치, 인조암 면마감, 칠공사(바탕 만들기, 기초도장, 도장 후 퍼티·연마, 연출도장) 등으로 구분하여 각 공종별 세부 품셈을 적용·준용한다.

〈**그림 5.8-1**〉 인조암(패널형) - 앵글구조물 설치

〈**그림 5.8-2**〉 인조암(패널형) - 내·외부철근작업

〈**그림 5.8-3**〉 인조암(패널형) - 패널설치/인조암면마감

〈표 5.8-1〉 인조암(패널형)공사 [품셈적용 산출]　(m² 당)

구 분	명 칭	규 격	단위	수 량
인조암 설치	석　　　공		인	0.39
	보 통 인 부		인	0.06
	크 　레 　인	10 ton	hr	0.43
메탈라스설치	메 탈 라 스	#900	m²	2.20
	미 장 공		인	0.056
인조암면마감	미 　장 　공	표면 마무리	인	0.00465
	미 　장 　공	모르타르 바름	인	0.08925
	보 통 인 부	모르타르 바름	인	0.08925
칠공사 (1) - 바탕만들기	도 　장 　공		인	0.012
	보 통 인 부		인	0.0012
칠공사 (2) - 기초도장	에멀션 페인트	KSM6010 1종2급	ℓ	0.256
	도 　장 　공		인	0.0648
	보 통 인 부		인	0.0312
칠공사 (3) - 도장후 퍼티·연마	도 　장 　공		인	0.006
	보 통 인 부		인	0.0012
칠공사 (4) - 연출도장	에멀션 페인트	KSM6010 1종2급	ℓ	0.296
	도 　장 　공		인	0.0792
	보 통 인 부		인	0.0144

[주] 공통사항

　1. 본 품은 공장에서 제작된 인조암 패널형의 현장설치로서 경사지형에 계획의도에 의하여 인조암 패널을 거치한 후 메탈라스 설치, 면 마무리, 칠공사를 수행하는 품이다.

　2. 인조암 패널의 곡면률에 따른 재료량은 계획에 의하여 20~100%를 적용하고 설치 후 정산을 원칙으로 한다.

　3. 패널 부착을 위한 고정물의 제작·설치가 필요한 경우 별도 적용한다.

[주] Ⓐ 인조암 설치

　1. 인조암 설치는 공장제작 120~160kg(약40kg/m²) 인조암 패널을 크레인, 윈치 등으로 거치한 후 용접 등으로 기반시설 또는 구조물과 인조암을 결합하는 작업이다.

　2. 인조암 설치는 [공통품셈 7-3-1(전석쌓기)]에서 굴착기는 크레인으로 변경 적용하고 설치인부는 300% 할증 준용하였다.

　3. 본 품은 사면길이 20m 경사도 1 : 2이하 기준으로 수직고 20m이상인 경우 [공통품셈 3-7-4의 2. 나(절토사면녹화 _ 식생기반재 뿜어붙이기)] 의 비고를 준용하여 사면길이 20~30m는 18%, 사면길이 30~50m는 24%, 사면길이 50m 이상은 30% 시공량에 할증률을 감한다.

　4. 인조암 내부 공극에 콘크리트를 채우는 경우에는 1m씩 타설 기준으로 [2015년 토목품셈 6-1-3(비탈면 구조물 콘크리트 타설)]의 1 : 1.2 보다 급한 경우인 (펌프차 0.26hr, 콘크리트공 0.29인, 보통인부 0.19인)/(m² 당)를 준용한다.

[주] Ⓑ 메탈라스 설치

　1. 본 품은 메탈라스 2겹 설치(내부 1.36m², 외부 0.65m²) 기준 품으로서 고정철물, 철근 및 채움 콘크리트 타설이 필요한 경우 별도 계상한다.

　2. 본 품은 [건축품셈 9-1-5(라스붙임)]에서 2겹으로 작업면의 굴곡 난이도를 고려하여 설치인부는 200% 할증 준용하였다.

[주] Ⓒ 인조암 면마감

　1. 본 품은 현장에서 조립된 패널 연결부의 미관을 고려한 이음새 부분의 마감 작업이다.

　2. 본 품에서 인조암 면마감 1차는 [건축품셈 9-1-4(표면 마무리)] 인력마감의 작업조건 대기 발생의 경우, 인조암 면마감 2차는 [건축품셈 9-1-2(모르타르 바름-3.6m초과 2회)]의 원주바름면인 시공량의 17%를 감하였으며, 공구손료 2%를 계상한다.

[주] Ⓓ 칠공사

　1. 본 품은 조형 전문가에 의하여 조형미와 주변환경에 조화되도록 기초도장 및 연출도장으로 자연스러운 색상을 연출하는 작업이다

　2. 본 품은 [건축품셈 11-1-1(콘크리트·모르타르면 바탕만들기)]+[건축품셈 11-2-3(수성페인트-뿜칠 2회)]+[건축품셈 11-1-5(도장후 퍼티 및 연마)]+[11-2-1(수성페인트-붓칠 3회)]에서 비고의 천장 기준으로 품을 20% 가산하였다.

3. 품셈 비고에 의하여 칠공사 ⑴-바탕만들기의 공구손료 등은 인력품의 3%, 칠공사 ⑵-기초도장의 공구손료 등은 인력품의 12%, 칠공사 ⑶-도장후 퍼티·연마의 공구손료 등은 인력품의 3%, 칠공사 ⑷-연출도장의 공구손료 등은 인력품의 2%를 계상한다.

현장 숏크리트형(직조형)인조암은 가설 및 기초철골공사, 철근Cage 제작설치, 인조암 조형 및 조각, 도장 및 마감으로 대별하고 각 공종별 세부 품셈을 적용·준용한다.

가설공사는 인조암 설치의 작업기반으로 강관비계 3개월을 적용한다.

기초 철골공사는 안정된 옹벽이나 소일네일 등에 인조암 지지용 철재 구조물을 설치하는 작업이다. 인조암 고정에 특별한 구조가 필요하거나 사면 안정이 필요한 경우에는 별도 계상한다.

철근Cage 제작설치는 바위형태 골격을 형성할 철근Cage를 공장에서 제작, 현장으로 운반한 후 철구조물에 연결 설치하는 작업이다. 설치시 추가 장비가 필요한 경우에는 별도 계상한다.

인조암 조형·조각은 기초뼈대인 철근Cage 상부에 구조용 숏크리트를 1차 뿜칠하고 미장용 숏크리트의 2차 뿜칠로 인조암 골격을 형성하며 뿜칠면이 바위형태를 이루도록 콘크리트 면을 조각 및 질감으로 표현한 후 양생하는 작업이다.

인조암 도장 및 마감은 양생된 숏크리트에 프라이머를 바르고 바탕도장인 뿜칠 2회와 퍼티·연마 후 붓칠 3회 세부도장으로 인조암을 섬세하게 연출하여 최종적으로 완성 마감하는 작업이다.

〈표 5.8-2〉 인조암(직조형)공사 #1 - 가설 및 기초철골공사 [품셈적용 산출]　　　　(m² 당)

구 분	명 칭	규 격	단위	수량
가 설 공 사	강 관 비 계	3개월	m²	1.00
기초철골공사	ㄱ 형 강	50×50×T6.0	ton	0.0209
	잡철물제작설치	현장제작설치, 일반철재	ton	0.0199
	녹막이페인트칠	2 회	m²	0.9435
	앵커 볼트 설치	φ16×L150	개소	1.00

[주] 공통사항
  1. 본 품은 인조암 설치의 작업기반인 가설 강관비계 및 인조암의 조형적 연출을 위한 골격기반인 기초철골공사이다.
  2. 사면 안정이 필요하거나 기초철골 고정에 특별한 구조가 필요한 경우에는 별도 적용한다.

[주] Ⓑ 기초철골공사
  1. 본 품은 옹벽이나 소일네일 등에 인조암 설치를 위하여 ㄱ형강 철재 구조물로 골격기반을 구성하는 작업이다.
  2. 본 품은 ㄱ형강 50×50×T6.0 규격을 @1200으로 전후면과 측면부에 사선형으로 용접 고정하는 기준으로서 형강의 규격이나 간격이 변경되는 경우에는 설계에 의하여 변경한다.
  3. 본 품의 잡철물 제작설치는 [건축품셈 8-3-1(잡철물 제작 및 설치 - 현장제작설치, 일반철재)], 녹막이 페인트칠은 [건축품셈 11-2-6(녹막이 페인트칠)], 앵커볼트설치는 [건축품셈 1-2-6(앵커 볼트 설치)]를 적용한다.

〈표 5.8-3〉 인조암(직조형)공사 #2 - Cage 제작·설치 [품셈적용 산출]　　　　(m² 당)

구 분	명 칭	규 격	단위	수량
철근 Cage 제작	이 형 철 근	φ10mm	ton	0.0043
	철 근 공 장 가 공	Type-Ⅱ (보통)	ton	0.0042
	구 갑 망 설 치	2겹	m²	1.00
	P E 망 설 치	1겹	m²	1.00

(표 계속)

〈표 5.8-3〉 인조암(직조형)공사 #2 - Cage 제작·설치 [품셈적용 산출]   (m² 당)

구 분	명 칭	규 격	단위	수량
철근 Cage 설치	고정철물(ㄱ형강)	50×50×T6.0	ton	0.0093
	잡철물제작및설치	규격철물설치, 일반철재	ton	0.008
	녹 막 이 페 인 트 칠	2회	m²	0.42
	연 결 Cage 제 작	철근 Cage 제작	m²	0.075
	부 착 망 설 치	T15cm	m²	1.00

[주] 공통사항

　1. 본 품은 인조암의 조형적 연출을 위한 조형기반인 Cage 제작 및 설치작업이다.

　2. 본 품의 작업은 철근 Cage 제작 - 운반 - 철근 Cage 설치 순으로 진행한다.

[주] © 철근 Cage 제작

　1. 본 품은 인조암의 조형적 연출을 위한 철근 Cage(4×2m)의 공장가공 작업이다.

　2. 철근 Cage는 상하 @250 간격, 좌우 @300 간격으로서 0.0043(ton/m²)의 기준량을 적용한다.

　3. 본 품의 철근가공은 3D기계에 의한 절곡으로 [공통품셈 6-2-4(철근_공장가공)]의 Type- II (보통)을 적용한다.

　4. 본 품의 구갑망설치, PE망설치는 [건축품셈 9-1-5(라스 붙임)]을 2겹, 1겹으로 준용한다.

[주] ⑩ 철근 Cage 설치

　1. 본 품은 인조암의 조형적 연출을 위하여 공장제작 된 철근 Cage를 현장에서 ㄱ형강 고정철물에 설치하는 작업이다.

　2. 본 품은 Cage를 철 구조물에 붙이기 위한 연결철물을 포함하며, 연결 Cage(4×2)의 둘레 0.1m가 겹쳐지도록 계상된 기준이다.

　3. 본 품의 잡철물 제작 및 설치는 [건축품셈 8-3-1(잡철물 제작 및 설치 - 규격철물 설치, 일반철재)], 녹막이페인트칠은 [건축품셈 11-2-6(녹막이 페인트칠)], 연결 Cage는 제작된 철근 Cage의 연결용으로서 철근 Cage 제작과 동일하게 적용하며, 부착망설치는 [공통품셈 3-7-4의 1(절토사면녹화 _ 부착망설치)]의 T15cm를 적용한다.

　4. 본 품은 사면길이 20m 경사도 1 : 2이하 기준으로 수직고 20m이상인 경우 [공통품셈 3-7-4의 2. 나(절토사면녹화_식생기반제 뿜어붙이기)]의 비고를 준용하여 사면길이 20~30m는 18%, 사면길이 30~50m는 24%, 사면길이 50m 이상은 30% 시공량에 할증율을 감한다.

〈표 5.8-4〉 인조암(직조형)공사 #3 - 인조암 조형 및 조각 [품셈적용 산출]   (m² 당)

구 분	명 칭	규 격	단위	수량
인조암뿜칠재 1차 (구조용)	레 　 미 　 탈	40kg/포 뿜칠용	kg	2.1367
	시 　 멘 　 트	40kg	kg	0.2136
	A 　 R 　 Glass	내알칼리성	kg	0.0358
	유 　 동 　 화 　 제		kg	0.4486
	C 　 L 　 A 　 Y	2500CPS	kg	0.5982
	S i o x i d 　 L D	실리카흄	kg	2.9911
	보 　 통 　 인 　 부	몰탈비빔	인	0.033
	숏 크 리 트 　 타 설	T50mm	m³	1
인조암뿜칠재 2차 (조형용)	레 　 미 　 탈	40kg/포 뿜칠용	kg	2.1367
	시 　 멘 　 트	40kg	kg	0.2136
	유 　 동 　 화 　 제		kg	0.4486
	C 　 L 　 A 　 Y	2500CPS	kg	0.5982
	S i o x i d 　 L D	실리카흄	kg	2.9911
	보 　 통 　 인 　 부	몰탈비빔	인	0.033
	숏 크 리 트 　 타 설	T50mm	m³	1

(표 계속)

〈표 5.8-4〉 인조암(직조형)공사 #3 - 인조암 조형 및 조각 [품셈적용 산출]　(m² 당)

구 분	명 칭	규 격	단위	수량
숏크리트 타설	취　부　기	18.65kW	hr	0.032
	공 기 압 축 기	21m³/min	hr	0.032
	트럭탑재형크레인	5ton	hr	0.032
	물　탱　크	5500ℓ	hr	0.032
	덤 프 트 럭	6ton	hr	0.032
	콘 크 리 트 믹 서	0.2m³ (3.5)	hr	0.032
	작 업 반 장		인	0.004
	콘 크 리 트 공		인	0.004
	기 계 설 비 공		인	0.004
	특 별 인 부		인	0.008
	보 통 인 부		인	0.008
뿜칠면 마감	견　출　공	콘크리트 면정리	인	0.0132
인 조 암 형 상 조 각	미 장 공		인	0.39
	연 마 공		인	1.17
	보 통 인 부		인	0.515
뿜칠면 양생	부 직 포		m²	1.10
	보 통 인 부	부직포깔기	인	0.003
	보 통 인 부	살 수	인	0.004

[주] 공통사항

  1. 본 품은 인조암의 골격기반인 Cage에 숏크리트를 뿜어붙이고 인조암 조형면을 형성하는 작업이다.

  2. 본 품의 작업은 철근 숏크리트 뿜칠 1차(구조용) - 숏크리트 뿜칠 2차(조형용) - 숏크리트 면마무리 - 인조암 형상 조각 - 뿜칠면 양생 순으로 진행한다.

  3. 본 품은 사면길이 20m 경사도 1 : 2이하 기준으로 수직고 20m이상인 경우 [공통품셈 3-7-4의 2. 나(절토사면녹화_식생기반제 뿜어붙이기)]의 비고를 준용하여 사면길이 20~30m는 18%, 사면길이 30~50m는 24%, 사면길이 50m 이상은 30% 시공량에 할증율을 감한다.

[주] Ⓔ Ⓕ 인조암 뿜칠재 1차(구조용), 2차(조형용)

  1. 본 품은 Cage 등에 숏크리트를 뿜어 붙여 기반구조와 인조암의 조형면을 형성하는 재료이다.

  2. 유리섬유는 강도 유지를 위하여 구조용 뿜칠재에만 배합한다.

  3. 본 품의 몰탈비빔은 [건축품셈 9-1-1(모르타르 배합)]을 적용한다.

[주] Ⓔ' Ⓕ' 숏크리트 타설 (구조용, 조형용)

  1. 본 품은 설치된 Cage에 1차(구조용), 2차(조형용) 숏크리트의 현장 타설 작업에 적용한다.

  2. 본 품은 [공통품셈 3-7-4의 2. 나(식생기반제 뿜어붙이기)]의 T5cm를 준용한다.

  3. 본 품은 작업특성을 고려하여 재료 배합을 위한 콘크리트 믹서를 추가 적용하고, 인조암 전문가에 의한 조형미와 연출작업의 총괄을 고려하여 작업반장을 추가하며, 조경공은 콘크리트공으로 대체하였다.

  4. 품셈 주기에 의하여 잡재료비는 주재료비의 3%, 공구손료는 인력품의 4%를 계상한다.

  5. 숏크리트 타설을 위한 기계기구 설치 및 해체는 [공통품셈 3-7-4의 2. 가(기계기구 설치 및 해체)]인 〈표 7.6-5〉를 적용한다.

[주] Ⓖ 뿜칠면 마감

  1. 본 품은 숏크리트 뿜칠면의 마무리 작업이다.

  2. 본 품은 [건축품셈 9-2-1(콘크리트면 정리)] 3.6m이하, 비고의 천장 기준으로 20%를 가산하였다.

  3. 품셈 비고에 의하여 공구손료 등은 인력품의 3%로 계상한다.

[주] Ⓗ 인조암 형상 조각

  1. 본 품은 인조암 형상으로 연출되도록 숏크리트 면을 조각하여 다듬는 작업이다.

  2. 본 품은 [2013년 건축품셈 15-4-3(인조석테라조 현장바름 및 갈기)]의 손갈기 벽을 고급마감일 때의 6회 갈기를 적용하고, 주기의 원주바름면 기준으로 미장공 및 연마공의 품을 30% 가산하였다.

[주] Ⓘ 뿜칠면 양생

  1. 본 품은 인조암의 양호한 형태적 구성으로 마감된 형상을 유지하기 위한 양생 작업이다.

  2. 본 품은 [공통품셈 2-11-1(건축물보양)] 부직포깔기와 [2022년 공통품셈 2-9-1(건축물 보양)] 살수양생으로 실시하는 기준이다.

〈그림 5.8-4〉 인조암(직조형) - 철근Cage 제작설치

〈그림 5.8-5〉 인조암(직조형) - 인조암 뿜칠작업

〈그림 5.8-6〉 인조암(직조형) - 인조암 조형 및 조각

〈그림 5.8-7〉 인조암(직조형) - 인조암 아트페인팅 작업

〈표 5.8-5〉 인조암(직조형)공사 #4 - 도장 및 마감 [품셈적용 산출] (m² 당)

구분	명칭	규격	단위	수량
칠 바탕만들기	도 장 공		인	0.012
	보 통 인 부		인	0.0012
프라이머 바름	프 라 이 머	믹싱리퀴드	ℓ	0.60
	도 장 공		인	0.011
	보 통 인 부		인	0.005
인조암 도장 (1) - 바탕도장	에멀젼 페인트	KSM6010 1종2급	ℓ	0.256
	도 장 공		인	0.00648
	보 통 인 부		인	0.00312
도 장 후 퍼 티 · 연 마	도 장 공		인	0.006
	보 통 인 부		인	0.0012
인조암 도장 (2) - 마감도장	에멀젼 페인트	KSM6010 1종2급	ℓ	0.296
	도 장 공		인	0.0792
	보 통 인 부		인	0.0144

[주] 공통사항

  1. 본 품은 인조암의 조형적 연출면 완성을 위하여 양생 숏크리트면을 조정하고 도장으로 인조암 형상을 최종 완성하는 작업이다.

  2. 본 품의 작업은 칠 바탕 만들기 - 프라이머 바름 - 인조암 바탕도장 - 도장 후 퍼티·연마 - 인조암 마감도장 순으로 진행한다.

  3. 특수한 형상의 마무리 가공이나 조각물 등은 별도 계상한다.

[주] ⓙ 칠 바탕 만들기

  1. 본 품은 인조암 바위 형상 및 재질을 연출하는 도장을 위하여 칠 바탕을 만드는 작업이다.

  2. 본 품은 거친 숏크리트 면의 바탕처리, 퍼티 및 연마 작업으로서 [건축품셈 11-1-1(콘크리트·모르타르면 바탕만들기)]의 비고에 의하여 천장 기준으로 20%를 가산하였다.

  3. 품셈 주기에 의하여 공구손료는 인력품의 3%로 계상한다.

[주] ⓚ 프라이머 바름

  1. 본 품은 인조암 형상 골격인 거친 숏크리트 면의 바위재질 형태로의 순화를 위하여 칠 바탕에 프라이머를 칠하는 작업이다.

  2. 본 품은 [건축품셈 6-1-2(방수프라이머 바름)]에서 방수공은 도장공으로 변경 준용하였다.

  3. 품셈 주기에 의하여 공구손료는 인력품의 2%로 계상한다.

[주] ⓛ 인조암 바탕도장, ⓝ 인조암 마감도장

  1. 본 품은 인조암 바위 재질의 전반적인 연출을 위한 바탕도장 및 마감도장 작업이다.

  2. 본 품은[건축품셈 11-2-3(수성페인트-뿜칠 2회)], [건축품셈 11-2-1(수성페인트-붓칠 3회)]의 비고에 의하여 천장 기준으로 20%를 가산하였다.

  3. 품셈 주기에 의하여 인조암 도장(1) 바탕도장의 공구손료 등은 인력품의 12%, 인조암 도장(2) 마감도장의 공구손료 등은 인력품의 2%로 계상한다.

[주] ⓜ 도장 후 퍼티·연마

  1. 본 품은 인조암 바위 재질의 최종적 연출을 위한 바탕도장면의 퍼티 및 연마 작업이다.

  2. 본 품은 [건축품셈 11-1-5(도장 후 퍼티 및 연마)]의 비고에 의하여 천장 기준으로 20%를 가산하였다.

  3. 품셈 주기에 의하여 공구손료 등은 인력품의 3%로 계상한다.

5.9 조경석 (KCS 34 50 45)

표준시방서에서 옥외 또는 옥내의 조경공간에 자연석, 가공석 및 인조암을 이용하여 경관을 조성하는 조경석으로 규정하므로, 공통품셈 조경공사의 조경구조물로 분류된 정원석과 조경 유용석의 쌓기 및 놓기를 적용한다.

치장용 석재는 [본서 5.1.5(돌공사)]에서 마감면 치장 공종으로 석재의 가공, 쌓기 및 깔기, 붙임 등을 별도 분류하므로 해당 항목을 참조 적용한다.

1. 개요

자연석이란 인공을 가하지 않은 천연상태 돌, 가공석이란 원석이나 깬 돌을 가공한 돌로서 가공 자연석(굴림자연석)과 현장유용석으로 구분된다.

조경석 쌓기 및 놓기는 질감, 색채, 무늬 등이 우수한 조경용 석재를 이용 목적이나 장식적으로 설치하는 것이다. 쌓기용 조경석은 보통 목도수(2~20목)로 호칭되며, 놓기용 조경석은 중량(1.0~2.6톤)을 기준으로 일부는 목도수로도 사용되고 있다.

2. 적용기준

조경석 쌓기는 높이×뒷길이×길이×실적률×비중의 산식으로 중량을 적용하며, 뒷채움용 잡석이 있는 경우에는 별도 적용한다.

이때 높이는 사면높이(또는 수직높이×사면 기울기)로 사면의 안정을 위하여 땅속에 묻히는 부분도 계상하여야 하며, 뒷길이는 설계서에 의하되 일반적으로 석재의 중간 규격으로 한다. 실적률은 70%를 표준으로 중첩도가 높은 경우 실적률이 높아지므로 적용에 유의하며, 비중은 [표준품셈 1-2-4의 3(재료의 단위중량)]의 화강암 $2,600 \sim 2,700(kg/m^3)$이므로 그 중간값인 $2.65(ton/m^3)$를 기준으로 한다.

- 조경석(400×500×600)쌓기 높이1m(지상노출)의 길이1m당 중량 계산 (예)

    H1.2(m)×뒷길이0.5(m)×L1.0(m)×0.7(실적률)×2.65(ton/m^3) = 1.113(Ton)

조경석 쌓기량은 편의상 규격화된 산출량으로서 실제 설치시에는 실적률과 비중 및 중량에 의하여 차이가 발생되므로 현장에 실제 반입되는 자료와 설치된 조경석 쌓기 시공완료 후의 실중량으로 정산함을 원칙으로 한다.

3. 적용품셈

조경석 쌓기 및 놓기는 [공통품셈 4-4-1(정원석 쌓기 및 놓기)], 현장 유용석으로 단순한 형태의 사면 조성은 [공통품셈 4-4-2(조경유용석 쌓기 및 놓기)]에 의하여 다음과 같이 적용한다.

특별히 인력으로 조경석을 쌓거나 장비 사용이 곤란한 경우에는 [2002년 토목품셈 4-6-1(정원석 놓기)]에 의하여 다음과 같이 준용한다.

〈표 5.9-1〉 정원석 쌓기 및 놓기 [공통품셈]　　　　　　　　　　　　　　　　(ton 당)

구 분	규격	단위	수 량			
			쌓 기		놓 기	
			20ton미만	20ton이상	20ton미만	20ton이상
조 경 공		인	1.212	1.040	0.968	0.836
굴 착 기	0.7m³	hr	0.657	0.684	0.657	0.684

[주] 1. 본 품은 수석, 자연석 또는 조경석을 단독 또는 무리로 설치하여 미관이 고려된 경관(글자석, 상징석 등)을 조성하는 경우에 적용한다.
　　2. 본 품은 다짐 및 정지 작업을 포함한다.
　　3. 지형 등 작업의 난이도에 따라 20%까지 가산할 수 있다.
　　4. 공구손료는 인력품의 3%로 계상한다.
　　5. 사이목 식재는 별도 계상한다.

〈표 5.9-2〉 조경유용석 쌓기 및 놓기 [공통품셈]　　　　　　　　　　　　　　　　(일 당)

구 분	규 격	단위	수량	시공량(ton)
조 경 공		인	1	
석 　 　 공		인	3	13
굴 착 기	0.6m³	대	1	

[주] 1. 본 품은 조경석이나 현장유용석을 활용하여 긴 선형의 화단, 수로 경계 등의 수직 방향의 사면을 조성하는 경우에 적용한다.
　　2. 본 품은 위치선정, 쌓기 및 놓기, 다짐 및 정지 작업을 포함한다.
　　3. 석재 운반비 및 사이목 식재 비용은 별도 계상한다.
　　4. 부착용 집게를 사용하는 경우 기계손료를 추가 계상하고 시공량은 동일하게 적용한다.

〈표 5.9-3〉 정원석 석축공 (인력) [2002년 토목품셈]　　　　　　　　　　　　　　　　(ton 당)

구 분	조경공(인)	보통인부(인)
쌓 　 기	2.50	2.50
놓 　 기	2.00	2.00

[주] 1. 본 품에는 다짐 및 정지 품이 포함된다.
　　2. 운반비는 별도 가산한다.
　　3. 지형 등 작업의 난이도에 따라 20%까지 증감할 수 있다.
　　4. 본 품은 평지에 자연석 또는 수석을 기술적으로 배치하여 경관을 조성하는 경우이다.
　　5. 여기에 정원석이란 2목도 이상 되는 돌을 말한다.

　디딤돌 놓기 등 조경공사에 사용하는 석재의 일반 설치는 [공통품셈 4-4-1(정원석 쌓기 및 놓기)]인 〈표 5.9-1〉을 준용하며, 소량이거나 특별히 기계 시공 곤란시 인력시공인 [2002년 토목품셈 4-6-1(정원석 놓기)]인 〈표 5.9-3〉을 준용한다.

5.10 조경 급배수 및 관수 (KCS 34 50 65)

　조경공사는 이용자 편의는 물론 식물 생존에 필수적인 수분을 공급하는 급수·관수계획 및 시설과 지형의 양호한 상태 유지를 위한 배수계획의 수립이 필요하다. 더 나아가 급수·관수 및 배수계획이 유지관리 측면에서는 가장 중요한 부분 중 하나이다.

급·배수 관로의 부설·접합 및 집배수 등 관련 시설물의 설치 기준인 급배수 기반공사, 급수공사, 관수공사, 배수공사, 부대공사는 다음과 같다.

조경공사에 적용이 미미하여 기술되지 않은 항목은 [토목품셈 제6장(관부설 및 접합공사)]의 1. 공통사항, 2. 주철관, 3. 강관, 4. PVC관, 5. PE관, 6. 원심력 철근콘크리트관, 7. 기타관, 8. 밸브 및 [설비품셈 제1장(배관공사)]의 1. 강관, 2. 동관, 3. 스테인리스 강관, 4. 주철관, 5. 경질관, 6. 연질관, [설비품셈 제9장(기타공사)] 및 [유지관리품셈 제4장(기계설비)]의 내용을 참조 적용한다.

5.10.1 급배수 기반공사

1. 개요

급·관수 및 배수공은 동결심도를 감안하여 지표부터 관 상단까지의 매설심도를 유지하여야 하며, [LH공사] '토목공사 보도부 기준 준용'인 다음 매설심도 최소깊이를 준용한다.

〈표 5.10-1〉 관로매설 최소깊이 [LH공사]

구 분	지 역	심도
급 수 공	서울, 인천, 수원, 춘천, 충주, 청주, 제천 등 중부권	1.2m 이상
	대전, 천안, 안동 등 대전권	1.0m 이상
	강릉, 대구, 부산, 군산, 광주, 전주, 목포 등 남부·영동권	0.9m 이상
배 수 공		1.0m 이상

[주] 본 관로의 매설심도 최소깊이는 토목공사 보도부 기준을 준용한 것이다.

2. 적용범위

관로 및 급배수시설물 설치를 위한 토공사는 관로계획도서, 표준단면 및 제반 지침에 의하며 성토 및 부토 등이 고려된 마감면(FL)을 기준으로 한다.

[토목품셈 6-1(공통사항)]의 1. 적용기준 및 범위는 다음과 같다.

- 본 장은 상수, 하수 등 신설 및 유지보수 공사를 대상으로 한다.

- 관부설 및 접합공사는 일반화된 관종 및 공법 기준이며, 관의 재질 및 접합 방식이 유사한 관에는 본 품을 준용할 수 있다.

- 관부설 및 접합공사에는 위치 및 높이 확인, 관로표시테이프 부설 작업을 포함한다.

- 굴착공사, 기초공사, 관보호공, 복구공사는 별도 계상한다.

- 교통통제 및 안전처리를 위한 인력은 제외되어 있으며, 필요시 배치인원은 현장조건(교통상

황, 통제시간 및 범위 등)을 고려하여 별도 계상한다.

- 도면작성 또는 성과 확인을 위한 별도의 측량 작업은 제외되어 있다.

- 양수 발생 시 양수작업에 소요되는 비용은 별도 계상한다.

- 관부설 및 접합공사는 토공사(굴착 및 복구공사 등)에 영향을 받아 시공되는 기준으로 현장의 시공조건을 고려하여 인력 및 장비 품에 다음과 같이 요율을 적용할 수 있다. 본 요율은 관부설 및 접합(강관도장 포함)에 적용한다.

〈표 5.10-2〉 관부설 및 접합공사 _ 시공조건 요율 [토목품셈]

구 분	내 용	요율	
		품	시공량
시공조건 A	- 당일 굴착 및 복구공사에 영향을 받으며 시공하는 현장 - 통행제한, 지장물(매립물 등) 등으로 인해 연속적인 굴착이 불가능하여 굴착과 관부설 및 접합을 병행하여 반복적으로 시공하는 경우	-	-
시공조건 B	- 당일 굴착 및 복구공사에 영향을 받으며 시공하는 현장 - 굴착 작업이 분리 선행되어 부실 및 접합을 연속적으로 시공하는 경우	75%	133%
시공조건 C	- 굴착 및 복구공사의 영향없이 시공하는 현장 - 선행작업(굴착공사 또는 기초공사)이 완료된 상태의 개착 구간으로 부설 및 접합을 단독으로 시공하는 경우	50%	200%

- 주택가, 번화가 등 이와 유사한 현장에서 연속적인 작업이 불가능한 관부설 터파기 토공사는 [공통품셈 제3장(토공사) 3-2-4 터파기(기계)]를 참고하여 적용한다.

3. 적용품셈

관로의 토공사는 2025년 변경된 토공사 품셈을 기준으로 [LH공사] 기준인 〈표 5.10-3〉을 준용하여 빗물받이 등 소규모는 인력을 적용할 수 있으며, 현장여건으로 조정할 수 있다.

조경공사는 우수관로가 기존 또는 연관공사 집수시설에 연결되는 지선으로서 연장이 짧고 타 공종의 간섭이 많으므로 300mm 미만 관로는 연결관 적용을 원칙으로 한다.

관로 등의 터파기는 토공사 기준에 의하되 일반적으로 1 : 0.3 기울기로서 여유폭은 0.3m를 기준으로 한다. 관로의 터파기 최소폭은 0.75m를 기준으로, 기계 터파기에서 사용기계의 버킷폭보다 전폭이 적은 경우 버킷폭으로 할 수 있다. 하수관 연결부는 종모양 터파기를 원칙으로 하되, 관기초 설치시는 예외로 한다. 기계사용 터파기는 바닥면 고르기를 전바닥에 적용하되, 관기초 설치시에는 예외로 한다.

급배수관은 설계도서에 의하여 관의 기초와 경고테이프를 설치한다. 콘크리트 기초는 콘크리트공사에 의하며, 기초부 모래부설은 [공통품셈 3-2-1(굴착-인력/토사)] 비고의 잔토처리인 0.2 (인/m³)를 적용하는 [LH공사] 기준을 준용한다.

〈표 5.10-3〉 관로 토공사 적용기준 [LH공사]

구 분	관 로		상수관로	기타 시설	
	우수관로		상수관로	맨홀, 집수정 등	빗물받이
터 파 기	• 본관 : 기계 • 연결관 : 인력30% + 기계70%		기 계	기 계	인 력
되메우기 및 다짐	• 바닥면 다짐 : 기계 • 관 상단까지 : 인력 흙 다지기 (인력+기계) • 나머지 : 기계되메우기 + 기계다짐		기 계	인 력
잔토처리	• 인력30% + 기계70%				인 력

[주] 1. 기계 규격은 시공규모, 시공성, 현장여건 등을 감안하되 일반적으로 터파기 등 토공은 백호우(0.4m³), 다짐은 콤팩터 1.5톤 기준이다.

　　2. 콤팩터(1.5ton) 다짐의 바닥면(m²)당 작업조건은 보통, 다짐횟수 4회이며, 되메우기 흙(m³)당 작업조건은 보통, 다짐횟수 3회, T=0.3(펴는 흙의 두께) 기준이다.

5.10.2 조경 급수·관수공사

1. 개요

급수원은 상수와 중수로 구분된다.

상수는 사람이 음용하거나 접촉하는 경우 적용하고, 중수의 사용시에도 사람이 간접 접촉할 수 있는 경우에는 반드시 여과 후 사용하여야 한다. 급수원에는 통제 장치를 설치하고, 관계자 외에는 접근을 제한한다.

2. 적용범위

옥내외 조경공간인 관리사무소, 화장실, 음수전, 수경시설 및 시설 유지관리에 필요한 관수시설 등의 급수공사에 적용한다.

조경공사에 주로 적용되는 부설은 배관 품셈 비고란의 10% 감하는 기준을 적용하며, 설비공사와 [LH공사]의 기준을 준용하여 잡재료 및 소모재료는 주재료비의 3%, 공구손료는 인건비의 2% 계상을 기준으로 한다.

3. 적용품셈

스텐인리스 강관, 강관, PE관, 밸브, 펌프 및 장치설치의 주요내용은 다음과 같다.

가. 스테인리스 강관

스테인리스 강관은 [설비품셈 1-3(스테인리스 강관)]의 1. 용접접합, 2. 용접배관, 3. 그루브조인트식 접합 및 배관, 4. 프레스식 접합 및 배관, 5. 주름관 접합 및 배관에 의하여 다음과 같이 적용한다.

〈표 5.10-4〉 스테인리스 강관 _ 용접접합 [설비품셈]　　　　　(용접개소 당)

규격(mm)	용접공(인)	규격(mm)	용접공(인)
φ6	0.036	65	0.119
8	0.040	80	0.135
10	0.045	90	0.151
15	0.050	100	0.167
20	0.057	125	0.199
25	0.066	150	0.231
32	0.077	200	0.295
40	0.084	250	0.359
50	0.099	300	0.423
비 고	- 자체 추진 고소작업대(시저형) 시공의 경우 20%를 감한다.		

[주] 1. 본 품은 TIG용접으로 배관용 스테인리스 강관을 접합하는 기준이다.

　　2. 공구손료 및 경장비(절단기, 자체 추진 고소작업대(시저형) 등) 기계경비는 4%를 계상하고, 고소작업대(시저형)시공의 경우 13%를 계상한다.

　　3. 용접접합에 필요한 자재는 별도 계상한다.

　　4. 자체 추진 고소작업대(시저형)의 이동을 위한 크레인, 지게차 등의 비용은 별도 계상한다.

〈표 5.10-5〉 스테인리스 강관 _ 용접 소모재료 [설비품셈]　　　　　(용접개소 당)

규격(mm)	용접봉(kg)	Argon(ℓ)	규격(mm)	용접봉(kg)	Argon(ℓ)
φ15	0.007	64	90	0.257	565
20	0.013	95	100	0.313	699
25	0.020	129	125	0.443	1,098
40	0.040	191	150	0.601	1,285
50	0.055	265	200	1.007	2,170
65	0.168	343	250	1.455	3,060
80	0.213	430	300	2.070	3,945

〈표 5.10-6〉 스테인리스 강관 _ 용접배관 [설비품셈]　　　　　(일 당)

구 분	단위	수량	관규격(mm)	시공량(m)
배　관　공 보　통　인　부	인 인	3 1	φ6	127
			8	123
			10	103
			15	95
			20	82
			25	58
			32	48
			40	45
			50	35

(표 계속)

〈표 5.10-6〉 스테인리스 강관 _ 용접배관 [설비품셈]　　(일 당)

구 분	단위	수량	관규격(mm)	시공량(m)
배 관 공 보 통 인 부	인 인	3 1	65 80 90 100 125 150	30 25 20 18 14 12
배 관 공 보 통 인 부	인 인	4 1	200 250 300	11 8 6
비 고			- 자체 추진 고소작업대(시저형)시공의 경우 시공량의 26%를 가산한다. - 시공위치에 따라 다음과 같이 계상한다. (시공량의 요율) • 화장실 배관 : -17% • 기계실 배관 : -23% • 옥외배관(암거내) : +11%	

[주] 1. 본 품은 배관용 스테인리스 강관의 옥내일반배관 기준이다.
2. 인서트(거푸집용), 지지철물설치, 절단, 배관(가용접), 배관시험을 포함한다.
3. 밸브류 설치품은 [설비품셈 5-1-1(일반밸브 및 콕류 설치)]를 적용하고, 관이음부속류의 설치품은 본 품에 포함되어 있다.
4. 현장여건에 따라 콘크리트용 인서트를 사용할 경우 [건축품셈 8-1-4(인서트(Insert) 설치)]를 따른다.
5. 단열 지지대 및 관 지지대 설치 시에는 별도 계상한다.
6. Bending 가공이 필요한 경우에는 별도 계상한다.
7. 공구손료 및 경장비(절단기, 자체 추진 고소작업대(시저형) 등) 기계경비는 2%를 계상하고, 고소작업대(시저형)시공의 경우 10%를 계상한다.
8. 자체 추진 고소작업대(시저형)의 이동을 위한 크레인, 지게차 등의 비용은 별도 계상한다.

〈표 5.10-7〉 스테인리스 강관 _ 그루브조인트식 접합 및 배관 [설비품셈]　　(일 당)

구 분	단위	수량	관규격(mm)	시공량(m)
배 관 공 보 통 인 부	인 인	3 1	25 32 40 50 65 80 90 100 125 150	57 45 40 30 26 20 18 15 12 10
배 관 공 보 통 인 부	인 인	4 1	200 250 300	9 7 6

(표 계속)

〈표 5.10-7〉 스테인리스 강관 _ 그루브조인트식 접합 및 배관 [설비품셈]　　　　　　　(일 당)

구 분	단위	수량	관규격(mm)	시공량(m)
비 고	- 자체 추진 고소작업대(시저형)시공의 경우 시공량의 26%를 가산한다. - 시공위치에 따라 다음과 같이 계상한다. (시공량의 요율) 　• 화장실 배관 : -17% 　• 기계실 배관 : -23% 　• 옥외배관(암거내) : +11%			

[주] 1. 본 품은 배관용 스테인리스 강관의 옥내일반배관 기준이다.

　　2. 인서트(거푸집용), 지지철물설치, 절단, 그루브 홈가공, 배관 및 그루브 접합, 배관시험을 포함한다.

　　3. 밸브류 설치품은 [설비품셈 5-1-1(일반밸브 및 콕류 설치)]를 적용하고, 관이음부속류의 설치품은 본 품에 포함되어 있다.

　　4. 현장여건에 따라 콘크리트용 인서트를 사용할 경우 [건축품셈 8-1-4(인서트(Insert) 설치)]를 따른다.

　　5. 단열 지지대 및 관 지지대 설치 시에는 별도 계상한다.

　　6. 공구손료 및 경장비(절단기, 자체 추진 고소작업대(시저형) 등) 기계경비는 2%를 계상하고, 고소작업대(시저형)시공의 경우 10%를 계상한다.

　　7. 자체 추진 고소작업대(시저형)의 이동을 위한 크레인, 지게차 등의 비용은 별도 계상한다.

〈표 5.10-8〉 스테인리스 강관 _ 프레스식 접합 및 배관 [설비품셈]　　　　　　　(일 당)

구 분	단위	수량	관규격(mm)	시공량(m)
배 관 공 보 통 인 부	인 인	3 1	13SU 20 25 30 40 50 60 75 80 100	80 60 50 40 35 32 25 21 16 14
비 고	- 자체 추진 고소작업대(시저형)시공의 경우 시공량의 26%를 가산한다. - 시공위치에 따라 다음과 같이 계상한다. (시공량의 요율) 　• 화장실 배관 : -17% 　• 기계실 배관 : -23% 　• 옥외배관(암거내) : +11%			

[주] 1. 본 품은 일반 배관용 스테인리스 강관의 옥내일반배관 기준이다.

　　2. 인서트(거푸집용), 지지철물설치, 절단, 배관 및 프레스 접합, 배관시험을 포함한다.

　　3. 밸브류 설치품은 [설비품셈 5-1-1(일반밸브 및 콕류 설치)]를 적용하고, 관이음부속류의 설치품은 본 품에 포함되어 있다.

　　4. 현장여건에 따라 콘크리트용 인서트를 사용할 경우 [건축품셈 8-1-4(인서트(Insert) 설치)]를 따른다.

　　5. 단열 지지대 및 관 지지대 설치 시에는 별도 계상한다.

　　6. Bending 가공이 필요한 경우에는 별도 계상한다.

　　7. 공구손료 및 경장비(절단기, 자체 추진 고소작업대(시저형) 등) 기계경비는 2%를 계상하고, 고소작업대(시저형)시공의 경우 10%를 계상한다.

　　8. 자체 추진 고소작업대(시저형)의 이동을 위한 크레인, 지게차 등의 비용은 별도 계상한다.

〈표 5.10-9〉 스테인리스 강관 _ 주름관 접합 및 배관 [설비품셈]   (일 당)

구 분	단위	수량	시공량(m)	
			φ15mm	φ20mm
배 관 공	인	2	50	45
보 통 인 부	인	1		
비 고	- 자체 추진 고소작업대(시저형)시공의 경우 시공량의 26%를 가산한다.			

[주] 1. 본 품은 스테인리스 주름관의 옥내일반배관 기준이다.

   2. 인서트(거푸집용), 지지철물설치, 절단, 배관 및 접합, 배관시험을 포함한다.

   3. 현장여건에 따라 콘크리트용 인서트를 사용할 경우 [건축품셈 8-1-4(인서트(Insert) 설치)]를 따른다.

   4. 단열 지지대 및 관 지지대 설치 시에는 별도 계산한다.

   5. 공구손료 및 경장비(절단기, 자체 추진 고소작업대(시저형) 등) 기계경비는 2%를 계상하고, 고소작업대(시저형)시공의 경우 10%를 계상한다.

   6. 자체 추진 고소작업대(시저형)의 이동을 위한 크레인, 지게차 등의 비용은 별도 계상한다.

나. 강관

강관은 [토목품셈 6-3(강관)]의 1. 부설, 2. 용접 접합[51], 4. 절단, [설비품셈 1-1(강관)]의 1. 용접접합, 2. 용접배관, 3. 나사식 접합 및 배관, 4. 그루브조인트식 접합[52] 및 배관에 의하여 다음과 같이 적용한다. 강관 도장은 필요시 품셈을 참고 적용한다.

〈표 5.10-10〉 강관 _ 부설 [토목품셈]   (일 당)

구 분	단위	수량	관경(mm)	시공량(본)
			125이하	14
			150	13
			200	12
			250	11
배 관 공 (수도)	인	2	300	10
보 통 인 부	인	1	350	10
양 중 장 비	대	1	400	9
			450	8
			500	7
			600	6
			700	5
비 고	- 인력에 의한 부설을 수행하는 경우 다음 품을 적용한다. • 관경 80(mm) = 배관공(수도) 2(인), 보통인부 1(인) : 시공량 8(본) • 관경100(mm) = 배관공(수도) 2(인), 보통인부 1(인) : 시공량 6(본) • 관경125(mm) = 배관공(수도) 3(인), 보통인부 1(인) : 시공량 7(본) • 관경150(mm) = 배관공(수도) 3(인), 보통인부 1(인) : 시공량 6(본) • 관경200(mm) = 배관공(수도) 4(인), 보통인부 1(인) : 시공량 5(본) • 관경250(mm) = 배관공(수도) 4(인), 보통인부 1(인) : 시공량 4(본)			

---

51) 용접 접합의 겹치기용접은 벨엔드용접이며, 베벨엔드용접은 수평으로 맞대어 접합하는 방법이다.

52) 그루브조인트 접합은 무용접 형태로 유동식조인트재를 감싸서 접합하는, 나사식 보다 비교적 간편하고 안정적인 방법이다.

[주] 관경 800~2,400(mm)는 품셈을 참고 적용한다.

    1. 본 품은 직관(6m) 및 이형관(곡관, 이음관 등)을 부설하는 기준이다.

    2. 본 품은 관부설, 위치 및 구배 확인, 관로표시테이프 부설 작업을 포함한다.

    3. 양중장비의 규격은 작업여건(시공높이, 시공위치 등) 및 안전율(적정하중, 작업반경 등)을 고려하여 적합한 규격을 적용한다.

〈표 5.10-11〉 강관 _ 절단 [토목품셈]

(개소 당)

관경(mm)	용접공(인)	관경(mm)	용접공(인)
80	0.08	300	0.20
100	0.08	350	0.26
125	0.09	400	0.31
150	0.10	450	0.36
200	0.13	500	0.41
250	0.16	600	0.46
비 고	- 금긋기 및 절단품은 본 품의 70%, 선단가공(Beveling)품은 본 품의 30%를 계상한다.		

[주] 관경 700~2,400(mm)는 품셈을 참고 적용한다.

    1. 본 품은 산소+LPG를 사용한 강관을 절단하는 기준이다.

    2. 본 품은 금긋기, 절단 및 선단가공(Beveling) 작업을 포함한다.

    3. 공구손료 및 경장비(절단장비 등)의 기계경비는 인력품의 2%로 계상한다.

〈표 5.10-12〉 강관 _ 용접 접합 [토목품셈]

(일 당)

구 분	단위	수량	관경(mm)	시공량(개소)	
				겹치기용접	베벨엔드용접
용 접 공	인	1	125이하	11.0	10.0
			150	10.0	9.0
			200	9.0	8.5
			250	7.5	7.0
			300	6.5	6.0
			350	5.5	5.0
용 접 공	인	2	400	9.5	8.5
			450	8.0	7.0
			500	6.5	6.0
			600	5.0	4.5
			700	3.5	3.0

[주] 관경 800~2,400(mm)는 품셈을 참고 적용한다.

    1. 본 품은 부설된 강관을 용접 접합하는 기준이며, 800mm이상은 내·외부용접 기준이다.

    2. 본 품은 불순물 제거, 용접(내·외부), 단부 마무리 작업을 포함한다.

    3. 특수가공(분기개소 등), 계기측정(수압시험, 용접시험 등)이 필요한 때에는 별도 계상한다.

    4. 공구손료 및 경장비(용접기, 발전기 등)의 기계경비는 인력품의 6%로 계상한다.

    5. 용접접합에 필요한 자재는 별도 계상한다.

〈표 5.10-13〉 강관 _ 용접접합 [설비품셈]   (용접개소 당)

규격(mm)	용접공(인)	규격(mm)	용접공(인)
φ15	0.036	100	0.152
20	0.043	125	0.184
25	0.052	150	0.216
32	0.062	200	0.281
40	0.070	250	0.345
50	0.085	300	0.409
65	0.105	350	0.456
80	0.121	400	0.519
비 고	- 자체 추진 고소작업대(시저형) 시공의 경우 20%를 감한다. - TIG 용접으로 시공하는 경우 본 품의 10%를 가산한다.		

[주] 1. 본 품은 배관용 탄소 강관 및 압력 배관용 탄소 강관을 아크용접으로 접합하는 기준이다.

2. 공구손료 및 경장비(절단기, 자체 추진 고소작업대(시저형) 등) 기계경비는 3%를 계상하고, 고소작업대(시저형)시공의 경우 13%를 계상한다.

3. 용접접합에 필요한 자재는 별도 계상한다.

4. 자체 추진 고소작업대(시저형)의 이동을 위한 크레인, 지게차 등의 비용은 별도 계상한다.

〈표 5.10-14〉 강관 _ 용접배관 [설비품셈]   (일 당)

구 분	단위	수량	관규격(mm)	시공량(m)
배 관 공 보 통 인 부	인 인	3 1	φ15	83
			20	75
			25	60
			32	50
			40	45
			50	37
			65	30
			80	25
			100	18
			125	14
			150	12
배 관 공 보 통 인 부	인 인	4 1	200	10
			250	8.0
			300	6.0
			350	5.0
			400	4.0
비 고	- 자체 추진 고소작업대(시저형)시공의 경우 시공량의 26%를 가산한다. - 시공위치에 따라 다음과 같이 계상한다. (시공량의 요율) • 화장실 배관 : -17% • 기계실 배관 : -23% • 옥외배관(암거내) : +11%		

[주] 1. 본 품은 배관용 탄소 강관 및 압력 배관용 탄소 강관의 옥내일반배관 기준이다.

2. 인서트(거푸집용), 지지철물설치, 절단, 배관(가용접), 배관시험을 포함한다.

3. 밸브류 설치품은 [설비품셈 5-1-1(일반밸브 및 콕류 설치)]를 적용하고, 관이음 부속류의 설치품은 본 품에 포함되어 있다.

4. 현장여건에 따라 콘크리트용 인서트를 사용할 경우 [건축품셈 8-1-4(인서트(Insert) 설치)]를 따른다.

5. 단열 지지대 및 관 지지대 설치 시에는 별도 계상한다.

6. 공구손료 및 경장비(절단기, 자체 추진 고소작업대(시저형) 등) 기계경비는 2%를 계상하고, 고소작업대(시저형)시공의 경우 10%를 계상한다.

7. 자체 추진 고소작업대(시저형)의 이동을 위한 크레인, 지게차 등의 비용은 별도 계상한다.

〈표 5.10-15〉 강관 _ 나사식 접합 및 배관 [설비품셈]　　　　　　　(일 당)

구 분	단위	수량	관규격(mm)	시공량(m)
배　관　공 보　통　인　부	인 인	3 1	φ15 20 25 32 40 50	70 62 50 42 38 30
비 고			- 자체 추진 고소작업대(시저형)시공의 경우 시공량의 26%를 가산한다. - 시공위치에 따라 다음과 같이 계상한다. (시공량의 요율) 　• 화장실 배관 : -17% 　• 기계실 배관 : -23% 　• 옥외배관(암거내) : +11%	

[주] 1. 본 품은 배관용 탄소 강관의 옥내일반배관 기준이다.

　　2. 인서트(거푸집용), 지지철물설치, 절단, 나사홈가공, 배관 및 나사접합, 배관시험을 포함한다.

　　3. 밸브류 설치품은 [설비품셈 5-1-1(일반밸브 및 콕류 설치)]를 적용하고, 관이음부속류의 설치품은 본 품에 포함되어 있다.

　　4. 현장여건에 따라 콘크리트용 인서트를 사용할 경우 [건축품셈 8-1-4(인서트(Insert) 설치)]를 따른다.

　　5. 단열 지지대 및 관 지지대 설치 시에는 별도 계상한다.

　　6. 공구손료 및 경장비(절단기, 자체 추진 고소작업대(시저형) 등) 기계경비는 2%를 계상하고, 고소작업대(시저형)시공의 경우 10%를 계상한다.

　　7. 자체 추진 고소작업대(시저형)의 이동을 위한 크레인, 지게차 등의 비용은 별도 계상한다.

〈표 5.10-16〉 강관 _ 그루브조인트식 접합 및 배관 [설비품셈]　　　　　　　(일 당)

구 분	단위	수량	관규격(mm)	시공량(m)
배　관　공 보　통　인　부	인 인	3 1	φ25 32 40 50 65 80 100 125 150	54 45 40 30 25 20 14 11 9.5
배　관　공 보　통　인　부	인 인	4 1	200 250 300 350 400	8.5 7.0 5.5 4.5 3.8

(표 계속)

〈표 5.10-16〉 강관 _ 그루브조인트식 접합 및 배관 [설비품셈]　　(일 당)

구 분	단위	수량	관규격(mm)	시공량(m)
배 관 공	인	4	450	3.5
			500	3.0
보 통 인 부	인	1	550	2.7
			600	2.5
비 고			- 자체 추진 고소작업대(시저형)시공의 경우 시공량의 26%를 가산한다. - 시공위치에 따라 다음과 같이 계상한다. (시공량의 요율) • 화장실 배관 : -17% • 기계실 배관 : -23% • 옥외배관(암거내) : +11%	

[주] 1. 본 품은 배관용 탄소 강관 및 압력 배관용 탄소 강관의 옥내일반배관 기준이다.

　　2. 인서트(거푸집용), 지지철물설치, 절단, 그루브 홈가공, 배관 및 그루브 접합, 배관시험을 포함한다.

　　3. 밸브류 설치품은 [설비품셈 5-1-1(일반밸브 및 콕류 설치)]를 적용하고, 관이음부속류의 설치품은 본 품에 포함되어 있다.

　　4. 현장여건에 따라 콘크리트용 인서트를 사용할 경우 [건축품셈 8-1-4(인서트(Insert) 설치)]를 따른다.

　　5. 단열 지지대 및 관 지지대 설치 시에는 별도 계상한다.

　　6. 공구손료 및 경장비(절단기, 자체 추진 고소작업대(시저형) 등) 기계경비는 2%를 계상하고, 고소작업대(시저형)시공의 경우 10%를 계상한다.

　　7. 자체 추진 고소작업대(시저형)의 이동을 위한 크레인, 지게차 등의 비용은 별도 계상한다.

다. PVC관

PVC관은 [토목품셈 6-4(PVC관)]의 1. T.S 접합[53) 및 부설, 2. 고무링 접합 및 부설에 의하여 다음과 같이 적용한다.

〈표 5.10-17〉 PVC관 _ T.S 접합 및 부설 [토목품셈]　　(일 당)

구 분	단위	수량	관경(mm)	시공량(개소)
배 관 공 (수도)	인	2	100	22
보 통 인 부	인	1	150	13

[주] 1. 본 품은 PVC관(개량형 PVC관 포함)의 부설 및 접합(T.S)하는 기준이다.

　　2. 본 품은 관 부설, 접합제 바름 및 관 연결, 위치 및 구배 확인, 관로표시테이프 부설 작업을 포함한다.

〈표 5.10-18〉 PVC관 _ 고무링 접합 및 부설 [토목품셈]　　(일 당)

구 분	단위	수량	관경(mm)	시공량(개소)
배 관 공 (수도)	인	2	100	25
			150	19
보 통 인 부	인	1	200	15
			250	10
			300	9

53) T.S 접합은 냉간접합법으로 관 또는 이음관의 어느 부분도 가열하지 않고 접착제만으로 관 또는 이음관의 표면을 녹여 이음하는 T.S식 조인트(Taper Sized Fitting)를 이용하며, 가열이 필요없고 시공이 간단하여 시간이 절약되는 방법이다.

[주] 1. 본 품은 PVC관(개량형 PVC관 포함)을 부설 및 접합(고무링)하는 기준이다.
  2. 본 품은 관 부설, 윤활제 도포, 고무링 끼우기 및 관 연결, 위치 및 구배 확인, 관로표시테이프 부설 작업을 포함한다.
  3. 접합재료(고무링 등)는 별도 계상한다.

라. PE관

PE관은 [토목품셈 6-5(PE관)]의 1. 조임식 접합 및 부설, 2. 밴드 접합 및 부설, 3. 소켓융착 접합 및 부설, 4. 바트융착 접합 및 부설, 5. 분기관 천공 및 접합에 의하여 다음과 같이 적용한다. PE관의 생산단위 6m와 조경공사는 단구간 연결공사임을 고려하여 접합 개소당의 m당으로 단위 환산 적용 시 유의한다.

〈표 5.10-19〉 PE관 _ 조임식 접합 및 부설 [토목품셈] (일 당)

구 분	단위	수량	관경(mm)	시공량(개소)
배 관 공 (수도)	인	2	32	22
보 통 인 부	인	1	40	21
			50	17

[주] 1. 본 품은 PE관을 유니온으로 접합하는 기준이다.
  2. 본 품은 윤활제 바르기, 유니온(캡, 푸셔(pusher), 오링(O-ring)) 삽입 및 결합, 위치 및 구배 확인, 관로표시테이프 부설 작업을 포함한다.

〈표 5.10-20〉 PE관 _ 밴드 접합 및 부설 [토목품셈] (일 당)

구 분	단위	수량	관경(mm)	시공량(개소)
배 관 공 (수도)	인	2	100	22
보 통 인 부	인	1	150	16
			200	13
			250	11
			300	10
			350	8.5
			400	7.5
			450	7.0
			500	6.0

[주] 1. 본 품은 PE관을 밴드로 접합하는 기준이다.
  2. 본 품은 이물질 제거, 수밀시트 접합, 밴드 체결, 위치 및 구배 확인, 관로표시테이프 부설 작업을 포함한다.
  3. 공구손료 및 잡재료는 인력품의 3%로 계상한다.
  4. 접합재료(조임밴드)는 별도 계상한다.

〈표 5.10-21〉 PE관 _ 소켓융착 접합 및 부설 [토목품셈] (일 당)

구 분	단위	수량	관경(mm)	시공량(개소)
배 관 공 (수도)	인	2	50	23
보 통 인 부	인	1	65	15
			75	12

[주] 1. 본 품은 PE관(6m이하)을 소켓이음부의 내면과 관 단면을 용융시켜 삽입하여 접합하는 기준이다.

2. 본 품은 단면 가공, 소켓 연결 및 융착, 소켓 해체, 관로표시테이프 부설 작업을 포함한다.

3. 공구손료 및 경장비(발전기, 융착기 등)의 기계경비는 인력품의 7%로 계상한다.

〈표 5.10-22〉 PE관 _ 바트융착 접합 및 부설 [토목품셈]   (일 당)

구 분	단위	수량	관경(mm)	시공량(개소)
배 관 공 (수도) 보 통 인 부	인 인	2 1	50 65 75 100 125 150 200 250 300	20 13 10 9.0 7.5 7.0 5.5 5.0 4.5
배 관 공 (수도) 보 통 인 부	인 인	3 1	350 400 450 500~550	6.0 5.5 5.0 4.5

[주] 관경 600~800(mm)는 품셈을 참고 적용한다.

1. 본 품은 PE관의 양 끝단을 융착기에 의해 맞이음하여 접합하는 기준이다.

2. 본 품은 단면가공, 융착기 연결 및 융착, 융착기 해체, 관로표시테이프 부설 작업을 포함한다.

3. 양중장비의 규격은 작업여건(시공높이, 시공위치 등) 및 안전율(적정하중, 작업반경 등)을 고려하여 적합한 규격을 적용한다.

4. 공구손료 및 경장비(발전기, 융착기 등)의 기계경비는 다음을 참고하여 적용한다.

- 관경 75(mm)이하 : 인력품의 12(%)
- 관경 100~150(mm) : 인력품의 14(%)
- 관경 200~600(mm) : 인력품의 15(%)

〈표 5.10-23〉 PE관 _ 분기관 천공 및 접합 [토목품셈]   (개소 당)

관경(mm)	배관공 (수도)(인)	보통인부 (인)	관경(mm)	배관공 (수도)(인)	보통인부 (인)
75	0.10	0.05	200	0.15	0.07
100	0.11	0.06	250	0.18	0.09
150	0.13	0.06	300	0.20	0.10

[주] 1. 본 품은 P.E관의 외면과 새들 안장부분을 용융시켜 접합하는 기준이다.

2. 본 품은 중심선 표시, 새들관 융착, 천공 작업을 포함한다.

3. 공구손료 및 경장비(발전기, 융착기 등)의 기계경비는 인력품의 5%로 계상한다.

마. 밸브

밸브는 [설비품셈 5-1(밸브)]의 1. 일반밸브 및 콕류 설치, 2. 감압밸브장치 설치에 의하며, 제수변 밸브 및 플랜지는 [토목품셈 6-8(밸브)]의 1. 주철제 게이트 제수밸브 부설 및 접합, 3. 주철제·강관제 버터플라이 제수밸브 부설 및 접합, 7. 플랜지 조인트 접합에 의한다. 특수(신축, 팽창)이음은 [설비품셈 5-3(플랙시블 이음 및 팽창이음)]의 2. 플랙시블커넥터 설치에 의하여 다음과 같이 적용한다.

조경공사의 적용이 적어 미기술한 [토목품셈 6-8(밸브)]의 2. 강관제 게이트 제수밸브 부설 및 접합, 4. 부단수 할정자관 부설 및 접합, 5. 부단수 천공 분기점 분기, 6. 부단수 천공 새들분수전 분기점 분기 및 [설비품셈 5-3(플랙시블 이음 및 팽창이음)]의 1. 익스팬션조인트 설치, [유지관리품셈 2-4(관부설 및 접합)]의 상수관 세척, 하수관 세정/세관/준설/각종 시험, CCTV조사, 주철관 철거, 원심력 철근콘크리트관 철거는 필요시 품셈을 참고 적용한다.

〈표 5.10-24〉 일반밸브 및 콕류 설치 [설비품셈] (개 당)

규격(mm)	배관공(인)	보통인부(인)	규격(mm)	배관공(인)	보통인부(인)
φ15~25	0.050	-	125	0.278	0.121
32~50	0.074	-	150	0.343	0.147
65	0.108	0.073	200	0.471	0.188
80	0.141	0.083	250	0.616	0.230
100	0.214	0.105	300	0.788	0.261

[주] 1. 본 품은 설치위치 선정, 설치, 작동시험 및 마무리 작업을 포함한다.
　　2. 공구손료 및 경상비(전기드릴 등)의 기계경비는 인력품의 2%로 계상한다.

〈표 5.10-25〉 감압밸브장치 설치 [설비품셈] (조 당)

규격(mm)	배관공(인)	보통인부(인)	규격(mm)	배관공(인)	보통인부(인)
φ15	2.084	0.212	65	5.477	1.047
20	2.527	0.295	80	6.224	1.297
25	2.934	0.379	100	7.220	1.631
32	3.462	0.496	125	8.465	2.049
40	4.020	0.629	150	9.710	2.466
50	4.668	0.796	200	11.815	3.301
비 고	- 밸런스 파이프를 필요로 할 경우에는 30% 가산한다.				

[주] 1. 본 품은 밸런스 파이프를 필요로 하지 않는 기준이다.
　　2. 감압밸브, 게이트밸브, 글로브밸브, 스트레이너, 압력계, 안전밸브 등 바이패스 배관조립 및 설치, 배관시험을 포함한다.
　　3. 온도조절장치의 경우 본 품을 준용하여 적용할 수 있다.
　　4. 공구손료 및 경장비(전기드릴 등)의 기계경비는 인력품의 2%로 계상한다.

〈표 5.10-26〉 주철제 게이트 제수밸브 부설 및 접합 [토목품셈] (기 당)

관경(mm)	배관공 (수도)(인)	보통인부 (인)	크레인 (hr)	관경(mm)	배관공 (수도)(인)	보통인부 (인)	크레인 (hr)
50	0.06	0.03	0.32	250	0.21	0.11	0.67
80	0.09	0.04	0.38	300	0.23	0.12	0.69
100	0.10	0.05	0.45	350	0.39	0.20	0.72
125	0.11	0.06	0.47	400	0.51	0.26	0.75
150	0.13	0.06	0.49	450	0.63	0.32	0.78
200	0.20	0.10	0.64	500	0.73	0.37	0.81

(표 계속)

〈표 5.10-26〉 주철제 게이트 제수밸브 부설 및 접합 [토목품셈]   (기 당)

관경(mm)	배관공 (수도)(인)	보통인부 (인)	크레인 (hr)	관경(mm)	배관공 (수도)(인)	보통인부 (인)	크레인 (hr)
비 고	내용						

비 고
- 인력에 의한 부설을 수행하는 경우 다음 품을 적용한다. • 관경 50(mm) : 배관공(수도) 0.05(인), 보통인부 0.10(인) • 관경 80(mm) : 배관공(수도) 0.10(인), 보통인부 0.15(인) • 관경100(mm) : 배관공(수도) 0.12(인), 보통인부 0.18(인) • 관경125(mm) : 배관공(수도) 0.14(인), 보통인부 0.20(인) • 관경150(mm) : 배관공(수도) 0.16(인), 보통인부 0.22(인)

[주] 관경 600~1,500(mm)는 품셈을 참고 적용한다.
1. 본 품은 주철제 게이트 밸브의 부설 및 플랜지 접합하는 기준이다.
2. 본 품은 밸브 조립 및 부설, 이음관 접합(플랜지) 작업을 포함한다.
3. 신축관의 접합 및 제수변실 설치는 별도 계상한다.
4. 크레인 규격은 다음을 참고하여 적용하며, 현장조건(작업범위, 위치 등)에 따라 변경할 수 있다.
   • 관경 600(mm)이하 : 크레인 5ton급
5. 공구손료 및 잡재료는 인력품의 2%로 계상한다.

〈표 5.10-27〉 주철제·강관제 버터플라이 제수밸브 부설 및 접합 [토목품셈]   (기 당)

관경(mm)	배관공 (수도)(인)	보통인부 (인)	크레인 (hr)	관경(mm)	배관공 (수도)(인)	보통인부 (인)	크레인 (hr)
200	0.19	0.10	0.86	400	0.52	0.27	1.01
250	0.21	0.11	0.90	450	0.64	0.33	1.05
300	0.23	0.12	0.93	500	0.74	0.39	1.09
350	0.39	0.20	0.97	600	0.93	0.49	1.17

[주] 관경 700~2,400(mm)는 품셈을 참고 적용한다.
1. 본 품은 버터플라이 제수밸브의 부설 및 플랜지 접합하는 기준이다.
2. 본 품은 밸브 조립 및 부설, 이음관 접합(플랜지) 작업을 포함한다.
3. 신축관의 접합 및 제수변실 설치는 별도 계상한다.
4. 작업공간이 협소하여 장비투입이 불가능할 경우, 인력품을 별도 계상할 수 있다.
5. 크레인 규격은 다음을 참고하여 적용하며, 현장조건(작업범위, 위치 등)에 따라 변경할 수 있다.
   • 관경 600(mm)이하 : 크레인 5ton급

〈표 5.10-28〉 밸브 _ 플랜지 조인트 접합 [토목품셈]   (개소 당)

관경(mm)	볼트구멍 지름(mm)	볼트구멍 수	배관공 (수도)(인)	보통인부 (인)	관경(mm)	볼트구멍 지름(mm)	볼트구멍 수	배관공 (수도)(인)	보통인부 (인)
65	15	4	0.05	0.02	250	23	12	0.14	0.07
80	19	4	0.05	0.02	300	23	12	0.14	0.07
100	19	8	0.07	0.04	350	25	12	0.16	0.08
125	19	8	0.08	0.04	400	25	16	0.18	0.09
150	19	8	0.09	0.05	450	25	16	0.20	0.10
200	23	8	0.11	0.06	500	25	20	0.22	0.11

[주] 관경 600~2,400(mm)는 품셈을 참고 적용한다.

1. 본 품은 관의 접합부에 링 개스킷을 사용하는 볼트 체결 플랜지 접합을 기준한 것이다.
2. 본 품은 호칭압력 5(kg/cm^2)를 기준한 것으로, 이외 규격은 별도 계상한다.
3. 공구손료 및 경장비(전동렌치 등)의 기계경비는 인력품의 2%로 계상한다.

〈표 5.10-29〉 플랙시블커넥터 설치 [설비품셈] (개 당)

규격(mm)	배관공(인)	보통인부(인)	규격(mm)	배관공(인)	보통인부(인)
φ15~25	0.034	0.025	125	0.560	0.193
32~50	0.083	0.046	150	0.696	0.237
65	0.191	0.095	200	0.968	0.315
80	0.260	0.114	250	1.250	0.393
100	0.400	0.151	300	1.512	0.461

[주] 1. 본 품은 진동을 흡수하는 플랙시블커넥터(커넥팅로드_플랜지접합형)를 설치하는 기준이다.
    2. 수평보기, 콘트롤로드설치, 배관시험을 포함한다.
    3. 플랙시블조인트의 경우 본 품을 준용하여 적용할 수 있다.
    4. 공구손료 및 경장비(용접기 등)의 기계경비는 인력품의 2%로 계상한다.

바. 펌프 및 방진가대 설치

펌프 및 방진가대는 [설비품셈 4-1(펌프)]의 1. 일반펌프 설치, 2. 집수정 배수펌프 설치, 3. 펌프 방진가대 설치에 의하여 다음과 같이 적용한다.

〈표 5.10-30〉 일반펌프 설치 [설비품셈] (대 당)

규 격	단위	기계설비공	보통인부
0.75kW 이하	인	0.766	0.254
1.5kW 이하	인	0.848	0.281
2.2kW 이하	인	0.977	0.324
3.7kW 이하	인	1.122	0.372
5.5kW 이하	인	1.352	0.448
7.5kW 이하	인	1.706	0.565
11kW 이하	인	2.144	0.710
15kW 이하	인	2.276	0.754
22kW 이하	인	3.677	1.218
37kW 이하	인	4.748	1.572
55kW 이하	인	7.638	2.530
75kW 이하	인	9.357	3.099

[주] 1. 본 품은 급수 및 소방펌프를 옥내에 인력으로 설치하는 기준이다.
    2. 본 품은 펌프 설치, 자동제어설비와의 결선, 펌프 시운전 및 교정 작업을 포함한다.
    3. 펌프 기초 및 방진가대, 전기배선 및 입선, 펌프 주위 연결배관은 제외되어 있다.
    4. 펌프 압력탱크, 펌프 운영을 위한 자동제어설비의 설치는 제외되어 있다.
    5. 공구손료 및 경장비(윈치 등)의 기계경비는 인력품의 3%를 계상한다.
    6. 펌프 설치를 위해 장비(지게차 등)를 사용할 경우 별도 계상한다.

〈표 5.10-31〉 집수정 배수펌프 설치 [설비품셈]　(대 당)

규 격	단위	기계설비공	보통인부
0.75kW 이하	인	1.325	0.471
1.5kW 이하	인	1.498	0.533
2.2kW 이하	인	1.660	0.590
3.7kW 이하	인	2.005	0.713
5.5kW 이하	인	2.420	0.861
7.5kW 이하	인	2.881	1.025

[주] 1. 본 품은 집수정에 배수펌프(자동탈착식)를 인력으로 설치하는 기준이다.
　　2. 본 품은 지지대 및 가이드파이프 설치, 펌프 연결 및 고정, 자동제어설비와의 결선, 시운전 및 교정작업을 포함한다.
　　3. 본 품에는 기초, 전기배선 및 입선, 펌프주위 연결배관, 자동제어설비의 설치는 제외되어 있다.
　　4. 공구손료 및 경장비(윈치, 용접기 등)의 기계경비는 인력품의 3%를 계상한다.
　　5. 본 품은 인력과 윈치설치 기준이며, 펌프 설치를 위해 장비를 사용할 경우 별도 계상한다.

〈표 5.10-32〉 펌프 방진가대 설치 [설비품셈]　(대 당)

규 격	단위	기계설비공	보통인부
0.75kW 이하	인	0.650	0.207
1.5kW 이하	인	0.675	0.215
2.2kW 이하	인	0.715	0.228
3.7kW 이하	인	0.759	0.242
5.5kW 이하	인	0.830	0.265
7.5kW 이하	인	0.891	0.284
11kW 이하	인	0.987	0.315
15kW 이하	인	1.021	0.326
22kW 이하	인	1.349	0.430
37kW 이하	인	1.566	0.499
55kW 이하	인	1.988	0.634
75kW 이하	인	2.378	0.758

[주] 1. 본 품은 펌프설치를 위한 방진가대를 설치하는 기준이다.
　　2. 본 품은 소운반, 방진가대 및 방진마운트 설치를 포함한다.
　　3. 방진가대 내에 콘크리트(모르타르) 충전이 필요한 경우 별도 계상한다.

사. 수전설치

　음수전 등은 [설비품셈 7-2(수전)]의 1. 매립형 욕조수전 설치, 2. 샤워수전 설치, 3. 세면기수전 설치, 4. 씽크수전 설치, 5. 손빨래수전 설치에 의하여 다음과 같이 적용한다. 조경공사는 음수기나 수도꼭지가 대부분이므로 각종 수전의 유사기준을 준용한다.

〈표 5.10-33〉 매립형 욕조수전 설치 [설비품셈] (개 당)

구 분	단위	수량
위 생 공	인	1.000
보 통 인 부	인	0.200

[주] 1. 본 품은 연결구 플러그 제거, 니플조정, 씰테이프감기, 관자금 설치, 천공 및 목심설치, 호스 및 헤드연결, 기능시험을 포함한다.
　　2. 욕조혼합수전(매립형)의 품은 매립 배관품이 포함되어 있다.

〈표 5.10-34〉 샤워수전 설치 [설비품셈] (개 당)

구 분	단위	노출형	선반형
위 생 공	인	0.090	0.093
보 통 인 부	인	0.018	0.019
비 고	- 샤워헤드걸이 설치는 다음을 적용하여 가산한다. (개당) • 고 정 식 : 위생공 0.071(인) • 높이조절식 : 위생공 0.099(인)		

[주] 1. 본 품은 벽붙임 혼합수전을 설치하는 기준이다.
　　2. 본 품우 연결구 플러그 제거, 관이음부속류 설치, 수전 및 샤워헤드 설치, 관자금 설치, 기능시험을 포함한다.

〈표 5.10-35〉 세면기수전 설치 [설비품셈] (개 당)

구 분	단위	수량
위 생 공	인	0.139
보 통 인 부	인	0.028
비 고	- 냉수 또는 온수만 전용으로 하는 수전은 30% 감하여 적용한다.	

[주] 1. 본 품은 세면기에 대붙임 혼합수전을 설치하는 기준이다.
　　2. 본 품은 연결구 플러그 제거, 관이음부속류 설치, 연결관 설치, 수전 설치, 관자금 설치, 기능시험을 포함한다.

〈표 5.10-36〉 씽크수전 설치 [설비품셈] (개 당)

구 분	단위	수량
위 생 공	인	0.164
보 통 인 부	인	0.033

[주] 1. 본 품은 씽크대에 대붙임 혼합수전을 설치하는 기준이다.
　　2. 본 품은 연결구 플러그 제거, 관이음부속류 설치, 연결관 설치, 수전 설치, 하부보강판 및 패킹 설치, 관자금 설치, 기능시험을 포함한다.

〈표 5.10-37〉 손빨래수전 설치 [설비품셈] (개 당)

구 분	단위	수량
위 생 공	인	0.087
보 통 인 부	인	0.017
비 고	- 냉수 또는 온수만 전용으로 하는 수전은 30% 감하여 적용한다.	

[주] 1. 본 품은 발코니 등 벽붙임 혼합수전을 설치하는 기준이다.
　　 2. 본 품은 연결구 플러그 제거, 관이음부속류 설치, 수전 설치, 관자금 설치, 기능시험을 포함한다.

5.10.3 조경 배수공사

1. 개요

조경 배수는 표면배수와 심토층배수로 구분된다.

표면배수는 비탈면의 상부와 중간참, 도로, 보도, 광장, 운동장, 포장, 잔디밭, 식재지역 등 우수의 집수가 필요한 곳에 적용하며, 지형·지면·포장면의 구배로 표면수가 집수시설로 자연스럽게 유입되도록 한다. 포장면과 녹지 등은 유수가 장기간 고이지 않도록 하고, 필요시 포화수 처리용 심토층 배수를 고려한다.

심토층 배수는 불량 식재기반, 운동시설지역, 기타지역 등에서 심토층의 배수가 필요한 경우 맹암거, 유공관, 다발관, 배수층 등을 설치한다.

2. 적용범위

옥외공간의 배수공사와 관리사무소, 화장실 등의 소규모 오·배수공사를 포함한다.

3. 적용품셈

조경 배수공사는 집수 및 배수시설의 연락관으로 관의 종류와 크기에 적합한 [토목품셈]과 [설비품셈]을 적용한다. 배수용 보조재인 자갈배수층, 부직포 등은 설계도서에 의하여 본서의 해당 항목을 참조 적용한다.

가. PVC관 및 PE관

PVC관과 PE관은 급수공사와 동일하게 [토목품셈 6-4(PVC관)]의 1. TS 접합 및 부설, 2. 고무링 접합 및 부설, [토목품셈 6-5(PE관)]의 1. 조임식 접합 및 부설, 2. 밴드 접합 및 부설, 3. 소켓융착 접합 및 부설, 4. 바트융착 접합 및 부설, 5. 분기관 천공 및 접합인 〈표 5.10-17~23〉을 적용하며, 다발관 등은 별도 기준이 없으므로 [토목품셈 6-5(PE관)]의 유사 항목을 준용한다.

나. 원심력 철근콘크리트관(흄관)

원심력 철근콘크리트관은 [토목품셈 6-6(원심력 철근콘크리트관)]의 1. 소켓관 부설 및 접합, 2. 수밀밴드 접합 및 부설, 3. 절단, 4. 천공 및 접합에 의하여 다음과 같이 적용한다. 특별히 인력시공이 필요한 경우 [2009년 토목품셈 19-4-1(인력부설 및 접합)]에 의하여 다음과 같이 준용한다.

〈표 5.10-38〉 원심력 철근콘크리트관 _ 소켓관 부설 및 접합 [토목품셈]　　　　(일 당)

구 분	단위	수량	관경(mm)	시공량(본)
배 관 공 (수도) 보 통 인 부 양 중 장 비	인 인 대	2 1 1	250 300 350 400 450 500 600 700 800	20 15 13 11 9.0 8.0 6.5 5.5 5.0

[주] 관경 900~2,000(mm)는 품셈을 참고 적용한다.

1. 본 품은 철근콘크리트 소켓관을 부설 및 접합하는 기준이다.
2. 본 품은 관부설, 윤활제 바르기, 고무링 삽입 및 소켓연결, 위치 및 구배 확인, 관로표시테이프 부설 작업을 포함한다.
3. 양중장비의 규격은 작업여건(시공높이, 시공위치 등) 및 안전율(적정하중, 작업반경 등)을 고려하여 적합한 규격을 적용한다.
4. 공구손료 및 잡재료는 인력품의 2%로 계상한다.
5. 접합재료(고무링)는 별도 계상한다.

〈표 5.10-39〉 원심력 철근콘크리트관 _ 수밀밴드 부설 및 접합 [토목품셈]　　　　(일 당)

구 분	단위	수량	관경(mm)	시공량(본)
배 관 공 (수도) 보 통 인 부 양 중 장 비	인 인 대	2 1 1	250 300 350 400 450 500 600 700 800	21 16 13 11 10 9.0 7.0 6.0 5.0

[주] 관경 900~2,000(mm)는 품셈을 참고 적용한다.

1. 본 품은 철근콘크리트관을 부설 및 접합(수밀밴드)하는 기준이다.
2. 본 품은 관부설, 수밀밴드 접합, 위치 및 구배 확인, 관로표시테이프 부설 작업을 포함한다.
3. 양중장비의 규격은 작업여건(시공높이, 시공위치 등) 및 안전율(적정하중, 작업반경 등)을 고려하여 적합한 규격을 적용한다.
4. 공구손료 및 잡재료는 인력품의 2%로 계상한다.
5. 접합재료(수밀밴드)는 별도 계상한다.

〈표 5.10-40〉 원심력 철근콘크리트관 _ 절단 [토목품셈]　　　　(개소 당)

관경(mm)	배관공(수도)(인)	보통인부(인)
250	0.02	0.02
300	0.03	0.03
350	0.03	0.03
400	0.04	0.04
450	0.04	0.04

(표 계속)

〈표 5.10-40〉 원심력 철근콘크리트관 _ 절단 [토목품셈]　　(개소 당)

관경(mm)	배관공(수도)(인)	보통인부(인)
500	0.05	0.05
600	0.07	0.07
700	0.08	0.08
800	0.10	0.10

[주] 관경 900~2,000(mm)는 품셈을 참고 적용한다.
　1. 본 품은 철근콘크리트관을 절단기를 사용하여 절단하는 기준이다.
　2. 본 품은 금긋기, 관절단, 물뿌리기 작업을 포함한다.
　3. 공구손료 및 경장비(절단기 등)의 기계경비와 잡재료비는 인력품의 6%로 계상한다.
　4. 절단기 커터의 손료는 별도 계상한다.

〈표 5.10-41〉 원심력 철근콘크리트관 _ 천공 및 접합 [토목품셈]　　(개소 당)

구 분		배관공(수도)(인)	보통인부(인)
본관(mm)	연결관(mm)		
500이하	150	0.050	0.050
	200	0.070	0.070
	250	0.090	0.090
	300	0.120	0.120
500초과~ 900이하	150	0.070	0.070
	200	0.090	0.090
	250	0.110	0.110
	300	0.130	0.130
900초과~ 1200이하	150	0.080	0.080
	200	0.110	0.110
	250	0.120	0.120
	300	0.150	0.150

[주] 1. 본 품은 철근콘크리트관 본관을 천공하고 지관(단지관 등)을 접합하는 기준이다.
　2. 본 품은 중심점 표시, 본관 천공, 이물질 제거, 지관(단지관 등) 연결 작업을 포함한다.
　3. 연결관으로 기타의 관(PVC관 등)을 사용하는 경우에도 동일하게 적용한다.
　4. 공구손료 및 경장비(천공기 등)의 기계경비와 소모재료(비트 등)는 인력품의 5%로 계상한다.
　5. 연결관 접합재료(모르타르, 단지관 등)는 별도 계상한다.

〈표 5.10-42〉 흄관 접합 및 부설 - 인력 [2009년 토목품셈]　　(본 당)

관경(mm)	모르타르 1 : 2(m³)	비계공 (인)	A 종		B 종	
			배관공(인)	보통인부(인)	배관공(인)	보통인부(인)
250	0.004	-	0.25	0.93	0.15	0.88
300	0.0058	-	0.28	1.13	0.18	0.95
350	0.0065	0.10	0.30	1.20	0.20	1.08
400	0.0078	0.13	0.33	1.58	0.20	1.45
450	0.009	0.20	0.38	1.73	0.23	1.63
500	0.010	0.25	0.40	2.23	0.25	2.20
600	0.012	0.33	0.48	2.85	0.33	2.73

[주] 1. 본 품은 관 길이 2.5m를 표준으로 한 것이며, A는 컬러식 접합을 말하고, B는 소켓식 접합을 말한다.

    2. 관로의 터파기, 되메우기, 잔토처리, 물푸기 및 잡재료는 별도로 계상한다.

    3. 본 품은 수압을 받지 않는 하수도공사를 기준으로 한 것이며, 소운반을 포함한 것이다.

    4. 이와 유사한 관은 본 품을 준용할 수 있다.

다. 기타관

기타관은 [토목품셈 6-7(기타관)]의 1. PC관 부설 및 접합, 2. 파형강관 부설 및 접합에 의하여 다음과 같이 적용한다.

조경공사의 적용이 적은 유리섬유복합관, 내충격PVC수도관, 강관압입추진공은 품셈을 참조 적용한다.

〈표 5.10-43〉 PC관 부설 및 접합 [토목품셈]   (본 당)

관경(mm)	배관공(수도)(인)	보통인부(인)	크레인(hr)
500	0.94	0.37	0.71
600	1.17	0.47	0.83

[주] 관경 700~1,500(mm)는 품셈을 참고 적용한다.

    1. 본 품은 PC관의 부설 및 소켓식 접합 기준이다.

    2. 본 품은 관부설, 윤활제 바르기, 고무링 삽입 및·소켓연결, 위치 및 구배 확인, 관로표시테이프 부설, 현장정리 작업을 포함한다.

    3. 크레인 규격은 다음을 참고하여 적용하며, 현장조건(작업범위, 위치 등)에 따라 변경할 수 있다.

      • 1,000(mm)이하 : 크레인 10ton급

    4. 공구손료 및 잡재료는 인력품의 1%로 계상한다.

    5. 접합재료(고무링)는 별도 계상한다.

〈표 5.10-44〉 파형강관 부설 및 접합 [토목품셈]   (본 당)

관경(mm)	배관공(수도)(인)	보통인부(인)	크레인(hr)
250	0.04	0.02	0.12
300	0.06	0.03	0.13
400	0.10	0.05	0.16
450	0.12	0.06	0.17
500	0.13	0.07	0.18
600	0.17	0.08	0.20

[주] 관경 700~1,500(mm)는 품셈을 참고 적용한다.

    1. 본 품은 파형강관을 부설 및 접합(스틸밴드)하는 기준이다.

    2. 본 품은 이물질 제거, 수밀시트 접합, 밴드 체결, 위치 및 구배 확인, 관로표시테이프 부설 작업을 포함한다.

    3. 파형강관 8m 직관에서는 크레인(시간)을 10%까지 가산하여 적용할 수 있다.

    4. 크레인 규격은 현장여건(작업범위, 위치 등)에 따라 변경할 수 있다.

    5. 공구손료 및 잡재료는 인력품의 2%로 계상한다.

    6. 접합재료(커플링밴드)는 별도 계상한다.

라. 조립식 구조물

조립식 구조물 설치는 [공통품셈 6-7(조립식 구조물 설치공)]의 1. 플륨관 설치, 2. 조립식 PC맨홀 설치에 의하여 다음과 같이 적용한다. 조경공사 적용이 적은 PC BOX 설치, PC기둥 설치, PC벽체 설치, PC거더 설치, PC슬래브 설치, 모르타르 주입, 모듈러 건축 설치는 품셈을 참조 적용한다.

〈표 5.10-45〉 조립식 구조물 설치공 _ 플륨관 설치 [공통품셈]　(일 당)

구분		단위	수량	시공량(본) - 본당 중량(kg)						
				50~ 150미만	150~ 300미만	300~ 500미만	500~ 700미만	700~ 900미만	900~ 1100미만	1100~ 1300미만
인력	특별인부	인	2	75	63	52	42	36	31	27
	보통인부	인	1							
장비	굴 착 기	대	1							

[주] 본당 중량 1,300(kg)~2,100(kg)미만은 품셈을 참고 적용한다.
 1. 본 품은 철근 콘크리트 플륨관 및 벤치 플륨의 설치 기준이다.
 2. 본 품은 플륨관의 절단 및 설치, 이음 모르타르 설치 작업을 포함한다.
 3. 터파기, 기초(콘크리트, 자갈, 모래), 지반고르기, 되메우기 등은 별도 계상한다.
 4. 굴착기 규격은 작업여건(시공높이, 위치 등) 및 안전율을 고려하여 적합한 규격을 적용한다.
 5. 공구손료 및 소모재료(이음 모르타르 등)는 인력품의 8%로 계상한다.

〈표 5.10-46〉 조립식 구조물 설치공 _ 조립식 PC맨홀 설치 [공통품셈]　(개 당)

구분	규격	단위	수 량							
			D900		D1,200		D1,500		D1,800	
			하부구체 + 상판	연직 구체	하부구체 + 상판	연직 구체	하부구체 + 상판	연직 구체	하부구체 + 상판	연직 구체
특별 인부		인	0.48	0.25	0.64	0.33	0.80	0.41	0.96	0.46
보통 인부		인	0.23	0.12	0.30	0.15	0.38	0.19	0.48	0.23
크 레 인	10ton	hr	0.98	0.50	1.12	0.57	1.25	0.64	1.44	0.83

[주] 1. 본 품은 조립식 PC맨홀 설치 기준이다.
 2. 본 품의 연직구체는 1개의 설치기준으로 설치수량에 따라 추가 계상한다.
 3. 본 품은 맨홀 설치 및 조정, 접합부 연결(고무링, 연결핀, 모르타르 등)을 포함한다.
 4. 터파기, 지반고르기, 되메우기, 맨홀뚜껑설치는 별도 계상한다.
 5. 크레인 규격은 작업여건에 따라 변경할 수 있다.
 6. 재료량은 별도 계상한다.

마. 소형 구조물

조경공사 소형구조물 중에서 설치품이 규정되지 않은 우·오수맨홀, 상수도, 제수변실 등의 맨홀 뚜껑(주철제, 콘크리트제품)은 개소당 설치품으로, 자갈 도랑과 자갈 집수정은 표준도에 의한 단위당으로 [LH공사]의 기준을 다음과 같이 준용한다.

집수정·횡단배수구 등은 하부구조물을 제품 또는 현장제작으로 설치하고, 경계블록은 [토목품셈 1-9-2(보차도 및 도로경계블록 설치]를, 그레이팅은 [토목품셈 1-7-2(보도용 블록 설치−대형)]을 준용한다.

〈표 5.10-47〉 소형 배수구조물 덮개설치 [LH공사] (개소 당)

공종	구분	단위	수량
맨홀뚜껑 및 받침틀설치	보통인부	인	0.30

[주] 1. 본 품은 소운반이 포함된 것이며, 고정 콘크리트의 재료비는 별도 계상한다.

〈표 5.10-48〉 자갈 도랑 및 자갈 집수정 [LH공사] (단위 당)

공종	구분	단위	수량 자갈 도랑 (m)	수량 자갈 집수정 (개소)
터 파 기	인력 / 기계	m³	0.060	0.820
잔 토 처 리	인력 / 기계	m³	0.060	0.820
면 고 르 기	바닥면	m²	-	0.50
바 닥 면 다 짐	콤팩터4회(보통)	m²	-	0.50
거 푸 집	합판6회 소형	m²	0.30	-
매 트 부 설	인력, 육상	m²	0.67	4.84
자 갈	#467	m³	0.062	0.849
자 갈 부 설		m³	0.060	0.816

5.10.4 급배수 부대공사

1. 개요

급배수공사는 구조체 등으로 골격을 먼저 형성하고 급배수관 설치공사를 수행하므로 시공 과정상 불가피하게 콘크리트 구멍뚫기가 필요하며, 구조체 안전과 배관 보호를 위한 슬리브를 설치한다. 또한 부대공사로 배수시점부에는 배수구가 필요하며, 급수시설 완료시 필수적으로 시운전을 실시한다.

2. 적용범위

급배수공사 부대공인 슬리브 설치, 배관을 위한 구멍뚫기, 시운전에 적용한다.

3. 적용품셈

배수구는 [설비품셈 7-3-3(바닥배수구 설치)], 슬리브는 [설비품셈 9-3-1(슬리브 설치)], 콘크리트 구멍뚫기는 [설비품셈 9-3-2(배관을 위한 구멍뚫기)], 시운전은 [설비품셈 9-5-1(시운전)]에 의하여 다음과 같이 적용한다.

〈표 5.10-49〉 바닥배수구 설치 [설비품셈]　(개소 당)

구 분	단위	규 격		
		φ50mm	φ75mm	φ100mm
배 관 공	인	0.115	0.151	0.164
보 통 인 부	인	0.039	0.051	0.055

[주] 1. 본 품은 옥내 바닥배수구를 설치하는 기준이다.
　　 2. 본 품은 성형슬래브 매립, 트랩 설치, 바닥배수구 설치, 통수시험을 포함한다.

〈표 5.10-50〉 슬리브 설치 [설비품셈]　(개소 당)

구 분		단위	수량(슬리브규격 φmm)				
			φ25~50	65~100	125~150	200~250	300~400
바 닥	배 관 공	인	0.043	0.055	0.066	0.077	0.089
	보 통 인부	인	0.022	0.029	0.035	0.041	0.047
벽 체	배 관 공	인	0.060	0.069	0.085	0.104	0.124
	보 통 인부	인	0.012	0.018	0.029	0.047	0.072
비 고			- 단열재 설치구간에는 본 품의 20%까지 가산하여 적용한다.				

[주] 1. 본 품은 배관 사전작업으로 제작이 완료된 슬리브의 설치 기준이다.
　　 2. 먹줄치기, 마킹, 슬리브 설치를 포함한다.
　　 3. 공구손료 및 경장비의 기계경비는 인력품의 1%로 계상한다.
　　 4. 방수층을 관통하는 지수판 부착형 슬리브는 별도 계상한다.

〈표 5.10-51〉 배관을 위한 구멍뚫기 [설비품셈]　(개소 당)

구 분		단위	콘크리트 두께 150mm		콘크리트 두께 300mm	
			바닥	벽체	바닥	벽체
25mm	착 암 공	인	0.096	0.123	0.169	0.216
	보 통 인 부	인	0.096	0.123	0.169	0.216
50mm	착 암 공	인	0.119	0.152	0.208	0.266
	보 통 인 부	인	0.119	0.152	0.208	0.266
75mm	착 암 공	인	0.142	0.181	0.248	0.317
	보 통 인 부	인	0.142	0.181	0.248	0.317
100mm	착 암 공	인	0.165	0.211	0.287	0.368
	보 통 인 부	인	0.165	0.211	0.287	0.368
150mm	착 암 공	인	0.210	0.268	0.367	0.469
	보 통 인 부	인	0.210	0.268	0.367	0.469
200mm	착 암 공	인	0.252	0.322	0.446	0.570
	보 통 인 부	인	0.252	0.322	0.446	0.570
250mm	착 암 공	인	0.295	0.377	0.525	0.671
	보 통 인 부	인	0.295	0.377	0.525	0.671

(표 계속)

〈표 5.10-51〉 배관을 위한 구멍뚫기 [설비품셈] (개소 당)

구 분		단위	콘크리트 두께 150mm		콘크리트 두께 300mm	
			바닥	벽체	바닥	벽체
300mm	착 암 공	인	0.339	0.434	0.604	0.772
	보 통 인 부	인	0.339	0.434	0.604	0.772
350mm	착 암 공	인	0.384	0.491	0.683	0.874
	보 통 인 부	인	0.384	0.491	0.683	0.874
400mm	착 암 공	인	0.426	0.544	0.762	0.975
	보 통 인 부	인	0.426	0.544	0.762	0.975

[주] 1. 본 품은 코어드릴을 사용하여 철근콘크리트 슬래브를 천공하는 기준이다.
　　 2. 본 품은 코어드릴 설치 및 해체, 천공 및 마무리 작업을 포함한다.
　　 3. 부산물 처리 및 반출, 철근탐색 및 시험천공작업은 별도 계상한다.
　　 4. 공구손료 및 경장비(코어드릴 등)의 기계경비는 인력품의 2%로 계상한다.
　　 5. 재료비(다이아몬드 비트 등)는 별도 계상한다.

〈표 5.10-52〉 시운전 [설비품셈 발췌] (m 당)

명 칭	적 용	단위	배관공	비 고
배 관 계 통	배관, 밸브류의 조정	인	0.026	주관 연장

[주] 1. 본 품은 난방 및 공조계통에 대한 각각의 설비를 완료하고 시운전 및 조정을 실시할 경우 적용한다.
　　 2. 배관계통에 있어서 주관이란 시운전 및 조정을 요하는 보일러 또는 냉동기와 에어핸들링 유닛 또는 냉각탑(공냉식 옥외기 포함)을 연결하는 증기, 냉온수 및 냉각수 배관을 말하며 방열기 또는 팬코일 유닛을 설치하는 경우에는 입상관에서의 분기관 또는 수평 주기관에서의 분기관을 제외한다.

제 6 장

조경포장공사
(KCS 34 60 00)

제 6 장

조경포장공사 (KCS 34 60 00)

토목 포장은 차량 이용이 주목적으로서 구조적 측면이 보다 중요하지만, 조경 포장은 비상차량 통행으로 인한 하중은 물론 공간적·시각적 요소로서 외부에서의 조망, 내외부 간 이동, 공간에서 머무름 등 이용행태별로 색채·문양·질감의 세밀한 고려가 필요하다. 그러므로 조경 포장은 공원, 산책로, 보행로, 자전거도로 등의 도로기능 및 운동장, 광장, 주차장, 보행로 등 외부공간의 성격을 결정하는 중요한 인자로서 기능적 측면과 더불어 시각적 측면도 충족할 수 있어야 한다.

본 장은 조경공간 포장의 조경포장공통, 친환경흙포장, 친환경블록포장, 조경일체형포장 및 재료·포장 또는 포장재 간의 조경포장경계에 적용한다.

6.1 조경포장공통 (KCS 34 60 05)

6.1.1 개요

토목포장은 일반적으로 표층·노반·노상 3개층으로 구분되지만, 조경 포장은 단순하게 표층만으로 구성하거나 표층과 보조기층 노반의 간이포장 등 용도와 제반여건에 적합한 포장구조로 구성된다.

그러므로 조경공간의 포장재는 조성 당시는 물론 유지관리 측면에서 문제점 발생이 최소화되도록 보행자와 비상차량의 복합적 이용 등에 대한 고려가 필요하다.

6.1.2 적용범위

조경 포장의 제반기준은 조경공사 표준시방서 및 토목공사 표준시방서에 의함을 원칙으로 한다.

조경 포장의 노상 및 보조기층 등 노반 조성공사에 적용하며, 여기에 언급되지 않은 사항은 일반적인 포장 기준에 의한다.

조경포장 품셈의 적용기준은 폭원이 넓고 조경시설(녹지, 수목보호틀 등)이 없는 일반포장은 토목공사와 동일하게 작업조건 A-Type(용이)를 기준으로, 작업지의 조건 불량시 [LH공사]의 기준을 준용하여 폭원이 좁은 소로(12m 미만)는 작업조건 B-Type(협소)를, 소규모는 인력을 적용할 수 있다. 포장공사 품셈은 면적당 소요량에서 1일 수행능력으로 개정되었으므로 적용시 유의한다.

6.1.3 적용품셈

가. 토목 포장과 유사한 사항은 [토목품셈 제1장(도로포장공사)]의 1. 공통사항, 2. 동상방지층, 3. 보조기층, 4. 입도조정기층, 5. 아스콘 포장, 6. 콘크리트 포장, 7. 저속도로포장, 8. 교통시설공, 9. 부대공의 해당항을 참조한다.

나. 원지반 다짐은 [공통품셈 8-2-9(롤러)]와 [2024년 공통품셈 8-2-10(플레이트 콤팩터)]를 기준으로 한다. 그러나 이는 차량통행이 빈번한 도로 기준으로 "다짐회수는 보편화된 조건에서 표준적인 횟수를 정한 것으로서 다짐도에 따라 증감할 수 있다."는 주기에 의하여 [LH공사]의 롤러+콤팩터 다짐을 다음과 같이 준용하며, 장비조합과 다짐장비 및 다짐횟수 등은 현장조건과 작업규모에 의하여 변경할 수 있다. 이때 타 공종과의 동시작업 등으로 주택건설사업은 불량을 적용하는 [LH공사] 기준을 준용하며, 원지반 정리를 위한 보통인부 0.005(인/m²)을 반영한다.

〈표 6.1-1〉 포장하부 원지반다짐 [LH공사]

지반조건	다짐장비	규 격	다짐회수(회)	다짐효율
포 장 하 부 원지반 다짐 (보 통)	진 동 롤 러 플레이트 콤팩터	자주식 2.5Ton 1.5 Ton	6 3	보통 보통
포 장 하 부 원지반 다짐 (불 량)	진 동 롤 러 플레이트 콤팩터	핸드가이드식 0.7Ton 1.5 Ton	8 3	불량 불량

[주] 본 품의 원지반다짐 적용시 원지반 정리를 위한 보통인부 0.005(인/m²)을 반영한다.

다. 조경 포장용 보조기층은 [토목품셈 1-3-1(인력식 소규모장비 포설)]에 의하여 다음과 같이 적용한다. 토목 포장과 유사한 대규모의 포장은 [토목품셈 1-3-2(기계포설-길어깨)], [토목품셈 1-3-3(기계포설-본선)]을 참조 적용하며, 특별히 인력 시공 필요시 [2008년 토목품셈 5-1-1(기초다짐 및 뒷채움)]의 자갈기초다짐인 보통인부 0.5(인/m³)를 준용한다. 보조기층 자재는 [LH공사]의 기준[54]인 124.1%를 적용한다.

---

54) 입도조정 기층용 쇄석골재(40mm이하)는 [쇄석골재 다짐상태 단위중량(KSF 2312의 E다짐 95% 입도조정기층준용)] / [쇄석골재 자연상태 단위중량] × [재료의 할증률 _ 부순돌·자갈·막자갈]을 적용하여 (2.216 / 1.857 × 할증1.04) = 1.241(124.1%)이다.

〈표 6.1-2〉 보조기층 _ 인력식 소규모장비 포설 [토목품셈]　　　　　　　　　　　　(일 당)

구 분	규 격	단위	수량	시공량(m³)
포　설　공		인	2	
보　통　인　부		인	2	
굴　착　기	0.6m³	대	1	150
진동롤러(핸드가이드식)	0.7ton	대	1	
살　수　차	5,500ℓ	대	0.5	
비 고	- 순수 인력 살수 시에는 살수품을 100m²당 1인 가산한다.			

[주] 1. 본 품은 소형 다짐장비를 사용한 소규모구간의 보조기층 포설 및 다짐 기준이다.
　　2. 본 품은 포설준비, 포설 및 고르기, 다짐작업을 포함한다.
　　3. 장비는 현장여건 및 시험포장 결과에 따라 장비조합 및 규격을 변경하여 적용할 수 있다.
　　4. 두께 20cm일 때 100m²당 살수량은 일반적으로 2ton을 표준으로 한다.

　라. 연약지반으로서 지반보강이 필요한 경우 염화마그네슘·염화칼슘이나 쇄석을 혼입하는 입도
　　　조정공법, 쇄석혼입공법 등을 도입하고 각 공법에 적합한 품셈을 준용한다. 연약지반으로 이
　　　러한 공법이 곤란하거나 투수포장지반 등 보다 특별한 지반 보강 필요시 고분자 재료인 격자
　　　구조 셀의 공학적 특성으로 지반 지지력 및 전단강도의 극대화를 위한 3차원 복합구조체인
　　　지오셀 지반보강을 다음과 같이 준용할 수 있다.

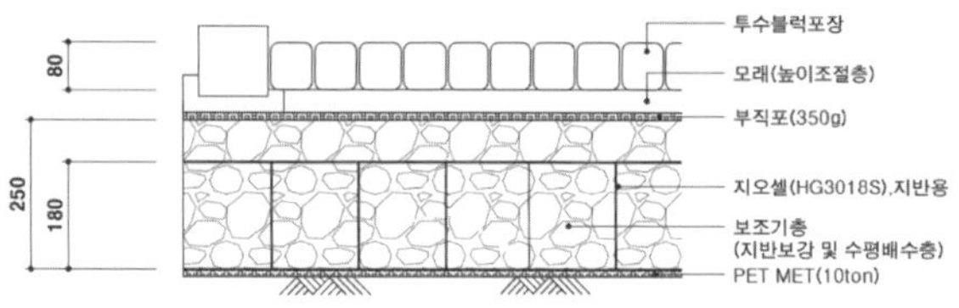

〈그림 6.1-1〉 지오셀 지반보강

〈그림 6.1-2〉 지오셀 이미지

〈표 6.1-3〉 지오셀 지반보강 [공통품셈 준용]　　　　　　　　　　　　(m² 당)

구 분	규 격	단위	수량
지　오　셀	D300xH180기준	m²	1.05
케이블 타이	L780 옥외용	EA	2.60
고 정 클 립	φ13	EA	1.00
고 정 철 근	D13×L400 이형철근	EA	1.00
특 별 인 부	핀설치 포함	인	0.01875
보 통 인 부	핀설치 포함	인	0.00625

[주] 1. 본 품은 지오셀과 앵커핀설치 등이 포함된 지반의 지오셀 보강품으로서 [공통품셈 3-7-4의 1(부착망설치)] 10cm이하를 준용하며 기
　　　계경비는 제외하였다.
　　2. 본 품은 자재 소운반, 지오셀 펼치기 및 앵커핀, 고정철근, 고정클립 설치 및 정리작업을 포함한다.
　　3. 면고르기기가 필요한 경우 별도 계상한다.
　　4. 잡재료비는 재료비의 3%를 계상한다.

마. 포장공사 품에 포함되지 않은 모래기층은 [LH공사] 기준을 준용하여 [공통품셈 3-4-8(기초지정)]의 모래지정에서 다짐작업을 제외한 〈표 6.2-3〉의 모래부설을 준용한다. 모래기층용 자재는 강모래를 기준으로, 불가피하게 해사 사용시에는 세척사를 사용하여야 한다. 모래 재료량은 표준품셈 노상·노반재의 할증률 6%를 적용하되, 모래기층이 아닌 블록포장 하부 속채움재는 10%를 적용한다.

바. 보조기층이나 지반 보강 등으로 기반이 불충분한 경우 [LH공사] 기준을 준용하여 콘크리트 표층을 설치하며, 설치품은 [토목품셈 1-6-2(콘크리트 포장 _ 표층 인력포설)]인 〈표 6.4-2〉를 동일기준으로 준용한다. 이때 콘크리트포장 기층 시공량은 품셈의 규격별 시공량을 감안하여 T15cm는 75(m^3/일), T10cm는 50(m^3/일)으로 하며, 포장공간 협소와 믹서트럭 후진진입으로 시공량 50%를 감하는 기준을 필요시 추가 적용한다.

6.2 친환경흙포장 (KCS 34 60 10)

6.2.1 개요

친환경 흙포장은 자연에서 접하는 천연소재로서 친환경적인 공간에 가장 적합하다. 그러나 내구성에서 단점이 있으므로 조성후 유지관리 측면의 고려가 반드시 필요하다.

6.2.2 적용범위

친환경 흙포장은 특히 친환경적이므로 자연환경이 우선시되는 공간에 주로 적용된다.

조경공사 표준시방서는 친환경 흙포장으로 화강풍화토(마사토)포장, 혼합토 및 경화토포장, 황토포장, 쇄석 및 모래포장 등으로 규정하므로 이에 준하는 포장에 적용 또는 준용한다.

6.2.3 적용품셈

가. 마사토 포장은 주재인 마사토에 경화재를 혼합·포설·다짐하는 포장으로 전통공간, 자연형 보행로, 운동시설 등에 주로 적용된다. 질감은 부드러우나 내구성 측면의 약점으로, [SH공사] 기준은 경사도 9% 이상은 적용이 불가하다. [표준품셈]에는 마사토 포장의 규정이 없으므로 [LH공사] 기준을 다음과 같이 준용한

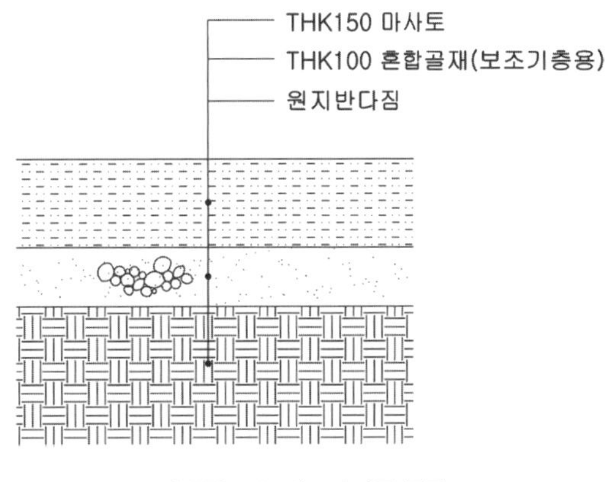

〈그림 6.2-1〉 마사토 포장

다. 마사토량은 [토량 = 표면다짐면적×포장두께×토량변화율(1/C)]로 구하며, 토량변화율(C=0.85)로 재료량은 117.65%이다. 마사토 포설은 [공통품셈 3-4-8(기초지정)] 모래지정에서 다짐작업을 제외한 모래부설을 준용한다. 보조기층 자재는 [공통품셈 1-3-1의 2(노상 및 노반재료]의 자갈 할증 4%, 보조기층 부설은 인력 소규모 장비사용시공, 다짐은 원지반 보통과 포장면 보통 적용기준이다.

〈표 6.2-1〉 마사토 포장 [LH공사] (m² 당)

종 별	규 격	단위	수 량	
			산책로용(T100)	운동장용(T150)
마 사 토	T100,150mm	m³	0.11765	0.1764
마 사 토 부 설	모래부설 준용	m³	0.11765	0.1764
원 지 반 다 짐	보 통	m²	1.00	1.00
포 장 면 다 짐	콤팩터 3회/4회	m²	1.00	1.00

[주] 1. 본 품은 [LH공사]의 마사토다짐 품을 준용하였다.

　 2. 포장 높이 조절을 위한 굴착(터파기), 되메우기, 잔토처리는 별도 계상한다.

　 3. 본 품의 마사토 재료량은 [토량─표면다짐면적×포장두께×토량변화율(1/C)], 토량변화율(C=0.85)의 117.65% 적용 기준이다.

　 4. 본 품의 마사토 부설은 [공통품셈 3-4-8(기초지정_모래지정)]에서 다짐작업을 제외한 〈표 6.2-3〉 모래부설을 준용한다.

　 5. 포장하부 원지반다짐은 〈표 6.1-1〉의 보통(진동롤러 2.5Ton + 플레이트 콤팩터 1.5Ton) 기준이며, 포장면 다짐은 산책로용은 3회 운동장용은 4회 기준이다.

　 6. 보조기층은 [토목품셈 1-3-1(보조기층_인력식 소규모장비 포설)]인 〈표 6.1-2〉를 별도 적용한다.

나. 흙고화(경화토)포장으로 통칭되는 혼합토, 경화토, 황토 등 포장은 자연토인 황토·마사토를 주재료로 경화제를 혼합·포설·다짐하는 자연포장재로서, 함수율로 건식과 습식으로 구분된다. 건식(다짐식)공법은 함수율 13~15%로서 장비 전압으로 강도를 발현하며, 습식(유동식)공법은 함수율 25~29%로서 미장마감으로 강도를 발현한다. 흙고화 포장은 일반적으로 자재업체 현장시공 공표가를 기준가격으로 적용한다.

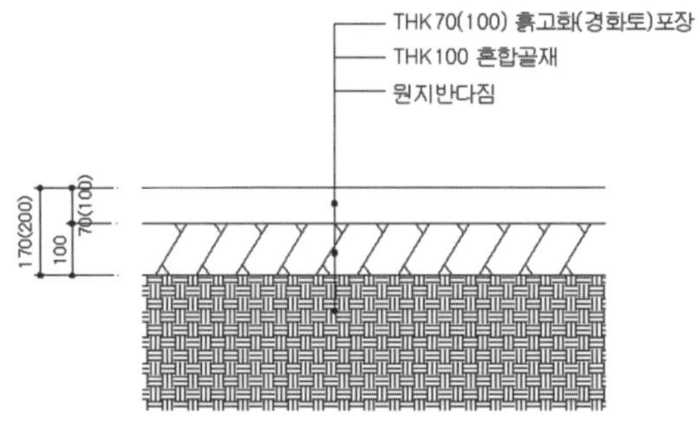

〈그림 6.2-2〉 흙고화(경화토) 포장

다. 모래막이로 구획되는 모래장은 안전과 유지관리의 어려움으로 감소하는 추세이지만, 시설비가 저렴하고 이용성 측면에서도 우수하다. 모래량은 [면적×두께]로 산출 후 [공통품셈 1-3-1(재료의 할증)] 노상 및 노반재료의 모래인 6%를, 모래부설은 [공통품셈 3-4-8(기초지정)]

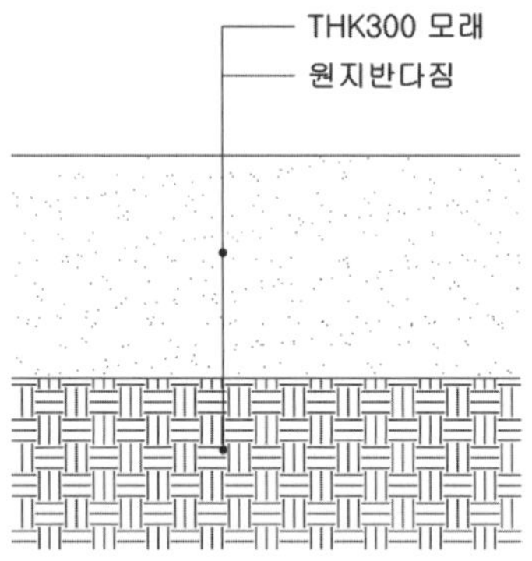

〈그림 6.2-3〉 모래 포장

의 모래지정에서 다짐을 제외 적용하는 [LH공사] 기준을 다음과 같이 준용한다. 이때 토공사는 필요시 산출하여 별도로 적용하며, 모래 운반비는 필요시 별도 계상한다.

〈표 6.2-2〉 모래장 [LH공사]　　　　　　　　　　　　　　　　　　　　　　　　　　　　　(m² 당)

종 별	규 격	단위	수량
모　　래	T300mm	m³	0.318
모 래 부 설		m³	0.300

[주] 1. 본 품은 〈표 6.2-3〉의 모래부설을 T300으로 적용한 품이다.
　　 2. 본 품의 모래량은 [공통품셈 1-3-1(재료의 할증률)] 2. 노상 및 노반재료의 모래에 의하여 6%를 적용하였다.
　　 3. 본 품의 모래부설은 [공통품셈 3-4-8(기초지정)]의 모래지정에서 다짐작업을 제외한 모래부설을 준용한다.

〈표 6.2-3〉 모래부설 [LH공사]　　　　　　　　　　　　　　　　　　　　　　　　　　　(m³ 당)

종 별	규 격	단위	수량
특 별 인 부		인	0.00909
보 통 인 부		인	0.00909
굴 착 기	0.2m³	hr	0.07273

[주] 1. 본 품은 [LH공사]의 모래깔기 품을 준용하였다.
　　 2. 본 품은 [공통품셈 3-4-8(기초지정)] 모래지정의 소운반, 고르기 및 다짐에서 다짐작업을 제외한 모래부설 품이다.

6.3 친환경블록포장 (KCS 34 60 15)

6.3.1 개요

블록포장은 블록 상호간 맞물림에서 증대되는 지지력으로 하중을 분산시키는 포장방법이다. 조경 포장은 차량통행 전용인 토목포장 보다 하중의 요구도가 낮으므로 비상차량 이용구간은 물론 보행구간의 블록포장과 보행전용 구간의 잔디, 목재, 석재의 혼용 등 다양하게 응용된다.

블록포장은 가격이 저렴하고 하중 지지력이 우수하면서도 질감과 색채가 다양하여 차도 및 보행로에 다수 적용되고 있다. 차량 통행이 주목적인 도로는 콘크리트 기층 등으로 지지력을 증대하고, 보도 등은 모래기층으로 해체·보수가 용이하게 하는 등 기능과 유지관리에 적합하게 응용된다.

6.3.2 적용범위

블록 포장의 제반기준은 조경공사 표준시방서 및 토목공사 표준시방서에 의함을 원칙으로 하며, 기타사항은 포장의 일반적인 기준에 의한다.

조경공사 표준시방서는 친환경블록을 소형고압블록포장, 점토블록보상, 산니블록포징, 고무블록

포장, 인조화강석블록포장 등으로 분류하므로 규격이 유사한 모든 블록포장에 적용 또는 준용한다.

6.3.3 적용품셈

가. 블록포장은 규격별 0.1m² 이하는 [토목품셈 1-7-1(보도용 블록 설치−소형)], 0.1m²~0.25m²는 [토목품셈 1-7-2(보도용 블록 설치−대형)]을 조건별로 A, B Type으로 구분하여 다음과 같이 적용한다. 대형블록 포장은 2024년 재신설되었으므로 적용에 유의한다. 블록 할증량은 4%를 기준으로 소규모 포장면은 손실을 고려하여 8%를 적용한다.

〈표 6.3-1〉 저속도로포장 _ 보도용 블록 설치(소형) [토목품셈]　　　　　　　　(일 당)

구 분	규격	단위	A-Type		B-Type	
			수량	시공량(m²)	수량	시공량(m²)
포 장 공		인	3		2	
특 별 인 부		인	2		2	
보 통 인 부		인	2	300	1	190
굴 착 기	0.6m³	대	1		-	
굴 착 기	0.4m³	대	-		1	
플레이트 콤펙터	1.5ton	대	1		1	
비 고	- 유도·점자블록을 설치하는 경우 시공량의 10%를 감하여 적용한다. - 블록 정밀진단(전동절단기)에 의한 시공이 아닌 경우, 특별인부 1인을 감하여 적용한다.					

[주] 1. 본 품은 규격 0.1m²이하, 두께 8cm이하 보도용 블록의 설치 기준이다.

　　2. 본 품은 모래 부설, 모래층 다짐 및 고르기, 블록 절단 및 설치, 줄눈채움, 블록설치 후 다짐 작업을 포함한다.

　　3. 현장 여건별 적용기준은 다음과 같다.

　　　• A-Type : 공원, 단지·택지조성공사의 보도 등 장비이동 및 적재가 용이한 구간

　　　• B-Type : 차도인접, 주택가 보도 등 장비이동 및 적재 공간이 협소한 구간

　　4. 기층에 콘크리트나 아스팔트 등의 안정처리기층을 사용하거나, 지반침하방지가 필요한 경우 별도 계상한다.

　　5. 공구손료 및 경장비(절단기 등)의 기계경비는 인력품의 5%, 블록 정밀절단(전동절단기)에 의한 시공이 아닌 경우 2%로 계상한다.

〈표 6.3-2〉 저속도로포장 _ 보도용 블록 설치(대형) [토목품셈]　　　　　　　　(일 당)

구 분	규격	단위	A-Type		B-Type	
			수량	시공량(m²)	수량	시공량(m²)
포 장 공		인	3		2	
특 별 인 부		인	2		2	
보 통 인 부		인	2	190	1	120
굴 착 기	0.6m³	대	1		-	
굴 착 기	0.4m³	대	-		1	
플레이트 콤펙터	1.5ton	대	1		1	
비 고	- 유도·점자블록을 설치하는 경우 시공량의 10%를 감하여 적용한다. - 블록 정밀진단(전동절단기)에 의한 시공이 아닌 경우, 특별인부 1인을 감하여 적용한다.					

[주] 1. 본 품은 규격 0.10m²초과 0.25m²이하, 두께 8cm이하 보도용 블록의 설치 기준이다.

2. 본 품은 모래 부설, 모래층 다짐 및 고르기, 블록 절단 및 설치, 줄눈채움, 블록설치 후 다짐 작업을 포함한다.

3. 현장 여건별 적용기준은 다음과 같다.
   - A-Type : 공원, 단지·택지조성공사의 보도 등 장비이동 및 적재가 용이한 구간
   - B-Type : 차도인접, 주택가 보도 등 장비이동 및 적재 공간이 협소한 구간

4. 기층에 콘크리트나 아스팔트 등의 안정처리기층을 사용하거나, 지반침하방지가 필요한 경우 별도 계상한다.

5. 공구손료 및 경장비(절단기 등)의 기계경비는 인력품의 5%, 블록 정밀절단(전동절단기)에 의한 시공이 아닌 경우 2%로 계상한다.

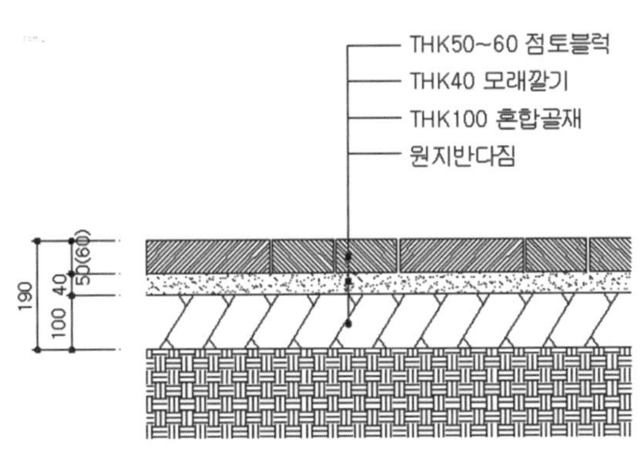

〈그림 6.3-1〉 점토블럭(보도용) 포장

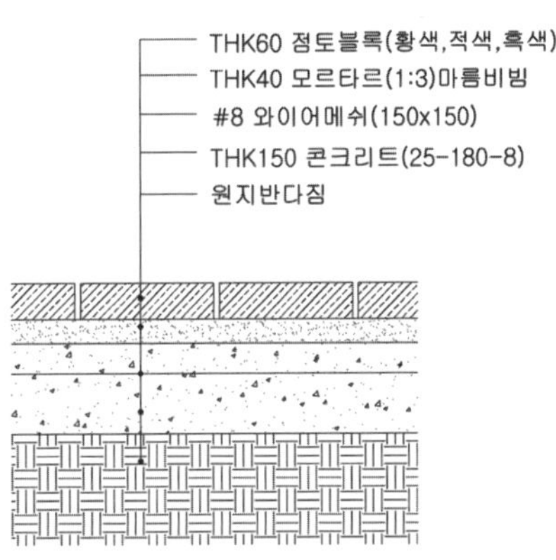

〈그림 6.3-2〉 점토블럭(차도용) 포장

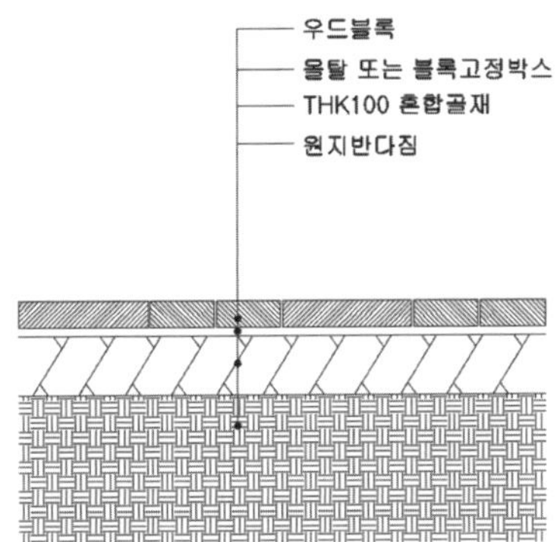

〈그림 6.3-3〉 우드블럭 포장

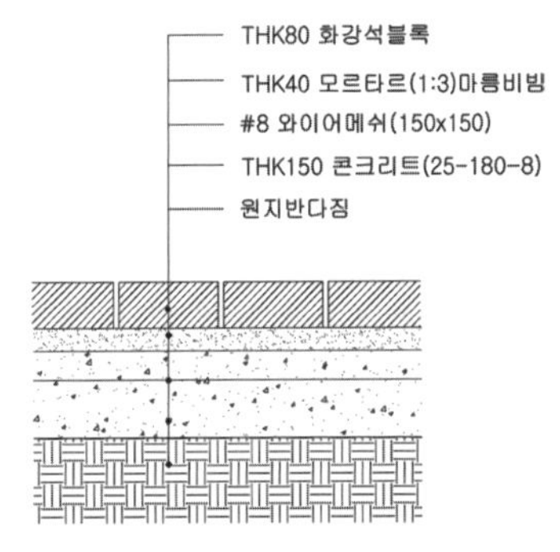

〈그림 6.3-4〉 화강석블럭(차도용) 포장

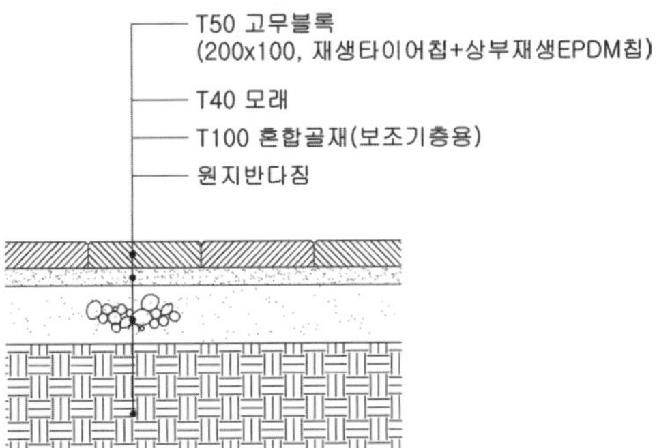

〈그림 6.3-5〉 고무블럭 포장

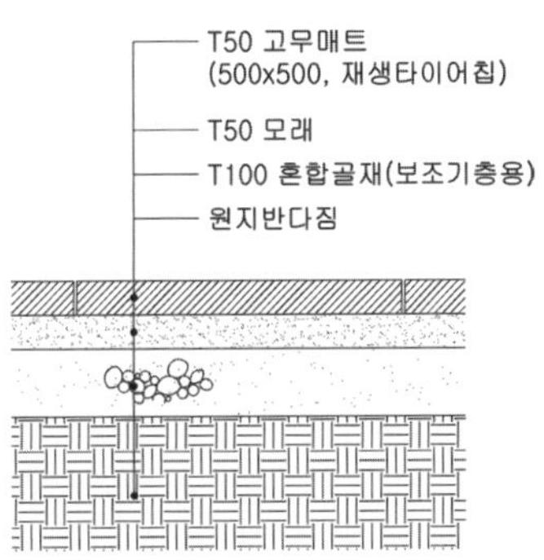

〈그림 6.3-6〉 고무매트 포장

나. 잔디블록 포장은 주차장, 잔디광장, 옥상 등의 잔디 보호 포장재로서 [공통품셈 4-4-3(잔디블록 포장)]에 의하여 다음과 같이 적용한다. 블록의 할증량은 일반적으로 4%를 기준으로 하되, 소규모 포장면은 손실을 고려하여 2015년 품셈의 소형고압블록 할증률인 8%를 적용한다. 잔디식재는 별도 적용한다.

〈표 6.3-3〉 잔디블록 포장 [공통품셈]　　　　　　　　　　　　　　　　　　(일 당)

구 분	규 격	단위	수량	시공량(m²)
조 경 공		인	3	
보 통 인 부		인	1	65
굴 착 기	0.6m³	대	1	
플레이트 콤팩터	1.5ton	대	1	

[주] 1. 본 품은 모래를 부설하면서 대형 잔디블록을 설치하는 기준이다.
　　2. 모래 부설, 다짐 및 고르기, 잔디블록 절단 및 설치, 잔디식재 작업을 포함한다.
　　3. 장비의 규격은 작업여건(작업범위, 위치 등)에 따라 변경할 수 있다.
　　4. 블록절단 시 절단기를 사용할 경우 기계경비는 별도 계상한다.

다. 경량형인 HDPE 등의 잔디보호 매트는 [토목품셈 2-3-1(식생매트 설치)] 준용을 기준하며, 복토 시행 여부로 품셈 항목을 구분 적용한다. 야자섬유 매트는 [공통품셈 4-4-4(야자섬유 매트포장)]에 의하여 다음과 같이 적용하며, 기반 조성 토공은 필요시 추가 적용한다.

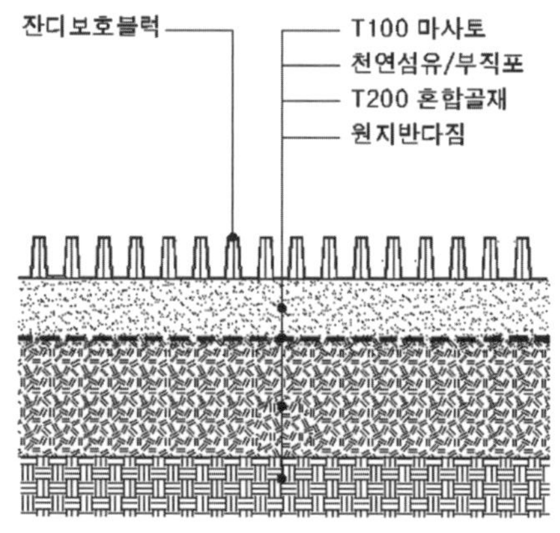

〈그림 6.3-7〉 잔디보호블럭 포장

〈표 6.3-4〉 식생매트설치 [토목품셈]　　　　　　　　　　　　　　　　　　(m² 당)

구 분	규 격	단위	수 량	
			식생매트설치	복 토
특 별 인 부		인	0.014	-
보 통 인 부		인	0.003	0.005
굴 착 기	0.6 m³	hr	-	0.031

[주] 1. 본 품은 호안등사면에 식생매트를 설치하는 기준이다.
　　2. 인력 흙고르기, 식생매트 깔기, 복토 작업을 포함한다.
　　3. 매트부설 이외 기타공종(종자살포, 잔디심기, 관수 시비 등)는 별도 계상한다.

〈표 6.3-5〉 야자섬유 매트포장 [공통품셈]　(일 당)

구 분	단위	수량	시공량(m²)	
			폭 1.5m이하	폭 2.0m이하
조　경　공	인	2	90	130
보　통　인　부	인	1		

[주] 1. 본 품은 설치위치의 토공사가 완료된 상태에서 야자섬유매트로 포장하는 기준이다.
　　2. 본 품은 매트포장면 정리, 야자섬유매트 및 고정핀 설치, 매트연결 및 고정, 마무리 작업을 포함한다.
　　3. 설치위치의 토공작업은 필요시 별도 계상한다.

라. 화강석 디딤돌 포장은 디딤돌을 설치하고 그 사이에 잔디를 식재하거나 다른 재료를 포설하는 포장공법이다. 디딤용 판석은 정미량에 정형 10%, 부정형 30%의 할증량을 가산하며, 잔디 식재나 포설 재료 등은 각 재료별 실면적에 할증량을 가산한다. 설치에서 디딤돌은 [공통품셈 4-4-1(정원석 쌓기 및 놓기)]의 놓기, 잔디는 [공통품셈 4-1-1(잔디붙임)], 기타재료는 각 해당 품셈을 적용한다.

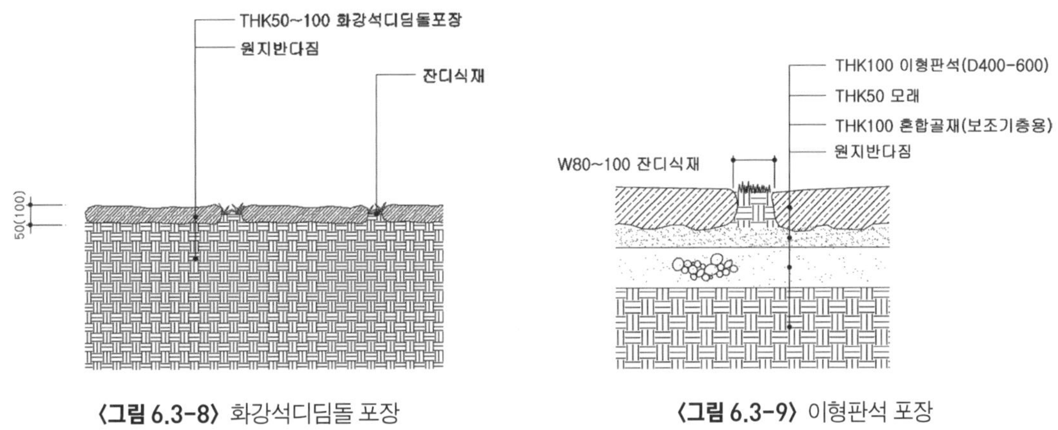

〈그림 6.3-8〉 화강석디딤돌 포장　　　〈그림 6.3-9〉 이형판석 포장

마. 목재 디딤목은 [토목품셈 1-9-2(보차도 및 도로경계블록 설치)]의 작업여건 불량(B-Type), 규격 350미만, 직선구간 시공량을 디딤목 규격(W200×H150×L1000), 답면율 66.6%으로 계상하는 [LH공사]의 기준을 다음과 같이 준용한다.

〈표 6.3-6〉 목재 디딤목 놓기 [LH공사]　(단위 당)

구 분	규 격	단위	굴착기 (0.2m³, hr)	특별인부 (인)	보통인부 (인)
목재 디딤목 놓기	W1.2	m	0.3199	0.0799	0.0400
목재 디딤목 놓기	W1.5	m	0.3999	0.0999	0.0500
목재 디딤목 놓기	W2.0	m	0.5332	0.1332	0.0666
목재 디딤목 놓기	W0.2×H0.15	m²	0.2666	0.0666	0.0333

[주] 1. 본 품은 [LH공사]의 목재디딤목 설치품으로서 [토목품셈 1-9-2(보차도 및 도로경계블록 설치)]를 준용한 품이다.

2. 목재디딤목 설치 외의 기타공종(토공, 보조기층, 모래, 목재 및 방부 등)은 별도 계상한다.
3. 공구손료 및 경장비(절단기 등)의 기계경비는 인력품의 2%로 계상한다.
4. 디딤목 놓기의 단위 m는 규격(W)의 설치폭 1m 기준이며, 단위 m²는 중간참 등의 공간이다.

6.4 조경일체형포장 (KCS 34 60 20)

6.4.1 개요

조경 일체형 포장은 포장면에 시각적 효과 등을 부가하여 공간 디자인 요소로 사용하거나, 지압 보도나 운동 · 놀이공간 등 기능적 효과를 충족하기 위한 포장이다.

조경 일체형 포장은 토목 일체형 포장과 유사하게 적용되는 콘크리트포장, 투수콘크리트포장, 투수아스팔트포장, 화강석포장, 인조잔디포장, 우레탄포장, 석재타일포장 등과 조경공사에 주로 적용되는 콩자갈(해미석), 탄성포장, 고무칩포장 등이다.

6.4.2 적용범위

조경일체형포장의 제반기준은 조경공사 표준시방서 및 토목공사 표준시방서에 의함을 원칙으로 하며, 기타사항은 포장의 일반적 기준에 의한다.

조경 일체형 포장은 토목 일체형 포장과 유사하게 적용되는 콘크리트포장, 투수콘크리트포장, 투수아스팔트포장, 화강석포장, 인조잔디포장, 우레탄포장, 석재타일포장 등과 조경공사 표준시방서에서 조경 일체형 포장으로 분류하는 판석포장, 사고석포장, 석재타일 포장, 콩자갈 및 조약돌포장, 호박돌포장, 칼라세라믹포장, 우레탄포장, 고무탄성재 등과 이에 준하는 포장에 적용한다.

6.4.3 적용품셈

가. 조경 일체형 포장에서 공통사항은 [LH공사] 기준의 철망과 줄눈재를 준용하며, 품셈 주기에 의하여 포장공사에 포함되지 않아 별도 적용하여야 하는 거푸집과 줄눈을 산출 적용한다. 철망은 설계도서에서 별도 명시되지 않은 경우 #8×150×150을 기준으로 하며, 콘크리트포장에 설치품이 포함되어 있으므로 자재비만 반영한다. 줄눈은 포장문양을 감안하되 수축·팽창 줄눈을 동선부 3~4m, 광장 등은 6m 간격으로 하며, 줄눈설치는 [LH공사] 기준을 다음과 같이 준용한다.

〈표 6.4-1〉 줄눈 설치기준 [LH공사]

구 분		줄눈재(m³/m²)	산 출 근 거
동 선	보도용 (T100)	0.0003	• 폭원 3m, 4m 간격설치 3/12 = 0.25(m/m²), 할증10% 0.275(m/m²)
	경차용 (T150)	0.0004	
	차도용 (T200)	0.0006	
광 장	보도용 (T100)	0.0004	• 6m 간격설치 12/36 = 0.33(m/m²), 할증10% 0.363(m/m²)
	경차용 (T150)	0.0005	

[주] 줄눈판은 미송판재이며, 보도용일 때 H0.1×W0.01×L1.0 = 0.001(m³/m) 기준이다.

나. 조경공사의 일반 소규모 콘크리트 포장은 [토목품셈 1-6-2(표층 인력포설)]에 의하여 다음과 같이 적용하며, 대규모의 콘크리트 포장은 [토목품셈 1-6-3(콘크리트 표층 기계포설-소형장비)], [토목품셈 1-6-4(콘크리트 표층 기계포설-대형장비)]를 참조 적용한다. 포장두께 20cm이하는 [LH공사] 기준을 준용하여 표준품셈의 포장두께별 시공 비율로 일반 T15cm는 75(m³/일), T10cm는 50(m³/일), 현장이 복잡하거나 소운반 타설시(B-Type)에는 T15cm는 37.5(m³/일), T10cm는 25(m³/일)로 적용한다. 줄눈설치를 위한 절단과 줄눈은 [토목품셈 1-6-6(포장줄눈 절단)], [토목품셈 1-6-7(포장줄눈 설치)]에 의하여 다음과 같이 적용한다.

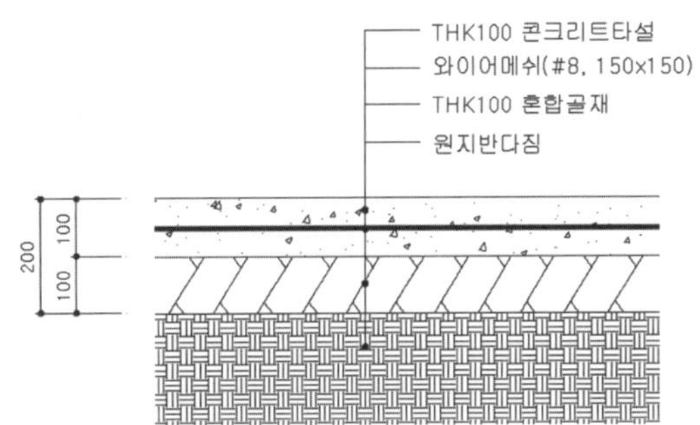

〈그림 6.4-1〉 콘크리트 포장

〈표 6.4-2〉 콘크리트 포장 _ 표층 인력포설 [토목품셈]　　(일 당)

구 분	단위	수량	시공량(m³)					
			A-Type			B-Type		
			20cm	30cm	40cm	20cm	30cm	40cm
포 장 공	인	4	100	150	200	50	75	100
보 통 인 부	인	2						

[주] 1. 본 품은 콘크리트 믹서트럭으로 직접 타설하는 콘크리트 포장의 인력포설 기준이다.

　2. 본 품은 비닐깔기 및 철망깔기, 콘크리트 포설, 양생 작업을 포함한다.

　3. 거푸집 설치 및 해체, 줄눈작업은 별도 계상한다.

　4. 현장여건별 작업기준은 다음과 같다.

　　• A-Type : 콘크리트 믹서트럭으로 직접 타설하는 경우

　　• B-Type : 콘크리트 믹서트럭 후진 진입 또는 경운기 등으로 운반하여 타설하는 경우

　　※ 경운기 등 기타방법으로 콘크리트를 운반하는 경우 운반에 소요되는 비용은 별도 계상한다.

　5. 콘크리트와 노반과의 접착부 처리품(모래층 깔기 등)은 별도 계상한다. 모래 부설시 일당시공량은 보통인부 2인기준 두께 3cm시 660m², 두께 6cm시 410m²이다.

　6. 공구손료 및 경장비(스크리드 등)외 기계경비는 인력품의 3%로 계상한다.

　7. 비닐, 양생재, 철망 등 재료비 및 잡재료비는 별도 계상한다.

〈표 6.4-3〉 포장줄눈 절단 [토목품셈]　　(일 당)

구 분	규 격	단위	수량	시공량(m)
특 별 인 부		인	1	
보 통 인 부		인	1	600
커　　터	320~400mm	대	1	

[주] 1. 본 품은 콘크리트 표층면을 절단(절단깊이 10cm이하)하는 기준이다.
　　2. 본 품은 포장절단, 절단면 물청소를 포함한다.
　　3. 공구손료 및 경장비(동력분무기 등)의 기계경비는 인력품의 3%로 계상한다.
　　4. 블레이드 및 물 소비량은 별도 계상한다.[55]

〈표 6.4-4〉 포장줄눈 설치 [토목품셈]　　(일 당)

구 분	단위	수량	시공량(m)
특 별 인 부	인	3	
보 통 인 부	인	2	900

[주] 1. 본 품은 콘크리트포장 표층면 절단 부위에 줄눈을 설치하는 기준이다.
　　2. 본 품은 백입재 설치, 프라이머 및 줄눈재 시공을 포함한다.
　　3. 줄눈재, 백업재 등 부대 재료비는 별도 계상한다.

　다. 보도용 투수콘 포장은 [토목품셈 1-7-3(투수아스팔트 표층 소규모포설)]의 적용을 기준으로 대규모인 경우 [토목품셈 1-7-4(투수아스팔트 표층 기계포설 – 소형장비)]에 의하여 다음과 같이 적용하며 흙고화 포장, 마사토 포장 등 단일재의 현장타설 포장도 이 품을 준용한다. 포장부 노반인 접지면의 바닥 모래는 정미량에 토량변화율(C=0.9)과 할증량을 가산하여 {포장면적×모래두께×1/C×(1+할증률)}으로 적용한다. 이때 바닥모래 부설품은 [토목품셈 1-6-2(콘크리트포장 _ 표층 인력포설)]인 〈표 6-4-2〉의 주⑤에 의하여 모래두께 3cm는 0.3(인/100m²), 6cm는 0.5(인/100m²), 이 기준으로 5cm는 0.43(인/100m²)로 환산된다. 아스콘 포장 기층은 [토목품셈 1-5-2(아스팔트 기층 소규모포설)], 표층은 [토목품셈 1-5-5(아스팔트 표층 소규모포설)]을 적용하되, 시공폭 3m미만의 작업량은 300(m²/일)이 아닌 240(m²/일)을 적용하는 [LH공사]의 기준을 준용한다.

---

55) 재료량의 별도 규정이 어려운 경우 [2020년 토목품셈 1-7(포장절단 및 줄눈)] [주]의 재료량을 다음과 같이 준용한다.
　　- 100m당 블레이드 0.31개, 물 3,000ℓ

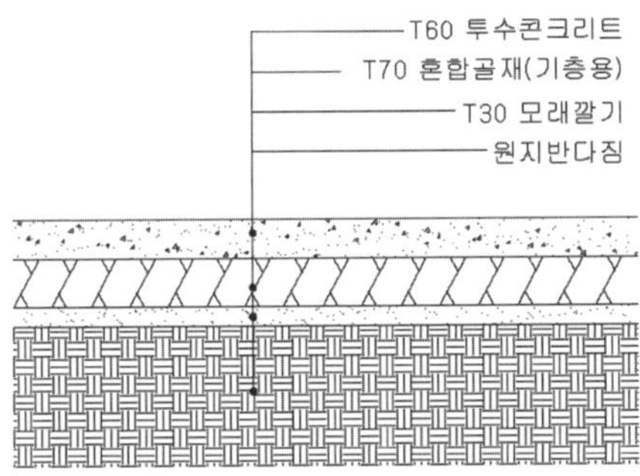

〈그림 6.4-2〉 투수콘(보도용) 포장

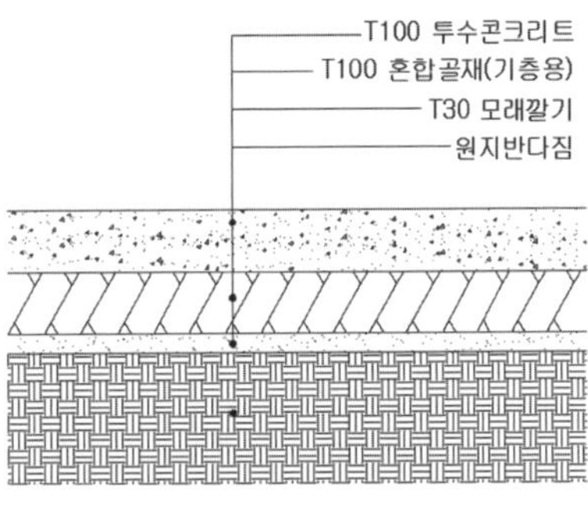

〈그림 6.4-3〉 투수콘(차도용) 포장

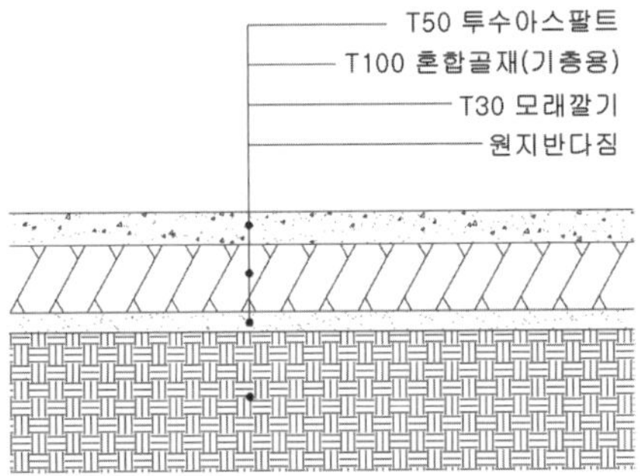

〈그림 6.4-4〉 투수팔트(보도용) 포장

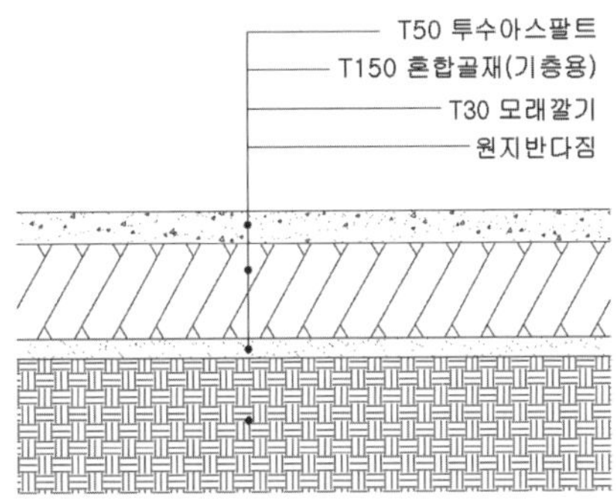

〈그림 6.4-5〉 투수팔트(차도용) 포장

〈표 6.4-5〉 투수아스팔트 표층 소규모포설 [토목품셈]　　(일 당)

구 분	규 격	단위	수량	시공량(m²)
포　장　공		인	2	
보　통　인　부		인	1	
로더　(타이어)	0.57m³	대	1	250
진동롤러(핸드가이식)	0.7ton	대	1	
플레이트콤팩터	1.5ton	대	1	
살　수　차	5,500ℓ	대	0.5	

[주] 1. 본 품은 보도 및 자전거도로 등 피니셔를 사용하지 못하는 소규모 투수아스팔트 표층 포설 기준이다.

　　2. 1층 포설두께는 5~7cm 기준이다.

　　3. 본 품은 표층 포설 및 고르기, 다짐 작업을 포함한다.

　　4. 필터층(모래층), 보조기층 및 기층 포설은 별도 계상한다.

　　5. 현장여건에 따라 장비조합 및 규격을 변경하여 적용할 수 있다.

〈표 6.4-6〉 투수아스팔트 표층 기계포설(소형장비) [토목품셈]　　　　　(일 당)

구 분	규 격	단위	수량	시공량(m²)
포 장 공		인	3	
보 통 인 부		인	1	
아스팔트 피시셔	1.7m	대	1	1,200
굴 착 기	0.6m³	대	1	
머 캐 덤 롤 러	8~10ton	대	1	
탠 덤 롤 러	5~8ton	대	1	
살 수 차	16,000ℓ	대	0.5	

[주] 1. 본 품은 보도 및 자전거도로 등 소형장비(피니셔)를 사용한 투수아스팔트 표층 포설 기준이다.
　　2. 1층 포설두께는 5~7cm 기준이다.
　　3. 본 품은 표층 포설 및 고르기, 다짐 작업을 포함한다.
　　4. 필터층(모래층), 보조기층 및 기층 포설은 별도 계상한다.
　　5. 현장여건에 따라 장비조합 및 규격을 변경하여 적용할 수 있다.

라. 우레탄포장은 운동장, 산책로 등에 우레탄을 표층 마감하는 탄성포장재이다. 우레탄포장은 일반적으로 자재업체 공표 현장시공가격을 적용하되 특별히 품셈 직용이 필요한 경우에는 [건축품셈 제6장(방수공사)]의 1. 공통공사의 바탕처리, 방수프라이머 바름, 방수층보호재 붙임과 2. 도막방수, 3. 시트방수의 항목을 각각 적용한다.

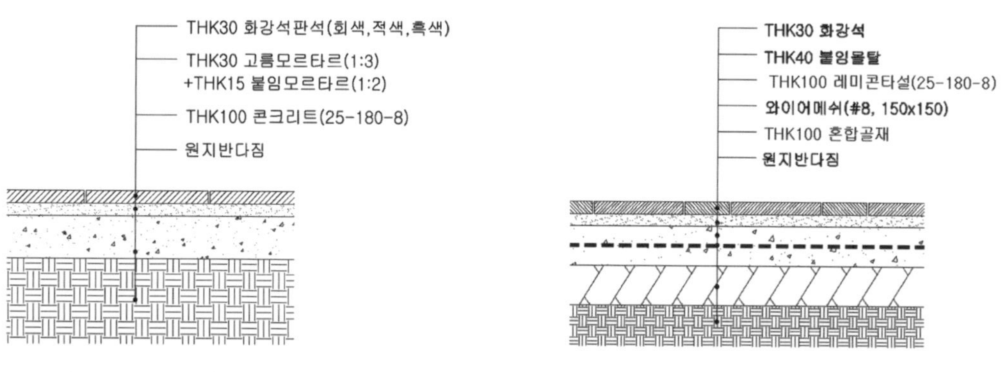

〈그림 6.4-6〉 석재판석(보도용) 포장　　　　〈그림 6.4-7〉 석재판석(차도용) 포장

마. 판석은 [공통품셈 7-4-1(석재판 붙임 _ 습식공법)]인 〈표 5.1.5-13〉에 의한다. 포장 기반인 기층, 콘크리트, 와이어메쉬 및 몰탈(T30~100) 등은 설계도서로 산출 적용하되, 몰탈 비빔은 판석 설치품에 포함되어 있으므로 적용시 주의한다. 화강석 판석 재료는 형태별로 정형 10%, 부정형 30% 할증을 가산하되 공장주문형 제품은 할증을 적용하지 않는다. 넓은 포장면에 설치하는 팽창줄눈과 코킹은 일체형 포장에 준하여 설치한다.

바. 고무칩 포장은 탄성재인 고무칩을, 칼라세라믹 포장은 골재 등에 에폭시수지나 폴리우레탄 수지 등을 결합재로 기층 위에 포설하며, 우레탄 포장은 수지를 기층 위에 포설하거나 직접 도포하는 공법으로서 운동·보행공간에 주로 적용된다. 고무칩, 칼라세라믹, 우레탄포장 등 현장직접포설 포장은 품셈을 2가지로 분류하여 준용한다. 일반적으로는 [토목품셈 1-7-5(탄성

재 포설)]에 의하여 다음과 같이 적용하고, 놀이터 등 4색 이상 색상의 소규모 문양포장은 품셈의 일당 시공량을 50% 감하는 [LH공사] 기준을 준용한다.

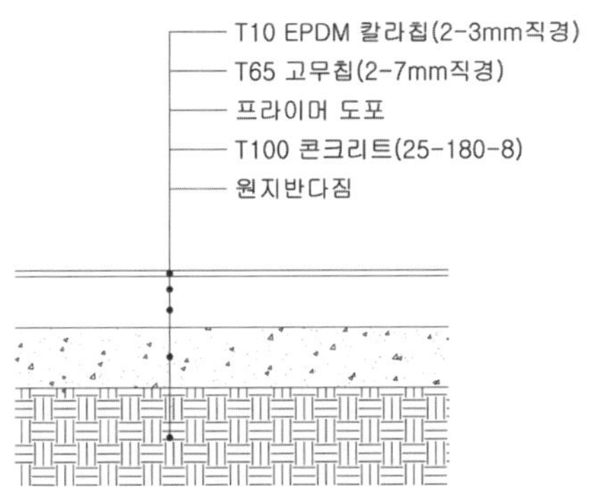

〈그림 6.4-8〉 고무칩 포장

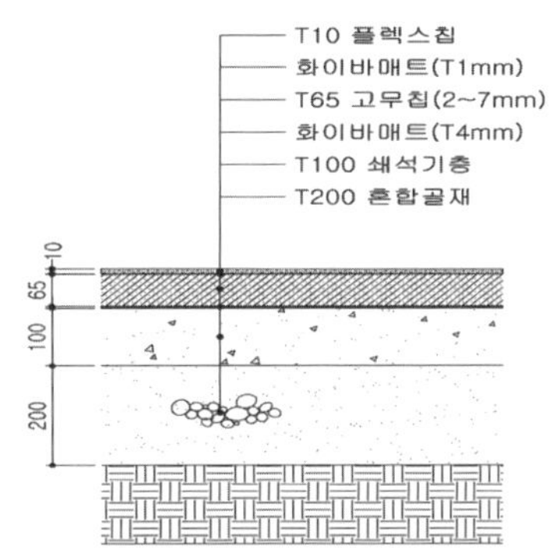

〈그림 6.4-9〉 플렉스칩 포장

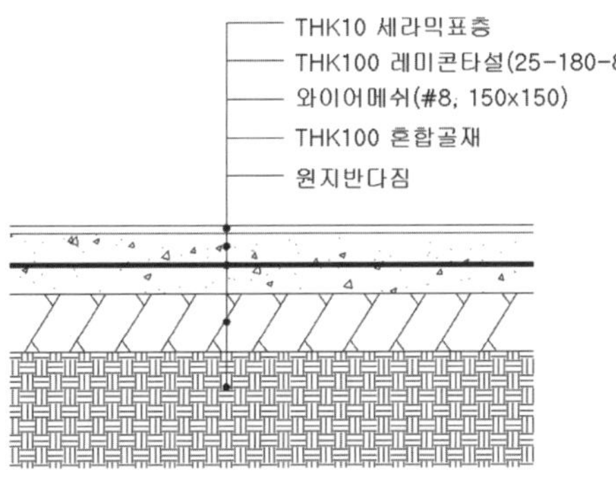

〈그림 6.4-10〉 세라믹 포장

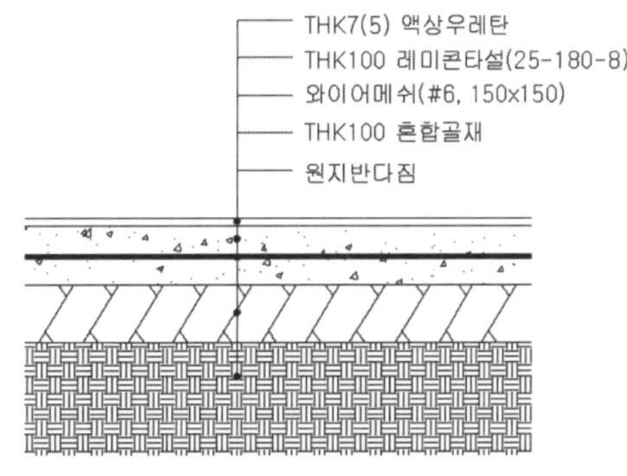

〈그림 6.4-11〉 우레탄 포장

〈표 6.4-7〉 저속도로포장 _ 탄성포장재 포설 [토목품셈] (일당)

구 분	규 격	단위	수량	시공량(m²)
특 별 인 부		인	5	120
보 통 인 부		인	3	120
믹 서	0.2m³	대	1	

[주] 1. 본 품은 탄성포장재(포장두께 7.5cm이하)를 포설 및 다짐하는 기준이다.
   2. 본 품은 프라이머 바름, 탄성재 배합, 기층 및 표층 포설 및 다짐, 양생을 포함한다.
   3. 표층을 다양한 무늬로 포설하는 경우 별도 계상한다.
   4. 공구손료 및 경장비(발전기, 다짐롤러 등)의 기계경비는 인력품의 2%로 계상한다.

사. 인조잔디 포장은 기층 위에 인조잔디를 포장하는 운동장, 골프연습장, 눈썰매장, 광장, 옥상 등 운동용과 부드러운 보행용 포장재이다. 인조잔디 포장은 [건축품셈 5-1-2(바닥 _ 카페트 설치)]를 다음과 같이 일부를 변경 준용한다. 펠트는 인조잔디 속채움 충진재(고무칩, 규사 등)를 지정두께로 포설하며, 내장공은 특별인부로 변경 준용한다.

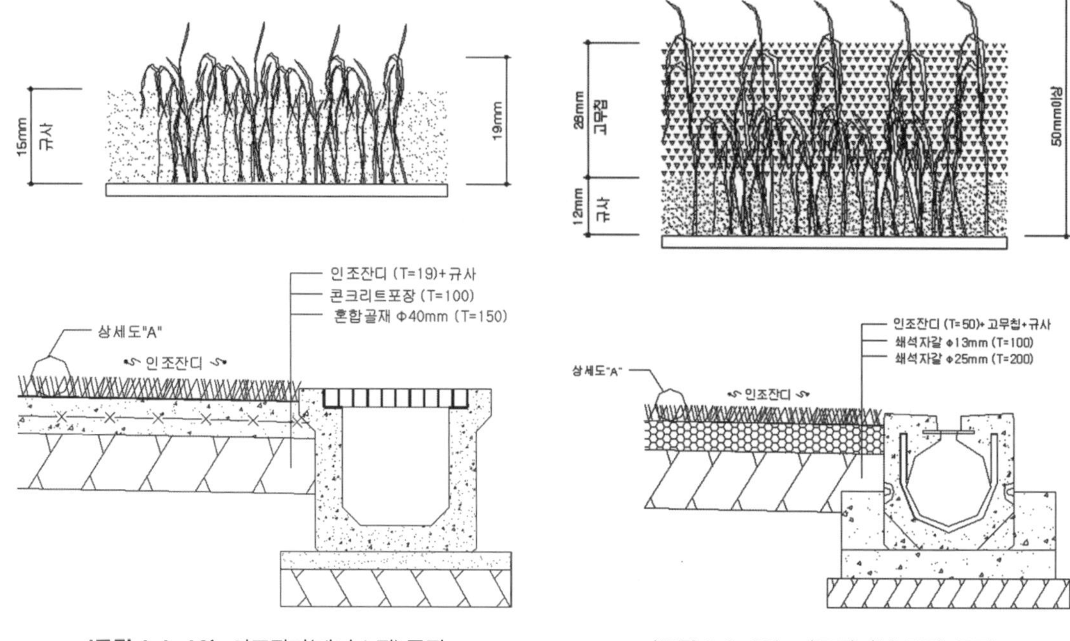

〈그림 6.4-12〉 인조잔디(테니스장) 포장　　　　〈그림 6.4-13〉 인조잔디(축구장) 포장

〈표 6.4-8〉 인조잔디 포장 [건축품셈 준용] (m² 당)

구 분	규 격	단위	수량
특 별 인 부		인	0.05
보 통 인 부		인	0.025
인 조 잔 디	지정규격 19~50mm	m²	1.10
충 진 재	고무칩, 규사 등	m²	1.10
접 착 제		kg	0.10

[주] 1. 본 품은 [건축품셈 5-1-2(카페트 설치)]에서 내장공은 특별인부로, 펠트는 충진재로 변경 준용하였다.

　　2. 본 품은 청소, 바탕처리 등이 포함되어 있다.

　　3. 공구손료는 인력품의 3%이내에서 계상한다.

　　4. 본 품은 재료의 할증이 포함되어 있다.

아. 클레이코트 포장은 테니스장의 표면을 점토(Clay)로 만든 코트를 말한다. 하드코트(Hard Court)와 달리 초기 공사비가 적게 들고 탄력성으로 바운드 후 스피드가 축소되는 장점이 있으나, 유지관리 측면에서 롤러 평탄작업이 필수적인 단점이 있다. 간이 포장이 아닌 부속시설 등이 동반되는 테니스 전문 운동장은 일반적으로 전문업체 공표 현장시공가격을 적용하되, 불가피하게 일위대가 적용시는 하층공, 중층공, 표층공, 상부표층공, 표면처리공으로 구분하여 다음과 같이 운용할 수 있다.

〈표 6.4-9〉 클레이코트 포장 [예시]　　　　　　　　　　　　　　　　　(m² 당)

구 분		규 격	단위	수량
하층공 (T150)	쇄 석 자 갈	#25~40	m³	0.156
	포설 및 다짐		m³	0.15
중층공 (T50)	마 사 토		m³	0.0588
	마사토 포설		m²	1.00
표층공 (T50)	혼 합 토		m³	0.07
	석 회		kg	0.40
	다 짐		m²	1.00
	체 가 름	보통인부	인	0.04
	흙 배 합	보통인부	인	0.008
	소 운 반	보통인부	인	0.03
	표 층 깔 기	특별인부	인	0.04
	표 층 깔 기	보통인부	인	0.015
상부표층공 (T40)	혼 합 토		m3	0.07
	석 회		kg	0.35
	소 금		kg	1.20
	다 짐		m²	1.00
	체 가 름	보통인부	인	0.04
	흙 배 합	보통인부	인	0.008
	소 운 반	보통인부	인	0.03
	표 층 깔 기	특별인부	인	0.06
	표 층 깔 기	보통인부	인	0.015
표면처리공	A Q 샌 드		kg	1.03
	표 면 마 감	보통인부	인	0.002

[주] 1. 하층공(T150) 쇄석자갈(혼합골재)은 [공통품셈 1-3-1(재료의 할증)] 노상 및 노반재료의 자갈에 의하여 4% 할증을 적용하였다.
　　2. 중층공(T50)은 〈표 6.2-1〉 마사토 포장 T150을 T50으로 환산 적용하였다.
　　3. 표층공(T50)과 상부표층공(T40)은 체가름, 흙배합, 소운반, 표층깔기로 구분 시행한다.
　　4. 표면처리공은 표면의 평활도를 높이기 위한 샌드마감이다.
　　5. 배수를 위한 포장면 하부의 맹암거와 코트 외곽의 측구는 [본서 5.10 조경 급배수 및 관수]의 해당항을 참조 별도 적용한다.

자. 콩자갈, 조약돌, 호박돌박기 포장 등은 지압보도, 실개천 등에 주로 적용되며, 구체나 모르타르가 굳어질 때 모체에 심는 일체형 포장이다. 자갈박기 포장으로 별도 규정된 품셈은 없으며 적용 재료·규격의 변수가 많으므로 품셈의 해당 항을 적절히 준용하며, 예시도의 콩자갈 포장은 다음과 같이 준용한다. 품셈 적용기준은 콩자갈과 모르타르는 산출량을 적용하고, 설치는 타일붙임 기본품 또는 비고의 특수타일(비규칙적으로 절단하여 시

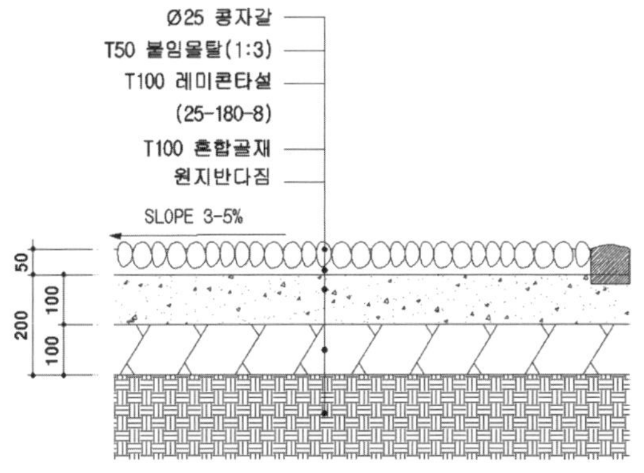

〈그림 6.4-14〉 콩자갈 포장

공되는 이형타일 등)을 기준하여 기본품 시공량 26~33% 중간값인 30%를 감한다. 콩자갈과 각종 자갈문양 등의 시공이 용이하도록 망고정 형태 제품이 생산되므로 이때는 모자이크 타일 떠붙이기와 타일줄눈을 준용한다. 특수타일에 준하는 대형 석재나 파타일·불규칙 문양 등은 비고에 의하여 기본품 시공량 26~33% 중간값인 30%를 감한다.

〈표 6.4-10〉 콩자갈 포장 [건축품셈 준용] (m² 당)

구 분	규 격	단위	수량
콩자갈 (해미석)	φ25mm내외	kg	42.5
모 르 타 르	1 : 3	m³	0.043
특 별 인 부	자갈박기(유니트형)	인	0.21978
보 통 인 부	자갈박기(유니트형)	인	0.10989
모 르 타 르	1 : 1	m³	0.005
줄 눈 공	자갈박기 줄눈	인	0.016

[주] 1. 콩자갈은 φ25mm자갈의 세워깔기로 (부피 0.025×1.0×1.0 × 중량 1,700kg) = 42.5kg 이므로 자갈의 규격 변경시 준용한다.
 2. 모르타르는 {부피 0.035×1.0×1.0 + (0.015×1.0×1.0 × 실적율 50%)} = 0.0425m³ 기준으로 필요시 변경 적용한다.
 3. 자갈박기는 [건축품셈 3-2-1(타일 붙임 _ 떠붙이기)]의 이형타일로 시공량의 30%를 감한 기준이며, 타일공은 특별인부로 변경 준용한다.
 4. 줄눈은 줄눈재로 줄눈을 설치(도포)하는 기준으로 줄눈재 비빔, 줄눈설치 및 마무리 작업을 포함한다.

차. 칼라무늬 콘크리트(패턴크리트) 포장은 콘크리트 타설과 동시에 스텐실(Stencil)이나 인그레이브(Engrave)로 패턴을 새기는 공법이다. 고풍스러운 대리석 타일, 전원적인 코블스톤이나 점토벽돌, 예술성을 가미한 기하학적인 형태와 색채 등 다양한 분위기를 창출할 수 있는 장점으로 실내 바닥이나 외관의 슬래브 등에 다수 적용되는 칼라무늬 콘크리트(패턴크리트)포장은 업체공표품 적용을 원칙으로 한다.

카. 현장타설 콘크리트 투수포장은 현장타설 콘크리트 포장면의 일부를 잔디나 자갈 등의 투수형으로 조성하는, 잔디블럭의 현장타설형 콘크리트 포장이다. 폴리프로필렌(PP) 판넬 등을 가설치하고 레미콘·몰탈이나 경화토 포설 후 제거하여, 콘크리트 불투수층 사이의 공간에는 투수재인 잔디·자갈 등으로 채우는 혼합형 다공질 투수층 포장재이다. 콘크리트가 포장의 골격이므로 내구성과 투수성 등은 우수하나 포장면이 다공질이므로 대중적 이용에는 불리하여 생태구역 및 투수성 주차장 등에 적합하다. 다음 예시의 현장타설 콘크리트 투수포장 자재는 산출에 의하여 부직포, 모래, 콘크리트, 투수형(PP)블록, 잔디파종 등을 다음과 같이 준용한다.

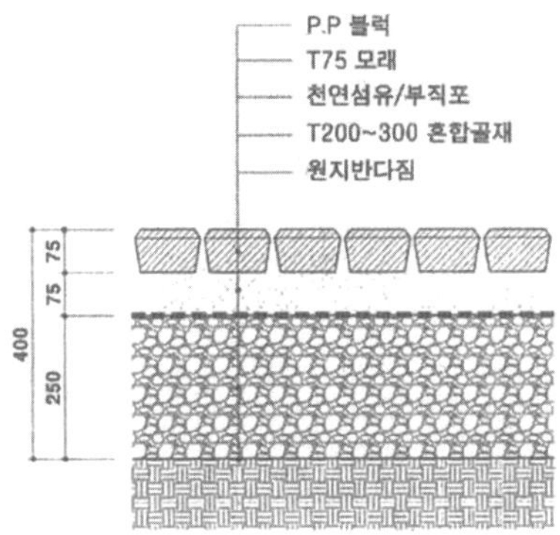

〈그림 6.4-15〉 현장타설 콘크리트 투수포장 단면

〈그림 6.4-16〉 현장타설 콘크리트 투수포장 사례 사진

〈표 6.4-11〉 현장타설 콘크리트 투수포장 [수량산출]　　　　　　　　(m² 당)

구 분	규 격	단위	수량
토목섬유 부설	부직포 200g/m²	m²	1.00
깔기 및 채우기	모래, 왕사	m³	0.095
투 수 형 블 록	500×500×78	m²	1.04
블 록 설 치	대형블록	m²	1.00
콘크리트 타설	레미콘 25-21-12	m³	0.075
콘크리트면정리	3.6m이하	m²	1.00
면 고 르 기	성토면	m²	1.00
종 자 파 종	잔디 혼합종자	m²	1.00

[주] 1. 기반조성용 토공사 및 보조기층재는 조성계획과 설계에 의하여 별도 적용한다.
　2. 토목섬유는 보조기층으로의 이탈 방지를 위하여 부설하며, [공통품셈 5-2-1(매트부설)]의 육상 사면을 적용한다.
　3. 모래는 T75mm깔기와 공간을 채우며, 여성토를 고려하여 [공통품셈 1-2-3의 3(체적변화율)]의 L=1.15를 적용하며, 품은 [공통품셈 3-4-3(흙 다지기)] 토사 T15cm를 적용한다.
　4. 블록 소요량은 [LH공사]의 대형 포장면 기준인 4%를 적용하였다.
　5. 블록설치는 [토목품셈 1-7-2(보도용 블록 설치-대형)]의 A-Type을 준용한다.
　6. 콘크리트 타설은 복잡한 과정이 필요하므로 [공통품셈 6-1-1(레드믹스트콘크리트 타설)]의 인력운반타설, 무근구조물으로 준용한다.
　7. 콘크리트면 정리는 [건축품셈 9-2-1(콘크리트면 정리)]의 3.6m이하를 적용한다.
　8. 면고르기는 콘크리트 타설과 블록 공간에 모래를 채운 후 실시하며, [공통품셈 3-6-1(성토면 고르기)]를 적용한다.
　9. 종자파종은 [공통품셈 4-1-2(초류종자 살포-기계살포)]를 준용한다.

타. 타일공사는 바탕고르기–타일붙임(공법별)–타일줄눈설치 순으로 [건축품셈 제3장(타일공사)]의 1. 공통공사(바탕 고르기, 타일줄눈 설치), 2. 타일붙임(떠붙이기, 압착 붙이기, 접착 붙이기, 접착붙이기–에폭시 접착제)에 의하여 [본서 5.1.6(타일공사)]를 적용한다. 조경공사의 타일은 외부공간 벽면은 떠붙이기, 바닥면은 압착붙이기를 기본으로, 접착제의 타일붙임은 접착제(유기질, 에폭시)의 종류별로 구분하여 접착 붙이기, 접착 붙이기(에폭시 접착제)를 적용한다. 품셈 세부내용은 [LH공사]의 기준을 준용하여 타일규격 $0.03m^2$ 이하$(0.1 \times 0.1, 0.1 \times 0.2$ 등)의 소형타일은 타일붙임과 줄눈품을 45% 할증하며, 특수타일(유도타일, 축광타일, 문양을 위해 비규칙적으로 절단하여 시공되는 이형타일 등)은 품셈 시공량 26~33%의 중간값인 30%를 감한다. 이때 줄눈모르타르는 백색시멘트를 사용하고, 붙임 및 줄눈모르타르 혼화

재(줄눈용 색소포함)는 타일접착용으로 0.0062(kg/m²)를 반영하며, 타일면 보양은 [공통품셈 2-11-1(건축물보양)] 부직포양생을 적용한다.

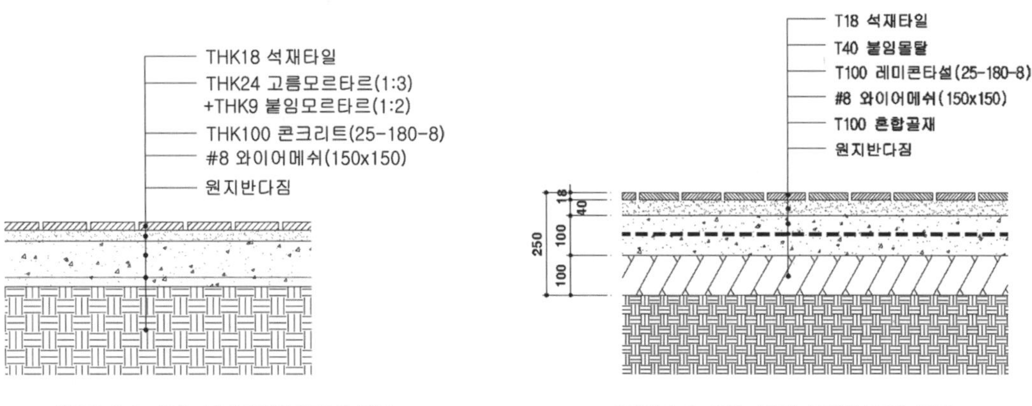

〈그림 6.4-17〉 석재타일(보도용) 포장　　　　〈그림 6.4-18〉 석재타일(차도용) 포장

6.5 조경포장경계 (KCS 34 60 25)

6.5.1 개요

조경포장 경계는 일반적 포장경계재인 경계블록 및 석재는 물론 포장재간의 이질감 완화를 위한 포장구분경계재, 포장과 녹지의 자연스러운 연결을 연출하면서도 경계면의 이탈 방지용으로 설치하는 경계고정재 등이 있다.

6.5.2 적용범위

조경포장 경계의 제반기준은 조경공사 표준시방서 및 토목공사 표준시방서에 의하며, 기타사항은 포장의 일반적 기준에 의한다.

조경공사 표준시방서는 조경포장경계로 경계블록, 모서리 등을 규정하므로 포장면의 경계용으로 설치하는 경계석(경계블록), 소형고압 경계블록, 벽돌 경계석 및 무경계형 또는 띠모양 상부 노출 매립용 경계재 등 포장면 경계를 형성하는 경계재에 적용한다.

6.5.3 적용품셈

가. 화강석 경계석(경계블록), 콘크리트 조립블록, 적(점토)벽돌 등 블록형 포장 경계재 자재량은 [LH공사] 기준을 다음과 같이 준용한다. 자재 할증은 [LH공사]의 기준인 4%를 원칙으로 소

규모는 손실을 감안하여 [2015년 토목품셈 12-3-3의 1(보도용 블록 포장)]의 소형고압블록포장 할증률인 8%를 적용한다.

〈표 6.5-1〉 조경 경계재 자재소요기준 [LH공사]　(m 당)

구 분	규격	경계높이×경계폭	정미량 (매/m)	비고
녹지(조경) 경계블록	100×160×190	0.16×0.19	9.091	(0.1+0.01)
콘크리트 조립블록	68×60×208	0.06×0.208	12.82	(0.068+0.01)
점토 바닥 벽돌	114×55×230	0.055×0.23	8.065	(0.114+0.01)
적벽돌(모로세워깔기)	57×90×190	0.09×0.19	14.93	(0.057+0.01)
적벽돌 (평깔기)	90×57×190	0.057×0.19	10.00	(0.09+0.01)
점토바닥벽돌 _ 경계용	114×65,125×230	0.065, 0.125×0.23	8.065	(0.114+0.01)
점토바닥벽돌 _ 배수용	114×60×230	0.06×0.23	8.772	(0.114)
목재경계블럭(원주목)	D120이하	0.30×0.12	9.091	(0.12-0.01)

[주] 1. 본 기준은 줄눈모르타르 1cm 기준이다.
　　2. 목재경계블록은 모르타르가 없으며, 원주목의 중복부분을 반영한 기준이다.

나. 녹지·포장을 구획하는 화강석·경계블록 경계재는 [토목품셈 1-9-2(보차도 및 도로경계블록 설치]에 의하여 다음과 같이 적용한다. 자재 할증은 [LH공사] 기준인 경계석 3%, 경계블록 4%를 원칙으로 하되 소규모는 8%를 적용하며, 부득이한 경우의 인력설치는 [2008년 토목품셈 12-5-3(경계블록-인력설치)]를 다음과 같이 준용한다.

〈표 6.5-2〉 보차도 및 도로경계블록 설치 [토목품셈]　(일 당)

구 분		규 격	단위	수량	규격(mm) (아래폭+높이)	시공량(m)	
						직선구간	곡선구간
A-Type	특별 인부		인	3	300미만	170	150
	보통 인부		인	1	350미만	145	125
					400미만	130	110
	굴 착 기	0.4m³	대	1	500미만	90	80
					500이상	60	50
B-Type	특별 인부		인	2	300미만	115	110
	보통 인부		인	1	350미만	100	85
					400미만	90	75
	굴 착 기	0.2m³	대	1	500미만	65	60
					500이상	40	35

[주] 1. 본 품은 화강암 및 콘크리트 경계블록(길이 1.0m)을 설치하는 기준이다.
　　2. 본 품은 위치확인, 경계블록 절단 및 설치, 이음모르타르 바름 작업을 포함한다.
　　3. 기초 콘크리트, 거푸집, 터파기 및 되메우기, 잔토처리는 현장 여건에 따라 별도 계상한다.
　　4. 현장 여건별 적용기준은 다음과 같다.
　　　• A-Type : 공원, 단지·택지조성공사의 보도 등 장비이동 및 적재가 용이한 구간
　　　• B-Type : 차도인접, 주택가 보도 등 장비이동 및 적재 공간이 협소한 구간
　　5. 장비의 종류 및 규격은 현장여건에 따라 변경할 수 있다.

6. 공구손료 및 경장비(절단기 등)의 기계경비는 인력품의 2%로 계상한다.

〈표 6.5-3〉 도로경계블록 - 인력설치 [2008년 토목품셈]　　　　　(100m 당)

구 분	규 격	특별인부(인)	보통인부(인)
콘 크 리 트	120×120×120×1,000mm 150×150×120×1,000mm 150×150×150×1,000mm	5	7
합성수지 유색	〃	1.8	3

[주] 1. 기초 콘크리트와 이음 모르타르는 현장여건(규격, 지반 등)에 따라 계상한다.
　　 2. 본 품은 소운반품이 포함되어 있다.
　　 3. 터파기, 되메우기, 잔토처리는 별도 계상한다.
　　 4. 본 품은 제작품을 설치하는 품이다.
　　 5. 합성수지 유색품은 국토교통부에서 신기술로 지정고시한 P.C 경계블록을 기준으로 콘크리트의 50%로 적용하고, 이와 유사한 공법
　　　 에도 본 품을 준용할 수 있다.

다. 경계블록은 [건축품셈 2-1-2(치장쌓기 및 줄눈설치)]를, 모래막이 등 비노출형 경계블록은
　　[건축품셈 2-1-1(벽돌쌓기)]를 이동설치와 높이조정 등으로 50% 할증 계상하는 [LH공사] 기
　　준에 의하여 〈표 6.5-4〉와 같이 준용한다.[56]

〈표 6.5-4〉 조경경계블록 설치 [LH공사 준용]　　　　　(단위 당)

공 종	규 격	단위	조적공 (인)	줄눈공 (인)	보통인부 (인)
건축품셈 2-1-2 치장쌓기 조경경계블록 설치	1.0B 3.6m이하 한면치장+줄눈 노출, W0.1m	m^2 m	0.23077 0.03462	0.15385 0.02308	0.07692 0.01154
건축품셈 2-1-1 벽돌쌓기 조경경계블록 설치	1.0B 3.6m이하 치장없음 비노출, W0.1m	m^2 m	0.20000 0.03000	- -	0.06667 0.01000

[주] 1. 경계블록 설치(노출)은 [건축품셈 2-1-2(치장쌓기 및 줄눈설치)]의 m^{2}당 환산수량을 이동설치와 높이조정 등을 감안하여 W0.1m 기
　　　 준으로 50% 할증한 환산품이다.
　　 2. 경계블록 설치(노출)은 쌓기용 모르타르(1:3) 0.049(m^3)/m^2, 0.0049(m^3)/m, 줄눈용 모르타르(1:1) 0.003(m^3)/m^2, 0.0003(m^3)/
　　　 m를 계상하고, 기계경비는 인력품의 2%를 계상한다.
　　 3. 경계블록 설치(비노출)은 [건축품셈 2-1-1(벽돌쌓기)]의 m당 환산수량을 이동설치와 높이조정 등을 감안하여 W0.1m 기준으로
　　　 50% 할증한 환산품이다.
　　 4. 경계블록 설치(비노출)은 쌓기용 모르타르(1:3) 0.049(m^3)/m^2, 0.0049(m^3)/m를 계상하고, 기계경비는 인력품의 2%를 계상한다.

라. 포장경계마감재인 엘브엣지 등의 설치는 [2015년 건축품셈 14-2(바닥줄눈대)]에서 미장공을
　　보통인부로 변경 준용한 [LH공사] 기준 또는 엣지의 성형과 설치를 규정한 [서울형품셈2.0
　　조경분야03(녹지경계엣지 설치)]에 의하여 다음과 같이 준용한다.

---

56) [LH공사] 기준에 의하되 2025년 품셈이 개정되었으며, 적용기준에서는 50% 할증으로 규정하였으나 실적용에서는 할증되지
　　않았다. 그러므로 m^{2}당은 2025년 품셈의 환산수량이며, m당의 블록설치는 50% 할증된 수량으로 변경 준용하였다.

〈표 6.5-5〉 경계마감재 설치 (엘브엣지 등) [LH공사]   (m 당)

구 분	규 격	단 위	수 량
경 계 재	지정규격	m	1.05
보 통 인 부		인	0.05

[주] 1. 본 품은 [2015년 건축품셈 14-2(바닥줄눈대)]를 준용하되, 미장공을 보통인부로 변경 적용한다.
    2. 본 품은 상부 띠노출 경계재인 엘브엣지 및 포장경계 고정을 위한 철물이나 PE 등 매립용 경계재 설치시 적용한다.
    3. 경계재 자재 할증은 [공통품셈 1-3-1(재료의 할증)]에 의하여 적용한다.

〈표 6.5-6〉 녹지경계엣지 설치 [서울형품셈2.0]   (m 당)

구 분	단 위	수 량
특별인부 (성형)	인	0.02
특별인부 (설치)	인	0.02
보통인부 (보조)	인	0.02

[주] 1. 본 품에 터파기, 되메우기, 다짐 등은 제외된 품이다.

마. 수목보호홀 틀과 덮개 설치는 표준품셈의 유사 공종을 준용 산출 적용하며, 수목보호홀덮개 면적기준은 산출으로 규정한 [LH공사] 기준을 다음과 같이 준용한다. 수목보호 틀은 [토목품셈 1-9-2(보차도 및 도로경계블록 설치)]의 A-Type 300미만 직선구간 기준이며, 수목보호홀 덮개는 [토목품셈 1-7-2(보도용 블록 설치-대형)]의 A-Type에서 다짐장비를 제외하고 블록 절단시공이 아니므로 특별인부 1인을 감한 기준이다. 기존 설치된 수목보호틀의 교체 설치는 작업성을 고려한 [서울형품셈2.0 조경분야11(수목보호틀 교체설치)]에 의하여 다음과 같이 준용한다.

〈표 6.5-7〉 수목보호홀덮개 면적기준 [LH공사]   (개소 당)

규 격	홀덮개 설치(m²)		받침틀 설치(m)	
	산 식	면적	산 식	길이
1200×950 반원형	0.6×0.6×3.14/2+0.35×1.2	0.9852	1.2×3.14/2+0.35×2+1.2=	3.784
1200×1200 원형	0.6×0.6×3.14=	1.1304	1.2×3.14=	3.768
830×830 사각형	0.83×0.83=	0.6889	(0.83+0.83)×2=	3.32
1200×800 사각형	1.2×0.83=	0.96	(1.2+0.8)×2=	4.00
1200×1000 사각형	1.2×1.0=	1.20	(1.2+1.0)×2=	4.40
1200×1200 사각형	1.2×1.2=	1.44	(1.2+1.2)×2=	4.80
1500×1500 사각형	1.5×1.5=	2.25	(1.5+1.5)×2=	6.00

[주] 1. 본 수목보호홀덮개 면적기준은 〈표 6.5-8, 9〉 수목보호홀 틀, 덮개 설치 기준품 적용을 위한 규격별 설치 면적과 길이 기준이다.
    2. 홀덮개는 주철과 압연강재 재료의 구분없이 동일 기준으로 적용한다.

〈표 6.5-8〉 수목보호홀 틀 설치 기본품 [토목품셈 적용 산출]　　　(m 당)

구 분	단위	특별인부(인)	보통인부(인)	굴착기(0.4m³,hr)
수목보호홀 틀	m	0.01765	0.00588	0.04706

[주] 1. 본 수목보호홀 틀 설치품은 [토목품셈 1-9-2(보차도 및 도로경계블록 설치)]의 A-Type 300미만 직선구간을 적용한 기준이다.
　　 2. 본 품은 품셈 기준으로 공구손료 및 경장비(절단기 등)의 기계경비는 2%로 계상한다.

〈표 6.5-9〉 수목보호홀 덮개 설치 기본품 [토목품셈 적용 산출]　　　(m² 당)

구 분	단위	포장공(인)	특별인부(인)	보통인부(인)	굴착기(0.6m³,hr)
수목보호홀 덮개	m²	0.01579	0.00526	0.01053	0.04211

[주] 1. 본 수목보호홀 덮개 설치품은 [토목품셈 1-7-2(보도용 블록 설치-대형)]의 A-Type에서 다짐장비를 제외하고, 블록 절단시공이 아니므로 특별인부 1인을 감하여 적용한 기준이다.
　　 2. 본 품은 품셈 기준으로 공구손료 및 경장비(절단기 등)의 기계경비는 2%로 계상한다.

〈표 6.5-10〉 수목보호틀 교체설치 [서울형품셈2.0]　　　(m 당)

구 분	단위	수량
특 별 인 부	인	0.0664
보 통 인 부	인	0.0664
비 고	- 수목 돌출뿌리 등 지장물로 인해 작업여건이 불량한 경우 인력품의 10% 내에서 적용할 수 있다.	

[주] 1. 본 품은 수목 보호틀을 교체 설치하는 품으로 재료소운반, 재료의 제단 및 마무리를 포함한다.
　　 2. 본 품은 보호틀 주변 보도블록 철거 및 설치품을 포함한다.
　　 3. 공구손료 및 경장비의 기계경비는 인력품의 3%를 계상한다.

제 7 장

생태조경공사
(KCS 34 70 00)

제 7 장

생태조경공사
(KCS 34 70 00)

이 장은 생태조경 관련 항목에 적용한다.

표준시방서 분류와 동일하게 생태복원공통, 자연친화적 하천조경, 자연친화적 빗물처리시설, 생태못 및 인공습지조성, 훼손지 생태복원, 비탈면 녹화 및 복원(조경), 생태숲 조성, 생태통로 조성으로 구분하여 생태조경 적산의 기준을 제시한다.

7.1 생태복원공통 (KCS 34 70 05)

1. 개요

자연친화적 하천, 생태연못 및 습지, 생태숲 및 생태통로 조성, 훼손지와 비탈면 등의 녹화 및 복원 등으로 생태복원의 기초적 기준이다.

2. 적용범위

생태복원공사 품셈 적용의 공통적인 기준을 규정한다.

3. 적용품셈

가. 토공사는 [공통품셈 제3장(토공사)]를 기준으로 장비작업이 곤란하거나 소규모 또는 특별히 필요시 인력을 적용한다. 토공사 기준 변경 필요시 [공통품셈 제8장(건설기계)]를 적용하며, 이때 굴착기는 [LH공사]의 0.4(m³) 적용을 기준으로 준용한다.

나. 기반조성은 원지반, 보조기층, 표층(구체)의 3단계와 소/중/대 규모별로 구분 적용한다. 원지반과 보조기층에서 소규모는 [공통품셈 제3장(토공사)]를, 중규모 이상은 [토목품셈 1-3-1(보조기층 _ 인력식 소규모장비 포설)] 등을, 표층은 [토목품셈 1-6-2(콘크리트 포장 _ 표층 인력 포설)] 등을, 구체는 [공통품셈 6-1-1(레미콘 타설)] 적용을 기준으로, 중규모 이상은 [공통품셈 6-1-4(콘크리트 펌프차 타설)]의 적용을 고려한다.

다. 본장의 미기술 전문공사는 본서 [제2장 부지조성 및 대지조형], [제3장 식재기반 조성공사], [제4장 식재공사], [제5장 조경시설물공사], [제6장 조경포장공사]에 의하여 동일하게 적용 또는 준용한다.

라. 생태조경은 형태와 조성방법이 다양하여 보편화된 공종·공법으로 정형화가 곤란하다. 특히 품셈의 적용이 곤란하므로 표준품셈 유사기준을 최대한 준용하여 적정 예정가격을 산정할 수 있도록 한다.

마. 산림청 주관으로 2019년 [(가칭)도시림 등 품셈] 개발 등 산림관련 임분관리공사의 신설을 기획하고 유지관리 부문에 모니터링을 제정하는 등 변화를 모색하므로 적용시점에 산림과 생태관련 품셈 변화의 검증이 필요하다.

7.2 자연친화적 하천조경 (KCS 34 70 10)

1. 개요

본 절은 하천 생태계와 생물서식지를 자연친화적으로 조성 보존·관리하기 위한 하천의 하도조성 및 하상시설 등의 설치에 적용한다.

2. 적용범위

가. 고수부지는 하천치수 및 생물 서식환경에 영향을 주지 않는 범위 내에서 하천 구간 특성을 고려하여 휴게 및 친수공간을 소극적으로 도입하되 특히 인공시설 설치구간 이외 지역은 자연친화적으로 조성한다.

나. 하천 및 호수 주변부는 자연호안 처리공법 등으로 수목·식물의 상층수관이 적절히 유지되는 자연형 하천과 습지지역을 지향하여 어류·조류·곤충류 등의 양호한 습지서식처 형태로 조성한다.

다. 식물의 띠 모양 식재로 정화기능을 최대화하는 등 양호한 하천생태계와 습지서식처의 조성·보존·지향을 위하여 자연친화적인 습지지역으로 보존·유지·관리하는 기법으로 조성한다.

3. 적용품셈

가. 자연친화적인 하천조경은 조성 주재료에 의하여 식생방틀, 식생매트, 석재로 대별되며 사용 재료별로 소분류하면 다음과 같다.

나. 식생빙틀이 주재인 방법은 수생 식생방틀 설치, 식생방틀+코이어롤 호안, 식생방틀+조경석 호안, 식생방틀+조경석+코이어롤 호안 등이다. 식생매트 사용법은 코이어롤 호안, 조경석+코이어롤 호안, 포트코이어롤+식생매트 호안, (1~3단)포트코이어롤+코이어네트 호안, 갈대매트 호안, 코이어롤 정화수로 등이다. 석재 사용법은 돌쌓지공법, 징검여울, 식생형 자연 돌

매트 호안 등이다.

다. 하천 호안은 이외에도 조성방법이 다양할 수 있으나 여기에는 그 방법의 이해편의를 위하여 그림으로 예시하고 하천공사 품셈을 위주로 기술하였다. 하천공사는 형태와 조성방법별로 공종·공법이 다양하고 정형화된 품셈 적용이 곤란하지만 적정 예정가격 산정이 가능하도록 표준품셈 유사기준을 최대한 준용한다.

라. 하천공사 품셈은 [토목품셈 제2장(하천공사)]에 1. 사석, 2. 돌망태, 3. 하천호안공으로 구성되어 있다. 세부항목으로 사석은 1. 사석부설, 2. 사석고르기, 돌망태는 1. 타원형 돌망태 설치, 2. 매트리스형 돌망태 설치, 3. 돌망태형옹벽 설치, 하천호안공은 1. 식생매트 설치, 2. 블록 붙이기(인력), 3. 블록 붙이기(기계)로 구성되어 있다.

마. 식생방틀, 식생매트 등 조성 주재료는 기성품 또는 자재별로 산출 적용한다. 방틀내 잡석부설은 돌망태형옹벽(Gabion)의 입면 배치 기준인 [토목품셈 2-2-3(돌망태형옹벽 설치)]를 다음과 같이 준용하며, 코이어롤은 [서울형품셈2.0 조경분야06(코이어롤 설치)]를 준용한다.

〈표 7.2-1〉 돌망태형 옹벽 설치 [토목품셈]　　　　　　　　　　　　　　　　　　　　　　　(m³ 당)

구 분	규 격	단위	수량
석　　　　　공		인	0.190
특　별　인　부		인	0.134
보　통　인　부		인	0.117
굴　　착　　기	0.6m³	hr	0.281

[주] 1. 본 품은 높이 5m이하의 돌망태형옹벽(Gabion 철망태)을 설치하는 기준이다.
　　2. 철망태의 조립 및 설치, 망태석 채움, 덮개조립 작업을 포함한다.
　　3. 터파기 및 지반고르기는 별도 계상한다.
　　4. 필터매트를 설치할 경우 [공통품셈 5-2-1(매트부설)]을 따른다.

〈표 7.2-2〉 코이어롤 설치 [서울형품셈2.0]　　　　　　　　　　　　　　　　　　　　　　　(m 당)

구 분	규 격	단위	수량
특　별　인　부		인	0.017
보　통　인　부		인	0.034

[주] 1. 본 품은 코이어롤의 소운반, 지면정리, 코이어롤 설치 작업을 포함한 것이다.
　　2. 하천, 수로 등 물가와 접하여 작업하는 경우 노무비의 30% 할증을 적용한다.
　　3. 코이어롤 설치에 필요한 말뚝박기 및 고정, 초화류 식재는 별도 계상한다.

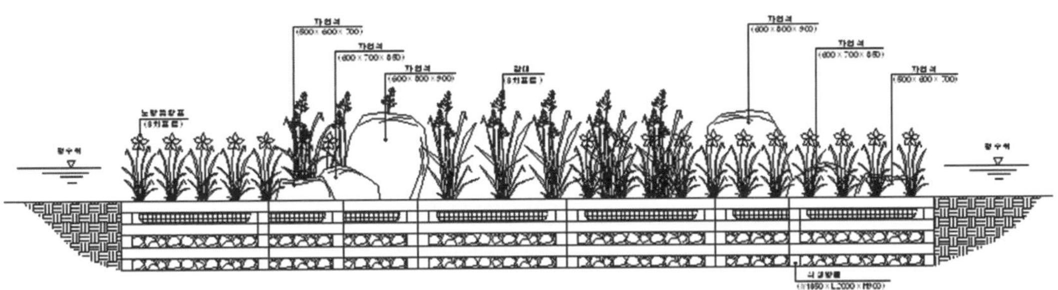

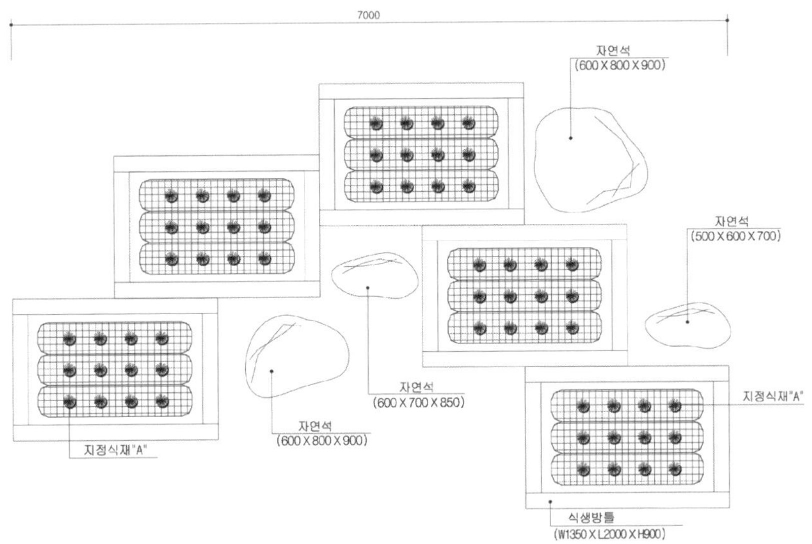

〈그림 7.2-1〉 수생 식생방틀 설치 (하상비오톱 및 어류서식처)

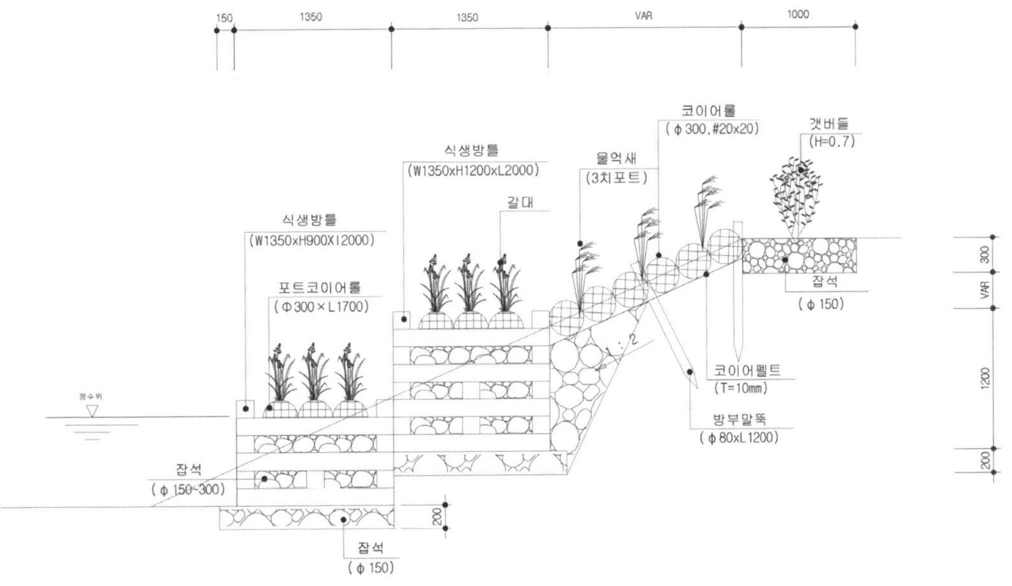

〈그림 7.2-2〉 식생방틀+코이어롤 호안

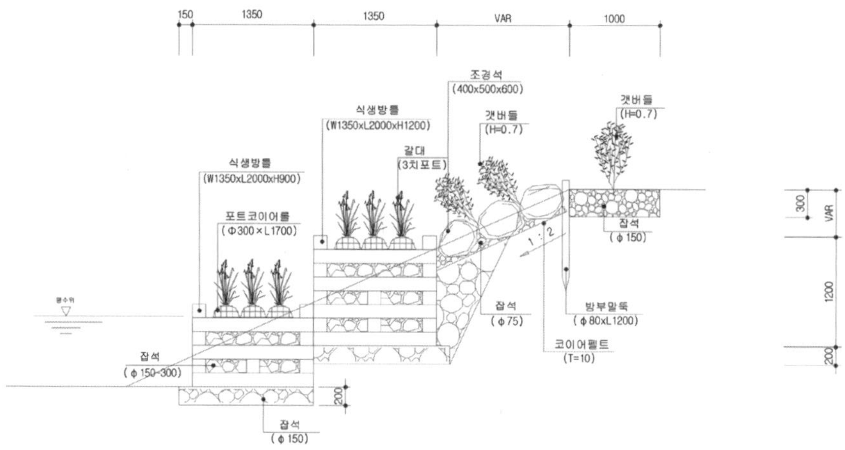

〈그림 7.2-3〉 식생방틀+조경석 호안

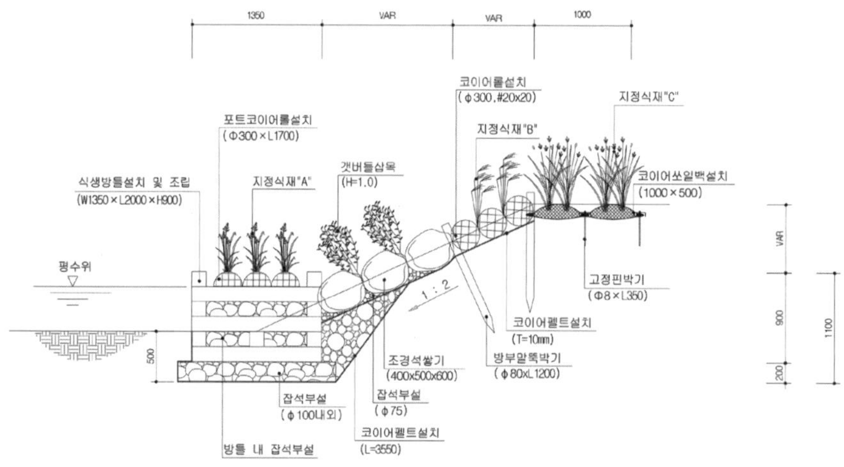

〈그림 7.2-4〉 식생방틀+조경석+코이어롤 호안

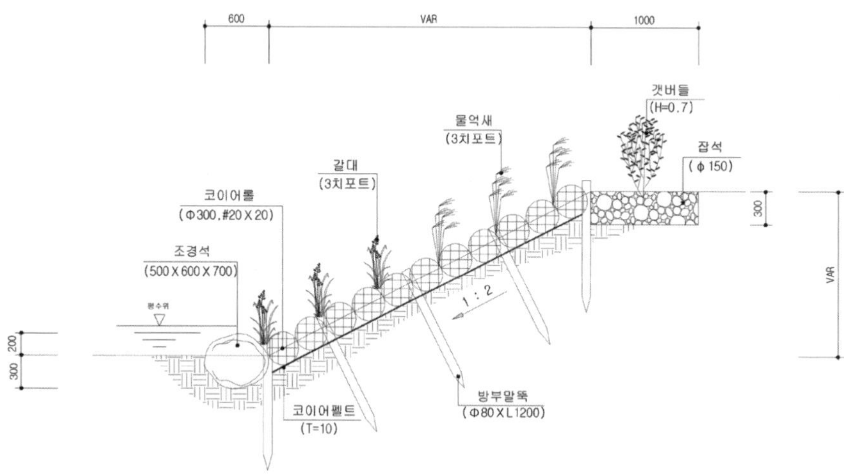

〈그림 7.2-5〉 코이어롤 호안

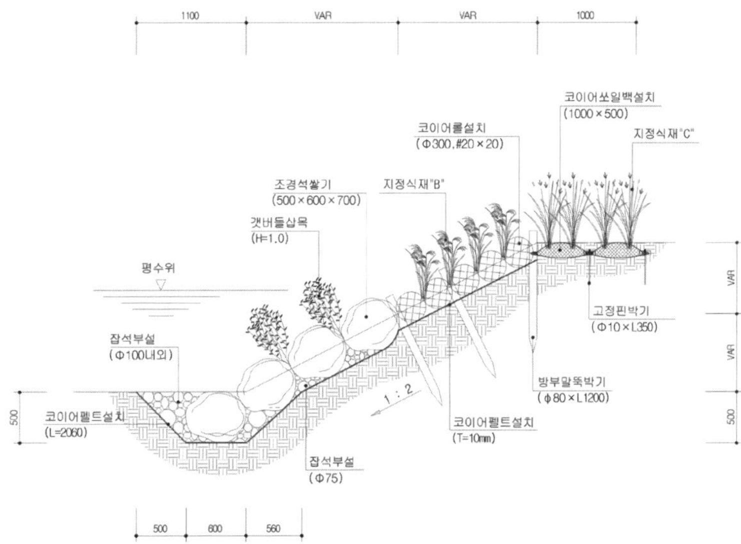

〈그림 7.2-6〉 조경석+코이어롤 호안

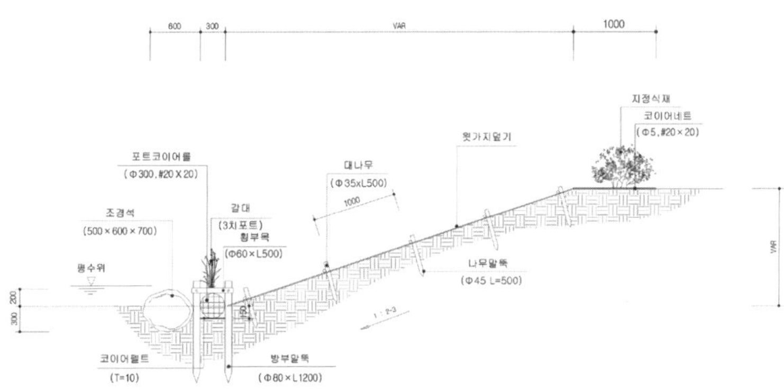

〈그림 7.2-7〉 포트코이어롤+식생매트 호안

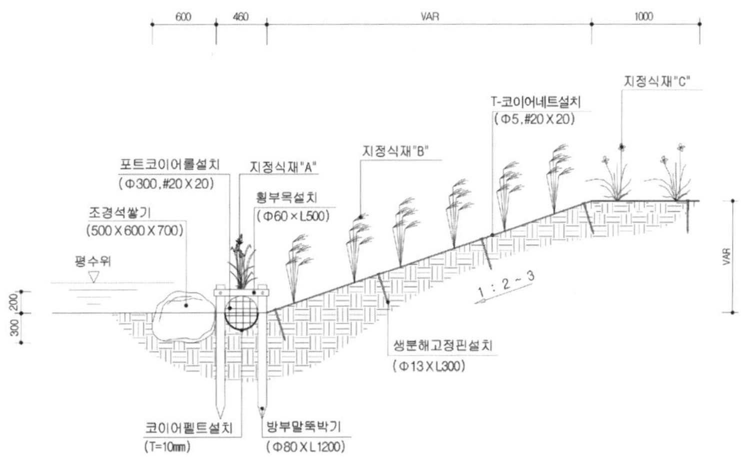

〈그림 7.2-8〉 포트코이어롤+코이어네트 호안

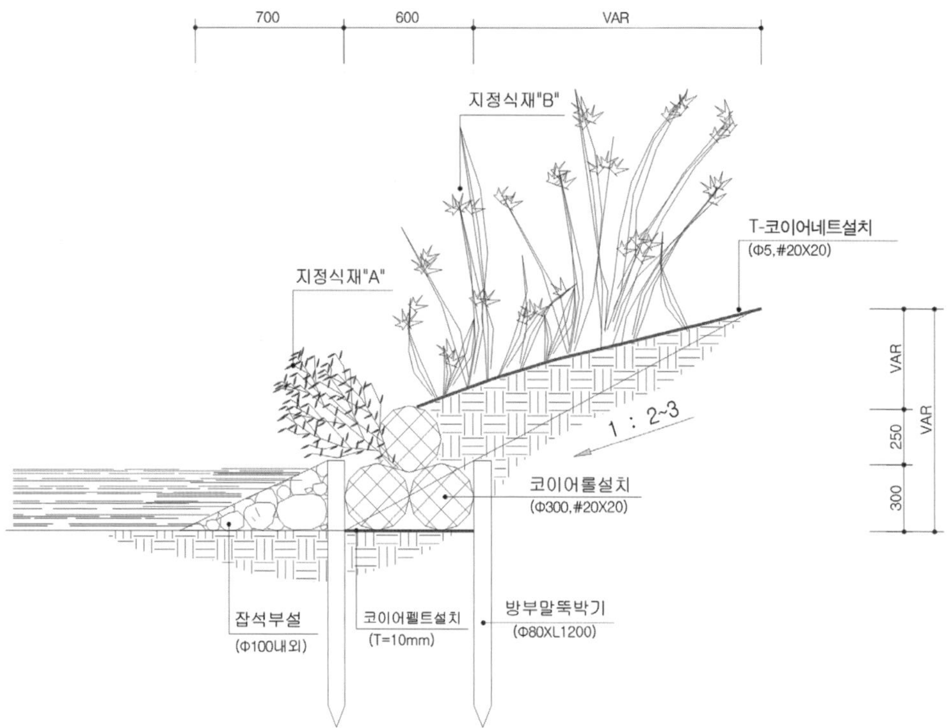

〈그림 7.2-9〉 3단코이어롤+코이어네트 호안

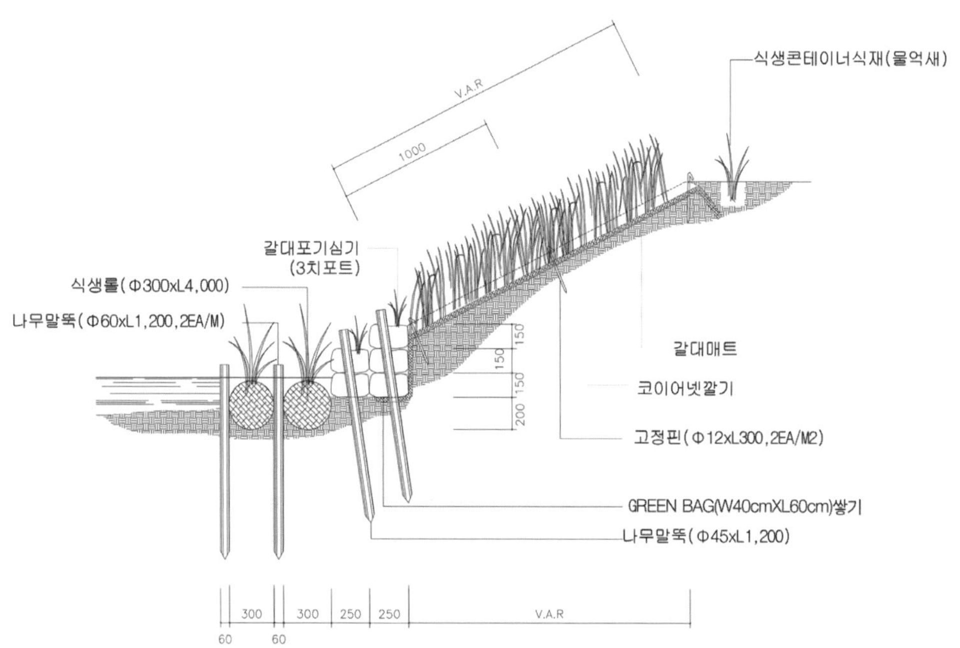

〈그림 7.2-10〉 갈대매트(뗏장) 호안

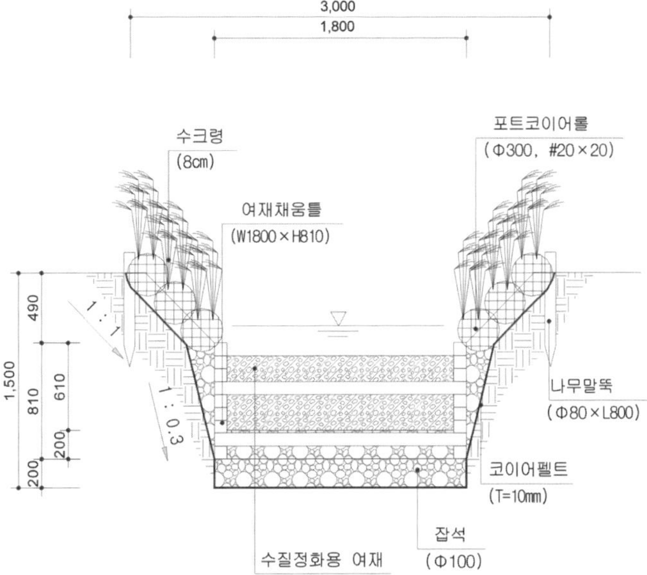

〈그림 7.2-11〉 코이어롤 생태정화수로

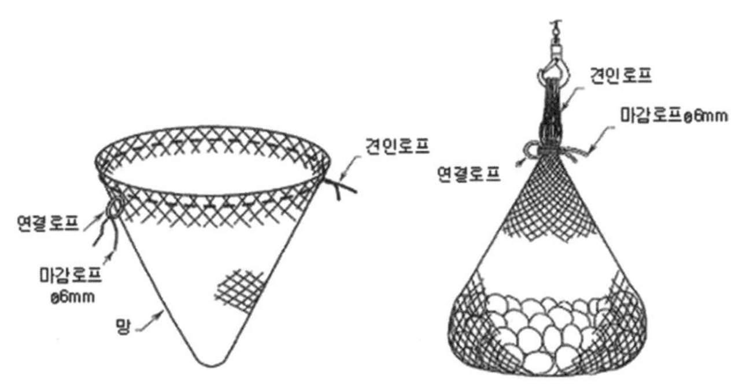

〈그림 7.2-12〉 돌쌈지 공법

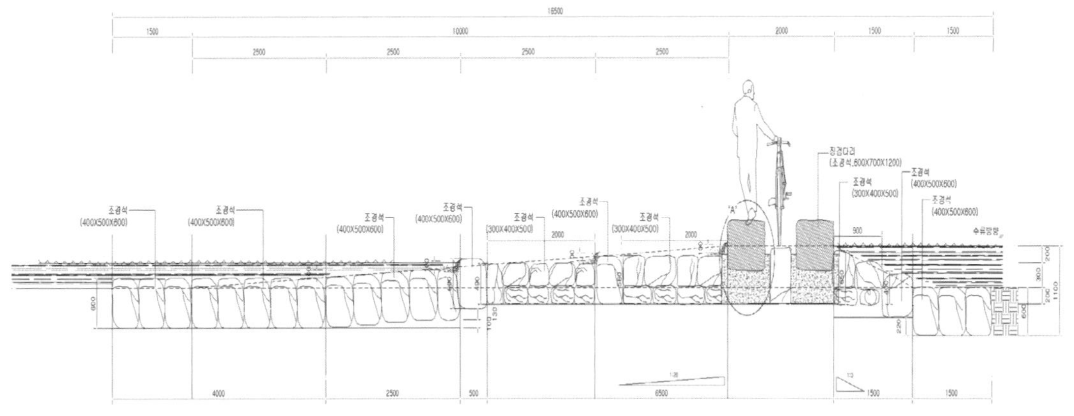

〈그림 7.2-13〉 징검여울 단면

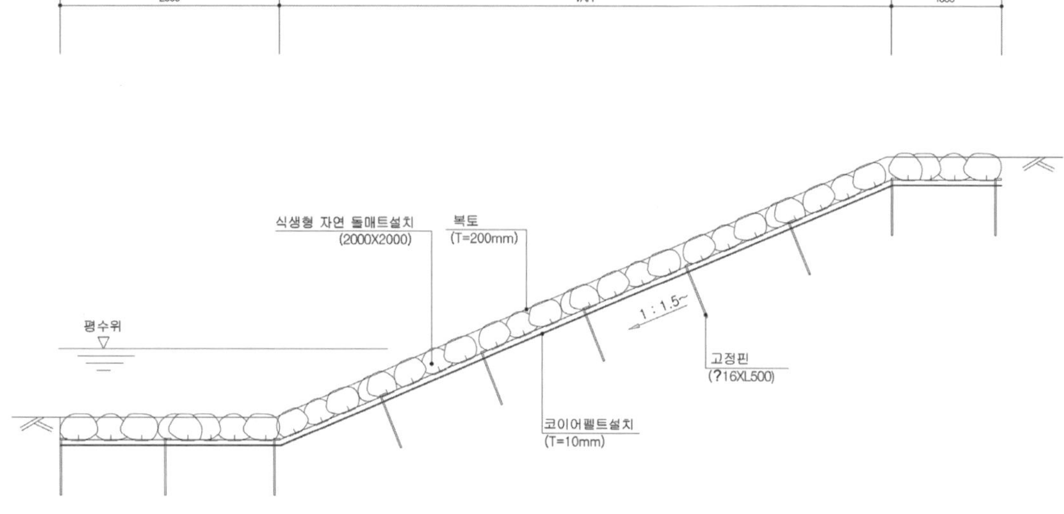

〈그림 7.2-14〉 식생형 자연 돌매트호안

바. 식생매트 설치는 [토목품셈 2-3-1(식생매트 설치)]인 〈표 6.3-4〉를 적용하며, 토공기반의 안
정을 위하여 설치하는 매트는 [공통품셈 5-2-1(매트부설)]인 〈표 3.2-25〉를 적용한다. 돌망태
는 형태별로 [토목품셈 2-2-1(타원형 돌망태 설치)], [토목품셈 2-2-2(매트리스형 돌망태 설
치)]에 의하여 다음과 같이 적용한다. 식생형 돌매트는 형태가 유사한 매트리스형 돌망태 설
치를 준용하고, 식생 활착을 위한 복토는 식생매트 설치의 복토를 준용한다.

사. 사석은 방법별로 [토목품셈 2-1-1(사석부설)], [토목품셈 2-1-2(사석고르기)]에 의하여 다음과
같이 적용한다. 하천 제방의 블록 붙이기는 인력과 기계로 구분하여 [토목품셈 2-3-2(블록 붙
이기-인력)]과 [토목품셈 2-3-3(블록 붙이기-기계)]에 의하여 다음과 같이 적용한다.

〈**표 7.2-3**〉 타원형 돌망태 설치 [토목품셈]　　　　　　　　　　　　　　　　　　　　　　　　　(m² 당)

구 분	규격	단위	수량(돌망태 높이)				
			40cm	45cm	50cm	60cm	70cm
석　　공		인	0.039	0.044	0.049	0.063	0.073
특 별 인 부		인	0.013	0.014	0.016	0.019	0.024
보 통 인 부		인	0.005	0.006	0.007	0.008	0.010
굴 착 기	1.0m³	hr	0.026	0.030	0.033	0.040	0.046

[주] 1. 본 품은 타원형 돌망태를 설치하는 기준이다.

　　2. 망태석 포설, 망태 조립 및 설치, 망태석 채움, 망태조임 및 마무리 작업을 포함한다.

　　3. 필터매트를 설치할 경우 [공통품셈 5-2-1(매트부설)]을 따른다.

〈표 7.2-4〉 매트리스형 돌망태 설치 [토목품셈]　　(m² 당)

구 분	규 격	단위	수량
석　　　　　공		인	0.027
특 별 인 부		인	0.010
보 통 인 부		인	0.010
굴 착 기	1.0m³	hr	0.025

[주] 1. 본 품은 매트리스형 돌망태(폭 200cm, 높이 30cm)를 설치하는 기준이다.
　　2. 본 품은 망태 조립 및 설치, 망태석 채움, 덮개 조립 작업이 포함된 것이다.
　　3. 필터매트 설치는 [공통품셈 5-2-1(매트부설)]을 따른다.

〈표 7.2-5〉 사석부설 [토목품셈]　　(m³ 당)

구 분	규 격	단위	수량
보 통 인 부		인	0.004
굴 착 기	1.0m³	hr	0.027

[주] 1. 본 품은 굴착기를 사용하여 사석을 부설하는 기준이다.
　　2. 본 품은 사석 부설 및 정리 작업이 포함된 것이다.
　　3. 필터매트 설치는 [공통품셈 5-2-1(매트부설)]을 따른다.

〈표 7.2-6〉 사석고르기 [토목품셈]　　(m² 당)

구 분	규 격	단위	수량
보 통 인 부		인	0.005
굴착기+부착용집게	1.0m³	hr	0.070

[주] 1. 본 품은 사석 부설 후 굴착기(집게)를 사용하여 표면부 사석을 돌출되지 않게 고르는 기준이다.
　　2. 사석 고르기, 잡석 채움 작업을 포함한다.

〈표 7.2-7〉 블록 붙이기(인력) [토목품셈]　　(m² 당)

구 분	규 격	단위	수량
특 별 인 부		인	0.076
보 통 인 부		인	0.066

[주] 1. 본 품은 하천제방에 인력으로 호안블록을 설치하는 기준이다.
　　2. 본 품은 호안블록 설치, 철물 연결 작업이 포함된 것이다.
　　3. 비탈면 고르기, 흙 채움 및 잔디심기가 필요한 경우에는 별도 계상한다.

〈표 7.2-8〉 블록 붙이기(기계) [토목품셈]　　(m² 당)

구 분	규 격	단위	수량
특 별 인 부		인	0.017
보 통 인 부		인	0.007
크 레 인	10톤	시간	0.048

[주] 1. 본 품은 하천제방에 장비를 사용하여 호안블록을 설치하는 기준이다.
2. 본 품은 호안블록 설치, 철물 연결 작업이 포함된 것이다.
3. 비탈면 고르기, 흙 채움 및 잔디심기가 필요한 경우에는 별도 계상한다.
4. 현장여건에 따라 크레인을 굴착기(규격 0.2m³, 사용시간 0.063hr)로 적용할 수 있다.

7.3 자연친화적 빗물처리시설 (KCS 34 70 15)

1. 개요

본 절은 빗물침투 및 저장시설으로 빗물을 모아 이용하거나, 비점오염 저감을 위하여 여과한 후 자연 물순환 체계로 되돌리기 위한 침투와 증발산에 필요한 시설로서 빗물 침투시설, 빗물 저장조 등이다.

2. 적용범위

가. 빗물의 이용범위는 음용수까지의 수질을 요하시 않는 서비스 용수(화장실 세정, 녹지 관수, 실개천과 생태연못 등의 수경시설용수, 도로 살수 등)로 제한한다. 빗물침투의 적용범위는 기존 도시 배수체계의 안전성, 조경 공간과 녹지의 식물생육 적합성 및 사용자의 편의를 저해하지 않는 범위로 한다.

나. 물의 선순환 목적으로 저류능력 증대를 위하여 강우유출수를 차집하여 오염물질을 제거하는 수목여과박스·우수저장시설 등의 빗물침투 저류시스템에 적용한다.

3. 적용품셈

가. 자연친화적인 빗물처리시설은 크게 2가지로서 식생형과 비식생형인 침투형 시설로 대분류할 수 있다.

나. 식생형시설은 수목여과박스(침투화분), 식생수로, 식생여과대 등이며 비식생형시설은 투수성포장, 투수블럭, 침투도랑, 침투통, 침투관(침투트렌치), 침투측구, 침투저류지 등이다.

다. 자연친화적 빗물처리시설은 [본서 7.1 생태복원공통]의 토공 적용과 공종별 규정된 기준으로 표준품셈을 적용·준용한다. 이때 시설별 공종·공법의 분류가 다소 곤란하더라도 예정가격의 적정산정이 가능하도록 표준품셈 유사기준을 최대한 준용한다.

7.4 생태못 및 인공습지조성 (KCS 34 70 20)

1. 개요

가. 본 절은 수질정화와 야생동물의 서식처 제공 등을 목적으로 조성하는 생태못과 인공습지 등

에 적용한다. 생태못은 자연적인 조성물도 있으나 일반적으로 처음에는 인공습지 개념으로 시작하여 자연형으로 변화하였다.

나. 인공습지는 신규·기존 습지의 기능증대, 훼손된 습지의 복구·복원 등으로 강우유출량 제어, 수질정화, 야생동물의 서식처 제공, 미기후의 조절 등 다양한 생태적 기능을 수행한다.

다. 저류지란 일반적으로 홍수시 수위와 첨두유출량 및 유출총량 조절시설의 총칭이지만, 본 절은 비점오염물질 저감과 생물서식처 제공이 가능하도록 자연친화적으로 조성된 저류지에만 제한적으로 적용한다.

2. 적용범위

생태못 및 인공습지 조성 품셈의 표준적 기준을 규정한다.

3. 적용품셈

가. 토공사는 [본서 7.1 생태복원공통]에 의한다.

나. 기반조성은 소, 중, 대 3규모와 원지반, 기층, 구체의 3단계로 구분 적용한다.

- 소규모 기반조성에서 원지반은 [공통품셈 3-4-3(흙 다지기)] 콤팩터다짐, 기층은 [공통품셈 3-4-3(흙 다지기)] 콤팩터다짐, 콘크리트 구체는 일반적으로 레미콘 인력운반 타설을 적용하고 극소규모 등은 인력타설을 적용할 수 있다.

- 중규모 기반조성에서 원지반은 [공통품셈 3-4-3(흙 다지기)] 콤팩터다짐, 기층은 [토목품셈 1-3-1(보조기층 _ 인력식 소규모장비 포설)], 콘크리트 구체는 레미콘 인력운반 타설 또는 장비사용 타설을 적용한다.

- 대규모 기반조성에서 원지반은 [공통품셈 3-4-3(흙 다지기)] 래머 또는 콤팩터다짐, 기층은 공종과 규모별로 [공통품셈 3-4-4, 5(뒤채움 및 다짐-소, 대형장비)], [공통품셈 3-4-6, 7(되메우기 및 다짐-소, 대형장비)], 기초지정은 [공통품셈 3-4-8(기초지정)]을 적용하고, 콘크리트 구체는 레미콘 장비사용 타설 또는 콘크리트 펌프차 타설을 적용한다.

다. 연못 등의 여재·표층재(모래, 자갈, 잡석 등)는 [공통품셈 3-4-8(기초지정)]인 〈표 3.2-16〉의 모래·자갈·잡석지정을, 표층의 양질토 부설은 [본서 3.2 조경토공]의 인력을 기준으로 대규모는 기계를 적용하며, 특별한 세공 필요시에는 조성작업의 난이도 등을 고려하여 지형조형 등을 추가로 적용할 수 있다.

라. 자재 할증은 [공통품셈 1-3-1(재료의 할증)] 속채움재의 모래 10%, 사석 10%를, 노상 및 노반 재료의 모래 6%, 자갈 4%, 점질토 6%를 적용하며, 토량 계산시 토양변화율(L, C)을 적용하여야 한다.

마. 각 공종별공사는 [본서 제5장 조경시설물공사]의 콘크리트공사, 미장 및 방수공사, 조적공사, 돌공사, 타일공사, 도장공사 등을 적용한다. 초화류 식재는 조건별로 [공통품셈 4-1-3(초화류

식재)]인 〈표 4.4-4〉의 보통을 기준으로 하천변 등 수생·수변은 불량을 적용하며, 문양식재 등 세밀한 시공에는 "특수화단은 시공량을 17%까지 감할 수 있다"는 주기에 의하여 시공량 을 17% 감하여 적용한다.

바. 인공 식물섬은 [(구)건설신기술(신기술지정번호 360번, 2003년지정-8년간)]을 다음과 같이 준용한다.

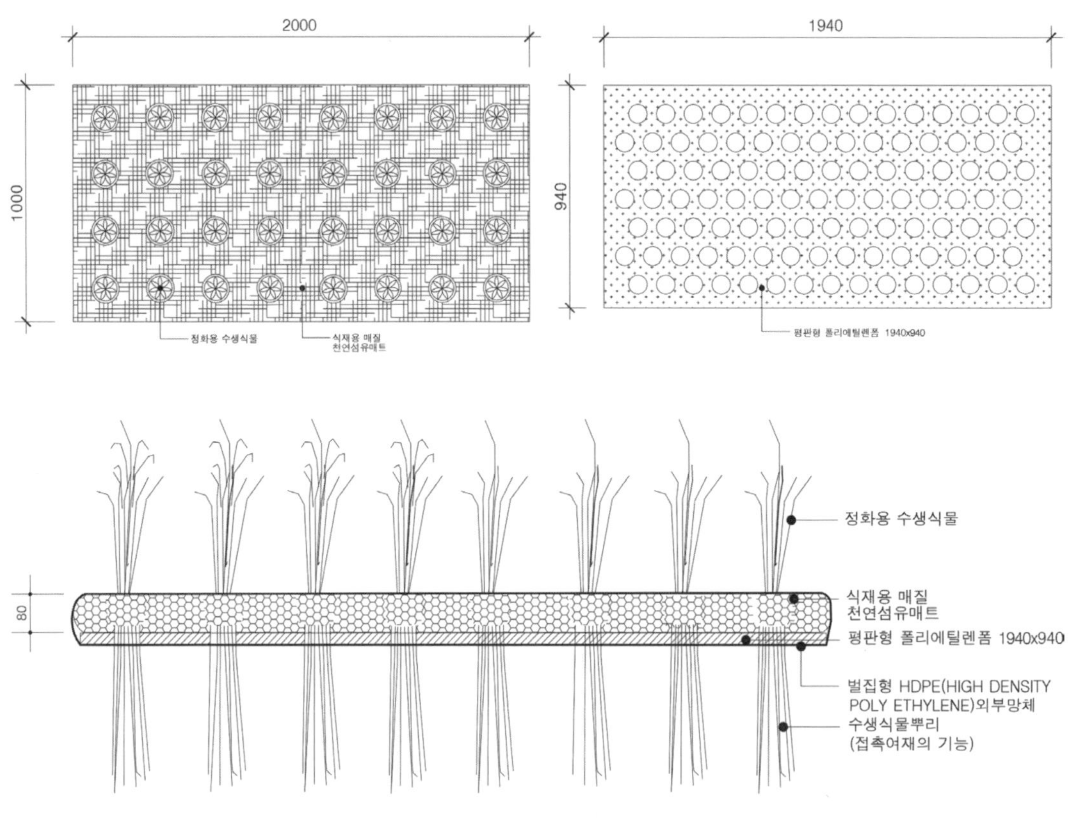

〈**그림 7.4-1**〉 인공 식물섬

〈**표 7.4-1**〉 인공식물섬 설치 [(구)건설신기술] (EA 당)

규 격	인공식물섬 (개)	설치품(인)		
		작업반장	특별인부	보통인부
1 m^2	1	0.10	0.10	0.20
2 m^2	1	0.10	0.25	0.40
4 m^2	1	0.10	0.45	0.60
8 m^2	1	0.20	0.65	0.80
10 m^2	1	0.20	0.85	1.00

[주] 본 표는 인공식물섬 설치품으로서 특수한 조건은 별도의 품을 적용할 수 있다.

〈표 7.4-2〉 인공식물섬 계류장치 [(구)건설신기술]　　(개소 당)

구 분	와이어로프(m)		클립보드(2개)		고정닻 (개)
	3.2	6.4	3.2	6.4	
수심 5m이하	20	20	12	6	1
수심 5~10m	40	40	18	12	3
수심 10m이상	80	80	22	14	4

[주] 1. 본 표는 인공식물섬 계류장치에 필요한 자재로서 일반적으로 사용하는 굵기를 나타내며, 와이어로프와 클립볼트는 스텐레스제 (㎜)
　　　로서 특수한 경우에는 현장여건에 따라 재료 및 굵기를 조정한다.
　　2. 고정닻은 수심에 따라 5m이하는 소형, 5~10m는 중형, 10m이상은 대형을 사용한다.
　　3. 수심은 최대수심을 말하며, 최대수심에 비하여 일반수심이 현저히 낮을 경우에는 자재를 조정할 수 있다.

〈표 7.4-3〉 인공식물섬 계류장치 설치 [(구)건설신기술]　　(개소 당)

규 격	설치품(인)			
	작업반장	특별인부	보통인부	잠수부
수심 5m이하 (소형고정닻)	0.2	0.3	0.5	-
수심 5~10m (중형고정닻)	0.5	1.0	1.5	0.5
수심 10m이상 (대형고정닻)	1.0	1.0	3.0	1.0

[주] 1. 본 표는 〈표 7.4-2〉 인공식물섬 계류장치의 설치 품이다.
　　2. 수심은 최대수심을 말하며, 최대수심에 비하여 일반수심이 현저히 낮을 경우에는 조정할 수 있다.

7.5 훼손지 생태복원 (KCS 34 70 25)

1. 개요

본 절은 훼손지의 복원을 위한 보행로 조성, 생태통로, 폐기된 부지의 복구, 오염된 토양의 복원 및 이와 관련된 유지관리 및 모니터링 등에 적용한다.

2. 적용범위

가. 기존에는 양호한 육상생태 환경이었으나 이용 및 개발로 훼손된 자연임상내 보행로와 도로 개설으로 발생된 절개지·성토지의 생태복원·복구 및 단절 생태계의 연결을 위한 생태통로 등에 적용한다.

나. 훼손 등산로, 목재 계단로, 보행로 정비 및 부대시설 설치 등으로 쾌적한 이용을 도모하고, 토양 오염시 오염의 제거·처리를 먼저 시행한 후 식생기반을 조성하는 등 안정된 식생의 복원으로 생물다양성 확보 및 지반 안정화에 기여한다.

다. 토취장, 사토장, 채석장, 광산, 폐도 등 개발 후 폐기로 경관·생태적 복원이 필요한 훼손지의 복구는 [도로비탈면 녹화공사의 설계 및 시공지침(2025년 2월 개정)]과 [건설공사 비탈면 설계기준(2009년 12월 시행)]에 의하여 복구계획을 수립한다.

3. 적용품셈

가. 토공사는 [본서 7.1 생태복원공통]에 의한다.

나. 기반조성의 원지반은 [공통품셈 3-4-3(흙 다지기)] 콤팩터다짐 또는 램머, 기층은 공종과 규모별로 [공통품셈 3-4-4, 5(뒤채움 및 다짐-소, 대형장비)], [공통품셈 3-4-6, 7(되메우기 및 다짐-소, 대형장비)], 기초지정은 [공통품셈 3-4-8(기초지정)]을 적용하고, 토공은 [본서 3.2 조경토공]의 소규모는 인력으로 대규모는 기계를 기준으로 공사규모와 시공여건을 고려하여 적용한다.

다. 훼손지 복구용 야생풀포기 채취는 특별히 필요시 [2005년 토목, 건축품셈 4-1-1(들떼)]의 떼뜨기를 발췌하여 다음과 같이 준용한다.

라. 훼손지 생태복원의 세부 방법별 적용기준은 [본서 7.6 비탈면 녹화 및 복원(조경)]을 준용한다.

〈표 7.5-1〉 야생풀포기 뜨기 [2005년 토목, 건축품셈 발췌]   (100m² 당)

구 분	직 종	단위	수량
떼 뜨 기	보통인부	인	6.00

7.6 비탈면 녹화 및 복원(조경) (KCS 34 70 30)

1. 개요

본 절은 인공 비탈면의 침식 방지, 사면 안정과 경관 보전을 위한 인공재료설치 또는 식물군락조성 등의 비탈면 녹화 및 복원(조경)공사에 적용한다.

2. 적용범위

가. 인공비탈면과 침식 등이 발생한 불안정 비탈면에 식물의 활착 등으로 비탈면을 안정적으로 유지하기 위한 녹화 및 복원공사에 적용한다.

나. 인공비탈면이나 침식 등이 발생하는 자연 비탈면을 보강하거나 인공재료를 설치하는 등의 비탈면 안정공사에 적용한다.

3. 적용품셈

가. 토공사 및 기반조성은 [본서 7.1 생태복원공통]에 의한다.

나. 비탈면 녹화·복원공사를 방법별로 대별하면 4가지로서 비탈면 보호공, 절토사면 녹화공, 비탈면 보강공, 보강토 옹벽 설치로 구분된다.

다. 비탈면 보호공은 [공통품셈 3-7(비탈면 보호공)]의 1. 프리캐스트 콘크리트 블록설치, 2. 지압판블록 설치, 3. 천연섬유사면보호공 설치에 의하여 다음과 같이 적용한다.

〈표 7.6-1〉 프리캐스트 콘크리트블록 설치 [공통품셈]　　　　　　　　　　　　　　　　　(일 당)

구 분		단위	수량	시공량(m²)		
				비탈경사 1:1.5이상	비탈경사 1:1.0~1:1.5미만	비탈경사 1:1.0미만
인력	특 별 인 부	인	2	27	24	22
	보 통 인 부	인	3			
기계 기계	특 별 인 부	인	2	41	38	35
	보 통 인 부	인	2			
	크 레 인	대	1			
비 고		- 비탈틀을 고정하기 위한 유항(留杭)을 설치하는 경우는 보통인부 0.4(인/10본당)을 계상한다.				

[주] 1. 본 품은 비탈면 보호를 위해 프리캐스트 콘크리트 블록을 이용하여 비탈틀을 설치하는 기준이며, 시공범위는 수직고 20m 이하 기준이다.

　　 2. 인력은 블록중량이 50(kg/개) 미만으로서 평균 비탈길이가 15m 이하인 경우에 적용한다.

　　 3. 기계는 블록중량이 50(kg/개) 이상인 경우 또는 50(kg/개) 미만에도 평균 비탈길이가 15m를 초과하는 경우에 적용한다.

　　 4. 본 품은 면고르기, 보호블록 설치를 위한 터파기 및 되메우기, 블록 설치 및 고정을 포함한다.

　　 5. 속채움이 필요한 경우 품은 별도 계상한다.

　　 6. 장비(크레인)의 규격은 작업여건(시공높이, 시공위치 등) 및 안전율(적정하중, 작업반경 등)을 고려하여 적합한 규격을 적용한다.

〈표 7.6-2〉 지압판블록 설치 [공통품셈]　　　　　　　　　　　　　　　　　　　　　　(일 당)

구 분	규 격	단위	수량	시공량(개소)
중 급 기 술 자		인	1	
보 링 공		인	1	
특 별 인 부		인	2	
보 통 인 부		인	2	11
크 레 인		대	1	
고 소 작 업 차		대	1	
강 연 선 인 장 기	60ton	대	1	

[주] 1. 본 품은 비탈면에 앵커를 사용한 프리캐스트 콘크리트 블록(2ton이하) 설치 기준이다.

　　 2. 본 품은 비탈경사 1:1.5이하, 수직고 30m까지 기준이다.

　　 3. 본 품은 블록 인양 및 설치, 지압판 및 웨지 조립, 인장 작업을 포함한다.

　　 4. 장비(크레인, 고소작업차)의 규격은 작업여건(시공높이, 시공위치 등) 및 안전율(적정하중, 작업반경 등)을 고려하여 적합한 규격을 적용한다.

　　 5. 공구손료 및 경장비(절단기, 발전기 등)의 기계경비는 인력품의 6%로 계상한다.

〈표 7.6-3〉 천연섬유사면보호공 설치 [공통품셈] (일 당)

구 분	단위	수량	시공량(m²)
특 별 인 부	인	3	290
보 통 인 부	인	2	

[주] 1. 본 품은 토공사면(비탈경사 1:1.0~1.5)에 천연섬유매트 설치 기준이다.
   2. 본 품은 비탈경사 1:1.0~1.5이하, 높이 30m 기준이다.
   3. 본 품은 인력 흙고르기, 매트깔기 작업을 포함한다.
   4. 비탈면 고르기는 별도 계상한다.

라. 절토사면 녹화공은 [공통품셈 3-7-4(절토사면 녹화)]의 1. 부착망 설치, 2. 식생기반제 뿜어붙이기 세부항목인 가. 기계기구 설치 및 해체, 나. 뿜어붙이기에 의하여 다음과 같이 적용한다.

〈표 7.6-4〉 부착망 설치 [공통품셈] (일 당)

구 분	단위	수량	뿜어붙이기 두께	시공량(m²)
특 별 인 부	인	3	10cm이하	160
보 통 인 부	인	1	15cm	130
크 레 인	대	1		

비 고	\- 수직고 20m 이상인 경우 시공량에 다음 할증률을 감한다.
	  • 수직고 20~30m : 18%
	  • 수직고 30~50m : 24%
	  • 수직고 50m 이상 : 30%			

[주] 1. 본 품은 절토면의 식생기반제 뿜어붙이기를 위한 부착망 설치 작업으로 철망(PVC코팅) 설치 기준이다.
   2. 본 품은 부착망펼치기, 앵커핀 및 착지핀 설치, 정리작업을 포함한다.
   3. 면 고르기가 필요할 경우 별도 계상한다.
   4. 장비(크레인)의 규격은 작업여건(시공높이, 시공위치 등) 및 안전율(적정하중, 작업반경 등)을 고려하여 적합한 규격을 적용한다.
   5. 공구손료 및 경장비의 기계경비(소형천공기, 발전기 등)는 인력품의 6%를 계상한다.
   6. 잡재료비는 재료비의 3%를 계상한다.
[참고자료] 재료량은 다음을 참고하여 적용한다. (10m² 당)
  • 앵커핀 (ϕ16, 0.5m) : t10cm이하 = 2.3(개), t15cm = 4.6(개)
  • 착지핀 (ϕ16, 0.35m) : t10cm이하 = 5(개), t15cm = 5(개)
  • 부착망 (ϕ3.258×58 PVC코팅) : t10cm이하 = 13(m²), t15cm = 13(m²)
  • 철선 (#8 PVC코팅) : t10cm이하 = 13(m), t15cm = 17(m)
  ※ 재료 할증량은 포함되어 있다.

〈표 7.6-5〉 식생기반제 뿜어붙이기 _ 기계기구 설치 및 해체 [공통품셈] (회 당)

구 분	단위	수량
특 별 인 부	인	2.00
보 통 인 부	인	0.50
크 레 인	hr	4.00

[주] 1. 본 품은 식생기반재 뿜어붙이기 작업을 위한 기계기구 설치작업 기준이다.
   2. 본 품은 장비세팅, 배관연결, 시험운전, 작업 후 해체정리 작업을 포함한다.
   3. 장비(크레인)의 규격은 작업여건(시공높이, 시공위치 등) 및 안전율(적정하중, 작업반경 등)을 고려하여 적합한 규격을 적용한다.

〈표 7.6-6〉 식생기반제 뿜어붙이기 _ 뿜어붙이기 [공통품셈]　　　　　　　　(일 당)

구 분	규 격	단위	수량	뿜어붙이기 두께	시공량(m²)
조 경 공		인	1		
기 계 설 비 공		인	1		
특 별 인 부		인	2		
보 통 인 부		인	2	5cm	250
취 부 기 (녹 생 토)	18.65kW	대	1	7cm	200
공 기 압 축 기	21 m3/min	대	1	10cm	140
트 럭 탑 재 형 크 레 인	-	대	1	15cm	100
물 탱 크	5500ℓ	대	1		
트 럭	6ton	대	1		
비 고	- 수직고 20m 이상인 경우 시공량에 다음 할증률을 감한다. • 수직고 20~30m : 18% • 수직고 30~50m : 24% • 수직고 50m 이상 : 30%				

[주] 1. 본 품은 식생기반재와 종자를 혼합하여 비탈면에 뿜어붙이는 기준이며, 비탈면 녹화를 위한 유사공법에 적용할 수 있다.

　2. 장비(크레인)의 규격은 작업여건(시공높이, 시공위치 등) 및 안전율(적정하중, 작업반경 등)을 고려하여 적합한 규격을 적용한다.

　3. 공구손료 및 경장비의 기계경비(발전기 등)는 인력품의 4%를 계상한다.

　4. 재료량은 각 공법의 설계기준에 따라 계상하며, 잡재료비는 재료비의 3%로 계상한다.

마. 보강토 옹벽은 [공통품셈 3-8(보강토 옹벽)]의 1. 패널 설치, 2. 블록 설치, 3. 버팀목 설치·해체, 4. 뒤채움 및 다짐에 의하여 다음과 같이 적용한다. 뒤채움 및 다짐은 〈표 3.2-13〉을 참고한다.

〈표 7.6-7〉 보강토 옹벽 _ 패널 설치 [공통품셈]　　　　　　　　(m² 당)

구 분	규 격	단위	수량
특 별 인 부		인	0.10
보 통 인 부		인	0.06
철 근 공		인	0.03
형 틀 목 공		인	0.04
크 레 인	10ton	hr	0.20

[주] 1. 본 품은 보강재(그리드)를 사용한 패널식 옹벽(1.5m×1.5m) 설치 기준이다.

　2. 본 품은 패널 설치, 보강재 설치, 빗장고리 설치, 수평 및 수직채움재, 앵커철근 설치, 마감면 정리 작업을 포함한다.

　3. 터파기 및 기초콘크리트 타설은 별도 계상한다.

　4. 트럭이 필요한 경우 별도 계상한다.

　5. 재료량(패널, 보강재, 빗장고리, 수평채움재, 수직채움재, 앵커철근)은 설계 수량에 따른다.

〈표 7.6-8〉 보강토 옹벽 _ 블록 설치 [공통품셈]　　　　　　　(m² 당)

구 분	규 격	단위	수량
특 별 인 부		인	0.21
보 통 인 부		인	0.09
크 레 인	10ton	hr	0.50

[주] 1. 본 품은 보강재(그리드)를 사용한 블록식 옹벽 설치 기준이다.

　　 2. 본 품은 블록(기초블록, 마감블록 등) 설치, 유공관 및 보강재 설치를 포함한다.

　　 3. 터파기 및 기초콘크리트 타설은 별도 계상한다.

　　 4. 재료량(블록, 보강재, 쇄석, 유공관)은 설계수량에 따른다.

〈표 7.6-9〉 보강토 옹벽 _ 버팀목 설치·해체 [공통품셈]　　　　　(m 당)

구 분	규 격	단위	수량
형 틀 목 공		인	0.06
보 통 인 부		인	0.03

[주] 1. 본 품은 패널식 옹벽 하부에 지지하기 위한 버팀목 설치 및 해체 기준이다.

　　 2. 본 품은 버팀목 제작 및 설치, 해체 작업을 포함한다.

　　 3. 공구손료 및 경장비(절단기 등)의 기계경비는 인력품의 1%를 계상한다.

　　 4. 재료량은 다음을 참고하여 적용한다.

　　　 • 각재 (10cm×10cm) : 0.036(m³)

　　　 ※ 잡재료는 주재료(각재)비의 2%로 계상한다.

바. 토목공사에서 사면안정용으로 주로 시행하는 비탈면 보강공은 [공통품셈 3-7-5(비탈면 보강공)]의 1. 장비 조립·해체, 2. 인력 및 장비 편성, 3. 일당시공량, 4. 그라우팅으로 구분되므로 필요시 품셈을 참조 적용한다. 토목공사에서 주로 시행하는 비탈면 안전보호시설은 [토목품셈 1-9-3(낙석방지책 설치)]의 1. 지주설치, 2. 와이어 설치, 3. 철망설치, [토목품셈 1-9-4(낙석방지망 설치)]의 1. 기초 착암, 2. 철망 및 와이어 설치에 의하여 필요시 품셈을 참조 적용한다.

7.7 생태숲(보존림) 조성 (KCS 34 70 35)

1. 개요

본 절은 건설사업으로 인한 산림훼손지의 복원 및 생태숲 조성, 도시·산업화 지역에서 환경보전과 자연성 증진을 위한 비오톱 및 다층복합형 숲의 조성 등에 적용한다.

본 절은 산림청의「숲가꾸기 설계·감리 및 사업시행 지침 [시행 2021. 8. 9. 산림청훈령 제1502호]」"별표, 숲가꾸기 품셈 적용기준"을 기반으로 적용한다. 숲가꾸기 관련 법규는 빈번하게 개정되므로 적용시 개정에 유의한다.

2. 적용범위

가. 법률적 의미로서 생태숲 조성이란 산지형 수림대 중 인위적인 영향으로 훼손된 숲의 복원과 기존 숲의 자연성 증대로 다양한 생물이 서식 가능하도록 조성·관리하는 것을 말하며, 산림 생태원 조성을 위한 시설 설치를 포함한다.

나. 「숲가꾸기 설계·감리 및 사업시행 지침」의 "이 훈령은 「산림기술 진흥 및 관리에 관한 법률」 제15조, 같은 법 시행령 제13조 및 같은 법 시행규칙 제11조, 제12조에 따라 숲 가꾸기 사업의 설계기준, 사업시행 요령, 사업비 산출기준, 감리기준 등에 관한 세부적인 내용을 규정하기 위함이다."라는 목적에 적합한 숲가꾸기 작업의 품셈적용, 기술업무, 사업종별 표준사업비 산출에 적용한다.

다. 「숲가꾸기 설계·감리 및 사업시행 지침」의 "별표, 숲가꾸기 품셈 적용기준" [제4장 사업종별 표준사업비 산출기준] '1. 적용기준'의 목적인 '실시설계를 하지 않는 숲가꾸기 사업에 대한 예정가격의 산출 및 기관별 숲가꾸기 사업계획의 수립을 위한 표준사업비의 산출 기준을 제공하는데 있다. 작업의 평균이 되는 기준품셈에 대하여 작업여건에 따른 할인 및 할증율을 적용하여 예정가격을 산정한다.' 에 의한다.

3. 적용품셈

가. 「숲가꾸기 설계·감리 및 사업시행 지침」의 "별표, 숲가꾸기 품셈 적용기준"에 의하여 적용한다.

나. 세부구성은 제1장 적용기준, 제2장 기술업무(설계, 감리, 선목), 제3장 기능분야 품셈(작업장 관리, 숲가꾸기, 산물 수집), 제4장 사업종별 표준사업비 산출기준(적용기준, 사업종별 기준품셈, 사업종별 표준사업비-예시)이다.

다. [제3장 기능분야 품셈]은 1. 작업장 관리 품셈, 2. 숲가꾸기, 3. 산물수집 품셈의 항목으로 구성된 "별표, 숲가꾸기 품셈 적용기준"의 세부내용을 참고 적용한다.

 – 작업장관리 품셈 : 1. 경계표시(소요인력, 할인·할증요소, 소요재료), 2. 작업로 선정(소요인력, 할인·할증요소, 소요재료), 3. 작업로 설치(소요인력, 할인·할증요소, 소요재료, 기계손료).

 – 숲가꾸기 : 1. 풀베기, 2. 덩굴제거(지상부 제거[덩굴걷기, 덩굴 약제처리, 뿌리제거]) , 3. 어린나무 가꾸기(어린나무 가꾸기, 보조공정[작업로 설치, 덩굴걷기, 수형교정]) 4. 솎아베기(간벌) 5. 가지치기(소요인력, 할인·할증요소). 각각의 세부내용은 [소요인력, 할인·할증요소, 소요재료, 기계손료]로 구성되어 있음.

 – 산물수집 품셈 : 1. 인력집재(소요인력 및 수집량, 할인·할증요소), 2. 기계장비집재(소요인력 및 수집량[아키야윈치 집재, 2드럼 케이블윈치 집재, 수라 집재, 트랙터 집재, 소형 포워더 집재, HAM 200 집재, 타워야더 집재, 굴삭기 우드그랩 집적작업], 할인·할증요소, 소요재료, 기계손료), 3. 산물임내정리(소요인력, 할인·할증요소).

라. [제4장 사업종별 표준사업비 산출기준]의 '1. 적용기준'은 목적, 대상, 적용기준, 적용방법에

서 다음과 같이 기술하고 있다.

- 목적 : 실시설계를 하지 않는 숲가꾸기 사업에 대한 예정가격의 산출 및 기관별 숲가꾸기 사업계획의 수립을 위한 표준사업비의 산출 기준을 제공하는데 있다. 작업의 평균이 되는 기준품셈에 대하여 작업여건에 따른 할인 및 할증율을 적용하여 예정가격을 산정한다.

- 대상 : 국가 또는 지방자치단체의 보조 또는 지원을 받아 시행하는 숲가꾸기로서 실시설계를 하지 않고 시행하는 사업. 지방자치단체에서 직접 시행하는 숲가꾸기로서 실시설계를 하지 않고 시행하는 사업.

- 적용기준 : 기준품셈은 본 장에서 정하는 품셈을 적용하며, 담당공무원이 별도의 실시설계 표준지조사를 통하여 제3장의 작업종별 품셈을 적용할 수 있다. 노임단가는 대한건설협회에서 조사·공표하는 직종별 시중노임단가를 적용한다. 선목사업의 초급기술자는 건설 및 기타부문의 엔지니어링 기술자 노임단가를 적용한다. 원가계산 항목 및 보험료 등 기타 적용사항은 제1장에서 정하는 기준을 적용한다.

- 적용방법 : 본장의 사업종별 노무비 기준품셈을 할인·할증율을 적용하여 차등 적용한다. 기준품셈에 대한 차등 적용시 표준지조사를 통한 사업구역내의 평균임지를 반영하되, 표준지조사는 수 개의 표준지를 평균하여 적용한다. 할인·할증율은 제3장에서 정하는 작업종별 할인·할증요소 및 요율을 적용한다. 재료비의 산출은 제2장의 소요재료 품셈을 적용하고 담당공무원 등이 설계당시 물가정보를 반영하여 작성한다. 산주가 직접 실행하는 보조사업은 사업종별 기준품셈의 직접노무비에 대한 할인·할증율, 이윤, 부가가치세를 적용하지 아니한다.

마. [제4장 사업종별 표준사업비 산출기준]의 '2. 사업종별 기준품셈'은 직접노무비, 할인·할증요소, 인자별 세부 할인·할증 적용기준으로 구분하여 다음과 같이 규정하므로 숲가꾸기 표준사업비 산출에 적용한다.

〈표 7.7-1〉 사업종별 기준품셈 _ 직접노무비 [숲가꾸기 설계·감리 및 사업시행 지침]

사업종별	기준품셈	적용노임단가	품셈 적용범위
풀 베 기	5.89명	특별인부, 보통인부	○ 조림 2년차, 묘목찾기 2,700본
덩 굴 제 거	7.65명	보통인부	○ 뿌리제거(약제처리)
	3.3명	특별인부	○ 지상부 덩굴걷기만 반영 시
어 린 나 무 가 꾸 기	7.0명	특별인부 50% 보통인부 50%	○ 치수림단계 : 5.0명 ○ 가 지 치 기 : 2.0명 　- 0.4명/100본(잣나무, 0~1m),　가지치기본수 500본
	10.0명	특별인부 50% 보통인부 50%	○ 유령림단계 : 6.0명 ○ 가 지 치 기 : 4.0명 　- 0.4명/100본(잣나무, 0~2m),　가지치기본수 500본

(표 계속)

〈표 7.7-1〉 사업종별 기준품셈 _ 직접노무비 [숲가꾸기 설계·감리 및 사업시행 지침]

사업종별	기준품셈	적용노임단가	품셈 적용범위
솎아 베기	5.4명	특별인부 50% 보통인부 50%	○ 벌목+가지정리+토막내기 : 5.4명 - 1.2명/100본(평균경급 14cm),　제거본수 450본
	(선목포함시 6.8명)	(초급기술자)	○ 선목 : 1.4명 - 제거목선목 350본/ha, 0.4인/100본 기준
가지 치기	2.5명	보통인부	○ 1.0명/100본(잣나무 2~4m), 　제거본수 250본
산물수집(인공림)	9.65명	보통인부	○ 생산재적 19.3m³/ha, 　2.0m³/인(평균경급 10cm)
산물수집(천연림)	7.55명	보통인부	○ 생산재적 15.1m³/ha, 　2.0m³/인(평균경급 10cm)
선목(미래목)	1.0명 1.0명	초급기술자 보통인부	○ 1조/ha당, 미래목 200본 선목 - 1조 : 초급기술자, 보통인부 각1명
선목(제거목)	1.4명	초급기술자	○ 0.4명/100본당, 제거대상목 350본 선목

〈표 7.7-2〉 사업종별 기준품셈 _ 할인·할증요소 [숲가꾸기 설계·감리 및 사업시행 지침]

사업종별		비 고
풀 베 기		경사도(0~+10%), 집단화정도(0~+10%), 조림후 경과연수(0~+10%)
덩굴제거	지상부제거	경사도(0~+10%), 집단화정도(0~+10%), 작업시기(0~+10%), 덩굴피복도(-50~+50%)
	뿌리 제거	경사도(0~+10%), 집단화정도(0~+10%), 작업시기(0~+10%), 하층식생(0~+10%), 토양조건(0~+10%)
어린나무가꾸기		경사도(0~+10%), 집단화정도(0~+10%), 작업시기(0~+10%), 제거대상 피복도(-20~+20%)
솎아베기(간벌)		경사도(0~+10%), 장애물 정도(+,-10%), 규격재 생산(+10%)
가 지 치 기		경사도(0~+10%), 장애물 정도(+,-10%)
산물수집(인공림, 천연림)		경사도(0~+10%), 장애물 정도(+,-10%)
선목(미래목, 제거목)		선목시기(+,-10%), 경사도(0~+10%), 장애물 정도(+,-10%)

〈표 7.7-3〉 사업종별 기준품셈 _ 인자별 세부 할인·할증 적용기준 [숲가꾸기 설계·감리 및 사업시행 지침]

사 업 별	적용인자	+10%	+5%	기준공정	-10%	차등범위
1. 풀 베 기	경 사 도	30° 초과	15°~30°	15°미만	-	0~+10%
	집 단 화 정 도	개소당 평균면 적 3ha미만	개소당 평균면적 3~5ha미만	개소당 평균면 적 5ha이상	-	0~+10%
	조 림 후 경 과 연 수	3년차 이상	2년차	당해 연도	-	+10%

(표 계속)

〈표 7.7-3〉 사업종별 기준품셈 _ 인자별 세부 할인·할증 적용기준 [숲가꾸기 설계·감리 및 사업시행 지침]

사 업 별	적용인자	+10%	+5%		기준공정	-10%	차등범위
2. 덩굴제거	덩 굴 피 복 도	과밀(80%이상)+50%	밀 60~80%피복)+20%	보통(40~60%피복)0%	소(20~40%피복)-20%	과소(20%이하 피복)-50%	-50~+50%
	집 단 화 정 도	개소당 평균면적 1ha미만	개소당 평균면적 1~3ha미만		개소당 평균면적 3ha이상	-	0~+10%
	작 업 시 기	6~9월	10~12월		1~5월	-	0~+10%
	하 층 식 생	식생을 제거하지 않고 보행 어려움	보행하는데 약간 어려움		보행 용이	-	0~+10%
	경 사 도	30° 초과	15°~30°		15°미만	-	0~+10%
3. 어린나무 가꾸기	집 단 화 정 도	개소당 평균면적 1ha미만	개소당 평균면적 1~3ha미만		개소당 평균면적 3ha이상	-	0~+10%
	경 사 도	30° 초과	15°~30°		15°미만	-	0~+10%
	작 업 시 기	6~9월	-		1~5월, 10~12월		0, +10%
	제 거 대 상 피 복 도	밀(71% 이상 분포)+20%	-		중(41~70% 분포)0%	소(40% 이하 분포)-20%	-20~+20%
4. 솎아베기 ※ ( ) : 선목을 포함하여 시행 시 적용	(선 목 시 기)	(5~9월)			(12~2월)	(10~1월, 3월~4월)	(+,-10%)
	경 사 도	30° 초과	15°~30°		15°미만	-	0~+10%
	장 애 물 의 정 도	가슴높이 이상 초본·관목			가슴높이 미만 초본·관목	무릎높이 이하 초본·관목	0, +10%
	규격재 생산	규격재 생산을 위한 조재			-	-	+10%
5. 가지치기	경 사 도	30° 초과	15°~30°		15°미만	-	0~+10%
	장 애 물 의 정 도	가슴높이 이상 초본·관목			가슴높이 미만 초본·관목	무릎높이 이하 초본·관목	0, +10%
6. 산물수집 (인력, 소형 집재기)	경 사 도	30° 초과	15°~30°		15°미만	-	0~+10%
	장 애 물 의 정 도	가슴높이 이상 초본·관목			가슴높이 미만 초본·관목	무릎높이 이하 초본·관목	0, +10%
7. 산물수집 (수라집재)	경 사 도	30° 초과	15°~30°		15°미만	-	0~+10%
	소 운 반 거 리	11~20m	6~10m		0~5m		0~+10%
8. 산물수집 (트랙터집재)	경 사 도	30° 초과	15°~30°		15°미만	-	0~+10%
	집 재 방 향	하향집재	-		상향집재	-	0, +10%

(표 계속)

〈표 7.7-3〉 사업종별 기준품셈 _ 인자별 세부 할인·할증 적용기준 [숲가꾸기 설계·감리 및 사업시행 지침]

사 업 별	적용인자	+10%	+5%	기준공정	-10%	차등범위
9. 산물수집 (소형포워더)	주행 장애물 상　　태	주행이 매우 힘들다	주행이 다소 힘들다	주행에 어려움 없다	-	0~+10%
10. 산물수집 (HAM200, 타워야더 집재)	경　사　도	30° 초과	15°~30°	15°미만	-	0~+10%
	집 재 방 향	하향집재	-	상향집재	-	0, +10%
	측방집재거리	11~20m	6~10m	0~5m	-	0~+10%
11 선목사업	선 목 시 기	5~9월		12~2월	10~11월, 3~4월	0, +10%
	경　사　도	30° 초과	15°~30°	15°미만	-	0~+10%
	장 애 물 의 정　　　도	가슴높이 이상 초본·관목		가슴높이 미만 초본·관목	무릎높이 이하 초본·관목	0, +10%

7.8 생태통로 조성 (KCS 34 70 40)

1. 개요

본 절은 야생 동·식물의 단절, 훼손 또는 파괴되는 곳의 환경조건과 목표 생물의 이동습성에 적합하도록 생물 서식환경의 연결을 위한 생태통로 조성공사에 적용한다.

생태통로는 환경조건과 목표생물의 이동에 적합한 구조로서 육교형, 터널형으로 구분 적용하며, 생태통로의 기능을 보완하는 유도울타리, 수로탈출시설 등에도 적용한다.

2. 적용범위

「자연환경보전법 시행규칙 [시행 2024.10.31. 환경부령 제1127호]」의 '별표2, 생태통로의 설치기준(제28조 제2항 관련)'에 의하며 그 내용은 다음과 같다.

1. 설치지점은 현지조사를 실시하여 설치대상지역 중 야생동물의 이동이 빈번한 지역을 선정하되, 야생동물의 이동특성을 고려하여 설치지점을 적절하게 배분한다.

2. 생태통로를 이용하는 동물들이 통로에 접근할 때 불안감을 느끼지 아니하도록 생태통로 입구와 출구에는 원칙적으로 현지에 자생하는 종을 식수하며, 토양 역시 가능한 한 공사 중 발생한 절토(땅깎기 공사로 발생한 흙)를 사용한다.

3. 생태통로 입구와 출구는 지형·지물이나 경관과 조화되게 설치하고, 동물의 출입과 이동에 지장이 없도록 최대한 완만한 경사로 조성하며, 상부에 적정한 밀도로 식생을 조성한다. 바닥은 자연상태와 유사하게 유지하도록 흙이나 자갈·낙엽 등을 덮는다.

4. 생태통로의 길이가 길수록 폭을 넓게 설치한다.

5. 장차 아교목층 및 교목층의 성장가능성을 고려하여 충분히 피복될 수 있도록 부엽토를 포함한 복토를 충분히 한다.

6. 생태통로 내부에는 다양한 수직적 구조를 가진 아교목·관목·초목 등으로 조성한다.

7. 이동 중 안전을 위하여 생태통로 내부에는 작은 동물이 쉽게 숨거나 그 내부에서 이동하기에 유리하도록 돌무더기나 고사목·그루터기·장작더미 등의 다양한 서식환경과 피난처를 설치한다.

8. 주변의 소음·불빛·오염물질 등 인위적 영향을 최소화하기 위하여 생태통로 양쪽에 차단벽을 설치하되, 목재와 같이 불빛의 반사가 적고 주변환경에 친화적인 소재를 사용한다.

9. 동물이 많이 횡단하는 지점에 동물들이 많이 출현하는 곳임을 알려 속도를 줄이거나 주의하도록 그 지역의 대표적인 동물 모습이 담겨 있는 동물출현표지판을 설치한다.

10. 생태통로 중 수계에 설치된 박스형 암거는 물을 싫어하는 동물도 이동할 수 있도록 양쪽에 선반형 또는 계단형의 구조물을 설치하며, 작은 배수로나 도랑을 설치한다.

11. 배수구 일부 지점에 경사가 완만한 탈출구를 설치하여 작은 동물의 이동이 용이하도록 하고, 미끄럽지 아니한 재질을 사용한다.

12. 야생동물을 생태통로로 유도하여 도로로 침입하는 것을 방지하기 위하여 충분한 길이의 울타리를 도로 양쪽에 설치한다.

3. 적용품셈

가. 토공사 및 기반조성은 [본서 7.1 생태복원공통]에 의한다.

나. 구조용시설은 [본서 5.1 조경시설물]의 콘크리트공사, 미장공사, 방수공사, 조적공사, 돌공사, 타일공사, 칠(도장)공사, 금속 및 철골공사, 목공사 및 [본서 5.3 현장제작시설], [본서 5.8 환경조형시설], [본서 5.9 조경석], [본서 5.10 조경 급배수 및 관수]와 동일하게 적용한다. 단, 시설의 효율성보다 생태통로 조성목적에 적합하게 시설을 최대한 자연형으로 조성하고 품셈도 그에 합당하게 적용 또는 준용한다.

제 8 장

기타공사

제8장

기타공사

조경공사 표준시방서 구성에 포함되어 있지 않은 철거 및 보수공사, 국가유산공사를 제8장으로 별도 구분하였다.

8.1 철거 및 보수공사

8.1.1 개요

현재의 건설공사는 기존 시설지에 설치되는 경우가 많으며 이때 철거나 보존 등 보수공사가 선행되어야 한다.

철거 및 보수공사는 공정이 복잡·복합적이어서 누락되거나 적용 불일치가 발생하기 쉬우므로 많은 경험과 기술을 기반으로 적용항목과 세부적용에서 체계적이면서도 유연성이 필요하다.

8.1.2 적용범위

철거 및 보수공사는 기반조성 및 조경공사에서 발생하는 각종 시설물, 포장, 경계석, 휀스 등의 철거 및 그 잔재물의 폐기물처리 등을 대상으로 한다.

1. 단위 중량

재료의 단위중량은 [공통품셈 1-2-4의 3(재료의 단위중량)]인 〈표 1.3-8〉에 따른다. 조경공사에서 주로 적용되는 폐재료의 단위 중량은 다음과 같다.

- 목재(건조목) : 0.58 ton/m^3
- 목재(생나무) : 0.80 ton/m^3
- 금속철재류 : 7.85 ton/m^3
- 스테인리스(STS304) : 7.93 ton/m^3
- 철근콘크리트 : 2.40 ton/m^3
- 무근콘크리트 : 2.30 ton/m^3
- 시멘트모르타르 : 2.10 ton/m^3
- 역청 포장 : 2.35 ton/m^3
- 폐콘크리트·폐벽돌 등 건설폐기물 : 1.60 ton/m^3 [57]
- 정원, 공원 폐기물 : 0.40 ton/m^3

---

57) 「환경부예규 제249호, 시행 2004. 12. 30. [방치폐기물 처리이행보증 업무처리지침] [별표1] 폐기물 종류별 비중예시(참고자료)」에서 폐콘크리트·폐벽돌 등 건설폐기물, 정원 공원 폐기물, 기타 각종 폐기물과 쓰레기 비중의 예시 기준으로 현재 예규에는 삭제되었으나 별도 기준이 없는 경우 필요시 참고한다.

2. 수량산출

포장 폐기물량은 도서(설계, 시공, 측량 또는 실측도면)에 의하되, 규격이 명확하게 추정되지 않는 경우에는 아스콘 10~15cm, 투수콘 7cm, 보도용 콘크리트 5~10cm, 차도용 콘크리트 10~20cm로 유추 근사치를 적용하고 시방서에 규정하여 시공 후 정산하도록 한다.

공사 현장 폐기물량의 특정물은 설계도서나 실사치에 의하며 추정치 적용시에는 [공통품셈 1-5-4(환경관리비)]에 의하여 산출하고 시공 후 정산을 원칙으로 한다.

8.1.3 적용품셈

철거 및 보수공사는 철거공사, 보수공사, 수목제거(벌목)로 구분 기술한다. [유지관리품셈]이 2023년 별도 분류되고 항목이 다수 추가되었으므로 적용에 유의한다.

1. 철거공사

가. 포장면 철거를 위한 기초공사인 포장면 절단은 [유지관리품셈 2-1-2(포장 절단)]에 의하여 아스팔트, 콘크리트로 세분하여 다음과 같이 적용한다.

〈표 8.1-1〉 포장 절단 [유지관리품셈]　　　　　　　　　　　　　　　　　　　　　(일 당)

구 분	규 격	단위	수량	시공량(m)	
				아스팔트포장	콘크리트포장
특 별 인 부		인	1		
보 통 인 부		인	1	500	450
커　　　터	320~400mm	대	1		
동 력 분 무 기	4.85kW	대	0.5		

[주] 1. 본 품은 아스팔트 포장 및 콘크리트 포장을 절단하는 기준이다.
　　2. 포장두께 20cm이하를 기준한다.
　　3. 블레이드 및 물 소비량은 별도 계상한다.[58]

나. 소규모의 포장 파쇄는 인력시공인 [2007년 토목품셈 12-25-2(포장파괴)]를 준용한 [서울시 산하구청]의 포장파괴, 소형장비 사용 포장깨기와 굴착기의 1시간당 작업량인 $Q(\mathrm{m^3/hr})$를 다음과 같이 준용하며, 포장 보수는 [유지관리품셈 1-3(철근콘크리트공사)], [유지관리품셈 2-1(도로포장공사)]에 의하며, 기계는 [공통품셈 제8장(건설기계)]에 의하여 산출 적용한다.

---

58) 재료량의 별도 규정이 어려운 경우 [2020년 토목품셈 1-7(포장절단 및 줄눈)] [주]의 재료량을 다음과 같이 준용한다.
　　- 아스팔트포장 (100m당) : 블레이드 0.27개, 물 2,000ℓ
　　- 콘크리트포장 (100m당) : 블레이드 0.31개, 물 3,000ℓ

〈표 8.1-2〉 포장파괴 [서울시 산하구청 / 2007년 토목품셈] (m³ 당)

구 분	아스팔트	콘크리트
특별 인부 (인)	1.52	1.80

[주] 1. 잡재료비는 노력비의 5%까지 계상할 수 있다.
　　2. 브레이커 사용은 [토목품셈 제8장 기계화시공]에 의한다.

〈표 8.1-3〉 포장 깨기 _ 소형장비 사용 [서울시 산하구청] (m³ 당)

구 분	규 격	단위	수 량	
			콘크리트	아스팔트
착 암 공		인	0.41	0.33
보 통 인 부		인	0.21	0.16
소 형 브레이커	25kg급	hr	1.68	1.26
공 기 압 축 기	3.5m³/min	hr	0.48	0.30

[주] 1. 잡재료비는 노무비의 1%를 계상한다.
　　2. 소형 브레이커에 부착 사용하는 에어호스(1.91cm×50cm)는 브레이커와 동일한 수량을 계상한다.

〈표 8.1-4〉 포장 깨기 _ 굴착기 사용 [서울시 산하구청] (m³/hr 당)

구 분	규 격	단위	굴착기 작업량(Q)		
			0.2m³	0.4m³	0.7m³
콘크리트 포장깨기	굴착기+브레이커	m³/hr	1.75	3.30	4.60
아스팔트 포장깨기	굴착기+브레이커	m³/hr	4.10	6.90	16.00

[주] 1. 본 품의 굴착기 시간당 작업량 Q는 [서울시 산하구청]의 굴착기를 사용한 포장깨기 기준이다.
　　2. 본 굴착기 사용 작업은 (굴착기 + 브레이커) 조합으로 소모재인 치즐을 적용하며, 치즐은 0.008(EA/hr)를 적용한다.

다. 블록 철거는 인력과 장비사용으로 구분하여 [유지관리품셈 2-1-24(보도용 블록 인력철거)], [유지관리품셈 2-1-25(보도용 블록 장비사용 철거)], 경계블록 철거는 [유지관리품셈 2-1-29(보차도 및 도로경계블록 철거)]에 의하여 다음과 같이 적용한다.

〈표 8.1-5〉 보도용 블록 인력철거 [유지관리품셈] (일 당)

구 분	규 격	단위	A-Type		B-Type	
			수량	시공량(m²)	수량	시공량(m²)
포 장 공		인	2		2	
보 통 인 부		인	2	360	1	260
트 럭	2.5ton	대	1		1	

[주] 1. 본 품은 유용할 목적으로 철거하거나 또는 장비를 사용하지 못하는 구간의 철거 작업 기준이다.
　　2. 본 품은 블록 철거, 현장정리 작업을 포함한다.
　　3. 현장 여건별 적용기준은 다음과 같다.
　　　• A-Type : 공원, 단지·택지조성공사의 보도 등 장비이동 및 적재가 용이한 구간
　　　• B-Type : 차도인접, 주택가 보도 등 장비이동 및 적재 공간이 협소한 구간
　　4. 폐기물처리는 별도 계상한다.

〈표 8.1-6〉 보도용 블록 장비사용 철거 [유지관리품셈]　　(일 당)

구 분	규 격	단위	A-Type		B-Type	
			수량	시공량(m²)	수량	시공량(m²)
포 장 공		인	1		1	
보 통 인 부		인	1		1	
굴 착 기	0.4m³	대	1	600	-	460
굴 착 기	0.2m³	대	-		1	
트 럭	2.5ton	대	1		1	

[주] 1. 본 품은 장비를 사용하여 보도용 블록을 철거하는 기준이다.
　　2. 본 품은 블록 철거, 현장정리 작업을 포함한다.
　　3. 현장 여건별 적용기준은 다음과 같다.
　　　• A-Type : 공원, 단지·택지조성공사의 보도 등 장비이동 및 적재가 용이한 구간
　　　• B-Type : 차도인접, 주택가 보도 등 장비이동 및 적재 공간이 협소한 구간
　　4. 폐기물처리는 별도 계상한다.

〈표 8.1-7〉 보차도 및 도로경계블록 철거 [유지관리품셈]　　(일 당)

구 분		규 격	단위	수량	규격(mm) (아래폭+높이)	시공량 (m)
A-Type	특 별 인 부		인	2	300미만	500
	보 통 인 부		인	1	350미만	420
					400미만	390
	굴 착 기	0.4m³	대	1	500미만	270
	트 럭	2.5ton	대	1	500이상	170
B-Type	특 별 인 부		인	2	300미만	400
	보 통 인 부		인	1	350미만	335
					400미만	310
	굴 착 기	0.2m³	대	1	500미만	215
	트 럭	2.5ton	대	1	500이상	130

[주] 1. 본 품은 장비를 사용하여 화강암 및 콘크리트 경계블록을 철거하는 기준이다.
　　2. 본 품은 블록 철거, 현장정리 작업을 포함한다.
　　3. 현장 여건별 적용기준은 다음과 같다.
　　　• A-Type : 공원, 단지·택지조성공사의 보도 등 장비이동 및 적재가 용이한 구간
　　　• B-Type : 차도인접, 주택가 보도 등 장비이동 및 적재 공간이 협소한 구간
　　4. 콘크리트 절단 및 깨기, 터파기 및 되메우기, 잔토처리는 현장 여건에 따라 별도 계상한다.
　　5. 폐기물처리는 별도 계상한다.
　　6. 장비의 종류 및 규격은 현장여건에 따라 변경할 수 있다.

라. 난간의 철거는 [유지관리품셈 2-1-17(재래난간 철거공)]에 의하여 다음과 같이 적용한다. 건축물 구조체는 [2021년 건축품셈 12-2-1(건축물 구조체별 철거)], 목조건물은 [2016년 건축품셈 18-1의 1(목조건물 철거)]에 의하여 다음과 같이 준용할 수 있다.

〈표 8.1-8〉 재래난간 철거공 [유지관리품셈] (일 당)

구 분	배치인원(인)		시공량(m)	
			규 격	철 거
횡 재 부	용 접 공 보 통 인부	3 6	강 재 난 간	100
	용 접 공 보 통 인부	2 4	경량형 강제난간	100
	보 통 인부	2	알루미늄 합금제난간	10
속 주	보 통 인부	13	강 재 난 간	10
	보 통 인부	13	경량형 강제난간	10
	보 통 인부	10	알루미늄 합금제난간	10

[주] 1. 횡재부는 입목, 종재 등 1식을 포함한 것을 말한다.

2. 속주(束柱)는 지목 콘크리트에 세워 횡재부를 지지하고 있는 부재를 말한다.

3. 발생재 운반비는 개개의 발생량으로 산출한다.

4. 발생된 강재, 알루미늄재의 운반은 지정지로 한다.

5. 사용 재료는 다음과 같다. (횡재부 10m당)

 • 강재 난간 : 산소 1.8(m^3), 아세틸렌 0.8(kg)

 • 경량형 강제 난간 : 산소 1.2(m^3), 아세틸렌 0.8(kg)

 • 알루미늄 합금제 난간 : 산소 1.2(m^3), 아세틸렌 0.8(kg)

※ 산소량은 대기압상태의 기준량이며, 압축산소는 35℃에서 150기압으로 압축용기에 넣어 사용하는 것을 기준한다.

〈표 8.1-9〉 건축물 구조체별 철거 [2021년 건축품셈] (m^2 당)

구조별	공정별	건축목공 (인)	기와공 (인)	함석공 (인)	보통인부 (인)
지붕	기 와	-	0.01	-	0.02
	지 붕 틀	0.04	-	-	0.02
	함 석	-	-	0.02	0.02
천장	반 자 틀	0.05	-	-	0.025
	텍 스, 합 판	0.015	-	-	0.03
	회반죽, 플라스터	-	-	-	0.12
벽	목 조, 칸 막 이	0.06	-	-	0.03
	텍 스, 합 판	0.01	-	-	0.02
	외 역 은 벽	-	-	-	0.03
	회 반 죽 벽	-	-	-	0.04
	타 일 까 내 기	-	-	-	0.20
	벽 지 떼 내 기	-	-	-	0.01
바닥 및 수장부분	마루틀 및 마루널	0.20	-	-	0.10
	모르타르, 회반죽, 플라스터	-	-	-	0.12
	리 노 륨	-	-	-	0.03
	타일떼어내기(도자기류)	-	-	-	0.20
비 고	- 해체재를 재사용하지 아니하는 때에는 건축목공, 기와공, 함석공을 본 품의 60% (보통인부는 100%)를 적용한다.				

[주] 본 품은 해체재(건축목공, 기와공, 함석공이 철거하는 부재)를 일부 재사용할 때의 품이다.

〈표 8.1-10〉 목조건물 철거 [2016년 건축품셈]　　(연건평, m² 당)

구 분	건축목공(인)
해체재를 재사용치 않을 경우	0.12~0.20
해체재를 일부 재사용할 경우	0.20~0.45
이축할 경우	0.30~0.54

[주] 1. 본 품에는 보통인부 품이 포함되어 있다.
　　 2. 본 품은 와가(瓦家)를 기준으로 한 것이다.

　마. 철거의 구조물 헐기 및 부수기는 [유지관리품셈 3-1(구조물 철거공사)]의 1. 콘크리트구조물 헐기(인력), 2. 콘크리트구조물 헐기(기계), 3. 철골재 철거(인력), 4. 철골재 철거(기계), 5. 석축 헐기(인력)에 의하여 다음과 같이 적용한다.

〈표 8.1-11〉 콘크리트구조물 헐기(인력) [유지관리품셈]　　(일 당)

구 분	규 격	단위	수량	시공량(m³)	
				무근	철근
착 암 공		인	2		
보 통 인 부		인	1	2.7	2.3
소 형 브레이커	1.5kW	대	2		

[주] 1. 본 품은 소형브레이커(전기식)을 사용하여 콘크리트 구조물을 철거하는 기준이다.
　　 2. 본 품은 콘크리트 헐기, 발생재 정리 작업을 포함한다.
　　 3. 장애물 제거(철근, 파이프 등)가 필요한 경우 별도 계상한다.
　　 4. 잡재료비(치즐 등)는 인력품의 1%로 계상한다.

〈표 8.1-12〉 콘크리트구조물 헐기(기계) [유지관리품셈]　　(일 당)

구 분		규 격	단위	수량	시공량(m³)
장애물 미제거	특 별 인 부		인	2	
	보 통 인 부		인	1	50
	굴착기 + 압쇄기	1.0m³	대	1	
	굴 착 기	0.6m³	대	1	
장애물 제 거	용 접 공		인	1	
	특 별 인 부		인	2	
	보 통 인 부		인	1	45
	굴착기 + 압쇄기	1.0m³	대	1	
	굴 착 기	0.6m³	대	1	

[주] 1. 본 품은 장비(굴착기+압쇄기)를 사용한 철근콘크리트 구조물을 해체하는 기준이다.
　　 2. 본 품은 콘크리트 헐기 및 부수기, 발생재 정리 작업을 포함한다.
　　 3. 본 품은 높이 10m이하 기준이며, 특수조건(하부구조보강 필요 등)에 대한 비용은 별도 계상한다.
　　 4. 공사장의 보호 및 안전시설 설치비, 폐기물 상차 및 운반, 폐기물 처리비용은 별도 계상한다.
　　 5. 장비는 현장여건에 따라 규격을 변경하여 적용할 수 있다.
　　 6. 대형브레이커가 필요한 경우 [공통품셈 8-2-13(대형브레이커)]를 참조하여 별도 계상한다.
　　 7. 공구손료 및 경장비(살수장비 등)의 기계경비는 인력품의 4%로 계상한다.

8. 장애물 제거(철근, 파이프 등) 시 재료량은 다음을 참고한다. (m^3당)
- 산소(대기압상태기준) : 135(ℓ)
- 아세틸렌 : 0.05(kg)

※ 산소량은 대기압상태의 기준량이며, 압축산소는 35℃에서 150기압으로 압축용기에 넣어 사용하는 것을 기준한다.

〈표 8.1-13〉 철골재 철거(인력) [유지관리품셈]

(일 당)

구 분	단위	수량	시공량(ton)
용 접 공	인	3	1.4
보 통 인 부	인	2	

[주] 1. 본 품은 산소용접기를 사용하여 철골재 구조물을 해체하는 기준이다.

2. 본 품은 철골재 철거, 발생재 정리 작업을 포함한다.

3. 공사장의 보호 및 안전시설 설치비, 폐기물 상차 및 운반, 폐기물 처리비용은 별도 계상한다.

4. 재료량은 다음을 참고하여 적용한다. (ton당)
- 산소 : 0.7(병)
- 아세틸렌 : 2.5(kg)
- LPG : 2.0(kg)

※ 아세틸렌(산소포함) 또는 LPG 중 한가지만 선택 사용한다.

※ 산소량은 대기압상태의 기준량이며, 압축산소는 35℃에서 150기압으로 압축용기에 넣어 사용하는 것을 기준한다.

〈표 8.1-14〉 철골재 철거(기계) [유지관리품셈]

(일 당)

구 분	규 격	단위	수량	시공량(ton)
특 별 인 부		인	2	
보 통 인 부		인	1	
굴착기+빔커터기	$1.0m^3$	대	1	22
굴 착 기	$1.0m^3$	대	1	
크 레 인		대	1	

[주] 1. 본 품은 장비(굴착기+빔커터기 등)를 사용하여 철골재 구조물을 해체하는 기준이다.

2. 본 품은 철골재 철거, 발생재 정리 작업을 포함한다.

3. 높이 10m이하(지상에서 철거) 기준이며, 특수조건(소형장비 추가투입 등)에 대한 비용은 별도 계상한다.

4. 공사장의 보호 및 안전시설 설치비, 폐기물 상차 및 운반, 폐기물 처리비용은 별도 계상한다.

5. 크레인의 규격은 작업여건(시공높이, 시공위치 등) 및 안전율(적정하중, 작업반경 등)을 고려하여 적합한 규격을 적용한다.

6. 장비는 현장여건에 따라 규격을 변경하여 적용할 수 있다.

7. 공구손료 및 경장비(살수장비 등)의 기계경비는 인력품의 4%로 계상한다.

〈표 8.1-15〉 석축 헐기(인력) [유지관리품셈]

(단위 당)

구 분	단위	할석공(인)	보통인부(인)
메쌓기 뒷길이 45~60cm	m^2	-	0.2
메쌓기 뒷길이 60~90cm	m^2	-	0.3
찰 쌓 기	m^2	-	0.6
절석 (마름돌) 쌓기	m^3	0.1	1.1

[주] 1. 본 품은 기준높이 3.6m일 때의 인력헐기를 기준한 것이며, 그 이상일 때의 작업 안전설비 및 특수 조건에 대한 품은 별도 계상한다.

2. 발생품을 재사용코자 할 때나 제자리 고르기를 할 경우는 별도 계상한다.

3. 본 품은 부수기내의 장애물 제거(철근, 파이프 등) 및 공구손료가 포함되어 있다.

4. 잡재료는 인력품의 5%이내에서 계상한다.

바. 구조물 해체공사는 [유지관리품셈 3-2(해체공사)]의 1. 금속기와 해체, 2. 흡음텍스 해체, 3. 경량천장철골틀 해체, 4. 조적벽 해체, 5. 경량벽체철골틀 해체, 6. 석고판 해체, 7. 도배 해체, 8. PVC계 바닥재 해체, 9. 타일 해체, 10. 기존방수층 및 보호층 철거, 11. 기존방수층 제거 및 바탕처리, 12. 석면건축자재 해체에 의하여 다음과 같이 적용한다.

〈표 8.1-16〉 금속기와 해체 [유지관리품셈]　　　　　　　　　　　　　　　(m^2 당)

구 분	단위	수량
지 붕 잇 기 공	인	0.018
보 통 인 부	인	0.012

[주] 1. 본 품은 금속기와 지붕을 재사용하지 아니하는 때의 절단하여 해체하는 기준이다.
　　2. 본 품은 지붕재 및 후레싱 해체 작업을 포함한다.
　　3. 비산방지, 보호 및 안전시설 등의 설치비는 별도 계상한다.
　　4. 폐기물 처리비용은 별도 계상한다.
　　5. 공구손료 및 경장비(절단기 등)의 기계경비는 인력품의 3%로 계상한다.

〈표 8.1-17〉 흡음텍스 해체 [유지관리품셈]　　　　　　　　　　　　　　　(m^2 당)

구 분	단위	수량
내 장 공	인	0.016
보 통 인 부	인	0.011

[주] 1. 본 품은 흡음텍스를 재사용하지 아니하는 때의 해체하는 기준이다.
　　2. 비산방지, 보호 및 안전시설 등의 설치비는 별도 계상한다.
　　3. 폐기물 처리비용은 별도 계상한다.

〈표 8.1-18〉 경량천장철골틀 해체 [유지관리품셈]　　　　　　　　　　　　　　　(m^2 당)

구 분	단위	수량
내 장 공	인	0.018
보 통 인 부	인	0.012

[주] 1. 본 품은 경량천장철골틀을 재사용하지 아니하는 때의 절단하여 해체하는 기준이다.
　　2. 본 품은 천장틀(채널, BAR 등) 해체, 달대 및 행거 해체 작업을 포함한다.
　　3. 비산방지, 보호 및 안전시설 등의 설치비는 별도 계상한다.
　　4. 폐기물 처리비용은 별도 계상한다.
　　5. 공구손료 및 경장비(절단기 등)의 기계경비는 인력품의 2%로 계상한다.

〈표 8.1-19〉 조적벽 해체 [유지관리품셈]　　　　　　　　　　　　　　　(m^3 당)

구 분	단위	수량
조 적 공	인	0.380
보 통 인 부	인	0.252

[주] 1. 본 품은 조적벽(높이 3.6m이하)을 재사용하지 아니하는 때의 해체하는 기준이다.
　　2. 본 품은 조적벽 해체, 고정철물 해체 작업을 포함한다.
　　3. 비산방지, 보호 및 안전시설 등의 설치비는 별도 계상한다.

4. 폐기물 처리비용은 별도 계상한다.

5. 공구손료 및 경장비(함마 등)의 기계경비는 인력품의 2%로 계상한다.

〈표 8.1-20〉 경량벽체철골틀 해체 [유지관리품셈] (m² 당)

구분	단위	수량
내 장 공	인	0.016
보 통 인 부	인	0.011

[주] 1. 본 품은 경량벽체철골틀을 재사용하지 아니하는 때의 절단하여 해체하는 기준이다.

2. 본 품은 러너 및 스터드 해체 작업을 포함한다.

3. 비산방지, 보호 및 안전시설 등의 설치비는 별도 계상한다.

4. 폐기물 처리비용은 별도 계상한다.

5. 공구손료 및 경장비(절단기 등)의 기계경비는 인력품의 2%로 계상한다.

〈표 8.1-21〉 석고판 해체 [유지관리품셈] (m² 당)

구분	단위	벽	천장
내 장 공	인	0.014	0.016
보 통 인 부	인	0.010	0.012

[주] 1. 본 품은 석고판을 재사용하지 아니하는 때의 절단하여 해체하는 기준이다.

2. 비산방지, 보호 및 안전시설 등의 설치비는 별도 계상한다.

3. 폐기물 처리비용은 별도 계상한다.

4. 공구손료 및 경장비(절단기 등)의 기계경비는 인력품의 2%로 계상한다.

〈표 8.1-22〉 도배 해체 [유지관리품셈] (m² 당)

구분	단위	벽	천장
도 배 공	인	0.008	0.010
보 통 인 부	인	0.005	0.007

[주] 1. 본 품은 도배지를 재사용하지 아니하는 때의 해체하는 기준이다.

2. 본 품은 정배지 및 초배지 해체 작업을 포함한다.

3. 비산방지, 보호 및 안전시설 등의 설치비는 별도 계상한다.

4. 폐기물 처리비용은 별도 계상한다.

〈표 8.1-23〉 PVC계 바닥재 해체 [유지관리품셈] (m² 당)

구분	단위	수량
내 장 공	인	0.006
보 통 인 부	인	0.004

[주] 1. 본 품은 PVC계 바닥재(시트)를 재사용하지 아니하는 때의 해체하는 기준이다.

2. 비산방지, 보호 및 안전시설 등의 설치비는 별도 계상한다.

3. 폐기물 처리비용은 별도 계상한다.

〈표 8.1-24〉 타일 해체 [유지관리품셈]　　(m² 당)

구분	단위	떠붙이기	압착붙이기, 접착붙이기
타 일 공	인	0.037	0.041
보 통 인 부	인	0.024	0.027

[주] 1. 본 품은 타일을 재사용하지 아니하는 때의 해체하는 기준이다.
　　2. 본 품은 타일 및 접착제 깨기 작업을 포함한다.
　　3. 비산방지, 보호 및 안전시설 등의 설치비는 별도 계상한다.
　　4. 폐기물 처리비용은 별도 계상한다.
　　5. 공구손료 및 경장비(절단기 등)의 기계경비는 인력품의 6%로 계상한다.

〈표 8.1-25〉 기존방수층 및 보호층 철거 [유지관리품셈]　　(m² 당)

구분	규격	단위	수량
착 암 공		인	0.06
보 통 인 부		인	0.22
소 형 브레이커	1.3m³/min	시간	0.10
공 기 압 축 기	3.5m³/min	시간	0.05

[주] 1. 본 품은 아스팔트 8층 방수를 보수하기 위하여 방수층을 철거하는 품으로 누름 콘크리트층의 파쇄, 방수층 철거, 폐자재 소운반 및 정리품이 포함되어 있다.
　　2. 소규모공사(개소당 작업면적 40m² 미만)인 경우는 장비 사용기간 및 품을 40% 범위 내에서 가산할 수 있다.
　　3. 누름 콘크리트 두께 8cm 기준이다.

〈표 8.1-26〉 기존방수층 제거 및 바탕처리 [유지관리품셈]　　(m² 당)

구분	단위	바닥	수직부
방 수 공	인	0.037	0.041
보 통 인 부	인	0.015	0.017

[주] 1. 본 품은 재방수를 하기 위하여 기존방수층(도막방수)을 제거하고 바탕처리하는 기준이다.
　　2. 본 품은 방수층 제거, 홈메우기, 불순물 청소, 퍼티 작업을 포함한다.
　　3. 공구손료 및 경장비(엔진송풍기, 연마기 등)의 기계경비는 인력품의 6%로 계상한다.
　　4. 바탕처리에 사용되는 재료(퍼티, 방수테이프 등)는 별도 계상한다.

〈표 8.1-27〉 석면건축자재 해체 [유지관리품셈]　　(m² 당)

구분	단위	내장재	외장재	뿜칠재
석 면 해 체 공	인	0.120	0.045	0.500
보 통 인 부	인	0.017	0.011	-

[주] 1. 본 품은 석면이 함유된 자재를 해체하는 품으로 적용기준은 다음과 같다.
　　• 내장재는 건축물의 내부 천장재, 내벽체, 칸막이재 철거를 기준으로 한 것이다.
　　• 외장재는 슬레이트 지붕재 해체를 기준으로 한 것이다.
　　• 뿜칠재는 철골내화 피복재를 기준으로 한 것으로 철골면의 하부면, 측면부, 상부면 등의 해체공사와 철재로 시공된 천장면에 부착되어 있는 뿜칠재의 해체를 기준으로 한 것이다.
　　2. 뿜칠재의 경우 콘크리트면에 부착된 석면 뿜칠재의 해체는 본 품의 20%를 할증하여 적용할 수 있다.
　　3. 본 품은 비닐보양재, 오염제거구역 설치 및 해체가 포함된 것이며, 보양막(외장재) 설치 및 해체품은 제외되어 있다.
　　4. 본 품은 일일 작업시간 6시간을 기준으로 한 것이다.
　　5. 석면자재의 해체 작업 시 소요되는 기계경비 및 재료비, 소모품비는 별도 계상한다.

6. 실내 고소작업 및 실외 비계설치를 위한 가설재의 설치는 별도 계상한다.

2. 보수공사

가. 기존도로의 포장복구는 [유지관리품셈 2-1-9(소파보수 – 포장복구)]에 의하여 다음과 같이 적용한다. 포장 보수공사는 특히 [유지관리품셈 2-1-1(교통통제 및 안전처리)][59] 후 공사를 시행하며 기타 포장 보수는 필요시 [유지관리품셈 2-1(도로포장공사)]의 각 항목의 품셈을 참고하여 적용한다.

〈표 8.1-28〉 소파보수(포장복구) [유지관리품셈] (일 당)

구 분	규 격	단위	A-Type		B-Type		C-Type	
			수량	시공량 (m²)	수량	시공량 (m²)	수량	시공량 (m²)
포 장 공		인	3		3		3	
보 통 인 부		인	1		1		1	
굴 착 기	0.18m³	대	1		1		1	
로 더 (타이어)	0.57m³	대	1		1		-	
진동롤러(진동+타이어)	2.5ton	대	1	110	1	45	-	20
진동롤러(핸드가이드식)	0.7ton	대	-		-		1	
플 레 이 트 콤 팩 터	1.5ton	대	-		-		1	
아스팔트스프레이어	400ℓ	대	1		1		1	
트 럭	2.5ton	대	2		2		2	

[주] 1. 본 품은 상하수도 등 공사 후 임시 되메우기 한 상태에서 발생되는 일정구간 포장복구와 기존도로 유지보수를 위한 포장복구 기준이다.

2. 본 품은 굴착, 골재치환 및 다짐, 유제살포, 기층 및 표층 포설 및 다짐을 포함한다.

3. 트럭은 다음의 작업에 적용한다.
  • 2.5(ton) : 아스팔트 및 소모자재 운반
  • 2.5(ton) : 공구 및 경장비 운반

4. 현장 여건별 적용기준은 다음표를 기준한다.
  • A Type (포장시공시간 7시간 이상) : 보수 개소가 작업구간에 밀집(연결)되어, 운반장비를 활용한 시공 장비의 이동 및 작업대기로 인한 포장 시공시간 손실이 미미한 경우
  • B Type (포장시공시간 5시간 이상) : 보수 개소가 작업구간에 부분적으로 산재하여, 운반장비를 활용한 시공 장비의 이동 및 작업대기가 발생되는 경우
  • C Type (포장시공시간 3시간 이상) : 보수 개소가 작업구간에 산발적으로 발생하여, 운반장비를 활용한 시공 장비의 이동 및 작업대기가 빈번히 발생되는 경우
  ※ '포장 시공시간'은 작업 준비, 절삭, 포장 및 다짐, 마무리를 포함하며, 작업 중 운반장비에 의한 현장이동(이동준비 및 운반시간), 작업대기(교통상황, 자재수급 지연 등)의 시간을 제외한다.

5. 현장별 시공여건에 대한 시공량의 할증은 다음표(시공량 할증계수)를 참고하여 적용한다.
  • A Type : 개소당 평균 시공면적 8m²이하 0.85, 16m²이하 0.92, 24m²이하 1.00, 48m²이하 1.09, 48m²초과 1.18
  • B Type : 개소당 평균 시공면적 5m²이하 0.85, 10m²이하 0.92, 20m²이하 1.00, 30m²이하 1.09, 30m²초과 1.18
  • C Type : 개소당 평균 시공면적 3m²이하 0.85, 6m₂이하 0.92, 12m²이하 1.00, 18m²이하 1.09, 18m²초과 1.18

6. 작업시 공사 시방에 따라 장비 조합을 변경할 수 있다.

---

59) - 도로의 확포장, 도로시설 유지보수 등 교통통제 및 안전처리를 위한 인력은 각 항목에서 제외되어 있으며, 필요시 배치인원은 현장조건(교통상황, 통제시간 및 범위 등)을 고려하여 별도 계상한다.

  - 통행안전 및 교통소통을 위해 라바콘, 공사안내판 등 안전시설물을 시공하는 경우 특별인부 2인을 계상하고, 차량 등 장비가 필요한 경우 추가 계상한다.

　나. 기존 포장면의 보수는 [유지관리품셈 2-1-28(보도용 블록 소규모보수)], 기존 포장면 재설치는 규격별로 [유지관리품셈 2-1-26(보도용 블록 재설치-소형)], [유지관리품셈 2-1-27(보도용 블록 재설치-대형)], 경계블록 재설치는 [유지관리품셈 2-1-30(보차도 및 도로경계블록 재설치)]에 의하여 다음과 같이 적용한다.

〈표 8.1-29〉 보도용 블록 소규모보수 [유지관리품셈]　　　(일 당)

구 분	규 격	단위	수량	시공량(m³)
포 장 공		인	2	
특 별 인 부		인	1	
보 통 인 부		인	1	110
굴 착 기	0.4m³	대	1	
플레이트콤펙터	1.5ton	대	1	
트 럭	2.5ton	대	1	
비 고	- 유도·점자블록을 설치하는 경우 시공량의 10%를 감하여 적용한다.			

[주] 1. 본 품은 보도용 블록포장의 손상으로 인해 소규모로 블록을 보수하는 기준이다.
　　 2. 블록의 규격은 0.1m²이하, 두께 8cm이하 기준이다.
　　 3. 본 품은 블록 철거, 모래 보강, 모래층 다짐 및 고르기, 블록 절단 및 설치, 줄눈채움 임 다짐 작업을 포함한다.
　　 4. 공구손료 및 경장비(절단기 등)의 기계경비는 인력품의 2%로 계상한다.
　　 5. 보수 블록의 작업구간이 산재하여 발생하는 경우 할증(시공량 할증계수)은 다음표를 참고하여 적용한다.
　　　 • 구간별 평균 시공면적 : 10m²이하 0.65, 30m²이하 0.85, 60m²이하 0.95, 110m²이하 1.00, 110m²초과 1.05

〈표 8.1-30〉 보도용 블록 재설치(소형) [유지관리품셈]　　　(일 당)

구 분	규 격	단위	A-Type		B-Type	
			수량	시공량(m²)	수량	시공량(m²)
포 장 공		인	3		2	
특 별 인 부		인	2		2	
보 통 인 부		인	2		1	
굴 착 기	0.4m³	대	1	260	-	180
굴 착 기	0.2m³	대	-		1	
플레이트콤펙터	1.5ton	대	1		1	
트 럭	2.5ton	대	1		1	
비 고	- 유도·점자블록을 설치하는 경우 시공량의 10%를 감하여 적용한다. - 블록 정밀절단(전동절단기)에 의한 시공이 아닌 경우, 특별인부 1인을 감하여 적용한다.					

[주] 1. 본 품은 기존에 설치되었던 블록이 철거된 상태에서 신규블록(규격 0.1m²이하, 두께 8cm이하)을 재설치하는 기준이다.
　　 2. 본 품은 모래 보강, 모래층 다짐 및 고르기, 블록 절단 및 설치, 줄눈채움 및 다짐 작업을 포함한다.
　　 3. 현장 여건별 적용기준은 다음과 같다.
　　　 • A-Type : 공원, 단지·택지조성공사의 보도 등 장비이동 및 적재가 용이한 구간
　　　 • B-Type : 차도인접, 주택가 보도 등 장비이동 및 적재 공간이 협소한 구간
　　 4. 기층에 콘크리트나 아스팔트 등의 안정처리기층을 사용하거나, 지반침하방지가 필요한 경우 별도 계상한다.
　　 5. 공구손료 및 경장비(절단기 등)의 기계경비는 인력품의 5%, 블록 정밀절단(전동절단기)에 의한 시공이 아닌 경우 2%로 계상한다.

〈표 8.1-31〉 보도용 블록 재설치(대형) [유지관리품셈] (일 당)

구 분	규 격	단위	A-Type		B-Type	
			수량	시공량(m²)	수량	시공량(m²)
포 장 공		인	3		2	
특 별 인 부		인	2		2	
보 통 인 부		인	2		1	
굴 착 기	0.4m³	대	1	160	-	100
굴 착 기	0.2m³	대	-		1	
플레이트콤펙터	1.5ton	대	1		1	
트 럭	2.5ton	대	1		1	
비 고	- 유도·점자블록을 설치하는 경우 시공량의 10%를 감하여 적용한다. - 블록 정밀절단(전동절단기)에 의한 시공이 아닌 경우, 특별인부 1인을 감하여 적용한다.					

[주] 1. 본 품은 기존에 설치되었던 블록이 철거된 상태에서 신규블록(규격 0.1m²초과 0.25m²이하, 두께 8cm이하)을 재설치하는 기준이다.

2. 본 품은 모래 보강, 모래층 다짐 및 고르기, 블록 절단 및 설치, 줄눈채움 및 다짐 작업을 포함한다.

3. 현장 여건별 적용기준은 다음과 같다.

   • A-Type : 공원, 단지·택지조성공사의 보도 등 장비이동 및 적재가 용이한 구간

   • B-Type : 차도인접, 주택가 보도 등 장비이동 및 적재 공간이 협소한 구간

4. 기층에 콘크리트나 아스팔트 등의 안정처리기층을 사용하거나, 지반침하방지가 필요한 경우 별도 계상한다.

5. 공구손료 및 경장비(절단기 등)의 기계경비는 인력품의 5%, 블록 정밀절단(전동절단기)에 의한 시공이 아닌 경우 2%로 계상한다.

〈표 8.1-32〉 보차도 및 도로경계블록 재설치 [유지관리품셈] (일 당)

구 분		규 격	단위	수량	규격(mm) (아래폭+높이)	시공량(m)	
						직선구간	곡선구간
A-Type	특 별 인 부		인	3	300미만	150	130
	보 통 인 부		인	1	350미만	120	110
					400미만	110	95
	굴 착 기	0.4m³	대	1	500미만	80	65
	트 럭	2.5ton	대	1	500이상	50	45
B-Type	특 별 인 부		인	2	300미만	110	95
	보 통 인 부		인	1	350미만	85	75
					400미만	80	70
	굴 착 기	0.2m³	대	1	500미만	55	40
	트 럭	2.5ton	대	1	500이상	40	30

[주] 1. 본 품은 기존에 설치되었던 블록이 철거된 상태에서 신규블록을 재설치하는 기준이다.

2. 본 품은 위치확인, 경계블록 절단 및 설치, 이음모르타르 바름 작업을 포함한다.

3. 현장 여건별 적용기준은 다음과 같다.

   • A-Type : 공원, 단지·택지조성공사의 보도 등 장비이동 및 적재가 용이한 구간

   • B-Type : 차도인접, 주택가 보도 등 장비이동 및 적재 공간이 협소한 구간

4. 기초 콘크리트, 거푸집, 터파기 및 되메우기, 잔토처리는 현장 여건에 따라 별도 계상한다.

5. 장비의 종류 및 규격은 현장여건에 따라 변경할 수 있다.

6. 공구손료 및 경장비(절단기 등)의 기계경비는 인력품의 2%로 계상한다.

다. 기존 시설물 재도장시의 바탕만들기는 [유지관리품셈 3-3(칠공사)]의 1. 재도장 시 바탕처리 (콘크리트·모르타르면), 2. 재도장 시 바탕처리(철재면), 3. 재도장 시 바탕처리(목재면)에 의 하여 다음과 같이 적용한다.

〈표 8.1-33〉 재도장 시 바탕처리(콘크리트·모르타르면) [유지관리품셈]　　(일 당)

구분	단위	수량	시공량(m²)
도 장 공	인	2	230
보 통 인 부	인	1	

[주] 1. 본 품은 콘크리트·모르타르면 재도장 시 바탕처리하는 기준이다.
　　2. 본 품은 기존 도장면을 제거하지 않고, 곰팡이 등 오염, 균열 부위에 부분적으로 퍼티 및 연마하는 작업 기준이다.
　　3. 공구손료 및 잡재료(연마지 등)는 인력품의 3%로 계상한다.

〈표 8.1-34〉 재도장 시 바탕처리(철재면) [유지관리품셈]　　(일 당)

구분	단위	수량	시공량(m²)	
			A급	B급
도 장 공	인	2	20	60
보 통 인 부	인	1		

[주] 1. 본 품은 철재면 재도장 시 바탕처리하는 기준이다.
　　2. 본 품은 오염(기름때 등) 및 부착물 제거, 도장면 연마 및 청소 작업을 포함한다.
　　3. 대상면의 상태에 따른 적용기준은 다음과 같다.
　　　• A급 : 재래도장의 탈락이 심하고 부분적으로 부식되어 약품을 사용하여 도막 및 기타 부착물의 완전 제거를 요하는 정도
　　　• B급 : 재래도장의 부출되어 있는 녹을 제거하고 와이어 브러쉬로 청소할 정도
　　4. 공구손료 및 잡재료(연마지 등)는 인력품의 3%로 계상한다.

〈표 8.1-35〉 재도장 시 바탕처리(목재면) [유지관리품셈]　　(일 당)

구분	단위	수량	시공량(m²)	
			A급	B급
도 장 공	인	2	110	270
보 통 인 부	인	1		

[주] 1. 본 품은 목재면 재도장 시 바탕처리하는 기준이다.
　　2. 본 품은 오염 및 부착물 제거, 틈새 및 구멍 충진, 퍼티 및 연마 작업을 포함한다.
　　3. 대상면의 상태에 따른 적용기준은 다음과 같다.
　　　• A급 : 재래도장의 탈락 및 목재의 손상이 심하여 갈라진 틈, 구멍 땜 등을 충진하고, 평탄하게 연마해야 하는 정도
　　　• B급 : 재래도장의 탈락 및 목재의 손상이 거의 없으며, 부착물 제거, 부분적으로 퍼티 및 연마를 요하는 정도
　　4. 공구손료 및 잡재료(연마지 등)는 인력품의 3%로 계상한다.

라. 기존 시설물 지붕의 보수공사는 [유지관리품셈 3-4(수선 및 보수공사)]의 1. 지붕 덧씌우기, 2. 지붕 재설치에 의하여 다음과 같이 적용한다. 조경공사의 적용이 적은 3. 도배교체, 4. PVC 계 바닥재 교체, 5. 타일 교체는 필요시 품셈을 참고하여 적용한다.

〈표 8.1-36〉 지붕 덧씌우기 [유지관리품셈]　　　　　　　　　　　　　　　　　　　(일 당)

구 분	단위	수량	시공량(m²)
지 붕 잇 기 공	인	4	85
보 통 인 부	인	2	
비 고	- 맞배지붕(경사를 짓는 지붕면이 2개소)은 시공량을 20% 가산하여 적용한다.		

[주] 1. 본 품은 기존의 지붕 위에 신규 지붕을 덧씌워 보수하는 기준이다.
　　2. 본 품은 바탕처리, 지붕틀 설치, 지붕재(금속기와) 설치, 용마루 및 후레싱 마감 작업을 포함한다.
　　3. 홈통 및 빗물받이 설치는 [건축품셈 7-2(홈통)]를 따른다.
　　4. 비계매기, 비산방지, 보호 및 안전시설의 설치비는 별도 계상한다.
　　5. 공구손료 및 경장비(에어콤프, 절단기 등)의 기계경비는 인력품의 2%로 계상한다.

〈표 8.1-37〉 지붕 재설치 [유지관리품셈]　　　　　　　　　　　　　　　　　　　(일 당)

구 분	단위	수량	시공량(m²)
지 붕 잇 기 공	인	6	50
보 통 인 부	인	2	
비 고	- 맞배지붕(경사를 짓는 지붕면이 2개소)은 시공량을 20% 가산하여 적용한다.		

[주] 1. 본 품은 기존의 지붕재가 철거된 상태에서 신규 지붕을 재설치하는 기준이다.
　　2. 본 품은 바탕처리, 지붕틀 및 바탕합판 설치, 방수시트 및 단열재 설치, 지붕재(금속기와) 설치, 용마루 및 후레싱 마감 작업을 포함한다.
　　3. 홈통 및 빗물받이 설치는 [건축품셈 7-2(홈통)]를 따른다.
　　4. 지붕재 철거는 별도 계상한다.
　　5. 비계매기, 비산방지, 보호 및 안전시설(비계 등)의 설치비는 별도 계상한다.
　　6. 공구손료 및 경장비(에어콤프, 절단기 등)의 기계경비는 인력품의 2%로 계상한다.

마. 철근콘크리트 구조물 보수공사는 [유지관리품셈 1-3(철근콘크리트공사)]의 -1~4 콘크리트 균열 보수(각종), -5 콘크리트 단면처리, -6 콘크리트 단면복구, -7 워터젯 치핑, -8~9 교량받침(신축이음) 교체, -10 플륨관 해체의 품셈을 참고 적용한다.

바. 관로의 세정, 준설, 철거는 [유지관리품셈 2-4(관부설 및 접합)]의 품셈을 참고 적용하며, 설비 보수는 [유지관리품셈 제4장(기계설비)]의 1. 일반기계설비 해체의 해체, 철거 및 이설, 2. 자동제어설비 해체, 3. 수선 및 보수공사 품셈을 참고 적용한다.

3. 수목 제거

가. 수목 제거는 현장내 지정수목 또는 수형이나 생육상태가 불량한 수목의 제거공사로서 수목 제거를 위한 벌목(나무 베기, 잔가지 정리, 반출을 위하여 이동 가능한 크기로의 분할 및 자른 가지의 집재 포함)과 별도공사로 적용하는 운반 및 폐기처리를 말하며, 특별히 필요시 수목 뿌리분 굴취, 제거 뿌리분 상하차 운반 및 폐기처리까지 포함할 수 있다. 수목제거는 벌목, 뿌리뽑기, 지정수목의 현장내 제거 또는 타지역 반출 제거, 제거 수목의 폐기물처리 등으로 구분 적용한다.

나. 토지 이용 등을 위한 기존 수림대의 수목제거(벌목)는 [공통품셈 3-9-1(벌목)], 뿌리뽑기는 [공통품셈 3-9-2(뿌리뽑기)]에 의하여 다음과 같이 적용한다.

〈표 8.1-38〉 벌목 [공통품셈]　(1,000m² 당)

구 분	규격	단위	나무 높이		
			5m 미만	5m ~ 8m미만	8m 이상
벌　목　부 보　통　인　부		인 인	2.14 0.51	2.80 0.66	3.65 0.87
굴착기+부착용집게	0.2m³	hr	2.71	3.54	4.61
비 고	- 본 품의 집재거리는 100m까지를 기준한 것이므로, 이를 초과하는 경우 매 100m 증가마다 품을 30%씩 가산한다.				

[주] 1. 본 품은 인력과 장비에 의한 벌목작업 기준이며, 나무높이는 평균높이로 한다.
　　2. 본 품은 나무베기, 잔가지 정리, 집재 및 반출을 위한 정리 작업을 포함한다.
　　3. 장비의 규격은 작업여건(작업범위, 위치 등)에 따라 변경할 수 있다.
　　4. 위험지역(가옥주변, 기존도로 인접구간 등)의 수목은 장비를 추가 반영할 수 있다.
　　5. 공구손료 및 경장비(엔진톱, 톱날, 휘발유 등)의 기계경비는 인력품의 10%로 계상한다.

〈표 8.1-39〉 뿌리뽑기 [공통품셈]　(1,000m² 당)

구 분	규 격	단 위	수 량
보　통　인　부		인	1.06
굴착기+부착용집게	0.2m³	hr	3.76
비 고	- 본 품의 집재거리는 100m까지를 기준한 것이므로, 이를 초과하는 경우 매 100m 증가마다 품을 30%씩 가산한다.		

[주] 1. 본 품은 벌목 후 지표에 있는 나무 뿌리, 초목 등을 제거하는 기준이다.
　　2. 본 품은 입목본수도 50~60%, 수경 10~20cm이하 기준이다.
　　3. 본 품은 뿌리 및 초목 제거, 집재 및 정리 작업을 포함한다.

　※ 입목본수도는 다음을 참고한다. (992m²당)
- 수경 4cm : 연료림 314개, 용재림 235개
- 수경 6cm : 연료림 272개, 용재림 204개
- 수경 8cm : 연료림 231개, 용재림 174개
- 수경 10cm : 연료림 187개, 용재림 140개
- 수경 12cm : 연료림 154개, 용재림 115개
- 수경 14cm : 연료림 131개, 용재림 98개
- 수경 16cm : 연료림 110개, 용재림 82개
- 수경 18cm : 연료림 97개, 용재림 73개
- 수경 20cm : 연료림 84개, 용재림 63개
- 수경 22cm : 연료림 75개, 용재림 57개
- 수경 24cm : 연료림 68개, 용재림 51개
- 수경 26cm : 연료림 63개, 용재림 47개
- 수경 28cm : 연료림 57개, 용재림 43개
- 수경 30cm : 연료림 52개, 용재림 39개
- 수경 32cm : 연료림 48개, 용재림 36개
- 수경 34cm : 연료림 44개, 용재림 33개
- 수경 36cm : 연료림 40개, 용재림 30개
- 수경 38cm : 연료림 37개, 용재림 28개
- 수경 40cm : 연료림 35개, 용재림 26개
- 수경 42cm : 연료림 32개, 용재림 24개
- 수경 44cm : 연료림 29개, 용재림 22개
- 수경 46cm : 연료림 28개, 용재림 21개
- 수경 48cm : 연료림 26개, 용재림 20개
- 수경 50cm : 연료림 24개, 용재림 18개

다. 일반 수목제거는 현장 직접제거, 타지역 반출제거, 밧줄로 매달아 제거의 3가지를 적용한다. 현장직접제거, 타지역 반출제거는 [서울시 도시기반시설본부 (4. 수목제거공사)]를 기반으

로 일부 소수위의 부적합 사항은 변경 준용한다. 제거수목 규격은 흉고직경(B)으로 8cm부터 30cm까지는 2cm단위, 30cm이상은 5cm단위로 규정한다. 벌목은 산림청 임업과의 기술벌목(수목 재적에 의한 벌목)을 준용하되, 집재인부는 [서울시 도시기반시설본부] 기준으로 산림에서 벌목 후 산재된 나무를 모으는 작업으로 판단되므로 동일하게 제외한다. 수목폐기물은 지상부와 지하(벌근)부로 구분하며, 폐기물 처리 및 운반비는 별도 계상한다. 제거대상수목 주변에 시설물 등으로 밧줄로 매달아 베기가 특별히 필요한 경우에는 [수목진료 표준품셈 2-8-3(고사목 및 위험목 제거)]를 준용 적용한다.

라. 수목제거 중 현장 직접 제거는 도로, 공원, 녹지대, 주택가 등 도시지역에서의 작업 여건이 산림 면적당 입목본수 대가 적용이 부적합한 단순 공정이므로, 굴취품의 보통인부만 적용한 [서울시], [SH공사]의 기준을 다음과 같이 준용한다. 단, 벌근의 55cm이상 규격은 50cm 기준 비례산출량의 소수위를 명확히 계산하여 다음과 같이 준용한다.

〈표 8.1-40〉 수목 제거 _ 교목, 현장내 [서울시, SH공사 준용] (주 당)

흉고직경 (B)	보통인부 (벌근,인)	벌목부 (벌목,인)	보통인부 (보조,인)	기계톱손료 (hr)	연료(ℓ)	
					휘발유	오일
8이하	0.07	0.011	0.044	0.093	0.065	0.026
10	0.08	0.016	0.064	0.135	0.194	0.039
12	0.08	0.023	0.092	0.185	0.129	0.053
14	0.10	0.034	0.136	0.278	0.194	0.080
16	0.11	0.043	0.172	0.347	0.242	0.100
18	0.13	0.061	0.244	0.494	0.345	0.143
20	0.13	0.073	0.292	0.589	0.412	0.170
22	0.16	0.098	0.392	0.788	0.551	0.228
24	0.16	0.114	0.456	0.913	0.639	0.264
26	0.19	0.146	0.584	1.172	0.820	0.339
28	0.19	0.166	0.664	1.335	0.934	0.387
30	0.22	0.210	0.840	1.680	1.176	0.487
35	0.25	0.311	1.244	2.492	1.744	0.722
40	0.28	0.522	2.088	4.177	2.923	1.211
45	0.31	0.698	2.792	5.586	3.910	1.619
50	0.36	1.028	4.112	8.226	5.758	2.385
55	0.396	1.270	5.080	10.167	7.116	2.948
60	0.432	1.634	6.536	13.078	9.154	3.792
65	0.468	1.877	7.508	15.019	10.513	4.355

[주] 1. 벌근은 [2023년 공통품셈 4-3-3(굴취-근원직경)]의 보통인부만 적용한 수량이며, 55이상은 50을 기준한 환산 수량이다.

2. 벌근 이외는 다음을 기준으로 산출된 수량이다.
- 벌목공 1일 1인 벌목재적 : 1.43(m³)
- 시간당 작업능력 : 1일 작업능력(1.43m³) / 8(hr) = 0.175(m³/hr)
- 주당 벌채시간 : 벌목재적 / 시간당 작업능력 0.175(m³/hr)
- 주당 기계손료 : 시간당 손료 × 주당 벌채시간
- 1일 연료 소요량(산림청 훈령) : 휘발유 5.6ℓ, 오일 2.32ℓ
- 시간당 작업능력 : 1일 소요량 / 8hr

- 주당 소요량 : 시간당 사용량 × 주당 벌채시간
- 시간당 손료(기계톱) : 1/100 × 기계가격 × 시간당전손료율(%) = 1/100 × 420,000원 × 0.1147 = 482(원/hr)

〈표 8.1-41〉 수목 제거 _ 관목, 현장내 [서울시, SH공사]　　(주 당)

수 고 (H, m)	보통 인부 (벌근)	수 고 (H, m)	보통 인부 (벌근)
0.3 미만	0.001	1.2 ~ 1.5	0.006
0.3 ~ 0.7	0.003	1.6 ~ 2.0	0.008
0.8 ~ 1.1	0.004	2.1 ~ 2.5	0.010

[주] 관목 벌근은 [2023년 공통품셈 4-2-1(관목-굴취)]의 보통인부만을 적용한 수량이며, H1.6m이상 규격은 H1.5m를 기준한 환산 수량이다.

마. 수목제거 중 타지역 반출 제거는 현장에서 직접 처리가 곤란하여 수목을 타지역으로 반출 후 제거하는 공정으로 벌근굴취, 수목 상하차 및 운반, 벌목으로 이루어진다. 타지역 반출 제거 시 벌근굴취의 품은 뿌리분이 없는 굴취임을 감안하여 굴취(인력)품의 50%를 적용한 [서울시], [SH공사] 기준을 다음과 같이 준용한다. 단, 벌근굴취 55cm 이상 규격은 50cm 기준 비례 산출량의 소수위를 명확히 계산하여 다음과 같이 준용한다.

〈표 8.1-42〉 수목제거 _ 교목, 타지역 반출 제거 [서울시, SH공사 준용]　　(주 당)

흉고직경 (B)	벌근굴취(인)		벌목부 (벌목, 인)	보통인부 (보조, 인)	기계톱손료 (hr)	연료(ℓ)	
	조경공	보통인부				휘발유	오일
8이하	0.135	0.035	0.011	0.044	0.093	0.065	0.026
10	0.130	0.040	0.016	0.064	0.135	0.194	0.039
12	0.130	0.040	0.023	0.092	0.185	0.129	0.053
14	0.200	0.050	0.034	0.136	0.278	0.194	0.080
16	0.255	0.055	0.043	0.172	0.347	0.242	0.100
18	0.335	0.065	0.061	0.244	0.494	0.345	0.143
20	0.335	0.065	0.073	0.292	0.589	0.412	0.170
22	0.450	0.080	0.098	0.392	0.788	0.551	0.228
24	0.450	0.080	0.114	0.456	0.913	0.639	0.264
26	0.560	0.095	0.146	0.584	1.172	0.820	0.339
28	0.560	0.095	0.166	0.664	1.335	0.934	0.387
30	0.675	0.110	0.210	0.840	1.680	1.176	0.487
35	0.785	0.125	0.311	1.244	2.492	1.744	0.722
40	0.900	0.140	0.522	2.088	4.177	2.923	1.211
45	1.010	0.155	0.698	2.792	5.586	3.910	1.619
50	1.190	0.180	1.028	4.112	8.226	5.758	2.385
55	1.309	0.198	1.270	5.080	10.167	7.116	2.948
60	1.428	0.216	1.634	6.536	13.078	9.154	3.792
65	1.547	0.234	1.877	7.508	15.019	10.513	4.355

[주] 1. 벌근굴취는 [2023년 공통품셈 4-3-3(굴취-근원직경)]의 50% 적용 수량이며, 55이상은 50을 기준한 환산 수량이다.
　　2. 벌근굴취를 제외한 항목은 (수목제거 - 교목, 현장내)와 동일하게 적용한다.

바. 제거대상수목 주변 시설물 등의 피해가 발생할 우려가 있어 인력으로 밧줄로 매달아 베기가
특별히 필요시에는 [수목진료 표준품셈 2-8-3(고사목 및 위험목 제거)]를 다음과 같이 준용한
다. 이때 조경공사이므로 나무의사는 벌목부, 수목치료기술자는 조경공으로 준용한다. 이 품
은 인력시공의 부분을 발췌한 기준이므로, 기계 시공이 가능한 경우에는 수목진료 표준품셈
고사목 및 위험목 제거 기계시공 품을 준용한다.

〈표 8.1-43〉 수목제거 _ 교목, 위험목 제거 [수목진료품셈 준용] (주 당)

흉고직경(cm)	밧줄로 매달아 베기(인력)		
	벌목부(인)	조경공(인)	보통인부(인)
20 이하	0.304	0.741	0.190
21~30	0.544	1.339	0.342
31~40	0.912	2.223	0.570
41~50	1.368	3.328	0.854
51~60	1.976	4.810	1.234
61~70	2.736	6.669	1.710
71~80	3.032	7.397	1.896
81~90	3.360	8.203	2.100
91~100	3.760	9.035	2.330

[주] • 본 품은 [수목진료 표준품셈 2-8-3(고사목 및 위험목 제거)]의 인력을 발췌하며 나무의사는 벌목부, 수목치료기술자는 조경공으로 준
용한 기준이다.
  1. 본 품은 중요시설물, 민가 등에 안전사고가 우려되는 수목에 대하여 밧줄로 매달아 베기에 적용하는 것으로 나무베기, 잔가지 정리 및
  벤 나무를 집재(반출을 위하여 일정한 장소에 모으기) 가능한 크기로 자르기가 포함된 것이다.
  2. 원거리작업, 계속이동작업, 분산작업의 경우 50%까지 가산할 수 있다.
  3. 잡재료비는 재료비의 2%, 공구손료는 노무비의 3%까지 계상할 수 있다.
  4. 엔진톱의 기계경비는 인력품의 10%로 계상한다.
  5. 본 품의 집재거리는 20m까지를 기준한 것이므로, 이를 초과하는 경우 소운반은 별도 계상한다.
  6. 작업높이가 지상에서 5m 이상일 때에는 건설표준품셈의 위험 할증률(고소작업)을 계상할 수 있다.
  7. 현장여건 및 작업의 난이도에 따라 인부품의 50%까지 감할 수 있다.
  8. 뿌리뽑기는 별도 계상한다.
  9. 발생재 폐기물 처리비는 별도 계상한다.
  10. 장비사용 시 별도 계상할 수 있다.

사. 가로수 수목제거는 2024년 신설된 [유지관리품셈 1-2-20(가로수 제거)]에 의하여 다음과 같
이 적용한다.

〈표 8.1-44〉 가로수 제거 [유지관리품셈]　　(일 당)

구 분		단위	수량	흉고직경 (cm)	시공량 (주)
나무 베기	벌　목　부 보　통　인　부	인 인	2 3	11cm미만	48
				11~21cm미만	32
				21~31cm미만	20
	굴착기+부착용집게 고 소 작 업 차	대 대	1 1	31~41cm미만	13
				41~51cm미만	8
				51~61cm미만	5
				61cm이상	3
뿌리 제거	특　별　인　부 보　통　인　부	인 인	2 1	11cm미만	37
				11~21cm미만	25
				21~31cm미만	15
	굴착기+브레이커	대	1	31~41cm미만	10
				41~51cm미만	6
				51~61cm미만	4
				61cm이상	3

[주] 1. 본 품은 수형 및 생육상태가 불량인 가로수를 제거하는 기준이다.

　　2. 본 품은 작업준비, 나무 베기, 뿌리 절단 및 제거, 되메우기 및 정리 작업을 포함한다.

　　3. 제거된 수목의 외부 운반 및 폐기물처리비는 별도 계상한다.

　　4. 보도용 블록 및 가로수분(받침틀)의 설치 및 철거는 별도 계상한다.

　　5. 장비(굴착기, 고소작업차)의 규격은 작업여건(시공높이, 시공위치 등) 및 안정율(적정하중, 작업반경 등)을 고려하여 적합한 규격을 적용한다.

　　6. 공구손료 및 경장비(엔진톱 등)의 기계경비는 다음과 같이 계상한다.

　　　• 나무베기 : 인력품의 3%

　　　• 뿌리제거 : 인력품의 0%

아. 수목제거에서 발생하는 폐기물은 지상부와 지하(벌근)부로 구분되며, 산출식에 의한 수량인 [서울시], [SH공사] 기준을 다음과 같이 준용한다. 수목폐기물의 규격기준은 지상부는 흉고직경, 벌근부는 근원직경이므로 적용시 유의한다. 임목 폐기물 운반 및 처리비는 별도 집계 적용한다.

〈표 8.1-45〉 임목폐기물량 _ 지상부 [서울시] (주 당)

흉고직경 (cm)	지상부량 (kg)	흉고직경 (cm)	지상부량 (kg)	흉고직경 (cm)	지상부량 (kg)	흉고직경 (cm)	지상부량 (kg)
4이하	2	13	42	22	150	35	380
5	3	14	49	23	164	40	633
6	6	15	63	24	179	45	915
7	8	16	72	25	194	50	1,271
8	12	17	81	26	210	55	1,709
9	16	18	100	27	226	60	2,238
10	22	19	112	28	243	65	2,865
11	27	20	124	29	261	70	3,600
12	36	21	137	30	279		

[주] 1. 임목폐기물의 처리 및 운반비는 총괄적으로 별도 집계하여 폐기물 처리한다.

2. 지상부 중량은 다음 산식에 의한 계산량이므로 특별한 규격은 산식으로 계산하여 적용한다.

- 지상부 중량 (kg) = K × 3.14 × (B/2)^2 × H × W × (1+P)
    - K = 수간형상계수 (0.5)
    - B = 수목 흉고직경 (m)
    - H = 수목의 높이 (m)
    - W = 수간의 단위체적당 중량 1,200(kg/m^3)
    - P = 지엽의 과다에 의한 보합률 (0.2)

〈표 8.1-46〉 임목폐기물량 _ 벌근부 [서울시, SH공사] (주 당)

근원직경 (cm)	벌근량 (kg)	근원직경 (cm)	벌근량 (kg)	근원직경 (cm)	벌근량 (kg)	근원직경 (cm)	벌근량 (kg)
4이하	0.5	13	16.7	22	81.1	35	326.6
5	0.9	14	20.9	23	92.7	40	487.6
6	1.6	15	25.7	24	105.3	45	694.3
7	2.6	16	31.2	25	119.1	50	952.4
8	3.9	17	37.4	26	133.9	55	1,267.6
9	5.5	18	44.4	27	149.9	60	1,645.7
10	7.6	19	52.3	28	167.2	65	2,092.4
11	10.1	20	60.9	29	185.8	70	2,613.4
12	13.1	21	70.5	30	205.7		

[주] 1. 임목폐기물의 처리 및 운반비는 총괄적으로 별도 집계하여 폐기물 처리한다.

2. 벌근 중량은 다음 산식에 의한 계산량이므로 특별한 규격은 산식으로 계산하여 적용한다.

- 벌근 중량 (kg) = W(kg) × 20(%, 실제 계측수량 비율) = 595.27D^3 × 20(%) = 119.05D^3(kg)
    - 뿌리분중량 W = V(m^3) × 뿌리분의 단위중량 1,300(kg/m^3) = 0.4579D^3 × 1,300 = 595.27D^3(kg)
    - 뿌리분체적 V = 3.14D^2/4 × D/2 + 3.14D^2/4 × D/4(뿌리분형상)/3 = 0.4579D^3
    - 뿌리분직경 D = 근원직경의 4배 (m)

8.2 국가유산공사

8.2.1 개요

문화재를 국가유산으로 2024년 5월 17일자로 변경하면서 문화재보호법은 문화유산법으로 개정하고 상위에 국가유산기본법을 신설하였다.

국가유산 부문 표준품셈은 현재 국가유산청의 전신인 문화재관리국이 1998년 발간한 [문화재수리 표준품셈 및 실무요약]을 한동안 사용하였다. 현행 국가유산 공사 규정은 2011년 제정「문화재수리 등에 관한 법률」인「국가유산수리 등에 관한 법률」제7조(국가유산수리 등의 기준 보급) 등에 의하여 [국가유산수리 표준품셈]을 고시하고 있다.

법률은 제정 후 현재까지 지속 개정되었으며, 품셈도「훈령·예규 등의 발령 및 관리에 관한 규정」에 2024년을 시점으로 재검토기간을 3년으로 지속 개정 예고하므로 [국가유산수리 표준품셈] 적용 시 유의한다.

8.2.2 적용범위

국가유산수리 표준품셈은 용어도 어렵고 내용 이해에도 어려움이 많다. 그러므로 조경공사에서의 준용을 위해서는 국가유산수리 표준품셈의 이해가 필요하다.

국가유산수리 표준품셈은 국가유산 관련시설 등은 물론 국가유산과 연관되지 않더라도 건설공사 표준품셈에 미기술된 연관부문에서는 준용의 근거가 될 수 있다. 그러므로 일반사항은 필요시 항목을 검색·추적할 수 있도록 [국가유산수리 표준품셈] 목차를 수록하고, 준용 가능한 주요내용을 발췌하였으며, 조경공사에서 주로 준용 가능한 식물보호공사 부문은 전제하였다.

8.2.3 국가유산수리 표준품셈 구성 및 목차

[국가유산수리 표준품셈]은 제18장으로 건설공사 표준품셈과 유사하게 구성되어 있다.

제1장 적용기준은 건설공사 표준품셈과 흡사하며, 제2장 가설공사와 제3장 기초공사는 건설공사 표준품셈의 유사점과 국가유산 측면의 특이점이 상존한다. 제4장 기단공사부터 제17장 보존처리공사까지는 문화재 시설공사이며, 제18장 식물보호공사는 식물 관련 공사로 구성되어 있다.

[국가유산수리 표준품셈] 목차는 다음과 같다.

제1장 적용기준 : 목적, 적용범위, 적용방법, 수량의 계산, 설계서의 단위 및 소수의 표준, 금액의 단위표준, 재료 및 자재의 단가, 주요자재, 재료의 할증, 재료의 단위중량, 토질 및 암의 분류, 재료시험 결과 이용, 공구손료 및 잡재료, 발생재의 처리, 노임, 노임의 할증, 품의 할증, 품질관

리비, 산업안전보건관리비, 산업재해보상보험료 및 기타, 사용료, 소운반의 운반거리, 석산 및 골재원, 체적환산계수 적용, 지하지반의 추정, 운반로의 개설 및 유지보수, 환경관리비, 안전관리비, 국가유산수리보고서, 조사연구, 재검토기한.

제2장 가설공사 : 적용기준, 가설보호막설치, 공사안내판설치, 보관시설, 목재치목장(벽체없음), 강관비계매기(미장·단청공사용), 수리용덧집(강관비계), 보양, 한식진폴조립해체.

제3장 기초공사 : 적용기준, 잡석지정해체, 판축지정해체, 장대석지정해체, 생석회잡석다짐해체, 초석해체, 초석해체(기계장비), 터파기(국가유산구역 내), 터파기(국가유산구역 내, 기계장비), 잡석지정, 잡석지정(기계장비), 판축지정, 판축지정(기계장비), 장대석지정, 생석회잡석다짐, 생석회잡석다짐(기계장비), 초석설치, 초석설치(기계장비).

제4장 기단공사 : 적용기준, 생석회다짐(기단)해체, 거친돌기단해체, 장대석기단해체, 가구식기단해체, 거친돌계단해체, 마름돌계단해체, 거친돌기단설치, 장대석기단설치, 가구식기단설치, 거친돌계단설치, 마름돌계단설치, 생석회다짐(기단).

제5장 목공사 : 적용기준, 축부재해체, 평연부재해체, 선연부재해체, 포부재해체, 4각치목(원목→4각), 8각치목(4각→8각), 16각치목(8각→16각), 기둥동바리이음, 기둥치목, 기둥치목(전동공구), 창방치목, 창방치목(전동공구), 첨차치목, 첨차치목(전동공구), 살미치목, 살미치목(전동공구), 익공치목, 익공치목(전동공구), 주두치목, 주두치목(전동공구), 소로치목, 소로치목(전동공구), 보치목, 보치목(전동공구), 도리치목, 도리치목(전동공구), 장여치목, 장여치목(전동공구), 추녀치목, 추녀치목(전동공구), 사래치목, 사래치목(전동공구), 평(말굽)서까래치목, 평(말굽)서까래치목(자연목), 평(말굽)서까래치목(전동공구), 연침구멍뚫기, 연침구멍뚫기(전동공구), 연침설치, 선자서까래치목, 선자서까래치목(전동공구), 부연치목, 부연치목(전동공구), 축부재조립, 평연부재조립, 선연부재조립, 포부재조립, 누리개설치, 드잡이공사.

제6장 지붕공사 : 적용기준, 기와해체, 장식기와설치(용두), 지붕해체(생석회다짐, 보토, 적심, 산자), 산자엮기, 진새치기, 적심설치, 보토다짐, 생석회다짐(지붕), 기와이기, 와구토바르기, 회첨골이기, 착고기와따기, 마루기와이기, 장식기와설치(절병통), 장식기와설치(용두), 기와고르기, 합각벽쌓기, 이엉엮기, 용마름엮기, 초가지붕해체, 초가군새해체, 초가알매흙치기, 초가군새설치, 초가지붕처마기스락설치, 이엉이기, 용마름이기, 고사새끼엮기, 연죽설치.

제7장 전돌공사 : 적용기준, 전돌벽해체, 다듬기(이물질제거), 전돌벽쌓기, 문양쌓기, 줄눈바름(전돌벽), 전돌깔기.

제8장 미장공사 : 적용기준, 벽체해체, 앙벽해체, 당골벽해체, 포벽해체, 고막이해체, 화방벽해체, 생석회모르타르(1:1), 생석회모르타르(1:3), 생석회피우기, 외역기, 초벌바르기(초벽치기), 재벌바르기(고름질 포함), 정벌바르기, 고막이쌓기, 포벽바르기, 당골벽바르기, 앙벽바르기, 화방벽바르기, 양성바르기, 줄눈바름(사괴석벽).

제9장 창호공사 : 적용기준, 창호떼내기, 세(띠)살창호제작, 세(띠)살창호제작(전동공구), 격자살창호제작, 격자살창호제작(전동공구), 솟을살창호제작, 솟을살창호제작(전동공구), 아자·완자살창호제작, 아자·완자살창호제작(전동공구), 불발기창호제작, 불발기창호제작(전동공구), 창호

설치, 판문제작, 판문제작(전동공구), 대문제작, 대문제작(전동공구).

제10장 온돌공사 : 적용기준, 온돌해체, 굴뚝해체, 연도해체, 고래설치, 구들놓기, 방바닥미장바르기, 연도설치, 굴뚝설치, 아궁이설치, 부뚜막설치.

제11장 수장공사 : 적용기준, 마루해체, 마루설치, 천장해체, 천장설치, 목재계단해체, 난간해체, 목재계단설치, 난간설치, 장판지바르기, 벽지(반자지)바르기, 창호지바르기.

제12장 석공사 : 적용기준, 거친돌해체, 거친돌해체(기계장비), 마름돌해체, 마름돌해체(기계장비), 채움석해체, 할석, 할석(전동공구), 형태가공(전동공구), 혹두기, 정다듬(거친다듬), 정다듬(고운다듬), 정다듬(거친다듬, 무쇠정), 정다듬(고운다듬, 무쇠정), 정다듬(전동공구), 도드락다듬(25눈), 도드락다듬(25눈, 전동공구), 도드락다듬(64눈), 도드락다듬(64눈, 전동공구), 도드락다듬(100눈), 도드락다듬(100눈, 전동공구), 잔다듬(1회), 잔다듬(2회), 잔다듬(3회), 거친돌쌓기, 거친돌쌓기(기계장비), 마름돌쌓기, 마름돌쌓기(기계장비), 채움석쌓기, 거친돌(박석)깔기, 마름돌(박석)깔기, 여장쌓기.

제13장 석조물공사 : 적용기준, 석탑해체, 승탑해체, 석등해체, 석비해체, 홍예해체, 석탑조립, 승탑조립, 석등조립, 석비조립, 홍예조립.

제14장 단청공사 : 적용기준, 문양초본도, 문양모사도, 문양견본도, 타초본만들기, 면닦기(바탕면만들기 포함), 면닦기(단청제거), 바탕면포수(아교), 바탕면포수(아크릴에멀죤), 석간주가칠(전통소재단청), 석간주가칠, 뇌록가칠(전통소재단청), 뇌록가칠, 뇌록가칠-창호(전통소재단청), 뇌록가칠(창호), 타분, 먹긋기(전통소재단청), 먹긋기, 색긋기(전통소재단청), 색긋기, 모로단청(전통소재단청), 모로단청, 금모로단청(전통소재단청), 금모로단청, 금단청(전통소재단청), 금단청, 별화(전통소재단청), 별화, 벽화, 들기름칠.

제15장 유구정비공사 : 적용기준, 석재드잡이, 유구현장보존(경화처리), 유구이전보존.

제16장 기타공사 : 적용기준, 담장기와해체, 토석담해체, 와편담해체, 담장속채움해체, 거친돌담쌓기, 사괴석담쌓기, 사괴석만들기, 사괴석만들기(전동공구), 돌각담쌓기, 토담쌓기, 토석담쌓기, 와편담쌓기, 판축담쌓기, 담장속채움, 담장기와이기.

제17장 보존처리공사 : 적용기준, 목재수지처리, 방부방충제도포, 방염제도포, 훈증소독, 세척, 석재수지처리, 석재성형, 토양처리.

제18장 식물보호공사 : 적용기준, 병해충 방제, 수목 상처치료, 뿌리치료, 수형 유지관리, 안전대책, 영양공급, 수림지관리.

8.2.4 국가유산수리 표준품셈 주요내용

[국가유산수리 표준품셈] 중 조경공사에서 준용할 수 있는 제3장 기초공사, 제7장 전돌공사, 제11장 수장공사, 제12장 석공사, 제17장 보존처리공사의 일부 항목을 발췌하여 가급적 원문 형태로 기술하였다. 식물관련 내용인 제18장 식물보호공사는 조경공사와의 유사점으로 준용 가능성이 높

으므로 8.2.5 항목에 전제하였다.

1. 기초공사

[국가유산수리 표준품셈] 제3장 기초공사의 3-9 잡석지정 중 3-9-2 손달고다지기, 3-13 장대석지정, 3-14 생석회잡석다짐을 발췌하였다.

〈표 8.2-1〉 잡석지정 _ 손달고다지기 [국가유산품셈]   (m³ 당)

구 분	규 격	단위	수량
자 갈	φ40mm 내외	m³	0.30
잡 석	φ100mm내외	m³	1.10
보 통 인 부		인	1.15
공 구 손 료	인력품의 2%	식	1

[주] 1. 본 품은 손달고를 기준으로 한 것이며, 본 품 이외의 다지기를 할 때에는 별도 계상한다.

2. 다짐두께는 150mm를 기준으로 한 것이다.

3. 다짐 횟수는 한 켜당 6회를 기준으로 한 것이며, 1회 추가시마다 0.02인을 가산한다

4. 본 품에는 재료할증이 포함되어 있다.

5. 본 품에는 소운반품이 포함되어 있다.

6. 잡재료는 별도 계상한다.

〈표 8.2-2〉 장대석지정 [국가유산품셈]   (m³ 당)

구 분	규 격	단위	수량
생 석 회		kg	76.25
마 사 토		m³	0.38
장 대 석	330mm×330mm×1000mm	개	6.00
한 식 석 공		인	0.85
한 식 석 공 조 공		인	0.34
보 통 인 부		인	0.17
공 구 손 료	인력품의 2%	식	1

[주] 1. 장대석지정은 궁궐 건조물과 성문 등의 문루와 같이 건축규모가 크고 중요한 건조물의 기초에 사용한다.

2. 본 품에는 재료할증이 포함되어 있다.

3. 본 품에는 비빔 및 소운반 품이 포함되어 있다.

4. 생석회피우기(소화)는 생석회 100kg당 보통인부 0.13인을 가산한다.

5. 마사토는 흙 등으로 대체할 수 있다.

〈표 8.2-3〉 생석회잡석다짐 [국가유산품셈]　　(m³ 당)

구 분	규 격	단위	수량
생 석 회		kg	40.00
마 사 토		m³	0.20
채 움 자 갈	φ 40mm 내외	m³	0.25
잡 석	φ 100mm 내외	m³	1.00
보 통 인 부		인	1.30
공 구 손 료	인력품의 2 %	식	1

[주] 1. 본 품은 생석회, 마사토 혼합재료와 잡석을 교대로 한 켜씩 다짐할 때를 기준으로 한 것이다.

　　2. 본 품은 원달고(55~75kg)를 사용하여 다짐할 때를 기준으로 한 것이다.

　　3. 다짐두께는 한 켜당 생석회, 마사토 혼합재료 50mm, 잡석 100~150mm를 기준으로 한 것이다.

　　4. 다짐횟수는 한 켜당 6회를 기준으로 한 것이며, 1회 추가시마다 0.02인을 가산한다.

　　5. 본 품에는 재료할증이 포함되어 있다.

　　6. 본 품에는 비빔 및 소운반 품이 포함되어 있다.

　　7. 생석회피우기(소화)는 생석회 100kg당 보통인부 0.13인을 가산한다.

　　8. 마사토는 흙 등으로 대체할 수 있다.

2. 전돌공사

[국가유산수리 표준품셈] 제7장 전돌공사의 7-3 전돌벽쌓기 중 7-3-1 건식 190×90×57mm, 7-3-2 습식 190×90×57mm, 7-4 문양쌓기 중 7-4-1 단순, 7-5 줄눈바름(전돌벽), 7-6 전돌깔기 중 7-6-1 건식 240×240×50mm, 7-6-3 습식 225×225×45mm, 7-6-4 습식 240×240×50mm, 7-6-5 습식 240×240×50mm-'×'깔기를 발췌하였다.

〈표 8.2-4〉 전돌벽쌓기 _ 건식 190×90×57mm [국가유산품셈]　　(한면 m² 당)

구 분	규 격	단위	수량
전 돌	190mm×90mm×57mm	매	95.11
생 석 회		kg	0.55
백 시 멘 트		kg	0.23
모 래		m³	0.002
한 식 미 장 공		인	0.26
한식미장공조공		인	0.16
보 통 인 부		인	0.11
공 구 손 료	인력품의 3 %	식	1

[주] 1. 본 품에는 소운반품이 포함되어 있다.

　　2. 본 품에는 재료할증이 포함되어 있다.

　　3. 벽체두께는 0.5B쌓기를 기준으로 한 것이다.

　　4. 뒤채움은 별도 계상한다.

　　5. 생석회피우기(소화)는 생석회 100kg당 보통인부 0.13인을 가산한다.

〈표 8.2-5〉 전돌벽쌓기 _ 습식 190×90×57mm [국가유산품셈]　　　　　(한면㎡ 당)

구 분	규 격	단위	수량
전　　　　돌	190mm×90mm×57mm	매	76.87
생　석　회		kg	5.51
백　시　멘　트		kg	2.30
모　　　래		m³	0.02
한식　미장공		인	0.15
한식미장공조공		인	0.08
보　통　인　부		인	0.07
공　구　손　료	인력품의 3%	식	1

[주] 1. 줄눈나비는 10mm를 기준으로 한 것이다.

　　2. 벽체두께는 0.5B쌓기를 기준으로 한 것이다.

　　3. 본 품에는 비빔 및 소운반 품이 포함되어 있다.

　　4. 본 품에는 재료할증이 포함되어 있다.

　　5. 뒤채움은 별도 계상한다.

　　6. 생석회피우기(소화)는 생석회 100kg당 보통인부 0.13인을 가산한다.

〈표 8.2-6〉 문양쌓기 _ 단순 [국가유산품셈]　　　　　(㎡ 당)

구 분	규 격	단위	수량
전　벽　돌	300mm×150mm×45mm	매	55.17
생　석　회	쌓기용	kg	5.675
백　시　멘　트		kg	2.37
모　　　래		m³	0.021
한식　미장공		인	1.02
한식미장공조공		인	0.51
보　통　인　부		인	0.51
공　구　손　료	인력품의 3%	식	1

[주] 1. 본 품은 규격 880mm×940mm 만(卍)자문양, 790mm×940mm 장(張)자문양, 600mm×780mm 부(富)자문양을 기준으로 한 것이다.

　　2. 벽체두께는 0.5B 쌓기를 기준으로 한 것이다.

　　3. 본 품에는 전돌을 가공하는 품이 포함되어 있다.

　　4. 본 품에는 재료할증이 포함되어 있다.

　　5. 본 품에는 비빔 및 소운반 품이 포함되어 있다.

　　6. 생석회피우기(소화)는 생석회 100kg당 보통인부 0.13인을 가산한다.

　　7. 줄눈바름품은 별도 계상하되 [국가유산수리 표준품셈 7-5(줄눈바름-전돌벽)]인 〈표 8.2-7〉에 따른다.

　　8. 비계매기는 필요 시 별도 계상한다.

〈표 8.2-7〉 줄눈바름(전돌벽) [국가유산품셈]　　(한면m^2 당)

구 분	규 격	단위	수량
생 석 회		kg	3.85
백 시 멘 트		kg	0.77
모 래		m^3	0.005
한 식 미 장 공		인	0.12
한식미장공조공		인	0.13
보 통 인 부		인	0.09
공 구 손 료	인력품의 2%	식	1

[주] 1. 본 품은 전돌벽(한면)에 줄눈바름할 때를 기준으로 한 것이다.

　　2. 바름두께는 10~30mm를 기준으로 한 것이다.

　　3. 나비는 20~30mm를 기준으로 한 것이다.

　　4. 본 품에는 비빔 및 소운반 품이 포함되어 있다.

　　5. 생석회피우기(소화)는 생석회 100kg당 보통인부 0.13인을 가산한다.

〈표 8.2-8〉 전돌깔기 _ 건식 240×240×50mm [국가유산품셈]　　(m^2 당)

구 분	규 격	단위	수량
전 돌	240mm×240mm×50mm	매	17.89
모 래	두께 30mm	m^3	0.033
한 식 미 장 공		인	0.07
한식미장공조공		인	0.07
보 통 인 부		인	0.03
공 구 손 료	인력품의 3%	식	1

[주] 1. 본 품에는 초석, 기단 등에 접하는 부분의 전돌을 다듬는 품이 포함되어 있다.

　　2. 본 품에는 소운반품이 포함되어 있다.

　　3. 본 품에는 재료할증이 포함되어 있다.

〈표 8.2-9〉 전돌깔기 _ 습식 225×225×45mm [국가유산품셈]　　(m^2 당)

구 분	규 격	단위	수량
전 돌	225mm×225mm×45mm	매	18.66
생 석 회		kg	17.48
모 래		m^3	0.033
한 식 미 장 공		인	0.08
한식미장공조공		인	0.09
보 통 인 부		인	0.07
공 구 손 료	인력품의 3%	식	1

[주] 1. 줄눈나비는 10mm를 기준으로 한 것이다.

　　2. 본 품에는 초석, 기단 등에 접하는 부분의 전돌을 다듬는 품이 포함되어 있다.

　　3. 본 품에는 비빔 및 소운반 품이 포함되어 있다.

　　4. 본 품에는 재료할증이 포함되어 있다.

　　5. 생석회피우기(소화)는 생석회 100kg당 보통인부 0.13인을 가산한다.

〈표 8.2-10〉 전돌깔기 _ 습식 240×240×50mm [국가유산품셈] (m² 당)

구 분	규 격	단위	수량
전　　　돌	240mm×240mm×50mm	매	16.48
생　석　회		kg	17.48
모　　　래		m³	0.033
한식　미장공		인	0.13
한식미장공조공		인	0.05
보　통　인　부		인	0.02
공　구　손　료	인력품의 3%	식	1

[주] 1. 줄눈나비는 10mm를 기준으로 한 것이다.
　　 2. 본 품에는 초석, 기단 등에 접하는 부분의 전돌을 다듬는 품이 포함되어 있다.
　　 3. 본 품에는 비빔 및 소운반 품이 포함되어 있다.
　　 4. 본 품에는 재료할증이 포함되어 있다.
　　 5. 생석회 피우기(소화)는 생석회 100kg당 보통인부 0.13인을 가산한다.

〈표 8.2-11〉 전돌깔기 _ 습식 240×240×50mm-'×'깔기 [국가유산품셈] (m² 당)

구 분	규 격	단위	수량
전　　　돌	240mm×240mm×50mm	매	16.48
생　석　회		kg	17.48
모　　　래		m³	0.033
한식　미장공		인	0.30
한식미장공조공		인	0.13
보　통　인　부		인	0.03
공　구　손　료	인력품의 3%	식	1

[주] 1. 줄눈나비는 10mm를 기준으로 한 것이다.
　　 2. 본 품에는 초석, 기단 등에 접하는 부분의 전돌을 다듬는 품이 포함되어 있다.
　　 3. 본 품에는 비빔 및 소운반 품이 포함되어 있다.
　　 4. 본 품에는 재료할증이 포함되어 있다.
　　 5. 생석회피우기(소화)는 생석회 100kg당 보통인부 0.13인을 가산한다.

3. 수장공사

[국가유산수리 표준품셈] 제11장 수장공사의 11-2 마루설치 중 11-2-2 장마루설치, 11-7 목재계단설치, 11-8 난간설치를 발췌하였다.

〈표 8.2-12〉 장마루설치 [국가유산품셈] (m² 당)

구 분	규 격	단위	수량
한 식 목 공		인	0.12
한식목공조공		인	0.07
보　통　인　부		인	0.05
공　구　손　료	인력품의 5%	식	1

[주] 1. 본 품은 장마루의 귀틀, 마루널설치까지를 기준으로 한 것이다.
　　 2. 본 품에는 소운반품이 포함되어 있다.

3. 잡재료비는 별도 계상한다.

〈표 8.2-13〉 목재계단설치 [국가유산품셈]   (m³ 당)

구 분	규 격	단위	수량
한 식 목 공		인	4.10
한식목공조공		인	2.46
보 통 인 부		인	1.64
공 구 손 료	인력품의 5%	식	1

[주] 1. 본 품은 계단디딤판, 계단옆판, 계단하방, 난간기둥, 난간두겁대설치까지를 기준으로 한 것이다.
    2. 본 품에는 계단난간설치가 포함되어 있다.
    3. 본 품에는 소운반품이 포함되어 있다.
    4. 잡재료는 별도 계상한다.

〈표 8.2-14〉 난간설치 [국가유산품셈]   (m³ 당)

구 분	규 격	단위	수량
한 식 목 공		인	4.46
한식목공조공		인	2.67
보 통 인 부		인	1.79
공 구 손 료	인력품의 5%	식	1

[주] 1. 본 품은 계자난간의 치마널, 난간하방, 난간기둥, 궁창널, 난간상방, 난간두겁대설치까지를 기준으로 한 것이다.
    2. 본 품에는 소운반품이 포함되어 있다.
    3. 평난간을 설치할 때는 본 품의 60%를 적용한다.
    4. 궁창널식 이외의 것은 별도 계상한다.
    5. 잡재료는 별도 계상한다.

4. 석공사

[국가유산수리 표준품셈] 제12장 석공사의 12-9 혹두기, 12-14 정다듬(전동공구), 12-16 도드락다듬(25눈, 전동공구), 12-18 도드락다듬(64눈, 전동공구), 12-20 도드락다듬(100눈, 전동공구), 12-25 거친돌쌓기(기계장비) 중 12-25-1 0.035m³이하, 12-25-2 0.035m³초과~0.3m³미만, 12-25-3 0.3m³이상, 12-27 마름돌쌓기(기계장비) 중 12-27-1 0.035m³이하, 12-27-2 0.035m³초과~0.3m³미만, 12-27-3 0.3m³이상, 12-29 거친돌(박석)깔기, 12-30 마름돌(박석)깔기를 발췌하였다.

〈표 8.2-15〉 혹두기 [국가유산품셈]   (m² 당)

구 분	규 격	단위	수량
한 식 석 공		인	0.43
한식석공조공		인	0.11
공 구 손 료	인력품의 5%	식	1

[주] 본 품은 활석된 석재의 도드라지거나 모서리의 불필요한 부분을 쇠메, 평날망치 등으로 쳐서 떼어낼 때를 기준으로 한 것이다.

〈표 8.2-16〉 정다듬(전동공구) [국가유산품셈] (m² 당)

구분	규격	단위	수량
한 식 석 공		인	0.10
한식석공조공		인	0.03
공 구 손 료	인력품의 5%	식	1

[주] 본 품은 기계로 석재형태를 가공한 상태에서 마감면을 전동공구에 정을 장착하여 정다듬할 때를 기준으로 한 것이다.

〈표 8.2-17〉 도드락다듬(25눈, 전동공구) [국가유산품셈] (m² 당)

구분	규격	단위	수량
한 식 석 공		인	0.28
한식석공조공		인	0.05
공 구 손 료	인력품의 5%	식	1

[주] 본 품은 기계로 석재를 가공한 상태에서 마감면을 전동공구에 도드락망치를 장착하여 도드락다듬(25눈)할 때를 기준으로 한 것이다.

〈표 8.2-18〉 도드락다듬(64눈, 전동공구) [국가유산품셈] (m² 당)

구분	규격	단위	수량
한 식 석 공		인	0.13
한식석공조공		인	0.04
공 구 손 료	인력품의 5%	식	1

[주] 본 품은 기계로 석재형태를 가공한 상태에서 마감면을 전동공구에 도드락망치를 장착하여 도드락다듬(64눈)할 때를 기준으로 한 것이다.

〈표 8.2-19〉 도드락다듬(100눈, 전동공구) [국가유산품셈] (m² 당)

구분	규격	단위	수량
한 식 석 공		인	0.10
한식석공조공		인	0.02
공 구 손 료	인력품의 5%	식	1

[주] 본 품은 기계로 석재형태를 가공한 상태에서 마감면을 전동공구에 도드락망치를 장착하여 도드락다듬(100눈)할 때를 기준으로 한 것이다.

〈표 8.2-20〉 거친돌쌓기(기계장비) _ 0.035m³이하 [국가유산품셈] (m³ 당)

구분	규격	단위	수량
한 식 석 공		인	0.54
한식석공조공		인	0.22
보 통 인 부		인	0.11
기 계 장 비		hr	2.33
공 구 손 료	인력품의 5%	식	1

[주] 1. 본 품은 0.035m³이하 거친돌을 묶고 기계장비로 들어올려 쌓기할 때를 기준으로 한 것이다.
    2. 본 품에는 소운반품이 포함되어 있다.

〈표 8.2-21〉 거친돌쌓기(기계장비) _ 0.035m³초과~0.3m³미만 [국가유산품셈]   (m³ 당)

구 분	규 격	단위	수량
한 식 석 공		인	0.49
한식석공조공		인	0.20
보 통 인 부		인	0.10
기 계 장 비		hr	2.16
공 구 손 료	인력품의 5%	식	1

[주] 1. 본 품은 0.035m³초과~0.3m³미만 거친돌을 묶고 기계장비로 들어올려 쌓기할 때를 기준으로 한 것이다.
　　 2. 본 품에는 소운반품이 포함되어 있다.

〈표 8.2-22〉 거친돌쌓기(기계장비) _ 0.3m³이상 [국가유산품셈]   (m³ 당)

구 분	규 격	단위	수량
한 식 석 공		인	0.31
한식석공조공		인	0.13
보 통 인 부		인	0.07
기 계 장 비		hr	1.42
공 구 손 료	인력품의 5%	식	1

[주] 1. 본 품은 0.3m³이상 거친돌을 묶고 기계장비로 들어올려 쌓기할 때를 기준으로 한 것이다.
　　 2. 본 품에는 소운반품이 포함되어 있다.

〈표 8.2-23〉 마름돌쌓기(기계장비) _ 0.035m³이하 [국가유산품셈]   (m³ 당)

구 분	규 격	단위	수량
한 식 석 공		인	0.85
한식석공조공		인	0.34
보 통 인 부		인	0.17
기 계 장 비		hr	3.35
공 구 손 료	인력품의 5%	식	1

[주] 1. 본 품은 0.035m³이하 마름돌을 묶고 기계장비로 들어올려 쌓기할 때를 기준으로 한 것이다.
　　 2. 본 품에는 소운반품이 포함되어 있다.

〈표 8.2-24〉 마름돌쌓기(기계장비) _ 0.035m³초과~0.3m³미만 [국가유산품셈]   (m³ 당)

구 분	규 격	단위	수량
한 식 석 공		인	0.82
한식석공조공		인	0.33
보 통 인 부		인	0.17
기 계 장 비		hr	3.02
공 구 손 료	인력품의 5%	식	1

[주] 1. 본 품은 0.035m³초과~0.3m³미만 마름돌을 묶고 기계장비로 들어올려 쌓기할 때를 기준으로 한 것이다.
　　 2. 본 품에는 소운반품이 포함되어 있다.

〈표 8.2-25〉 마름돌쌓기(기계장비) _ 0.3m³이상 [국가유산품셈]　　　　　　(m³ 당)

구 분	규 격	단위	수량
한 식 석 공		인	0.47
한식석공조공		인	0.19
보 통 인 부		인	0.10
기 계 장 비		hr	1.15
공 구 손 료	인력품의 5%	식	1

[주] 1. 본 품은 0.3m³이상 마름돌을 묶고 기계장비로 들어올려 쌓기할 때를 기준으로 한 것이다.
　　 2. 본 품에는 소운반품이 포함되어 있다.

〈표 8.2-26〉 거친돌(박석)깔기 [국가유산품셈]　　　　　　(m² 당)

구 분	규 격	단위	수량
모　　　래		m³	0.055
한 식 석 공		인	1.35
한식석공조공		인	0.54
보 통 인 부		인	0.27
공 구 손 료	인력품의 5%	식	1

[주] 1. 본 품은 거친돌을 사용하여 바닥고르기, 박석깔기할 때를 기준으로 한 것이다.
　　 2. 박석두께는 150mm를 기준으로 한 것이다.
　　 3. 본 품에는 소운반품이 포함되어 있다.
　　 4. 성곽상부의 박석깔기는 본 품의 20%를 적용하고, 모래는 제외한다.
　　 5. 기초다짐은 별도 계상한다.
　　 6. 박석은 설계수량으로 별도 계상한다.
　　 7. 줄눈재료는 별도 계상한다.

〈표 8.2-27〉 마름돌(박석)깔기 [국가유산품셈]　　　　　　(m² 당)

구 분	규 격	단위	수량
모　　　래		m³	0.055
한 식 석 공		인	0.63
한식석공조공		인	0.25
보 통 인 부		인	0.13
공 구 손 료	인력품의 5%	식	1

[주] 1. 본 품은 마름돌을 사용하여 바닥고르기, 박석깔기할 때를 기준으로 한 것이다.
　　 2. 박석두께는 150mm를 기준으로 한 것이다.
　　 3. 본 품에는 소운반품이 포함되어 있다.
　　 4. 기초다짐은 별도 계상한다.
　　 5. 박석은 설계수량으로 별도 계상한다.
　　 6. 줄눈재료는 별도 계상한다.

5. 보존처리공사

[국가유산수리 표준품셈] 제17장 보존처리공사의 17-8 토양처리를 발췌하였다.

〈표 8.2-28〉 토양처리 [국가유산품셈]   (m 당)

구 분	규 격	단위	수량
살 충 약 제		ℓ	4.00
거품 활성제		ℓ	0.35
훈 증 공		인	0.02
보 통 인 부		인	0.01
공 구 손 료	인력품의 3%	식	1

[주] 1. 본 품은 건축물 주위에 기단에서 30cm 떨어진 지점과 그 지점에서 50cm 떨어진 지점을 기준으로 평행한 2줄의 선을 표시하고, 각각
　　　의 줄에 간격 50cm, 깊이 50cm로 천공한 후 약제를 주입하여 토양처리할 때를 기준으로 한 것이다. 이때 천공 위치는 2줄이 교차되
　　　도록 한다.
　　2. 본 품은 기준실설치, 토양천공, 약제살포, 되메우기까지를 기준으로 한 것이다.
　　3. 본 품에는 약제제조 및 소운반 품이 포함되어 있다.
　　4. 건물바닥, 마루밑의 토양처리 시에는 m²당 훈증공 0.01인을 별도 계상한다.
　　5. 잡재료는 별도 계상한다.
　　6. 방제기술자는 [국가유산수리 표준품셈 1-17(품의 할증) 9. 특수직업 할증률]에 준하여 적용한다.

8.2.5 식물보호공사

[국가유산수리 표준품셈] 제18장 식물보호공사는 조경공사와 유사점이 많아 준용 가능성이 높
으므로 원안으로 전제하였다.

0. 적용기준

가. 목적 : 정부 등 공공기관에서 천연기념물(식물) 및 이에 준하는 사업의 적정한 예정가격을 산
　　정하기 위한 일반적인 기준을 제공하는 데 있다.

나. 적용범위 : 국가기관, 지방자치단체 및 이에 준하는 기관에서 성격을 같이하는 식물치료(식물
　　유지관리)는 본 표준품셈을 사업 예정가격의 기초로 활용한다.

다. 적용방법

　① 국가유산수리 중 특수성이 있는 천연기념물(식물)의 치료 및 이에 준하는 사업의 예정가
　　　격산정은 본 표준품셈을 활용한다.

　② 본 표준품셈에서 제시된 품은 8시간을 기준으로 하며, 식물치료의 보편적인 공종·수리방
　　　법이 기준이므로 식물의 특성, 현장여건 및 기타 조건에 따라 조정하여 적용한다.

　③ 본 표준품셈에서 명시되지 않은 사항은 국가유산수리 표준품셈(조경 등)을 적용하고, 기
　　　타 사항은 국가기관에서 제정한 표준품셈을 적용하거나 예정가격 산정기준을 자체 결정
　　　하여 적용한다.

　④ 사업의 예정가격 산정은 식물의 특성과 입지조건, 사업규모, 기간 및 현지여건 등을 감안
　　　하여 가장 합리적인 수리방법을 채택 적용한다.

　⑤ 상처치료 등 특정 처리의 경과를 확인한 후 다음 처리를 해야 하는 경우나 중요한 사업에
　　　서 자문이 필요한 경우에는 별도 계상한다.

라. 수량의 계산법

① 수량의 계산은 소수점 셋째 자리에서 반올림, 둘째 자리로 표시한다.

② 면적의 계산은 보통 수학 공식 외에 삼사법 또는 구적기로 한다.

③ 수고의 계산은 m 단위로 측정하고 m 이하는 반올림한다.

④ 직경 계산에서 흉고직경과 근원직경은 다음과 같이 계산한다.

- 흉고직경(Diameter at Breast : B)은 가슴높이(1.2m) 지름의 최저값과 최고값을 측정한 후 평균값을 취한다.
- 근원직경(Root Diameter : R)은 수목이 굴취되기 전 지표면과 접하는 줄기의 직경을 말하나 노거수는 뿌리가 분기되기 이전의 위치로 한다.
- 줄기가 둘 이상으로 갈라진 경우는 각 줄기 합의 70%가 그 수목의 최대 직경보다 클 때는 직경합의 70%를 직경이라 하고 작을 때는 최대 직경을 그 수목의 직경이라 한다.

⑤ 수목상처 중 공동부 면적(m^2)은 내면과 개구면으로 구분하여 소수 둘째 자리에서 반올림하고 체적(m^3)은 셋째 자리에서 반올림한다.

⑥ 토사체적은 양단면적을 평균한 값에 그 단면 간의 거리를 곱하여 산출하는 것을 원칙으로 한다.

마. 노임단가 : 국가유산수리 식물치료기능공 노임이 정해지기 이전까지는 대한건설협회에서 조사·공표하는 시중노임단가를 적용하되, 매년 상반기에 공표되는 노임단가는 당해 연도 1월 1일부터 8월 31일까지, 하반기에 공표되는 노임단가는 당해 연도 9월 1일부터 12월 31일까지 적용한다.

바. 품의 할증

① 품의 할증은 필요한 경우 다음의 기준 이내에서 적용할 수 있으며 품셈 각 항목별 할증이 명시된 경우에는 각 항목별 할증을 우선 적용한다.

② 군작전지구 내에서 작업능률에 현저한 저하를 가져올 경우에는 인력품을 20%까지 가산한다.

③ 도서지구(군소재지 이하로 본토에서 인력 동원파견 시), 도로개설이 불가능한 산악지에서는 인력품을 50%까지 가산한다.

④ 지세별 할증률

- 야산지로 험한 야산지대 및 수목이 우거진 보통 산악지대로서 교통이 불편하고 험한 산악 또는 보통산악은 25%까지 가산한다.
- 주변이 주택가로 작용에 의해 시설물 등의 훼손이 우려되거나 작업이 불편한 곳은 15%까지 가산한다.

⑤ 위험할증률 : 다음과 같이 지상 높이에서 작업시 가산한다.

- 고소작업(비계틀 불사용) = 5~10m 미만 : 20%, 10~15m 미만 : 30%, 15~20m 미만 : 40%, 20~30m 미만 : 50%
- 고소작업(비계틀 사용) = 10~20m 미만 : 10%, 21~30m 미만 : 20%, 30m 이상 : 30%

⑥ 최소단위 사업 : 지상면적 2,000m² 또는 대상수목 1주로 흉고직경 80cm이하일 때는 품을 50% 가산한다.

⑦ 할증의 중복가산요령 : 다만, 동일 성격의 품 할증 요소의 이중 적용은 불가함.

$$W = 기본품 \times (1 + a1 + a2 + a3 + \cdots\cdots + an)$$

W　　　 : 할증이 포함된 품

기본품 : 각 장 [주]란의 필요한 할증·감 요소가 감안된 품

a1⋯an　: 품 할증요소

사. 재료 및 자재의 단가

① 재료 및 자재의 단가는 거래 실례가격 또는 통계법에 의한 지정기관이 조사하여 공표한 가격, 유사한 거래실례가격, 견적가격을 기준하며, 적용순서는「국가를 당사자로 하는 계약에 관한 법률 시행규칙」제7조의 규정에 따른다.

② 재료 및 자재단가에 운반비가 포함되어 있지 않은 경우 구입 장소로부터 현장까지의 운반비를 계상할 수 있다.

③ 공통으로 쓰이는 주요재료는 명시할 수 있지만 식물치료의 특성상 진단결과에 따라 적합한 재료가 필요할 수 있어 상품명 보다는 용도와 재료의 성질(액제, 도포제, 경질 등)을 명시한다.

④ 재료는 국내·외적으로 널리 알려지고 검증된 완제품을 사용하며 설계는 재료시험에 의하여 제원을 결정함을 원칙으로 한다.

아. 공구손료 및 잡재료

① 공구손료는 일반 공구로서 상시적으로 사용하는 것을 말하며 직접노무비의 3%까지 계상한다.

② 잡재료 및 소모재료는 설계내역에 표시하여 계상하되 주재료비의 2~5%까지 계상한다.

자. 수리보고서 : 중요한 사업에 수리보고서를 작성하는 경우에는 필요한 비용을 별도로 계상한다.

차. 조사연구 : 식물의 쇠락은 복합적인 원인에 의한 경우가 많으므로 뿌리상태 확인 등 조사연구가 필요한 경우에는 별도로 계상한다.

1. 병해충방제

[국가유산수리 표준품셈] 18-1 병해충방제는 -1 병해충방제(단목), -2 병해충방제(군락), -3 병해충방제(수간보호)로 구분 규정되어 있다.

〈표 8.2-29〉 병충해방제(단목) [국가유산품셈]　　　　　　　　　　　(희석량100ℓ 당)

구 분	규 격	단위	수량
특 별 인 부		인	0.30
보 통 인 부		인	0.14

[주] 1. 본 품은 트럭에 동력분무기를 장착하여 약제 살포하는 방법에 적용하며, 국가유산 안전조치, 약제조제 등을 포함한다.

　　2. 혼용 가능한 약제(영양제 포함)는 혼용하며, 약제 등 재료비와 잡재료비는 별도 계상한다.

　　3. 분무기, 방제차량, 고소작업차량 등 장비 사용료는 별도 계상한다.

　　4. 높이 9m 이상에서 작업시 고소작업 위험할증을 계상할 수 있다.

　　5. 수목의 엽량(잎의 수) 또는 수형에 따라 감할 수 있다.

〈표 8.2-30〉 약제 살포 규격별 약량표 [국가유산품셈]　　　　　　　　　(단위:ℓ)

흉고직경(cm) ＼ 수고(m)	6	9	12	15	18	21	24	27	30
20	40	60	80	100					
25	50	75	100	125					
30	60	90	120	150	180				
35	70	105	140	175	210				
40	80	120	160	200	240	280			
45	90	135	180	225	270	315			
50	100	150	200	250	300	350	400		
60	120	180	240	300	360	420	480		
70	140	210	280	350	420	490	560	630	
80	160	240	320	400	480	560	640	720	
90	180	270	360	450	540	630	720	810	900
100	200	300	400	500	600	700	800	900	1000
120	240	360	480	600	720	840	960	1000	1200
140	280	420	560	700	840	980	1120	1280	1400
160	320	480	640	800	960	1120	1280	1440	1600
180	360	540	720	900	1080	1260	1440	1620	1800
200	400	600	800	1000	1200	1400	1600	1800	2000

〈표 8.2-31〉 병충해방제(군락) [국가유산품셈]　　　　　　　　　　　(1,000m² 당)

구 분	규 격	단위	수량
특 별 인 부		인	1.30
보 통 인 부		인	0.67

[주] 1. 본 품은 트럭에 동력분무기를 장착하여 약제 살포하는 방법에 적용하며, 국가유산 안전조치, 약제 조제 등을 포함한다.

　　2. 혼용 가능한 약제(영양제 포함)는 혼용하며, 약제 등 재료비와 잡재료비는 별도 계상한다.

　　3. 분무기, 방제차량, 고소작업차량 등 장비 사용료는 별도 계상한다.

　　4. 작업조건에 따라 지세별 할증, 최소단위 할증을 계상할 수 있다.

〈표 8.2-32〉 병충해방제(수간보호) [국가유산품셈]　　(m² 당)

구 분	규 격	단위	수량
특 별 인 부		인	0.33
보 통 인 부		인	0.17

[주] 1. 본 품은 소나무좀과 참나무시들음병 방제에 적용하며, 국가유산 안전조치, 현장준비 등 부속작업을 포함한다.
　　2. 재료비는 별도 계상하며, 잡재료는 재료비의 2%까지 계상할 수 있다.

2. 수목 상처치료

　　[국가유산수리 표준품셈] 18-2 수목 상처치료는 -1 부후부 제거, -2 살충·살균처리(분무), -3 살균·방부처리(붓칠), -4 공동표면 방수처리(붓칠), -5 공동부 보호창 설치, -6 공동충전, -7 충전부 표면처리로 구분 규정되어 있다.

〈표 8.2-33〉 부후부 제거 [국가유산품셈]　　(m² 당)

구 분	특별인부(인)	보통인부(인)
거 친 면	1.20	0.60
고 운 면	1.07	0.06

[주] 1. 본 품은 현장준비 등 부속작업의 품을 포함한다.
　　2. 잡재료비는 재료비의 2%, 공구손료는 노무비의 3%까지 계상할 수 있다.
　　3. 작업조건에 따라 고소작업 할증, 지세별 할증, 최소단위 할증을 계상할 수 있다.

〈표 8.2-34〉 살충·살균처리(분무) [국가유산품셈]　　(m² 당)

구 분	단위	수량
특 별 인 부	인	0.13
보 통 인 부	인	0.06

[주] 1. 본 품은 현장준비 등 부속작업의 품을 포함한다.
　　2. 재료는 용도에 맞는 가능한 시중 완제품을 선택하여 사용하며 재료비는 별도 계상한다.
　　3. 잡재료비는 재료비의 2%, 공구손료는 노무비의 3%까지 계상할 수 있다.
　　4. 작업조건에 따라 고소작업 할증, 지세별 할증, 최소단위 할증을 계상할 수 있다.

〈표 8.2-35〉 살균·방부처리(붓칠) [국가유산품셈]　　(m² 당)

구 분	도포제(ℓ)	특별인부(인)	보통인부(인)	비 고
거 친 면	0.50	0.27	0.13	붓칠 2회
고 운 면	0.25	0.19	0.09	붓칠 2회

[주] 1. 본 품은 국가유산 안전조치, 현장준비 등 부속작업의 품을 포함한다.
　　2. 재료는 용도에 맞는 시판 완제품을 선택 사용하며, 재료비는 별도 계상한다.
　　3. 잡재료비는 재료비의 2%,, 공구손료는 노무비의 3%까지 계상할 수 있다.
　　4. 작업조건에 따라 고소작업 할증, 지세별 할증, 최소단위 할증을 계상할 수 있다.

〈표 8.2-36〉 공동표면 방수처리(붓칠) [국가유산품셈] (m² 당)

구 분	방수제(ℓ)	특별인부(인)	보통인부(인)	비 고
거 친 면	0.50	0.32	0.16	붓칠 3회
고 운 면	0.30	0.20	0.09	붓칠 3회

[주] 1. 본 품은 국가유산 안전조치, 현장준비 등 부속작업의 품을 포함한다.

    2. 재료는 용도에 맞는 시판 완제품을 선택 사용하며, 재료비는 별도 계상한다.

    3. 잡재료비는 재료비의 2%, 공구손료는 노무비의 3%까지 계상할 수 있다.

    4. 작업조건에 따라 고소작업 할증, 지세별 할증, 최소단위 할증을 계상할 수 있다.

〈표 8.2-37〉 공동부 보호창 설치 [국가유산품셈] (개소 당)

구 분	규 격	단위	수량
특 별 인 부		인	0.83
보 통 인 부		인	0.42

[주] 1. 본 품은 현장준비 등 부속작업의 품을 포함한다.

    2. 재료는 용도에 맞는 기본틀 주문제작비는 별도 계상한다.

    3. 잡재료비는 재료비의 7%, 공구손류는 노무비이 3%까지 계상할 수 있다.

〈표 8.2-38〉 공동충전 [국가유산품셈] (m³ 당)

구 분		규 격	단위	수량
발 포 성 재 료	특 별 인 부		인	0.38
	보 통 인 부		인	0.19
	우 레 탄 폼	MDI (A액)	kg	30.00
	우 레 탄 폼	폴리올(B액)	kg	30.00
비발포성 재 료	특 별 인 부		인	0.63
	보 통 인 부		인	0.32
	비 발 포 재		m³	1.10

[주] 1. 본 품은 현장준비 등 부속작업과 거푸집설치, 충전물 정리 품을 포함한다.

    2. 환부의 위치, 크기, 형태 등 특성에 따라 기술된 재료 외 용도에 맞는 재료를 선택 사용하며, 재료비는 별도 계상한다.

    3. 잡재료비는 재료비의 2%까지 계상할 수 있다.

    4. 노후된 충전물 제거는 공동부 충전품 50%까지 계상할 수 있다.

    5. 제거 산물의 폐기물 처리 등은 별도 계상할 수 있다.

〈표 8.2-39〉 충전부 표면처리 [국가유산품셈] (m² 당)

구 분		에폭시 수 지 (kg)	실리콘 실란트 (ℓ)	부직포 (m²)	코르크 분 말 (kg)	특별인부 (인)	보통인부 (인)
경질형	매 트 처 리	3.00		1.20		0.19	0.09
	경 화 처 리	7.00			2.00	1.10	0.55
	산화방지처리	1.42			1.94	0.12	0.06

(표 계속)

〈표 8.2-39〉 충전부 표면처리 [국가유산품셈] (m² 당)

구분		에폭시 수 지 (kg)	실리콘 실란트 (ℓ)	부직포 (m²)	코르크 분 말 (kg)	특별인부 (인)	보통인부 (인)
연질형	매 트 처 리		2.00	1.20		0.27	0.13
	경 화 처 리		15.00		2.00	1.54	0.76
	산화방지처리		4.00		1.94	0.19	0.09

[주] 1. 본 품은 공동충전 후 표면처리에 적용하며, 국가유산 안전조치 등 부속작업을 포함한다.
　　2. 재료는 충전물의 위치, 크기, 형태 등 용도에 맞는 제품을 선택 사용하며, 재료비는 별도 계상한다.
　　3. 잡재료비는 재료비의 2%까지 계상할 수 있다.
　　4. 작업조건에 따라 고소작업 할증, 지세별 할증, 최소단위 할증을 계상할 수 있다.

3. 뿌리치료

[국가유산수리 표준품셈] 18-3 뿌리치료는 -1 복토제거, -2 답압부 경운, -3 근부 토양제거, -4 발근촉진처리, -5 토양개량, -6 숨틀 설치, -7 토양피복재 처리로 구분 규정되어 있다.

〈표 8.2-40〉 복토제거 [국가유산품셈] (m³ 당)

구분	단위	수량
특 별 인 부	인	0.52
보 통 인 부	인	0.26

[주] 1. 본 품은 국가유산 안전조치, 현장준비 등과 흙 소운반, 뿌리조사 및 처리, 제거 후 지반정리의 품을 포함한다.
　　2. 토질에 따라 경질토사 10%, 자갈섞인토사 20%까지 할증할 수 있다.
　　3. 공구손료는 노무비의 3%까지 계상할 수 있다.

〈표 8.2-41〉 답압부 경운 [국가유산품셈] (m² 당)

구분	단위	수량
특 별 인 부	인	0.20
보 통 인 부	인	0.10

[주] 1. 본 품은 국가유산 안전조치, 현장준비 등과 뿌리조사 및 처리, 지반정리의 품을 포함한다.
　　2. 자갈섞인 토사는 20%까지 할증할 수 있다.
　　3. 공구손료는 노무비의 3%까지 계상할 수 있다.

〈표 8.2-42〉 근부 토양제거 [국가유산품셈] (m³ 당)

구분	단위	수량
특 별 인 부	인	0.78
보 통 인 부	인	0.39

[주] 1. 본 품은 국가유산 안전조치, 현장준비 등과 뿌리조사 및 보호의 품을 포함한다.
　　2. 자갈섞인 토사는 20%까지 할증할 수 있다.
　　3. 공구손료는 노무비의 3%까지 계상할 수 있다.

〈표 8.2-43〉 발근촉진처리 [국가유산품셈] (m² 당)

구 분	발근촉진제	도포살균제 (kg)	부착용개량토 (kg)	특별인부 (인)	보통인부 (인)
부후근 정리		0.20	10.00	0.30	0.15
발근제 처리	1 식			0.48	0.24

[주] 1. 본 품은 국가유산 안전조치, 현장준비 등의 품을 포함한다.

  2. 발근촉진제(액제, 도포제, 개량토)는 용도에 알맞게 중복 사용할 수 있으며, 재료비는 별도 계상한다.

  3. 잡재료비는 재료비의 2%, 공구손료는 노무비의 3%까지 계상 할 수 있다.

〈표 8.2-44〉 토양개량 [국가유산품셈] (m³ 당)

구 분	개량재	살균제	특별인부 (인)	보통인부 (인)
토 양 교 반	1 식		0.32	0.16
토 양 소 독		1 식	0.08	0.04

[주] 1. 본 품은 국가유산 안전조치, 현장준비 등의 품을 포함한다.

  2. 토양개량재는 물리적, 회학적 장에에 따라 용도에 알맞는 재료(숯, 수피조각, 펄라이트, 황토, 마사토, 부엽토 등)를 혼합 사용한다.

  3. 잡재료비는 재료비의 2%, 공구손료는 노무비의 3%까지 계상 할 수 있다.

  4. 되메우기, 고르기는 근부 토양제거 품의 20%, 잔토처리는 30%까지 계상할 수 있다.

〈표 8.2-45〉 숨틀 설치 [국가유산품셈] (개소 당)

구 분	규 격	단위	수량
PVC 파이프	φ150mm 뚜껑포함	m	0.50
자 갈	φ20~30mm	m³	0.05
모 래	왕 사	m³	0.05
특 별 인 부		인	0.15
보 통 인 부		인	0.08

[주] 1. 본 품은 제작, 터파기, 설치, 현장정리의 품을 포함한다.

  2. 재료비는 별도 계상하며, 잡재료비는 재료비의 2%까지 계상할 수 있다.

〈표 8.2-46〉 토양피복재 처리 [국가유산품셈] (m² 당)

구 분	규 격	단위	수량
피 복 재		m³	0.10
보 호 망		m²	1.10
특 별 인 부		인	0.16
보 통 인 부		인	0.08

[주] 1. 본 품은 터파기, 설치, 현장정리의 품을 포함한다.

  2. 재료비는 별도 계상하며, 잡재료비는 재료비의 2%까지 계상할 수 있다.

4. 수형 유지관리

[국가유산수리 표준품셈] 18-4 수형 유지관리는 -1 수관청소, -2 수관솎기로 구분 규정되어 있다.

〈표 8.2-47〉 수관청소 [국가유산품셈]　(주 당)

구분	단위	흉고 직경(cm)						
		40~50	51~60	61~70	71~80	81~90	91~100	101이상
특별 인부	인	0.35	0.41	0.51	0.61	0.74	0.87	1.02
보통 인부	인	0.17	0.20	0.26	0.30	0.36	0.44	0.50

[주] 1. 본 품은 자연스럽게 발생하는 고사지, 쇠약지 제거 등 주기적인 수관 청소작업에 적용하고, 현장정리의 품을 포함한다.
　　 2. 본 품은 정상적인 수목 5년 주기 기준이므로 상태에 따라 20% 이내에서 할인·할증할 수 있다.
　　 3. 잡재료비는 재료비의 2%, 공구손료는 노무비의 3%까지 계상 할 수 있다.

〈표 8.2-48〉 수관솎기 [국가유산품셈]　(주 당)

구분	단위	흉고 직경(cm)						
		40~50	51~60	61~70	71~80	81~90	91~100	101이상
특별 인부	인	1.65	1.93	2.45	2.63	3.07	3.58	3.95
보통 인부	인	0.82	0.96	1.12	1.31	1.53	1.79	1.98

[주] 1. 본 품은 상록수의 수관(가지)밀도 조절작업에 적용하고, 현장정리의 품을 포함한다.
　　 2. 정상적인 수목 5년 주기 기준이므로 상태에 따라 20% 이내에서 할인·할증할 수 있다.
　　 3. 잡재료비는 재료비의 2%, 공구손료는 노무비의 3%까지 계상 할 수 있다.
　　 4. 고소작업차 경비는 별도 계상할 수 있다.

5. 안전대책

　[국가유산수리 표준품셈] 18-5 안전대책은 -1 지지대 설치, -2 줄당김(Cabling) 설치, -3 위험가지 사전정리로 구분 규정되어 있다.

〈표 8.2-49〉 지지대 설치 [국가유산품셈]　(개소 당)

형식	규격	구분	지지대		기초석 (개)	특별인부 (인)	보통인부 (인)
			철관 (셋트)	목재 (셋트)			
I자형 (철관)	H3.0m, φ100mm×1.4mm		1			1.44	0.72
A자형 (철관)	H3.0m, φ100mm		1			1.51	0.75
I자형 (목재)	H3.0m, φ100mm			1		1.30	0.65
사각 (석재)	H0.4m, W0.3m				1		

[주] 1. 본 품은 균형잡기, 위치선정, 가지 및 지지대 올리기, 지지대 고정, 자재 소운반, 현장정리의 품을 포함한다.
　　 2. 지지대는 규격에 따라 할인·할증을 적용한다.
　　　　 - 기준높이 3.0m 보다 높거나 낮을 경우 : 1m 당 30%씩 품과 재료 할인·할증
　　　　 - 동일 높이 내에서 굵기가 굵어질 경우 30% 이내에서 할증
　　　　 - 기초석 설치는 설치 품의 20% 할증
　　　　 - 동일수목에 2개 이상시 20% 할인
　　 3. 지지대, 기초석의 구입제작, 장비, 콘크리트 기초 타설은 별도 계상한다.
　　 4. 잡재료비는 재료비의 2%, 공구손료는 노무비의 3%를 계상한다.

〈표 8.2-50〉 줄당김(Cabling) 설치 [국가유산품셈] (개소 당)

구 분		규 격	단위	수량
관통형	와이어 로프	4×24(도금), 마심 2mm이상	m	4.00
	턴 버 클		개	1.00
	와셔, 너트, 회로	각각 수량	개	2.00
	특 별 인 부		인	2.34
	보 통 인 부		인	1.17
밴드형	와이어 로프	4×24(도금), 마심 2mm	m	4.00
	밴 드 (환)		셋트	1.00
	특 별 인 부		인	1.94
	보 통 인 부		인	0.96

[주] 1. 본 품은 자재 소운반, 천공, 조립, 설치 현장 품을 포함한다.
    2. 줄당김은 3.0m 기준이므로 추가 내용과 재료비는 별도 계상한다.
    3. 잡재료비는 재료비의 2%, 공구손료는 노무비의 3%를 계상한다.

〈표 8.2-51〉 위험가지 사전정리 [국가유산품셈] (개 당)

구 분	단위	가지 지름(cm)			
		10 이내	11~15	16~20	21 이상
특 별 인 부	인	0.39	0.68	0.92	1.34
보 통 인 부	인	0.19	0.33	0.45	0.66

[주] 1. 본 품은 위험가지로 타 처리수단이 없는 경우에 적용하고, 현장정리의 품을 포함한다.
    2. 수목 1그루에 가지 1개가 기준이므로 동일 수목에 2개 이상일 경우는 50% 할인한다.
    3. 잡재료비는 재료비의 2%, 공구손료는 노무비의 3%까지 계상할 수 있다.
    4. 고소작업차 경비는 별도 계상할 수 있다.

6. 영양공급

[국가유산수리 표준품셈] 18-6 영양공급은 -1 무기영양제 토양관주, -2 유기질비료 토양혼화로 구분 규정되어 있다.

〈표 8.2-52〉 무기영양제 토양관주 [국가유산품셈] (희석량100ℓ 당)

구 분	규 격	단위	수량
무기 영양제	희석량	100ℓ	1.00
특 별 인 부		인	0.15
보 통 인 부		인	0.15

[주] 1. 본 품은 토양관주에 적용하며, 현장정리의 품을 포함한다.
    2. 재료는 가능한 시판제품으로 필요시 2가지 이상 혼합할 수 있으며, 재료비는 별도 계상한다.
    3. 잡재료비는 재료비의 2%, 공구손료는 노무비의 3%를 계상한다.

〈표 8.2-53〉 유기질비료 토양혼화 [국가유산품셈]　(20kg 당)

구 분	규 격	단위	수량
특 별 인 부		인	0.12
보 통 인 부		인	0.12

[주] 1. 본 품은 식혈, 기존토양과의 혼화, 비료살포, 현장정리의 품을 포함한다.
　　 2. 재료비는 별도 계상하며, 토양조건에 따라 경질토는 10%, 자갈섞인 토양은 20%까지 할증할 수 있다.
　　 3. 기계사용시는 별도 계상하며, 잡재료비는 재료비의 2%, 공구손료는 노무비의 3%를 계상한다.

7. 수림지관리

　　[국가유산수리 표준품셈] 18-7 수림지관리는 -1 수림지 경내정리, -2 수관 경합목 정리, -3 위해덩굴 제거, -4 지표식생 정리로 구분 규정되어 있다.

〈표 8.2-54〉 수림지 경내정리 [국가유산품셈]　(1,000m² 당)

구 분	단위	산물량(m³)					
		1 미만	1 이상	2 이상	3 이상	4 이상	5 이상
특 별 인 부	인	0.48	0.68	0.97	1.37	1.65	2.14
보 통 인 부	인	0.24	0.34	0.49	0.53	0.82	1.07

[주] 1. 본 품은 수림지내 고사목, 피해목, 유입목 등 불필요한 수목과 가지 등의 정리 작업에 적용하고, 기타 청소작업을 포함한다.
　　 2. 수간과 지조는 분리하며, 수거물의 수량은 새끼(끈)로 묶어 집재한 상태의 가로×세로×높이를 기준으로 계산한다.
　　 3. 수거물 처리는 저지대(50m 내외 거리)의 매립 및 깔기로 하되 이외의 처리비는 별도 계상한다.

〈표 8.2-55〉 수관 경합목 정리 [국가유산품셈]　(주 당)

구 분	단위	근원 직경(cm)				
		5~7	8~10	11~15	16~20	21~25
특 별 인 부	인	0.17	0.34	0.57	0.80	1.12
보 통 인 부	인	0.08	0.17	0.28	0.39	0.55

[주] 1. 본 품은 (교목, 대나무 포함) 수작업에 적용하며, 집단지역은 20% 할인한다.
　　 2. 수간, 가지를 분리한 후 현장에 집적하는 것으로 하고 이외의 운반, 처분은 별도 계상한다.

〈표 8.2-56〉 위해덩굴 제거 [국가유산품셈]　(1,000m² 당)

구 분	단위	약제처리(분포율 %)			뿌리굴취(분포율 %)		
		성김 (40미만)	중간 (40~60)	밀생 (61이상)	성김 (40미만)	중간 (40~60)	밀생 (61이상)
특 별 인 부	인	3.12	4.45	5.78	4.40	6.30	8.18
보 통 인 부	인	1.55	2.22	2.89	2.20	3.14	4.09

[주] 1. 약제처리는 생태적 안정을 저해할 우려가 없는 곳이거나 뿌리굴취가 어려운 지역에 적용한다.
　　 2. 약제 소요량은 300㎖(1병)/100본 (100본×1.5㎖×2회) 기준으로 한다.

〈표 8.2-57〉 지표식생 정리 [국가유산품셈] (100m² 당)

구 분	단위	초본류(분포율 %)			관목류, 신이대류(분포율 %)		
		성김 (40미만)	중간 (40~60)	밀생 (61이상)	성김 (40미만)	중간 (40~60)	밀생 (61이상)
특 별 인 부	인	0.38	0.55	0.72	0.52	0.73	0.94
보 통 인 부	인	0.19	0.27	0.35	0.24	0.36	0.47

[주] 1. 본 품은 초본류, 신이대류, 관목류를 대상으로 매년 반복적으로 행하는 수작업에 적용한다.

    2. 자른 풀은 지정된 장소에 모아 쌓기까지로 하며 그 외의 처리는 별도 계산한다.

제 9 장

유지관리공사
(KCS 34 99 00)

유지관리공사 (KCS 34 99 00)

유지관리공사는 수목·초화류는 물론 조경공간과 시설물·구조물·포장 등 각 조경물의 기능과 성능 유지를 위한 기술적 관리이다. 조경공간 확보를 위한 신규 조성 위주의 개념에서 벗어나 기조성된 조경공간을 보다 유익하게 유지하도록 시대조류에 부합하는 정책과 기술의 뒷받침이 필요한 시점이다.

수목, 잔디 및 초화류는 식재 후 수개월 또는 1~2년 동안의 집중 관리가 필요한 식물로서 양호한 식생환경을 유지하고 급변하는 기후변화에의 대처가 가능하도록 유지관리공사가 적극 도입되어야 한다. 식생유지관리는 공사중·후의 준공전·후 유지관리와 일상유지관리로 구분되며, 일상 유지관리는 물론 준공전·후 유지관리공사도 현실적으로는 유지관리비가 별도로 책정된 경우에만 적용 가능하므로 유지관리비의 책정과 적용기준 확대가 시급히 필요하다.

시설물 유지관리는 시설이 양호한 상태를 유지하도록 도장공사 등을 정기적으로 시행하고 나아가 점검과 예찰 등으로 특별히 필요한 경우에는 보수공사를 시행한다.

9.1 식생 유지관리 (KCS 34 99 10)

식생 유지관리공사는 유지관리 대상 종류·규격별로 적용한다.

과거 식재관련 표준품셈은 작업내용이 불명확하여 유지관리공사의 적용기준이 모호하였으나 2013년 개정에서 식재시 1회 물주기(물죽쑤기)만 포함하고 식재공사 이후의 유지관리공사는 별도 적용하도록 구체화되었다.

이에 유지관리공사 적용시 준공전(공사중) 유지관리와 준공후 유지관리로 구분하여 구체적으로 적용한다. 또한 일상유지관리는 일부분만을 한정하여 연간 단가계약으로 발주 시행하는 틀에서 벗어나 일상적으로 접하는 주변 조경공간이 보다 유익하게 유지될 수 있도록 기준의 변경과 확대가 필요하다.

9.1.1 적용기준

1. 준공 전·후 유지관리

가. 식생 유지관리는 준공 전과 후로 구분하며, 관리 항목은 수목·잔디 및 초화류의 공사기간 및 준공 후 일정기간 독립 공종으로 시행하는 유지관리 작업에 적용한다.

나. 준공 전 유지관리란 공사중 관리를 의미하며, 식재 후부터 준공시까지 수목·잔디 및 초화류 관리에 적용한다. 식재공사 기준이 식재시 1회 물주기(물죽쑤기)만으로 규정되어 있으므로 식재 후의 기점은 식재 직후부터 적용한다.

다. 준공 후 유지관리는 준공 후 일정기간[건설산업기본법 시행령 제30조 별표4. 공사 종류별 조경공사(조경시설물 및 조경식재) 하자담보책임기간(현재 2년)]에 독립공종으로 시행하는 수목·잔디 및 초화류 관리에 적용한다. 법정(계약)기간 적용을 원칙으로 특별한 경우 계약기준[LH공사의 단지개발사업(공원 등)조경공사는 2년이며 주택건설사업 조경공사는 3년]에 의한다.

라. 표준품셈 식재공사 [주]의 "유지관리는 [유지관리품셈 1-2(조경공사)]에 따라 별도 계상한다"는 규정에도 불구하고 [LH공사] 이외 대부분의 발주처는 유지관리비의 별도 책정없이 유지관리를 요구하고 더하여 하자 등의 책임을 추궁하고 있다.

마. 조경공사 표준시방서 식재공통(KCS 34 40 05) 고사식물의 하자보수, 하자보수의 면제에서 '준공후 유지관리비를 지급하지 않은 상태에서 혹한, 혹서, 가뭄, 염해 등에 의한 고사'로 규정하므로 자연환경으로 인한 발주처와 시공자간 갈등을 해소하고 나아가 수목의 양호한 활착이 가능하도록 유지관리공사 기준을 규정하고 시행이 필요하다.

바. 표준품셈 주기에서 식재공사의 유지관리를 별도시행으로 규정한 2013년 이전부터 유지관리공사를 지속 시행하고 있는 [LH공사]는 2018년부터 준공전 유지관리공사를 시행하며, 유지관리공사 기준도 발전적으로 개정하므로 이의 준용에는 항목별 계상기준과 변경된 기준의 검증이 필요하다.

사. 유지관리비는 2025년 [LH공사]의 "유지관리비 계상기준"을 기반으로, 발주처 계약기준 및 유지관리 일반기준에 의한다. 이에 유지관리의 최소기준으로 예찰보고 연 2회, 관수 연 2회, 병충해방제 연 1회를 책정하고, 예찰보고와 발주처 승인으로 시행한 후 미시행과 추가시행분은 준공시 정산을 원칙으로 한다.

〈표 9.1-1〉 유지관리비 계상기준 [LH공사]

구분		실시 회수		대 상	적용기준	비 고
		공사 중	준공 후			
예찰 보고			상반기 1회 하반기 1회	녹지 면적	원형지 제외	
수 목	전 정		3년간2회(주택) 2년간1회(단지)	지정 수종		
	수간보호		1회	지정 수목	짚싸기, 바람막이	선택공종
	관 수		(활착관수) 1년차 연간 3회 2년차 연간 2회 3년차 연간 1회			
			(긴급관수) 1회			발주시포함

(표 계속)

〈표 9.1-1〉 유지관리비 계상기준 [LH공사]

구분		실시 회수		대상	적용기준	비고
		공사 중	준공 후			
수 목	수목시비		녹지내 2회	교목 H2.0~3.9	고형복합비료 210g	
					부산물비료 5kg	선택공종
				교목 H4.0↑	고형복합비료 270g	
					부산물비료 10kg	선택공종
			가로수 2회	교목 H3.9↓	고형복합비료 90g	선택공종
				교목 H4.0↑	고형복합비료 135g	선택공종
	수목진단·처방		(정기진단·처방) 연간2회			
			(긴급진단·처방) 1회			발주시포함
	병해충방제		(정기방제)연간2회	교목,관목100%		
			(긴급방제) 1회			발주시포함
			수간 주사	소나무류		선택공종
	관목제초	기간내 5,9월 포함 횟수	연간 2회	관목식재면적		
	가로수분제초	기간내 5,9월 포함 횟수	연간 2회	가로수분면적		
	지주목재결속		연간 1회	교목의 50%		
	지주목해체		1회	지주목의 100%		선택공종
잔디	시 비		연간 1회	잔 디 식재면적	복합비료21-17-17 1회사용량 30g/m²	선택공종
	제 초	기간내 5월 포함 횟수	연간 1회			
	깎 기	기간내6~10월 포함 횟수	연간 5회			
초화류	거적덮기		1회	지정초화류		선택공종
	시 비		연간 2회	초 화 류 식재면적	복합비료21-17-17 1회사용량 30g/m²	선택공종
	제 초	기간내 5,9월 포함 횟수	연간 2회			
	관 수		(활착관수) 1년차 연간 3회 2년차 연간 2회 3년차 연간 1회			
			(긴급관수) 1회			발주시포함

[주] 1. 전정은 조형수목(주목, 향나무, 소나무, 반송 등), 생울타리(측백 등) 회양목, 옥향 등 일정한 형태와 무늬를 유지하기 위하여 식재부위 전체를 지속적으로 다듬어야 하는 수종과 가로수 등 부정아 제거가 필요한 수종으로서 설계에 반영한 수목을 대상으로 한다. (단, 생태적 배식 및 산지내 식재된 수목은 제외)

2. 교목수량 적용시 수벽용 교목(H1.5m 미만)은 기준량의 1/4을 적용한다.

3. 참나무(잡목류 H1.0m 내외)는 관목수량으로 적용한다.

4. 만경류는 초화류에 의하되 제초만 반영한다.

5. 선택공종은 당해 식재지역내 척박한 토질여건 및 동절기 이상한파 등 수목생육환경 개선을 위하여 꼭 필요할 경우 식재공사 준공시 설계변경을 통하여 추가 시행할 수 있다.

6. 권장지역을 벗어나 식재 시 겨울의 추위 피해가 우려되는 수종(배롱나무, 감나무 등)은 짚싸기, 도로변 염해가 예상되는 지역의 관목(영산홍, 회양목 등)은 바람막이 설치, 동해 피해가 예상되는 지역의 지피류는 거적덮기를 반영한다.

7. 수간주사(아바멕틴 5cc)를 12월~2월 사이에 소나무에 실시하되, 나무의사의 진단결과에 의한다.

8. 관리공사 준공 이후 지주목 해체 요청을 예방하기 위하여 관리공사 준공시점에 지주목 해체여부를 확정하기 위한 지자체, 관리사무소 등 관리주체와 사전 협의한다.

9. 공사 중 유지관리는 분할할 수 있는 구간(개방구역)에 대한 기성 완료 후 공용개방 된 공원 및 녹지를 대상으로 현장여건 및 공기연장 등에 따라 공용개방일 +4주 후부터 준공 시까지 제초·깎기 실시월 포함 횟수를 반영하여 시행한다.[공용개방 사유발생 시 개방일(구역 및 대상 포함) 지정 및 시행근거(향후 관리계획 등 포함) 마련]

10. 공사 중 또는 준공 후 지자체 인수인계, 집단민원 발생 등의 불가피한 사유로 유지관리 항목별 횟수 및 기간의 증감이 꼭 필요할 경우 식재유지관리공사에 반영하여 시행할 수 있다.

2. 일상유지관리

본 일상유지관리는 [2009년 서울특별시 조경전문시방서] 기반의 준용 기준이다.[60]

이 기준은 준공 후 하자담보기간이 경과하였거나 독립 공종으로 시행하는 유지관리의 모든 공정에 적용하며, 현장여건으로 유지관리 내용과 연간관리 횟수를 조정할 수 있다.

---

60) 2009년 서울특별시 조경전문시방서의 수목, 초화류, 자연림, 포장공간은 원안이며, 잔디는 한지형 기준으로 기술되어 난지형 기준으로 변경 준용하였다.

〈표 9.1-2〉 일상유지관리 [2009년 서울시 시방서 준용]

구분	공종	1	2	3	4	5	6	7	8	9	10	11	12	비고
수 목	정지.전정(낙엽수)	●	●					●	●			●	●	여름, 겨울 각1회
	정지.전정(상록수)					●	●			●	●			봄, 가을 각1회
	정지.전정(관 목)					●	●	●	●	●	●			다듬기, 생울타리 깎기
	시 비			●	●					●	●			
	병충해 방제				●	●	●	●	●	●	●			정기방제 및 사전방제
	방풍 · 방한	●	●									●	●	잠복소, 방풍막, 새끼감기 등
	제 초						●	●	●	●				6~9월 집중실시
	관 수				●	●	●	●						적의 조치
	보 식		●	●	●									
	고사목 처리	●	●	●	●	●	●	●	●	●	●	●	●	연간 작업
	지주목 재결속							●	●	●				대풍대비실시
초화류	지엽다듬기				●	●	●	●	●	●	●			봄,가을 각1회
	시 비				●	●	●	●	●	●	●			
	관 수				●	●	●	●	●	●	●			적의 조치
	제 초				●	●	●	●	●	●	●			6~9월 집중실시, 식재교체시
	방 한	●	●									●	●	방풍막, 볏짚, 왕겨 등
	병충해 방제				●	●	●	●	●	●	●			특성에 따라 사전, 사후방제
	꽃대 제거											●		월동전 숙근초화류
	약제 처리				●	●	●	●	●	●	●			화아분화와 관련처리
	식재 교체				●	●	●	●	●	●	●			연간 4~5회
잔 디 (난지형)	통기 작업					●	●							기계작업
	배토 작업					●	●							
	시 비					●	●							
	병충해 방제				●	●	●	●	●					병해:년1~2회, 충해:년2회
	제 초				●	●	●	●	●					4월초 발아전 전면살포
	잔디 깎기				●	●	●	●	●	●	●			연7~8회 적정초장유지
	관 수						●	●	●	●				적의 조치
자연림	제 초						●	●	●					
	병충해 방제					●	●	●						
	고사목 처리	●	●	●	●	●	●	●	●	●	●	●	●	연간 작업
	가지 치기	●	●	●	●	●	●	●	●	●	●	●	●	
포장 공간	제 초				●	●	●	●	●					

9.1.2 전정

1. 개요

가. 전정은 (고지)톱, (고지)가위, 전정가위 등으로 죽은 가지, 상향지, 하향지, 도장지, 평행지 등의 생육환경 개선과 아름다운 수형을 만들기 위하여 가지를 절단하는 작업이다.

나. 수목의 수형을 향상시키거나 생리 조절을 위한 일반전정, 가로변 차량통행과 안전을 고려한 가로수 전정, 관목전정으로 구분한다.

2. 적용기준

가. 교목 전정에서 일반 전정은 수목 수형과 외관조절, 정상 생육유도 및 장애요인 제거를 위한 작업이다. 가로수 전정 등에서 필요시 [유지관리품셈 1-2-1(교통통제 및 안전처리)][61]의 교통통제 및 안전처리 인력을 별도 계상하여야 한다.

나. 관목 전정은 일반 군식 기준이므로 단식이거나 수목 식재지역이 옹벽 위에 있는 등 적용의 기준이 다른 경우에는 교목 전정이나 작업조건별 할증 계수 적용 등 적합하게 준용한다.

3. 적용품셈

교목 전정은 식재 형태 및 조형 목적별로 구분하여 [유지관리품셈 1-2-2(일반전정)], [유지관리품셈 1-2-3(조형전정)], [유지관리품셈 1-2-4(가로수 전정)], 관목 전정은 [유지관리품셈 1-2-5(관목 전정)]에 의하여 다음과 같이 적용한다.

〈표 9.1-3〉 일반 전정 [유지관리품셈]　　　　　　　　　　　　　　　　(일 당)

구분			규격	단위	수량	시공량(주) - 흉고직경						
						11cm 미만	11~21 cm 미만	21~31 cm 미만	31~41 cm 미만	41~51 cm 미만	51~61 cm 미만	61cm 초과
인력 시공	낙엽수	조경공 보통인부		인 인	2 1	36	22	13				
	상록수	조경공 보통인부		인 인	2 1	42	24	15				

(표 계속)

---

61) - 조경유지보수 등 교통통제 및 안전처리를 위한 인력은 각 항목에서 제외되어 있으며, 필요시 배치인원은 현장조건(교통상황, 통제시간 및 범위 등)을 고려하여 별도 계상한다.
　　- 통행안선 및 교통소통을 위해 라바콘, 공사안내판 등 안전시설물을 시공하는 경우 특별인부 2인을 계상하고, 차량 등 장비가 필요한 경우 추가 계상한다.

〈표 9.1-3〉 일반 전정 [유지관리품셈]　　　　　　　　(일 당)

구분			규격	단위	수량	시공량(주) - 흉고직경						
						11cm 미만	11~21 cm 미만	21~31 cm 미만	31~41 cm 미만	41~51 cm 미만	51~61 cm 미만	61cm 초과
기계 시공	낙엽수	조 경 공 보통인부		인 인	2 1		48	31	18	13	8	6
		고소작업차	3ton	대	1							
	상록수	조 경 공 보통인부		인 인	2 1		56	35	22	15	10	7
		고소작업차	3ton	대	1							

[주] 1. 본 품은 일반 공원 및 녹지대 등에서 수목의 정상적인 생육장애요인의 제거 및 외관적인 수형을 다듬기 위해 수행하는 전정작업 기준이다.
　　2. 본 품은 작업준비, 전정, 뒷정리 작업을 포함한다.
　　3. 전정 후 외부 운반 및 폐기물처리비는 별도 계상한다.
　　4. 고소작업차 규격은 작업여건(위치, 높이 등)에 따라 변경할 수 있다.
　　5. 공구손료 및 경장비(전정기 등)의 기계경비는 인력품의 3%로 계상한다.

〈표 9.1-4〉 조형 전정 [유지관리품셈]　　　　　　　　(일 당)

구분			규격	단위	수량	시공량(주) - 흉고직경						
						11cm 미만	11~21 cm 미만	21~31 cm 미만	31~41 cm 미만	41~51 cm 미만	51~61 cm 미만	61cm 초과
인력 시공	낙엽수	조 경 공 보통인부		인 인	2 1	23	14	8				
	상록수	조 경 공 보통인부		인 인	2 1	27	16	10				
기계 시공	낙엽수	조 경 공 보통인부		인 인	2 1		31	20	12	8	5	4
		고소작업차	3ton	대	1							
	상록수	조 경 공 보통인부		인 인	2 1		36	23	14	10	7	5
		고소작업차	3ton	대	1							

[주] 1. 본 품은 일반 공원 및 녹지대 등에서 조형적인 수형을 형성하기 위해 정상적인 생육장애요인의 제거와 미적요소(구형, 반구형 등)를 고려하여 전정가위 등으로 수형을 다듬는 전정작업 기준이다.
　　2. 본 품은 작업준비, 전정, 뒷정리 작업을 포함한다.
　　3. 특수관리가 필요한 수목(문화재보호수 등), 특수 조형물 형상(예술작품 등) 전정 등은 별도 계상한다.
　　4. 전정 후 외부 운반 및 폐기물처리비는 별도 계상한다.
　　5. 고소작업차 규격은 작업여건(위치, 높이 등)에 따라 변경할 수 있다.
　　6. 공구손료 및 경장비(전정기 등)의 기계경비는 인력품의 2%로 계상한다.

〈표 9.1-5〉 가로수 전정 [유지관리품셈]　　　　　　　　　　　　　　　　　　　(일 당)

구 분		규격	단위	수량	시공량(주) - 흉고직경						
					11cm 미만	11~21 cm 미만	21~31 cm 미만	31~41 cm 미만	41~51 cm 미만	51~61 cm 미만	61cm 초과
약전정	조 경 공		인	2	31	21	16	12	10	8	7
	보통인부		인	2							
	고소작업차	3ton	대	1							
강전정	조 경 공		인	2	19	14	10	8	7	6	5
	보통인부		인	2							
	고소작업차	3ton	대	1							
조형전정	조 경 공		인	2	17	12	9	7	6	4	3
	보통인부		인	2							
	고소작업차	3ton	대	1							

[주] 1. 본 품은 가로수(낙엽수)를 전정하는 기준이다.
　　 2. 작업구분은 수종별, 형상별 등 필요에 따라 다음을 참고하여 적용한다.
　　　 • 약전정 : 수관내의 통풍이나 일조 상태의 불량에 대비하여 밀생된 부분을 솎아내거나 도장지 등을 잘라내어 수형을 다듬는 시공
　　　 • 강전정 : 굵은 가지 솎아내기 및 장애지 베어내기 등으로 수형을 다듬는 시공
　　　 • 조형전정 : 가로수의 미적인 형태를 살리기 위해 정상적인 생육장애요인의 제거와 미적요소(사각전정 등)를 고려하여 수형을 다듬
　　　　 는 시공
　　 3. 본 품은 작업준비, 전정 및 전정 후 뒷정리 작업을 포함한다.
　　 4. 전정 후 외부 운반 및 폐기물처리비는 별도 계상한다
　　 5. 고소작업차 규격은 작업여건(위치, 높이 등)에 따라 변경할 수 있다.
　　 6. 공구손료 및 경장비(전정기 등)의 기계경비는 인력품의 3%로 계상한다

〈표 9.1-6〉 관목 전정 [유지관리품셈]　　　　　　　　　　　　　　　　　　　(일 당)

구 분	단위	수량	시공량(식재면적 m²)	
			나무높이 0.9m 미만	나무높이 0.9m 이상
조 경 공	인	2	540	330
보 통 인 부	인	1		

[주] 1. 본 품은 군식으로 식재된 관목의 전정 기준이다.
　　 2. 본 품은 작업준비, 전정 및 전정 후 뒷정리 작업을 포함한다.
　　 3. 본 품은 인력에 의한 작업을 기준으로 한 것이며, 고소작업차가 필요한 경우 기계경비는 별도 계상한다.
　　 4. 전정 후 외부 운반 및 폐기물처리비는 별도 계상한다.
　　 5. 공구손료 및 경장비(전정기 등)의 기계경비는 인력품의 3.5%를 계상한다.

9.1.3 제초 및 예초

1. 개요

가. 제초와 예초는 녹지 기능과 미관을 저해하는 잡초 제거 공종이다. 제초는 잡초 뿌리까지의 완
　　전한 제거이며, 예초는 잡초의 지상부를 제거하는 풀베기이다.

나. 약제(제초제)는 환경과 수목의 피해를 고려하여 사용하며, 제초작업은 연 2회 이상 가능한 한 잡초의 발아 이전이나 발생 초기에 시행한다.

2. 적용기준

가. 제초시기는 잡초의 생장이 왕성한 6~8월에 집중 실시하되 기간별 발생하는 잡초의 종류를 고려하여 제초 계획을 수립 시행한다.

나. 봄철(4~5월)에 초본류보다 잡초의 발아가 왕성할 때, 초본류의 생장 보조를 위하여 초본류 피복 지역에는 제초작업을 고려한다.

다. 백로(9월 8일)부터 잡초의 성장이 현저히 줄고 상강(10월 24일)에 서리가 내리기 시작하여 입동인 11월 초에 대부분의 잡초가 시든다. 그러므로 8월 중·하순경까지 제초작업을 마무리하되 부득이한 경우 서리가 내리기 전까지 시행한다.

라. 인력 제초는 잡초의 뿌리 및 지하경(땅속줄기)까지 제거하며, 제거된 잡초를 식재지 밖으로 완전히 반출하여 잡초의 씨앗이 다시 발아하지 않도록 한다.

3. 적용품셈

제초는 [유지관리품셈 1-2-10(제초)], 예초는 [유지관리품셈 1-2-12(예초)]에 의하여 다음과 같이 적용한다.

〈표 9.1-7〉 제초 [유지관리품셈] (일 당)

구 분	단위	수량	시공량(m²)	
			일반 잔디지역	지장물 지역
조 경 공	인	1	1,400	1,000
보 통 인 부	인	5		

[주] 1. 본 품은 인력으로 잡초를 제거하는 기준이다.
   2. 지장물 지역은 정기적으로 제초작업이 진행되지 않아 대상지역 잡초의 밀도가 높거나, 지장물(초화류, 관목류 등)이 많은 지역을 의미한다.
   3. 제초 및 뒷정리를 포함한다.
   4. 외부 운반 및 폐기물처리비는 별도 계상한다.

〈표 9.1-8〉 예초 [유지관리품셈] (일 당)

구 분	단위	수량	시공량(m²)
특 별 인 부	인	3	2,500
보 통 인 부	인	1	

(표 계속)

〈표 9.1-8〉 예초 [유지관리품셈]   (일 당)

구 분	단위	수량	시공량(m²)
비 고	- 예초의 연간 시공횟수를 기준으로 다음의 할증을 적용한다. (시공량 할증률) ● 연1회 : -30% ● 연2회 : -20% ● 연3회 이상 : - - 경사구간에서는 다음의 할증을 적용한다. (시공량 할증률) ● 경사도 25° 이상 : -10%		

[주] 1. 본 품은 배부식기계를 사용하여 연3회 이상 풀을 깎고 제거하는 기준이다.
　　2. 풀 모으기 및 제거는 인력에 의한 풀 모으기 및 적재작업을 기준이다.
　　3. 외부 운반, 폐기물처리비는 별도 계상한다.
　　4. 공구손료 및 경장비(예초기 등)의 기계경비는 인력품의 6%로 계상한다.

9.1.4 시비

1. 개요

가. 기비(밑거름)는 늦가을 낙엽 후 10월 하순~11월 하순의 땅이 얼기 전까지 또는 2월 하순~3월 하순의 잎이 피기 전까지 시행하고, 추비는 수목 생장기인 4월 하순~6월 하순까지 시행한다.

나. 비료량은 토양 상태, 수종, 수세 등을 고려하여 결정하며, 화목류는 잎이 떨어진 후 효과가 빠른 속효성 비료를 시비한다.

2. 적용기준

가. 비료의 종류와 시비량은 별도 규정이 없는 경우 〈표 4.1-10〉을 기준으로 적용한다.

나. 관목 군식의 1주당 소요면적은 과거 [LH공사]의 기준을 다음과 같이 준용한다.

〈표 9.1-9〉 관목 군식 주당 소요면적 [LH공사 준용]   (주 당)

수관 폭(m)	소요면적(m²)	비 고	수관 폭(m)	소요면적(m²)	비 고
0.15	0.015	3"Pot	1.0	0.65	
0.2	0.025	5"Pot	1.2	0.94	9 지
0.3	0.06	2 지	1.5	1.46	12지
0.4	0.10	3 지	1.8	2.1	
0.5	0.16	4 지	2.0	2.6	
0.6	0.23	5 지	2.5	4.1	
0.8	0.42	7 지	3.0	5.8	

[주] 1. 소요면적 $(A) = 0.6495W^2$
　　2. 주간거리 $(L) = 0.866W$
　　3. 수 관 폭 $(W) = 1.1547L$
　　4. 수관길이가 수관 폭보다 긴 눈향나무 등과 같은 경우에는 (수관 폭+수관 길이)/2로 계산한 면적을 적용한다.
　　5. 가지 수로 규격이 표시된 수종 및 초화류(설계도서에 단위면적당 식재본수가 없는 경우)는 위 표의 비고란을 참조한다.

3. 적용품셈

시비는 수목성상별로 구분하여 교목은 [유지관리품셈 1-2-13(교목시비)]인 〈표 4.1-11〉, 관목은 [유지관리품셈 1-2-14(관목시비)]인 〈표 4.1-12〉를 적용한다.

9.1.5 수목 진단·처방

1. 개요

가. 농약허용물질 목록관리제도(PLS, Positive List System)의 2019년 시행으로 허용된 농약을 잔류허용기준 이내에서 사용하여야 한다.

나. 2020년 「산림보호법」의 나무의사 제도 시행으로 병충해의 방제를 위한 작물보호제(농약) 처리는 반드시 나무의사의 진단과 처방이 필요하다. 나무의사 제도는 나무의사의 진단·처방으로 수목치료기술자는 나무에 예방과 치료를 실행하는 전문가이다.

2. 적용기준

가. 병충해 방제(살포, 수간주사)전에 실시하는 나무의사 수목진단·처방에 적용한다.

나. [수목진료 표준품셈 Ⅱ. 1-2(수목진료 설계기준율)]에서 "수목진료 설계기준율은 엔지니어링 사업대가의 실시설계 요율을 적용하고, 기본진단이 포함되는 설계는 엔지니어링 사업대가의 기본설계+실시설계 요율을 합산 적용한다."라고 규정하고 있다.

3. 적용품셈

가. 수목 진단·처방은 [수목진료 표준품셈 Ⅱ. 1-1(진단·처방)]에 의하여 다음과 같이 적용함을 원칙으로 하되, 일반적으로는 다수의 수목이 혼식되는 녹지 특성상 [수목진료 표준품셈]을 기반으로 부문과 녹지면적 규모별로 규정한 [LH공사]의 기준을 준용한다.

〈표 9.1-10〉 수목진료 _ 진단(일반, 정밀) [수목진료 표준품셈]　　　　　　　　(회 당)

대분류	소분류	수량	비 고
① 인 건 비	나 무 의 사	0.5인	현장 진단
	나 무 의 사	0.5인	보고서 작성
② 경 비	여 비 교 통 비	1일	공무원여비규정의거 (일비, 식비, 숙박비, 교통비)
	진단서 발급비 분석비(검사비) 장 비 사 용 료 기 　 타		

(표 계속)

〈표 9.1-10〉 수목진료 _ 진단(일반, 정밀) [수목진료 표준품셈]   (회 당)

대분류	소분류	수량	비 고
3. 소계			①+②
④ 일반관리비	③×6%(기타용역)		
⑤ 이 윤	(③+④)×10%(용역업)		
6. 공급가액			③+④+⑤
⑦ 부가가치세	⑥×10%		
8. 합계			⑥+⑦

[주] 1. 일반진단기준 : 3수종이내 또는 면적 100m²이내
   - 5수종이내 또는 면적 300m²이내 : 150%
   - 7수종이내 또는 면적 500m²이내 : 200%
   - 일반진단기준을 초과하는 경우 별도 책정.
 2. 인건비는 '나무의사'를 적용한다.
 3. 경비
   - 여비교통비 : 공무원 여비규정을 준용함
   - 진단서발급비 : 20,000원 기준함.
   - 분석비(검사비) : 분석에 필요한 경우 별도책정.
   - 장비사용료 : 장비사용에 필요한 경우 별도책정.
   - 기타 : 별도책정.
 4. 일반관리비는 국가를 당사자로 하는 계약에 관한 법률 시행규칙 제8조 제1항 의거 기타용역 6% 초과하지 못한다.
 5. 이윤 국가를 당사자로 하는 계약에 관한 법률 시행규칙 제8조 제2항 의거 용역 10% 초과하지 못한다.

나. 나무의사 수목진료는 [수목진료 표준품셈]을 기반으로 주택·단지 부문으로 세분하고 녹지의 면적별로 적용하는 [LH공사] 기준[62]을 다음과 같이 준용한다.

〈표 9.1-11〉 나무의사 수목진료 [LH공사]   (회 당)

부 문	녹지 면적	나무의사(인)
주택부문	3,000m² 미만	1.00
	3,000m² ~ 7,000m² 미만	1.25
	7,000m² ~ 15,000m² 미만	2.00
	15,000m² ~ 25,000m² 이하	2.25
	25,000m² ~ 35,000m² 이하	3.00
	35,000m²초과 10,000m²마다	0.25
단지부문	30,000m² 미만	1.50
	30,000m² ~ 200,000m² 이하	2.50
	200,000m² ~ 300,000m² 이하	3.25
	300,000m²초과 100,000m²마다	0.25

[주] 1. 본 품은 수목진단과 처방 1회 적용품이다.
 2. 각 회당 여비교통비, 진단서 발급비를 적용한다.
 3. 단, 기준수림 등 원형지 녹지면적은 산출 시 제외한다.

---

62) [LH공사] 기준은 2020년부터 일반진단기준 100%(나무의사 0.5+0.5=1.0인), 150%, 200% 적용으로 구분하였으나 2023년 부터 〈표 9.1-11〉과 같이 변경되었다.

9.1.6 병충해 방제

1. 개요

가. 조경식물은 환경 정비와 적정한 비배관리(거름 주어 가꾸기)로 건전하게 생육시켜 병충해를 받지 않도록 하며, 예방을 위하여 약제를 살포한다.

나. 약제의 선택과 배합비 등은 설계도서에 의하되「농약관리법」에 따라 등록 여부, 적용대상 수목, 병해충 및 천적 등 생물에의 독성 등을 확인하고 부적격한 경우 담당자와 협의하여 조정 시행한다.

2. 적용기준

가. 병충해의 예방과 구제를 위한 약제는 살충제와 살균제를 사용하며 살포작업 시 사람, 동물, 건조물, 차량 등에 피해를 주지 않도록 주의한다.

나. 살포작업은 한낮 뜨거운 때를 피하여 아침, 저녁 서늘한 때 시행하며, 사용한 포대와 빈병은 공사부지 밖으로 반출 폐기한다.

3. 적용품셈

약제살포는 [유지관리품셈 1-2-16(약제살포-기계)], [유지관리품셈 1-2-17(약제살포-인력)]으로 구분하여 다음과 같이 적용한다.

〈표 9.1-12〉 약제살포(기계) [유지관리품셈] (일 당)

구 분	규 격	단위	수량	시공량(ℓ)
조 경 공		인	1	
보 통 인 부		인	1	
동 력 분 무 기	4.85kW	대	1	2,600
덤 프 트 럭	2.5ton	대	1	

[주] 1. 본 품은 배합된 액체형 약제를 동력분무기를 사용하여 수목류에 살포하는 기준이다.
   2. 본 품은 약제배합, 살포 및 뒷정리 작업을 포함한다.
   3. 약제와 배합되는 물공급은 별도 계상한다.
   4. 작업여건(동력분무기의 살포범위를 벗어나는 경우)에 따라 고소작업차가 필요한 경우에는 기계경비를 별도 계상한다.

〈표 9.1-13〉 약제살포(인력) [유지관리품셈] (일 당)

구 분	단위	수량	시공량(m²)
조 경 공	인	1	2,000

[주] 1. 본 품은 배합된 액체형 약제(100m²당 20ℓ)를 인력으로 잔디에 살포하는 기준이다.
   2. 약제배합, 살포 및 뒷정리 작업을 포함한다.
   3. 약제와 배합되는 물공급은 별도 계상한다.

그러나 2020년「산림보호법」의 나무의사제도 시행으로 표준품셈은 원론적 기준으로 적용되며, 방제는 필요시 [수목진료 표준품셈 Ⅱ. 2(치료)][63]를 적용하거나 이를 준용한 [LH공사] 기준이 보다 타당하겠다.

그러므로 [수목진료 표준품셈 Ⅱ. 2(치료)]를 기준으로 [LH공사]도 적용하는 대표 치료법인 병해충 방제(살포), 수간처리-나무주사는 다음과 같이 적용하며, 기타 항목은 [수목진료 표준품셈]을 참고하여 적용한다. 약제살포 및 수간주사 재료는 [수목진료 표준품셈] 기준으로 약제살포 소요재료[64]는 흉고(근원)직경기준, 수간주사 재료는 제품(아바멕틴 유제 5ml)을 규정한 [LH공사] 기준을 다음과 같이 준용한다.

〈표 9.1-14〉 병해충 방제(살포) [수목진료 표준품셈]   (100ℓ 당)

구 분	나무의사 (인)	수목치료 기술자(인)	보통인부 (인)	동력분무기 (hr)	방제차량 (hr)
수 량	0.02	0.146	0.073	0.152	0.218

[주] 1. 대상별 적용 기준살포량 : 단목-100%, 공원 및 녹지-50%, 가로수-50%, 수림지-40%.
    2. 철쭉, 회양목 등 관목류의 살포량은 식재면적 m²당 2ℓ로 한다.
    3. 살포량은 방제대상별 나무의사의 처방에 따라 가감할 수 있다.
    4. 본 품은 장비정리, 약제조제 및 희석의 품을 포함한다.
    5. 원거리작업, 계속이동작업, 분산작업의 경우 50%까지 가산할 수 있다.
    6. 잡재료비는 재료비의 2%, 공구손료는 노무비의 3%까지 계상할 수 있다.
    7. 작업높이가 지상에서 5m 이상일 때에는 건설표준품셈의 위험 할증률(고소작업)을 계상할 수 있다.
    8. 약제량은 별도 계상하며, 약제의 종류에 따라 혼용할 수 있는 약제(전착제 포함)는 혼용하여 살포하는 것으로 한다.
    9. 장비사용시 별도 계상할 수 있다.

〈표 9.1-15〉 병해충 방제제 나무주사 [수목진료 표준품셈]   (천공 당)

구 분	나무의사(인)	수목치료기술자(인)	보통인부(인)
수 량	0.001	0.006	0.002

[주] 1. 본 품은 나무주사 및 현장조제 및 정리의 품을 포함한다.
    2. 각 재료비는 별도 계상한다.

---

63) [수목진료 표준품셈 Ⅱ. 2(치료)]항목은 ②-① 병해충 방제(살포), ②-② 병해충 방제제 수간처리 _ 병충해 방제제 나무주사, 병충해 방제제 수간 도포처리, 천공성해충 방제제 수간 훈증처리, 천공성해충 방제용 수간 끈끈이 롤트랩 설치, ②-③ 병해충 방제제 토양처리 _ 토양 관주처리, 병해충 방제제 토양혼화 처리, ②-④ 영양공급 _ 엽면시비, 영양제 나무주사, 생리증진제 처리, 유기질 비료 처리, ②-⑤ 수세회복처리 _ 토양물리성 개선, 숨틀 설치, 토양 피복처리, ②-⑥ 뿌리수술 _ 토양제거 및 뿌리조사, 단근 및 뿌리 박피처리, 토양소독 및 발근제 처리, 유합조직 형성 촉진제 처리, ②-⑦ 외과수술 _ 부후부 제거, 살균처리, 살충처리, 방부처리, 공동충전, 공동해체, 매트처리, 방수처리, 인공수피처리, 산화방지처리, 토양습기 차단처리, ②-⑧ 가지치기 및 수목정리 _ 고사지 및 위험지 제거, 낙엽활엽수 수관솎기, 고사목 및 위험목 제거, 경합목 및 지장목 제거, 상록침엽수 수관솎기, 주변 생육지장 식생 제거 _ 대나무류 제거, 덩굴류 제거, 잡목(관목)류 제거, ②-⑨ 안전대책 및 보호시설 _ 지지대 설치, 줄당김 설치, 쇠조임 설치, ②-⑩생육환경개선 _ 콘크리트제거 및 천공(코아드릴), 3. 참고자료로 구성되어 있다.

64) [LH공사]의 약제살포 소요재료는 2가지로서 기존부터 적용하던 제초, 증산억제, 발근촉진, 성장촉진제 등의 처리에 적용하는 기준과 [수목진료 표준품셈]의 기준을 조경용 수목의 일반적 수고를 적용한 병충해 방제의 약제살포 소요재료 기준의 2가지를 적용하고 있다. 첫 번째의 기존부터 적용하던 기준은 약제량이 다소 과소하며 나아가「산림보호법」의 나무의사제도에 위배하면서 2가지를 같이 적용할 사유가 없으므로 [수목진료 표준품셈]을 준용한 기준을 적용하였다.

3. 원거리작업, 계속이동작업, 분산작업의 경우 50%까지 가산할 수 있다.

4. 잡재료비는 재료비의 2%, 공구손료는 노무비의 3%까지 계상할 수 있다.

〈표 9.1-16〉 그루당 살포약량 [수목진료 표준품셈]　　　　　　　　　　　　　　　　(단위 : ℓ)

직경 (cm)	수고															
	3m	6m	9m	12m	15m	18m	21m	24m	27m	30m	33m	36m	39m	42m	45m	48m
10	10	20	30	40	-	-	-	-	-	-	-	-	-	-	-	-
15	15	30	45	60	75	-	-	-	-	-	-	-	-	-	-	-
20	20	40	60	80	100	120	-	-	-	-	-	-	-	-	-	-
25	25	50	75	100	125	150	175	-	-	-	-	-	-	-	-	-
30	30	60	90	120	150	180	210	240	-	-	-	-	-	-	-	-
35	35	70	105	140	175	210	245	280	315	-	-	-	-	-	-	-
40	40	80	120	160	200	240	280	320	360	400	-	-	-	-	-	-
45	45	90	135	180	225	270	315	360	405	450	495	-	-	-	-	-
50	50	100	150	200	250	300	350	400	450	500	550	600	-	-	-	-
60	60	120	180	240	300	360	420	480	540	600	660	720	780	-	-	-
70	70	140	210	280	350	420	490	560	630	700	770	840	910	980	-	-
80	80	160	240	320	400	480	560	640	720	800	880	960	1040	1120	1200	-
90	90	180	270	360	450	540	630	720	810	900	990	1080	1170	1260	1350	1440
100	100	200	300	400	500	600	700	800	900	1000	1100	1200	1300	1400	1500	1600
120	120	240	360	480	600	720	840	960	1000	1200	1320	1440	1560	1680	1800	1920
140	140	280	420	560	700	840	980	1120	1280	1400	1540	1680	1820	1960	2100	2240
160	160	320	480	640	800	960	1120	1280	1440	1600	1760	1920	2080	2240	2400	2560
180	180	360	540	720	900	1080	1260	1440	1620	1800	1980	2160	2340	2520	2700	2880
200	200	400	600	800	1000	1200	1400	1600	1800	2000	2200	2400	2600	2800	3000	3200

〈표 9.1-17〉 약제살포 소요재료 [LH공사]　　　　　　　　　　　　　　　　(주 당)

구 분	규 격		약제량(희석액) (ℓ/주)
교 목	B11미만 (R13미만)		5.0
	B11~21미만 (R13~25미만)		7.5
	B21~31미만 (R25~37미만)		25.0
	B31~41미만 (R37~49미만)		35.0
	B41~51미만 (R49~61미만)		45.0
	B51이상 (R61이상)		75.0
관 목	단 식	0.9미만	0.4
		0.9이상	0.5
	군 식		0.125

9.1.7 관수 및 배수

1. 개요

가. 관수는 토양이 건조하거나 가뭄일 때 식물의 수분 공급을 위하여 시행하며, 지표면과 엽면 관수로 구분 실시한다.

나. 물이 고일 우려가 있거나 식물의 생육에 지장을 초래하는 등 배수가 필요한 경우 표면배수 또는 심토층 배수 등을 시행한다.

2. 적용기준

가. 관수는 수관 폭의 1/3 정도 또는 뿌리분 크기보다 약간 넓게 높이 0.1m 정도의 물받이를 만들어 물이 유실되지 않도록 한다.

나. 배수는 [본서 5.10 조경 급배수 및 관수]의 배수공사 편에 의한다.

3. 적용품셈

가. 관수는 인력과 차량으로 구분하여 [유지관리품셈 1-2-8(인력관수)], [유지관리품셈 1-2-9(살수차관수)]에 의하여 다음과 같이 적용한다.

〈표 9.1-18〉 인력관수 [유지관리품셈]　　　　　　　　　　　　　　　　　　　　(일 당)

구 분	단위	수량	시공량(주) - 흉고직경				
			10cm 미만	10~20cm미만	20~30cm미만	30~40cm미만	40cm 이상
보통 인부	인	1	33	25	17	13	10

[주] 본 품은 인력에 의한 교목관수 기준이다.

〈표 9.1-19〉 살수차관수 [유지관리품셈]　　　　　　　　　　　　　　　　　　(일 당)

구 분	규 격	단위	수 량			시공량(식재면적 m²)		
			소형장비	중형장비	대형장비	소형장비	중형장비	대형장비
보 통 인 부		인	1	1	1			
물탱크(살수차)	1,800ℓ	대	1			700	1,100	2,200
물탱크(살수차)	3,800ℓ	대		1				
물탱크(살수차)	5,500~6,500ℓ	대			1			
비 고	- 이동거리가 5㎞를 초과하면 5㎞마다 다음을 가산한다. ● 물탱크(살수차) 1800ℓ, 3800ℓ : 0.07(h/100m²) ● 물탱크(살수차) 5500~6500ℓ : 0.04(h/100m²)							

[주] 살수차의 운전시간에는 급수시간 및 1회당 5㎞까지의 이동시간을 포함한다.

나. Q.C 밸브에 의한 관수는 [서울시 도기본, 5. 기타공사(관목 및 잔디관수-Q.C사용)]에 의하여 다음과 같이 준용한다.

〈표 9.1-20〉 관목 및 잔디관수 (Q.C 사용) [서울시 도기본]　　　　　　　　　　　(m² 당)

구 분	규 격	보통인부(인)
관　　　수	Q.C 사용	0.0012

다. 관수량의 기준은 교목은 [한국도로공사 유지관리품 (교목관수)], 관목은 [한국도로공사 유지관리품 (관목관수)], 도랑식 관수는 [한국도로공사 유지관리품 (도랑식(골) 관수)]를 필요시 다음과 같이 준용한다.

〈표 9.1-21〉 흉고직경에 의한 관수(교목) [한국도로공사]　　　　　　　　　　　(주 당)

구 분	흉고직경(cm)				
	10미만	10~20미만	20~30미만	30~40미만	40이상
보통인부(인)	0.03	0.04	0.06	0.08	0.10
관 수 량(ℓ)	20	45	120	230	300

[주] 1. 본 주기는 표준품셈 (흉고직경에 의한 관수)에 관수량을 부가한 내용이며, 독립수에 적용한다.
　　2. 물받이의 크기는 근원직경의 6배, 높이 10cm의 원형을 기준으로 한다.
　　3. 공구손료는 인건비의 3%를 적용한다.
　　4. 물 운반 거리는 100m를 기준으로 하고, 100m 초과마다 인력품을 10%씩 가산할 수 있다.
　　5. 관수량의 산출(ℓ) : (1.5B×6÷2)2π × 3cm × 10⁻³
　　6. 흉고직경을 측정할 수 없는 수목은 근원직경을 측정 흉고직경으로 환산하여 적용한다. (B = R ÷ 1.2)

〈표 9.1-22〉 수고에 의한 관수(관목) [한국도로공사]　　　　　　　　　　　(주 당)

구분 ＼ 수고	0.3m미만	0.3m이상	0.6m이상	0.9m이상	1.2~2.0m
보통인부(인)	0.0018	0.0025	0.003	0.0045	0.008
관 수 량(ℓ)	1	2	4	8	13

[주] 1. 물받이 조성을 원칙으로 한다.
　　2. 공구손료는 인건비의 3%를 적용한다.
　　3. 물 운반 거리는 100m를 기준으로 하고, 100m 초과마다 인력품을 10%씩 가산할 수 있다.
　　4. 관수량의 산출(ℓ) : (최대 높이(cm)÷2÷2)2π × 3cm × 10⁻³
　　5. 열식 된 관목의 관수품은 도랑식 관수 품을 준용한다.
　　6. 물받이의 크기는 수관폭의 1/3, 높이 10cm 정도로 한다.

〈표 9.1-23〉 도랑식(골) 관수 [한국도로공사]　　　　　　　　　　　(m² 당)

구 분	단위	수량
보 통 인 부	인	0.004

[주] 1. 골 관수는 묘상이 조성된 묘포장 관수에 적용한다.

2. 물 운반 거리가 소 운반 거리(20m)를 초과하면 운반비를 별도 계상한다.
3. 도랑식 물집 조성을 원칙으로 한다.
4. 관수량 산출(ℓ) : 면적(m^2) × 0.03 × 1,000ℓ/m^3
5. 공구손료는 인건비의 3%를 적용한다.

9.1.8 지주목 재결속 및 해체

1. 개요

지주목은 주 풍향을 고려하여 지주목 재결속을 시행한다. 지주목과 수목의 결속부위는 완충재를 삽입하여 수목의 손상을 방지한다.

2. 적용기준

가. 지주목 재결속은 설계도서에 의하며 별도 명시가 없는 경우에는 준공 후 1년이 지났을 때 지주목 재결속 시행을 원칙으로 한다.

나. 지주목 해체는 수목 활착으로 유지관리공사 종료 시점에 지주목의 해체를 요청하는 경우가 발생하므로 관리주체와 협의하는 등 필요시 유지관리공사에 적용한다.

3. 적용품셈

〈표 9.1-24〉 지주목 재결속 및 해체 [LH공사 준용]　(주 당)

종 별		단위	수 량	
			조경공	보통인부
지주목 재결속		인	0.003	-
지주목 해체	가로지지대 (교목군식용)	인	0.010	0.006
	가로지지대 (대형목용)	인	0.011	0.007
	삼발이(소형), 기타 소형	인	0.019	0.011
	삼발이 (중형)	인	0.039	0.017
	삼발이 (대형)	인	0.069	0.026

9.1.9 월동 및 기타 작업

1. 개요

월동작업은 이식 수목과 초화류 등의 겨울맞이 환경 관리이며, 은행나무 과실채취는 가을철 환경 관리를 위하여 시행하나. 현장과 수목별로 필요사항이 상이하므로 작업 세부시항은 설계도서에 의한다.

2. 적용기준

가. 이식수목의 월동을 위하여 시행하는 수간보호, 방풍벽 설치(거적세우기), 줄기싸주기(잠복소 설치) 자재인 녹화마대, 녹화끈은 황마섬유시트와 직경 6㎜ 천연섬유 노끈을 사용하며 기타 재료는 새끼, 철선, 가마니 등을 사용한다.

나. 은행나무 과실채취는 은행과실의 낙과로 인한 피해와 민원의 방지 및 예방을 위하여 필요시 시행한다.

3. 적용품셈

가. 수간보호는 녹화마대로 교목의 줄기를 감싸는 작업으로 [유지관리품셈 1-2-6(수간보호)]인 〈표 4.3-3〉에 의하여 적용한다.

나. 방풍벽은 겨울철 바람이나 염화칼슘으로부터 가로변 관목의 피해 방지를 위하여 설치하며 [유지관리품셈 1-2-18(방풍벽 설치–거적세우기)]에 의하여 다음과 같이 적용한다.

디. 줄기싸주기는 겨울칠에 짐복처를 제공한 후 잠복소(벌레십)를 봄 이전에 태우는 개념으로 [유지관리품셈 1-2-7(줄기싸주기)]에 의하여 다음과 같이 적용하며, 재료는 규격을 산출 적용 하거나 [한국도로공사 (잠복소 설치)] 자재를 다음과 같이 준용한다. 잠복소는 기능성으로 산 림청이 설치 자제를 요청하므로 특별히 필요시에 한하여 시행한다.

〈**표 9.1–25**〉 방풍벽 설치(거적세우기) [유지관리품셈]　　　　　　　　　　　　　　　(일 당)

구 분	단위	수량	시공량(m)	
			설치높이 0.45m	설치높이 0.9m
조 경 공	인	2	350	250
보 통 인 부	인	1		

[주] 1. 본 품은 도로 인접구간에 식재된 관목의 염해방지 및 방풍을 위해 거적을 세워 설치하는 기준이다.
　　2. 본 품은 지지대 및 지지철선 설치, 거적 설치, 고정 및 마무리 작업을 포함한다.

〈**표 9.1–26**〉 줄기싸주기 [유지관리품셈]　　　　　　　　　　　　　　　　　　　(일 당)

구 분	단위	수량	시공량(주) - 흉고직경				
			11cm미만	11~21cm 미만	21~31cm 미만	31~41cm 미만	41~51cm 미만
조 경 공	인	2	85	68	54	42	30
보 통 인부	인	1					

[주] 1. 본 품은 수목의 보온유지 및 해충들의 동면장소 제공을 위해 짚이나 새끼 등으로 나무기둥에 설치하는 기준이다.
　　2. 설치폭은 30cm~45cm를 설치하는 기준이다.

〈표 9.1-27〉 잠복소 설치 [한국도로공사]　(주 당)

구분	흉고직경			
	10cm까지	20cm까지	30cm까지	50cm까지
보 통 인 부	0.02	0.03	0.04	0.08
거적(50×90cm)	0.5	1.0	1.5	2.0
비 닐 끈 (cm)	132	264	396	660

라. 은행나무 과실채취는 [유지관리품셈 1-2-19(은행나무 과실채취)]에 의하여 다음과 같이 적용하며, 가로수나 보행로 등으로 교통통제나 안전처리가 필요시 [유지관리품셈 1-2-1(교통통제 및 안전처리)]의 인력을 별도 계상하여야 한다.

〈표 9.1-28〉 은행나무 과실채취 [유지관리품셈]　(일 당)

구분	규격	단위	수량	시공량(주) - 흉고직경						
				11cm 미만	11~21cm 미만	21~31cm 미만	31~41cm 미만	41~51cm 미만	51~61cm 미만	61cm 초과
조 경 공		인	2	46	31	23	17	15	14	10
보 통 인 부		인	4							
고소 작업차	3ton	대	1							
비 고	- 지속적인 대상수목의 관리(전정작업 등)이 이루어지지 않았거나, 민원발생 등으로 인해 단독 수목을 시공하는 경우에는 본 시공량의 30%를 감하여 적용한다.									

[주] 1. 본 품은 지속적인 전정작업이 수행된 구간의 은행나무 가로수 과실채취 기준이다.
　2. 본 품은 작업준비, 은행 털어내기, 뒷정리 작업을 포함한다.
　3. 과실채취 후 외부 운반 및 폐기물처리비는 별도 계상한다.

9.2 잔디유지관리 (KCS 34 99 10)

9.2.1 잔디유지관리 기준

가. 잔디유지관리공사의 준공 전·후 관리 기준은 계약을 기준하되 별도 기준이 없는 경우에는 [LH공사] 유지관리기준인 〈표 9.1-1〉 또는 아래의 잔디관리기준을 준용한다. 이때, 잔디 조건과 기능적·심미적 요구도 및 관리목표에 의하여 관리항목, 적용시기 및 적용횟수 등은 부대조건 등으로 가감하여 적용할 수 있다.

나. 잔디 식재면의 환경친화적 유지관리를 위하여 잔디의 생리적, 심미적, 기능적 측면과 생태적 특성의 이해를 전제로 한다. 기반시설 문제 등으로 잔디의 생육이 특별히 불량한 경우에는 근본 원인의 해결과 잔디 보식 후 관리를 기준으로 한다.

〈표 9.2-1〉 한국잔디 유지관리기준 _ 집중관리 [예시]　　　　　(회/년간)

구 분	기준	시행 시기(월)												합계
		1	2	3	4	5	6	7	8	9	10	11	12	
예　찰	현장점검				1	1	1	1	1	1				6
관　수	10mm/m^2				3	7	6	1	4	7	3	1		32
깎　기	예고25mm				1	3	4	6	6	3				23
시　비	복합비료				1	1	1	1	1					5
제　초	제초제				1	1	1	1	1					5
방　제	예방·치료					1	(1)		(1)	1				2+(2)
통　기	갱신작업						1		1					2
배　토	갱신작업						1		1					2

[주] 1. 예찰은 정기예찰이며 특별히 필요시 추가 시행할 수 있다.
　　 2. 관수, 깎기, 시비, 제초, 방제, 통기, 배토는 필요시 조정, 추가, 축소 또는 제외할 수 있다.
　　 3. 방제의 (1)은 발병시의 방제이며, 특별히 필요시 추가 시행할 수 있다.

〈표 9.2-2〉 한국잔디 유지관리기준 _ 일반관리 [예시]　　　　　(회/년간)

구 분	기준	시행 시기(월)												합계
		1	2	3	4	5	6	7	8	9	10	11	12	
예　찰	현장점검				1		1		1					3
관　수	10mm/m^2				3	5	4	1	3	4	2			22
깎　기	예고35mm				1	1	3	5	4	2				16
시　비	복합비료					1	1		1					3
제　초	제초제				1		1		1					3
방　제	예방·치료						(1)		(1)					(2)
통　기	갱신작업													0
배　토	갱신작업						1							1

[주] 1. 예찰은 정기예찰이며 특별히 필요시 추가 시행할 수 있다.
　　 2. 관수, 깎기, 시비, 제초, 방제, 배토는 필요시 조정, 추가, 축소 또는 제외할 수 있으며, 통기는 특별히 필요시 시행한다.
　　 3. 방제의 (1)은 발병시의 방제이며, 특별히 필요시 추가 시행할 수 있다.

다. 한국잔디는 집중관리와 일반관리로 구분 적용하며, 한지형잔디는 별도 기준으로 시행한다. 집중관리는 운동장, 경기장 등 이용빈도가 높고 고품질 잔디 상태가 요구되는 경우에 적용하며, 일반관리는 다목적운동장, 잔디광장, 정원 등 레저스포츠용 및 생활용으로 이용하는 잔디에 적용한다.

9.2.2 예찰 관리

계절·기후의 변화와 현장의 잔디 상태를 관찰·분석하고 현황별로 적합한 관리·처방을 위하여 예찰과 현장조사 및 분석을 시행한다.

예찰관리는 정기와 부정기로 구분 적용한다. 정기예찰은 일자·요일 등 일정기간에 시행하며, 부정기 예찰은 기온·강수 등 자연환경의 변화로 현장이나 잔디의 생육환경 측면에서 특별히 필요시 시행한다. 예찰 및 현장조사에서 답사·분석한 자료는 보고서로 제출·보관하고 부가조치 필요시에는 승인·허가·통보 후 시행한다.

예찰관리는 [LH공사] 기준을 준용한 〈표 9.4-1〉을 적용한다.

9.2.3 관수 관리

관수빈도는 생육기인 4월~10월에는 10일에 1회, 그중 생육 왕성기인 5월~6월과 8월~9월에는 5~7일에 1회를 기준으로 기상과 토양조건 및 관리요구도 등으로 관수빈도와 관수량을 결정 시행하며, 특히 잔디조성 초기에는 활착에 유리하도록 관수빈도를 최대로 한다.

관수시간은 무더운 여름철에는 한낮을 피하여 오전 9시전 또는 오후 4시후가 관수에 적기이지만 가급적 최적기인 일출전후에 시행하며, 관수량은 1회에 10mm정도 관수하여 수분이 뿌리층까지 충분히 스며들도록 한다.

관수는 [유지관리품셈 1-2-9(살수차관수)]인 〈표 9.1-19〉를 적용하며, 일정규모에 시행하는 Q.C 밸브 관수는 [서울시 도기본 5. 기타공사(관목 및 잔디관수-Q.C사용)]인 〈표 9.1-20〉을 준용한다.

9.2.4 예초 관리

잔디깎기는 분얼 촉진으로 밀도증가, 잡초의 발생과 생장 억제, 평탄성 및 미적효과 증대를 목적으로 시행한다.

잔디깎기는 관리수준별로 빈도(횟수)와 높이(예고)를 적용하되, 한국잔디는 깎은 후 높이 25~40mm으로 최대한 자주 시행하고 깎기 1회에 초장의 1/3이상 깎지 않는다. 잔디깎는 기계(Mower)는 관리면적에 적합한 승용식이나 보행식을 사용하며, 로봇 잔디깎이(Robot mower) 활용 가능시 가급적 최대한 적용한다. 잔디를 깎을 때는 가능한한 풀통을 장착하여 예지물을 수거하며 수거된 예지물은 별도 폐기한다.

잔디깎기는 [유지관리품셈 1-2-11(잔디깎기)]에 의하여 다음과 같이 적용한다. 대규모 잔디깎기는 승용식, 보통은 보행식(핸드가이드식)이 적합하지만 승용식의 규정이 없으므로 보행식(핸드가이드식)을 준용한다. 잔디 관리 측면으로는 부합하지만 불가피하게 예초기를 사용하는 소규모 잔디면은 [유지관리품셈 1-2-12(예초)]의 〈표 9.1-8〉을 준용한다.

〈표 9.2-3〉 잔디깎기 [유지관리품셈]　　　　　　　　　　　　　　　　　　　　　(일 당)

구 분		단위	수량	시공량(m²)
배 부 식	특별 인부	인	3	3,300
	보통 인부	인	1	
핸드가이식	특별 인부	인	1	4,000
	보통 인부	인	1	
비 고	콜론			

그 비고란 내용:

- 잔디깎기의 연간 시공횟수를 기준으로 다음의 할증을 적용한다. (시공량 할증률)
  - 연1회 : -30%
  - 연2회 : -20%
  - 연3회 이상 : -

[주] 1. 본 품은 기계를 사용하여 잔디를 연3회 이상 깎는 기준이다.
　　2. 잔디깍기, 풀 모으기 및 적재 작업을 포함한다.
　　3. 외부 운반 및 폐기물처리비는 별도 계상한다.
　　4. 공구손료 및 경장비의 기계경비는 다음의 요율을 적용한다.
　　　• 배 부 식 기계 : 인력품의 8%
　　　• 핸드가이드식 기계 : 인력품의 7%

9.2.5 시비 관리

잔디 시비는 잔디전용입제 복합비료 30(g/m^2)를 기준으로 잔디의 엽색이 옅어지거나 생육이 부진할 때 시행한다.

시비 시기는 잔디의 생육이 활발한 봄~여름철에 실시하고, 7~8월에는 특별히 고온에 유의하여 시비한다. 시비는 동력살포기나 인력으로 잔디 전면에 고르게 살포하며, 비해가 발생하지 않도록 비오기 직전에 시비하거나 시비 후 충분히 관수한다.

잔디시비는 [유지관리품셈 1-2-15(잔디시비)]에 의하여 다음과 같이 적용한다.

〈표 9.2-4〉 잔디시비 [유지관리품셈]　　　　　　　　　　　　　　　　　　　　　(일 당)

구 분	규격	단위	수량	시공량(m²)
조 경 공		인	2	22,500
보 통 인 부		인	1	
트 럭	2.5ton	대	1	

[주] 1. 본 품은 화학비료의 살포가 300~700kg/10,000m²인 경우 기준이다.
　　2. 현장조건, 살포조건에 따라 살포량이 다를 때는 본 품의 20% 범위 내에서 증감할 수 있다.
　　3. 비료량은 별도 계상한다.

9.2.6 제초 관리

잔디깎기를 최대한 자주 시행하여 잡초의 발생을 최소화한다.

잡초의 발생 억제를 위하여 연 1~2회 발아전 제초제를 전면에 살포하며, 발아전 제초제의 살포에도 불구하고 잡초가 다수 발생한 경우 선택성 제초제를 부분적으로 살포한다.

잔디 제초용 약제살포는 아래의 방제 관리와 같으며, 인력 제초는 [유지관리품셈 1-2-10(제초)]의 〈표 9.1-7〉에 의한다.

9.2.7 방제 관리

병충해는 발생초기에 신속히 대처하여 피해를 최소화한다. 집중관리 시행시 주요 병충해의 발병이 예상되는 5월과 9월에 사전예방을 실시하며, 한국잔디는 갈색퍼짐병(Large patch) 등 병이나 곤충 유충 등 벌레의 다수 발견시에는 즉시 방제를 실시한다.

잔디면의 약제살포는 기계, 인력으로 구분하여 [유지관리품셈 1-2-16(약제살포-기계)]의 〈표 9.1-12〉, [유지관리품셈 1-2-17(약제살포-인력)]의 〈표 9.1-13〉에 의하여 적용한다.

9.2.8 갱신 관리

갱신관리인 통기 및 배토작업은 축적된 유기물을 저감하고 토양의 물성과 배수성 개선으로 양호한 잔디생육환경 조성을 위하여 특별히 필요한 경우 시행한다.

통기작업은 잔디 생육 왕성기에 연 1~2회 코어링, 슬라이싱, 스파이킹 등 현장별로 적합한 작업을 선택 시행한다. 배토작업은 통기작업 후 시행하며 잔디면의 요철이 심하거나 잔디의 생육이 불량한 경우에는 특별히 추가 실시한다. 배토사는 염분이 없는(강사) 고운 모래(세사) 사용을 기준하며, 배토량은 회당 T5mm를 고르게 살포한다.

〈표 9.2-5〉 잔디 에어레이션 [예시]　　　　　　　　　　　　　　　　　　　　(10,000m² 당)

구 분	규 격	단위	수량
특 별 인 부		인	1.0
보 통 인 부		인	2.0
에 어 레 이 터		hr	8.0
스 틸 메 트		hr	8.0

[주] 1. 본 품의 에어레이터(공기공급조)는 작업여건으로 자주식과 트랙터 견인식으로 구분 적용한다.
　　2. 코어 제거작업은 별도 계상한다.

〈표 9.2-6〉 잔디 배토 [예시]   (10,000m^2 당)

구 분	규 격	단위	수량
특 별 인 부		인	1.0
보 통 인 부		인	1.0
배 토 기	쿠시멘 장착	hr	8.0
굴 삭 기	0.2m^3	hr	8.0

[주] 1. 본 품은 선별한 모래를 사용한 배토작업에 적용한다.
　　2. 본 품의 모래 재료비 및 모래 체가름이 필요한 경우 별도 계상한다.

9.3 시설물 유지관리 (KCS 34 99 15)

시설물 유지관리는 시설물의 기능과 안전성 유지를 위하여 점검·정비로 문제점을 찾고 손상 부분을 복구하는 등 시간의 경과로 발생되는 시설물의 보수·보강·개량을 위한 작업이다.

시설물 유지관리는 각종 시설물의 준공 후 일정기간 유지보수 또는 별도로 시행하는 일상 유지관리공사로 구분된다.

9.3.1 재료별 보수 – 목재

1. 개요

목재는 온도·습도, 균류·충류 등의 피해와 물리적 힘으로 손상이 발생할 수 있으며, 이 경우 보수공사를 시행한다.

2. 적용기준

가. 부패되었을 경우 방충제나 방균제를 도포한다. 부분보수가 가능한 경우 부패부를 제거하고 나무못이나 퍼티를 채운 후 샌드페이퍼로 문지르고 도장을 실시한다. 이때, 약제는 환경오염과 사람이나 가축의 피해에 주의한다.

나. 갈라졌을 때에는 이물질을 제거하고 퍼티로 갈라진 틈을 메우며, 샌드페이퍼로 문지른 후 칠으로 마감한다.

다. 손상 정도가 극심한 경우 기존시설 보수와 신규시설 설치에서 경제성·미관성 등을 분석하여 대처한다.

라. 교체 필요시에는 기존과 유사한 자재를 사용하며, 특히 칠공사는 가급적 기존면까지 전면적으로 시행하여 이질감이 최소화되도록 처리하여야 한다.

마. 목재 재도장은 목재데크 및 휴게시설 등을 그 대상으로 하며, 면적기준이 없는 경우 목재 재도장 면적을 산출 적용한다. 목재 재도장 시행기준은 유지관리지침에 의하되 별도 규정이 없

는 경우에는 [LH공사] 기준인 〈표 9.3-1〉을 준용한다.

〈표 9.3-1〉 유지관리비 계상기준 _ 목재 재도장 [LH공사]

구 분	실시 회수		대 상	적용기준
	공사 중	준공 후		
목재 재도장	-	연간 1회	목재 데크 휴게시설(일부)	목재 면적

[주] 1. 목재 재도장은 목재데크, 휴게시설(앉음벽, 평의자, 등의자, 그네의자, 야외테이블, 평상, 썬베드 등 이용자의 직접적인 접촉이 많은 시설)의 내구성 증대 및 민원예방을 위하여 시설물의 목재 부위를 재도장하는 것으로서 기성제품의 경우 목재의 종류, 표면 마감도료 등을 확인하여 오일스테인 도장이 가능한 경우 재도장을 반영한다.

　 2. 실제 도장이 가능한 면적을 기준으로 하며(매립부, 하단 배변부 등 제외) 현장여건에 따라 필요시 설계서에 반영된 기준 면적을 추가(정산)할 수 있다.

3. 적용품셈

가. 부패되었을 경우의 방충·방균제 도포는 전문적 기준에 의하여 시행하고 정산한다.

나. 목재 철거는 [2021년 건축품셈 12-2-1(건축물 구조체별 철거)] 벽(목조, 간막이) 또는 바닥 및 수장부분(마루틀 및 마루널) 등을 〈표 8.1-9〉와 같이 적용하거나 부분적 철거는 준용 또는 비례 계상한다. 이때, 해체제를 재사용하지 않더라도 주변 부재에 위해가 없도록 시행하는 철거 작업의 난이도를 고려한다.

다. 목재가 갈라졌을 때 바탕고르기는 [건축품셈 11-1-4(목재면 바탕만들기)]인 〈표 5.1.7-3〉에 의한다.

라. 기존 시설물 목재면의 재도장 바탕은 [유지관리품셈 3-3-3(재도장시 바탕처리 – 목재면)]인 〈표 8.1-35〉에 의한다.

9.3.2 재료별 보수 – 철재

1. 개요

철재는 온도·습도 등에 의한 부식 또는 물리적 힘에 의한 손상 발생시 보수공사를 시행한다.

2. 적용기준

가. 부식으로 손상시, 약하게 부식된 경우에는 녹슨 부위를 브러시나 샌드페이퍼 등으로 닦아낸 후 재도장한다. 부식이 심한 경우 부분적으로 부식부를 제거하거나 전면적을 새로운 재료로 복구한다.

나. 물리적으로 손상시, 약하게 변형된 경우에는 형태를 원상 복구하고 도장 등으로 마감하며, 심하게 변형된 경우에는 변형부 포함 확대면이나 전면적을 새로운 재료로 복구한다.

다. 손상 정도가 극심한 경우에는 기존시설 보수와 신규시설 설치에서 경제성·미관성 등을 분석
하여 대처한다.

3. 적용품셈

가. 철재 철거는 [건축품셈 8-3-1(잡철물 제작 및 설치)]인 〈표 5.1.9-2〉의 설치품의 50%로 준용
한다. 부분 보정 또는 제거 후 재설치는 제작 또는 설치의 물량과 품셈으로 준용하며, 전면 재
설치는 철거 후 신규설치를 적용한다.

나. 철골재 철거는 [유지관리품셈 3-1-3(철골재 철거-인력)]인 〈표 8.1-13〉, [유지관리품셈 3-1-
4(철골재 철거-기계)]인 〈표 8.1-14〉에 의하여 적용한다.

다. 철재시설 보수공사의 재도장 바탕은 [유지관리품셈 3-3-2(재도장 시 바탕처리-철재면)]인
〈표 8.1-34〉에 의한다.

9.3.3 재료별 보수 – 콘크리트 등 구조재

1. 개요

콘크리트 및 모르타르 구조재는 시간의 경과에 따른 재료간 분리 및 물리적 힘에 의한 손상 등이
발생할 수 있으므로, 이 경우 보수공사를 시행한다.

2. 적용기준

가. 콘크리트 및 모르타르 구조재의 형상이 파손 또는 변형된 부분은 제거한 후 보수의 목적별 적
합한 재료로 복구한다.

나. 새로운 소재의 보수 후에는 기존 재료가 안정된 후 재사용한다.

3. 적용품셈

가. 콘크리트 및 구조재의 철거는 [본서 제8장 기타공사]의 보수공사를 참조한다.

나. 콘크리트 및 구조재 재시공은 각 재료의 신설공사와 동일 기준으로 적용하며, 이때 규모와 기
존 구조물과의 관계 등에 의하여 비고의 할증계수 등을 고려한다.

다. 콘크리트, 모르타르면의 재도장 바탕처리는 [유지관리품셈 3-3-1(재도장 시 바탕처리-콘크
리트·모르타르면)]인 〈표 8.1-33〉에 의한다.

9.4 예찰보고

유지관리를 위한 예찰보고는 식재공사와 시설물 및 기타공사로 구분할 수 있다.

1. 개요

2025년 현재 예찰보고는 [LH공사]에서 시행하고 있으며 식재공사와 목재 재도장으로 한정되고 있다. [LH공사]는 적용 효과와 효율성 분석으로 적용기준을 지속 보완하므로 이 기준 준용시에는 적용시점에 [LH공사] 적용기준의 재검토가 필요하다.

주요발주처의 식재 유지관리공사 시행으로 보다 쾌적한 환경을 조성하고 예찰보고 등으로 시설의 관리·대처 등에서 피해예방과 확산방지는 물론 안전관리의 필요성이 부각되고 있다. 이에 예찰보고 범위의 확대와 유지관리공사의 제도화로 안전관리를 도모하고 수목 활착증대로 피해방지 및 기후변화에의 대응이 필요한 시점이다.

2. 적용기준

식재 유지관리공사는 정기적 및 부정기적 유지관리로 구분된다. 정기적인 유지관리는 전정, 시비, 제초, 지주목 재결속 등으로 유지관리지침서에 의하여 시행하며, 부정기적 유지관리는 병충해 방제, 관수 등 병충해나 가뭄 예상·발생기에 유동적으로 시행한다. 이에 유지관리공사의 각 항목별 시행 시기를 예상·확정하기 위하여 예찰보고를 시행한다.

시설물 및 기타 유지관리공사는 매년 1~2회의 시행이 최선이지만 일반적으로는 도급자의 관찰 또는 수집자료에 의하여 보고하고 발주처의 지시로 특별히 필요하다고 판단되는 시점에 시행한다.

3. 적용품셈

예찰보고는 [LH공사] 기준을 준용한다.

2025년 현재 [LH공사] 예찰보고 적용기준은 주택부문과 단지부문의 2가지로서 일반 기준은 준공후 2~3년간 상반기 1회, 하반기 1회로 매년 2회 시행한다.

〈표 9.4-1〉 예찰보고 [LH공사]　　(회 당)

구 분		규 격	단위	수량
주택부문	녹지면적 3,000m^2 미만	초급기술자	인	0.50
	녹지면적 3,000~7,000m^2 미만	초급기술자	인	1.00
	녹지면적 7,000~15,000m^2 이하	초급기술자	인	2.00
	15,000m^2 초과 10,000m^{2}마다	초급기술자	인	1.00
단지부문	녹지면적 30,000m^2 이하	초급기술자	인	2.00
	30,000m^2 초과 20,000m^{2}마다	초급기술자	인	1.00

[주] 단, 기준수림 등 원형지 녹지면적은 수목 예찰면적에서 제외한다.

부록

표목차

✖ 제4장

✖ 제5장

✱ 제6장

✴ 제7장

✴ 제8장

✱ 제9장

그림목차

조경공사 표준시방서(KCS)와 적산기준의 편제비교

조경공사 표준시방서(KCS)				조경공사 적산기준		
코드체계			명 칭	분류번호		명 칭
대	중	소		장	절	
34			조경공사			
	10	00	조경공사 일반사항	1		적용기준
					1	목적
					2	적용원칙
					3	적용기준
					4	공사비의 구성
					5	공사비의 계상
	20	00	부지조성 및 대지조형	2		부지조성 및 대지조형
		10	부지조성 및 대지조형		1	적용기준
					2	체적환산계수
					3	건설기계 적용기준
					4	건설기계 시공능력
	30	00	식재기반 조성공사	3		식재기반 조성공사
		10	식재기반 조성		1	표토모으기 및 활용
					2	조경토공
	40	00	식재공사	4		식재공사
		05	식재공통			
		10	일반식재기반 식재		1	일반식재기반 식재
		15	인공식재기반 식재		2	인공식재기반 식재
		20	수목이식		3	수목이식
		25	잔디식재		4	잔디식재
	50	00	조경시설물공사	5		조경시설물공사
		05	조경시설물공통		1	조경시설물공통
		10	조경구조물		2	조경구조물
		15	현장제작설치 시설		3	현장제작설치시설
		20	옥외시설물		4	옥외시설물
		25	놀이시설		5	놀이시설
		30	운동 및 체력단련시설		6	운동 및 체력단련시설
		35	수경시설		7	수경시설
		40	환경조형시설		8	환경조형시설
		45	조경석		9	조경석
		65	조경 급배수 및 관수		10	조경 급배수 및 관수

(표 계속)

조경공사 표준시방서(KCS)와 적산기준의 편제비교

조경공사 표준시방서(KCS)				조경공사 적산기준		
코드체계			명 칭	분류번호		명 칭
대	중	소		장	절	
	60	00	조경포장공사	6		조경포장공사
		05	조경포장공통		1	조경포장공통
		10	친환경흙포장		2	친환경흙포장
		15	친환경블록포장		3	친환경블록포장
		20	조경일체형포장		4	조경일체형포장
		25	조경포장경계		5	조경포장경계
	70	00	생태조경공사	7		생태조경공사
		05	생태복원공통		1	생태복원공통
		10	자연친화적 하천조경		2	지연친화적 하천조경
		15	자연친화적 빗물처리시설		3	자연친화적 빗물처리시설
		20	생태못 및 습지조성		4	생태못 및 습지조성
		25	훼손지 생태복원		5	훼손지 생태복원
		30	비탈면 녹화 및 복원(조경)		6	비탈면 녹화 및 복원(조경)
		35	생태숲 조성		7	생태숲(보존림) 조성
		40	생태통로 조성		8	생태통로 조성
				8		기타공사
					1	철거 및 보수공사
					2	국가유산공사
	99	00	조경유지관리공사	9		조경유지관리공사
		05	조경유지관리공통		1	식생 유지관리
		10	식생 유지관리		2	잔디 유지관리
		15	시설물 유지관리		3	시설물 유지관리

조경공사 적산기준

(2006년 제정)

분 야	직 책	성 명	소 속
집필 위원			
집 필 책 임	조경사회 적산위원장	**이상석 교수**	순천대학교
집 필 위 원	조경사회 적산부위원장	**김영욱 대표**	한솔에스앤디
	조경사회 적산부위원장	**정운수 대표**	아이에스엔지니어링
검토 위원			
(사)한국조경사회	회　　장	**이용훈 대표**	그룹21
	부 회 장	**이유경 대표**	성호엔지니어링
	사 무 국 장	**한태환 대표**	데오스웍스
대한건설협회	위 원 장	**이대성 대표**	임원개발
조 경 위 원 회	기술·자재 소위원장	**정복현 대표**	삼흥조경
	사 무 국 장	**김창수 국장**	
대한전문건설협회	회　　장	**김활현 대표**	남우산업개발
조경식재·시설물	부 회 장	**홍태식 부사장**	수프로
설치공사업협의회	기술위원장	**최병순 대표**	대창조경건설
	기 술 위 원	**유길종 대표**	삼익종합개발
	기 술 위 원	**신경준 대표**	장원조경
	기 술 위 원	**이정길 대표**	코러스그린
	사 무 국 장	**윤영관 국장**	
조경품셈		**김윤제 고문**	대우엔지니어링
제·개정 추진위원회		**남상준 대표**	현우그린

조경공사 적산기준

(2010년 개정)

분 야	직 책	성 명	소 속
집필 위원			
감　수	조경학회 기술부회장	**이상석 교수**	서울시립대학교
집 필 위 원	조경사회 적산위원장	**김영욱 대표**	(주)한솔에스앤디
	조경사회 적산부위원장	**이재욱 이사**	(주)그룹이십일
검토 위원			
(사)한국조경사회	회　　장	**김경윤 대표**	(주)한림조경기술사사무소
	부 회 장	**홍기문 처장**	한국토지주택공사
	사 무 국 장	**이소향 국장**	
대한건설협회	위 원 장	**이대성 대표**	임원개발(주)
조 경 위 원 회	기술·자재 소위원장	**정복현 대표**	삼흥엘앤씨(주)
	사 무 국 장	**김창수 국장**	
대한전문건설협회	회　　장	**김충일 대표**	계림조경(주)
조경식재·시설물	회　　장	**최재중 대표**	삼미조경공사(주)
설치공사업협의회	부회장/기술위원장	**최병순 대표**	대창조경건설(주)
	기 술 위 원	**김창도 대표**	(주)한울코리아
	기 술 위 원	**하광철 대표**	새숲조경(주)
	사 무 국 장	**윤영관 국장**	
조경품셈		**김윤제 대표**	(주)씨토포스
제·개정 추진위원회		**남상준 대표**	(주)현우그린
자료 협조			
생태 복원		**김현규 대표**	에코텍엔지니어링(주)
실내 조경		**정미숙 대표**	에스빠스조경(주)
경관 조명		**이익흔 대표**	(주)샘유앤엘
환경조형시설 (GFRC)		**윤복모 대표**	미주강화(주)
식생유지관리		**이성호 대표**	(주)엘그린

조경공사 적산기준

(2016년 재개정)

분 야	직 책	성 명	소 속

집필위원 및 분야

분 야	직 책	성 명	소 속
감　수	조경학회 상임이사	**이상석 교수**	서울시립대학교
집 필 책 임	조경사회 적산위원장	**정운수 대표**	아이에스엔지니어링
집 필 위 원	조경사회 (전)적산위원장	**김영욱 대표**	(주)한솔에스앤디
	조경사회 기술교육위원장	**이재욱 상무**	(주)천일

분 야	성 명	분 야	성 명
제1장 적용 기준	정 운 수	제6장 조경포장공사	정 운 수
제2장 부지조성 및 대지조형	정 운 수	제7장 생태조경공사	김 영 욱
제3장 식재기반 조성공사	정 운 수	제8장 기타공사	정 운 수
제4장 식재공사	정 운 수	제9장 조경유지관리공사	이 재 욱
제5장 조경시설물공사	이 재 욱		

검토 위원

분 야	직 책	성 명	소 속
(사)한국조경사회	회　　장	**황용득 대표**	기술사사무소동인조경마당
	체육복지위원장/검토위원	**한명철 부사장**	데오스웍스
	사 무 국 장	**이주연 국장**	
	간　　사	**이지영 간사**	
대한건설협회	위 원 장	**김창환 대표**	상록건설(주)
조 경 위 원 회	사 무 국 장	**김창수 국장**	
대한전문건설협회	회　　장	**김재준 대표**	방림이엘씨(주)
조경식재·시설물	회　　장	**조정일 대표**	(주)도원도시
설치공사업협의회	사 무 국 장	**윤영관 국장**	

자료협조 및 검토

분 야	직 책	성 명	소 속
자료협조 및 검토	주택기술처	**전용준 부장**	LH공사
	시설안전본부	**이승형 과장**	서울시설공단
자료 협조	시설처 생태조경팀	**김진태 과장**	한국도로공사
	공간환경처	**김희연 차장**	한국수자원공사
	택지설계팀	**노승원 차장**	서울특별시 SH공사
	도시기반시설본부	**신용우 과장**	서울시 조경시설과
	재무국	**배명권 주임**	서울시 계약심사과
실내 조경		**정미숙 대표**	에스빠스조경(주)
벽면 녹화		**김철민 대표**	(주)한국도시녹화
인 조 암		**김득일 대표**	명산
산디유지관리		**이성호 대표**	(주)엘그린

조경공사 적산기준

(2020년 3차개정)

분 야	직 책	성 명	소 속

집필위원 및 분야

분 야	직 책	성 명	소 속
감　수	조경학회 회장	**이상석 교수**	서울시립대학교
집 필 책 임	조경협회 (전)적산위원장	**정운수 대표**	아이에스엔지니어링
집 필 위 원	조경협회 적산위원장	**류연흥 이사**	(주)한서
	조경협회 적산부위원장	**김진성 부장**	시우환경디자인그룹

분 야	성 명	분 야	성 명
제1장 적용 기준	정 운 수	제6장 조경포장공사	정 운 수
제2장 부지조성 및 대지조형	정 운 수	제7장 생태조경공사	김진성·정운수
제3장 식재기반 조성공사	정 운 수	제8장 기타공사	정 운 수
제4장 식재공사	정 운 수	제9장 조경유지관리공사	류연흥·정운수
제5장 조경시설물공사	김진성·정운수		

검토 위원

분 야	직 책	성 명	소 속
(사)한국조경협회	회　　장	**노환기 대표**	(주)조경설계비욘드
	부회장/검토위원	**오두환 대표**	(주)기술사사무소예당
	사 무 국 장	**이주연 국장**	
	간　　사	**이진이 간사**	
대한건설협회	위 원 장	**설승진 대표**	(주)건림원
조 경 위 원 회	검 토 위 원	**정복현 대표**	삼흥엘앤씨(주)
	사 무 국 장	**김창수 국장**	
대한전문건설협회	회　　장	**심왕섭 대표**	세림조경건설(주)
조경식재·시설물	회　　장	**양경복 대표**	(주)현디자인
설치공사업협의회	검 토 위 원	**이재흥 대표**	(주)에코밸리
	검 토 위 원	**박상원 대표**	세양조경(주)
	사 무 국 장	**윤영관 국장**	

자료협조 및 검토

분 야	직 책	성 명	소 속
자료협조/검토	주택기술처	**강수현 과장**	LH공사
	재무국 계약심사과	**배명권 주임**	서울특별시
자료 협조	시설처 생태조경팀	**문형준 과장**	한국도로공사
	물환경처	**배선영 과장**	한국수자원공사
	택지설계팀	**민주현 부장**	서울특별시 SH공사
	도시기반시설본부	**신용우 과장**	서울시 조경시설과
실 내 조 경		**정미숙 대표**	에스빠스조경(주)
벽 면 녹 화		**김철민 대표**	(주)한국도시녹화
인 조 암		**정영순 대표**	(주)명산GFRC
잔디유지관리		**이성호 대표**	(주)엘그린

조경공사 적산기준

(2025년 4차개정)

분 야	직 책	성 명	소 속
집필위원 및 분야			
집 필 책 임	조경협회 (전)적산위원장	**정운수 대표**	아이에스엔지니어링
집 필 위 원	조경협회 적산위원장	**허주영 소장**	(주)환경설계법인나무

분 야	성 명	분 야	성 명
제1장 적용 기준	정 운 수	제6장 조경포장공사	정운수·허주영
제2장 부지조성 및 대지조형	정 운 수	제7장 생태조경공사	정운수·허주영
제3장 식재기반 조성공사	정 운 수	제8장 기타공사	정운수·허주영
제4장 식재공사	정 운 수	제9장 조경유지관리공사	정 운 수
제5장 조경시설물공사	정운수·허주영		

분 야	직 책	성 명	소 속
검토 위원			
(사)한국조경협회	회　　장	**남은희 대표**	한울림조경설계사무소
	검 토 위 원	**조용우 대표**	도담조경(주)
	검 토 위 원	**민지호 이사**	한국조경개발(주)
	사 무 국 장	**이주연 국장**	
	간　　사	**이진이 간사**	
대한건설협회	위 원 장	**이정현 대표**	(주)선진건설
조 경 위 원 회	부 위 원 장	**이승용 대표**	(주)다인산업개발
	사 무 국 장	**이강산 국장**	
대한전문건설협회	회　　장	**이재흥 대표**	(주)에코밸리
조경식재·시설물	위 원 장	**옥승엽 대표**	(주)한설그린
공사업협의회	검 토 위 원	**유연송 대표**	(주)보성조경
	검 토 위 원	**유희용 대표**	미류엘앤씨(주)
	사 무 처 장	**최자호 처장**	

분 야	직 책	성 명	소 속
자료협조 및 검토			
자료협조/검토	주택기술처	**김대희 차장**	LH공사
	재무국 계약심사과	**김은주 주임**	서울특별시
자료 협조	시설처 생태조경팀	**김진형 대리**	한국도로공사
	공간경관처	**전해민 과장**	한국수자원공사
	조경설계부	**김세현 과장**	SH공사
자　문	실 내 조 경	**정미숙 대표**	에스빠스조경(주)
	벽 면 녹 화	**김철민 대표**	(주)한국도시녹화
	인 조 암	**정영순 대표**	(주)명산GFRC
	잔디유지관리	**이성호 대표**	(주)엘그린

조경공사 적산기준 _ 4차 개정판

2006년 4월 1일   제정판 발행
2010년 2월 18일   개정판 발행
2016년 7월 15일   2차 개정판 발행
2020년 9월 22일   3차 개정판 발행
2025년 7월 16일   4차 개정판 발행

발 행　대한전문건설협회 조경식재·시설물공사업협의회
　　　　서울시 동작구 보라매로5길 15, 8층(신대방동, 전문건설회관)
　　　　전화 (02)3284-1126　팩스 (02)3284-1129

　　　　대한건설협회 조경위원회
　　　　서울시 강남구 언주로 711, 7층(논현동 71-2, 건설회관)
　　　　전화 (02)3485-8359　팩스 (02)546-4827

　　　　(사) 한국조경협회
　　　　서울시 강남구 테헤란로7길 22, 515호(역삼동, 한국과학기술회관 1관)
　　　　전화 (02)565-1712　팩스 (02)565-1713

출 판　도서출판 조경
　　　　서울시 서초구 방배로 143, 2층(방배동, 그룹한빌딩)
　　　　전화 (02)521-4626　팩스 (02)521-4627
　　　　신고일 1987년 11월 27일 신고번호 제2014-000231호

판 매　(주)환경과조경
　　　　서울시 서초구 방배로 143, 2층(방배동, 그룹한빌딩)
　　　　전화 (02)521-4626　팩스 (02)521-4627

ISBN　979-11-6028-029-6 (93520)

정 가　39,000원

이 책의 무단복제를 절대 금합니다.